MARCHA CRIANÇA
INTEGRADO

5º ano

Maria Teresa Marsico
Professora graduada em Letras pela Universidade Federal do Rio de Janeiro (UFRJ) e em Pedagogia pela Sociedade Unificada de Ensino Superior Augusto Motta. Atuou por mais de trinta anos como professora de Educação Infantil e Ensino Fundamental das redes municipal e particular de ensino no município do Rio de Janeiro.

Armando Coelho de Carvalho Neto
Atua desde 1981 com alunos da rede oficial de ensino e professores das redes oficial e particular do Rio de Janeiro. Desenvolve pesquisas e estudos sobre metodologias e teorias modernas do aprendizado. É autor de obras didáticas para Ensino Fundamental e Educação Infantil desde 1993.

Maria Elisabete Martins Antunes
Professora graduada em Letras pela Universidade Federal do Rio de Janeiro (UFRJ). Atuou durante trinta anos como professora titular em turmas do 1º ao 5º ano na rede municipal de ensino do Rio de Janeiro.

Este livro pertence a: ______________________________

____

Escola: ______________________________

____

editora scipione

editora scipione

Diretoria editorial: Lidiane Vivaldini Olo
Editoria de Anos Iniciais do Ensino Fundamental: Heloisa Pimentel
Edição: Miriam Mayumi, Angela Adriana, Tais Freire Rodrigues, Leandro dos Reis Silva, Adriane Gozzo, Tereza Cristina de Freitas Gouveia, Naira Gomes dos Santos
Colaboração: Nathalia Matsumoto
Supervisão de arte e produção: Sérgio Yutaka
Equipe de arte: Eber Alexandre de Souza, Mauro Roberto Fernandes, Ester Harue Inakake, Cleiton Caliman
Supervisão de arte e criação: Didier Moraes
Edição de arte e criação: Tyago Bonifácio da Silva
Design gráfico (capa e miolo): UC Produção Editorial
Gerência de revisão: Hélia de Jesus Gonsaga
Equipe de revisão: Rosângela Muricy (coord.); Ana Curci, Gloria Cunha, Luís Maurício Boa Nova e Vanessa de Paula; Flávia Venézio dos Santos e Gabriela Macedo de Andrade (estags.)
Supervisão de iconografia: Sílvio Kligin
Pesquisa iconográfica: Ana Maria de Andrade e Caio Mazzilli
Tratamento de imagem: Cesar Wolf e Fernanda Crevin
Ilustrações: Adelmo Naccari, Camila de Godoy, Cassiano Röda, Cícero Soares, Cláudio Chiyo, Hiroe Sasaki, Ilustra Cartoon, J. Rodrigues, Jurandir Ribeiro, Kanton, Luis Moura, MW Editora Ilustrações, Osni de Oliveira, Rubens Chaves, Sérgio Cântara, Valter Ferrari, Vicente Mendonça
Cartografia: Allmaps, Maps World, Mário Yoshida

Avenida das Nações Unidas, 7221, 3º andar, Setor D
Pinheiros – São Paulo – SP – CEP 05425-902
Tel.: 4003-3061
www.scipione.com.br/atendimento@scipione.com.br

Dados Internacionais de Catalogação na Publicação (CIP)
(Câmara Brasileira do Livro, SP, Brasil)

Marsico, Maria Teresa
Marcha criança: integrado: ensino fundamental: língua portuguesa, matemática, história, geografia, ciências, inglês, arte / Maria Teresa Marsico, Maria Elisabete Martins Antunes, Armando Coelho de Carvalho Neto, – 3. ed. – São Paulo: Scipione, 2014.

Obra em 5 v.

1. Arte (Ensino fundamental) 2. Ciências (Ensino fundamental) 3. Geografia (Ensino fundamental) 4. História (Ensino fundamental) 5. Inglês (Ensino fundamental) 6. Matemática (Ensino fundamental) 7. Português (Ensino fundamental) I. Antunes, Maria Elisabete Martins. II. Carvalho Neto, Armando Coelho de. III. Título.

14-02320 CDD–372.19

Índices para catálogo sistemático:
1. Ensino integrado: Livros-texto: Ensino Fundamental 372.19

2018
ISBN 978 85 262 9352-6 (AL)
ISBN 978 85 262 9353-3 (PR)
Cód. da obra CL 738662
CAE 497806 (AL) / 497807 (PR)
3ª edição
9ª impressão

Impressão e acabamento: Bercrom Gráfica e Editora

Uma publicação Abril EDUCAÇÃO

MARCHA CRIANÇA
INTEGRADO

Sumário

LÍNGUA PORTUGUESA 5
MATEMÁTICA 169
HISTÓRIA 321
GEOGRAFIA 393
CIÊNCIAS 465
INGLÊS 553
ARTE 585
MATERIAL DE APOIO

APRESENTAÇÃO

Querido aluno, querida aluna,

Preparamos esta coleção com muito carinho especialmente para você. Ela está repleta de situações e atividades motivadoras que certamente despertarão seu interesse e lhe proporcionarão momentos de alegria e muitas descobertas. Esperamos que com ela você encontre satisfação no constante desafio de aprender!

Ao final de cada unidade, apresentamos como novidade a seção **De olho...**, com a qual você e seus colegas poderão ampliar seus conhecimentos nas diferentes disciplinas.

Crie, opine, participe, aprenda e colabore para transformar o mundo em um lugar melhor. E lembre-se de compartilhar seus conhecimentos com os colegas e com o professor, oferecendo um grande exemplo de solidariedade, amizade e cidadania.

Bons estudos e um forte abraço!

Maria Teresa, Maria Elisabete e Armando

CONHEÇA SEU LIVRO

Este livro é composto de sete disciplinas.

As disciplinas regulares estão divididas sempre em quatro unidades. Cada unidade termina com a nova seção **De olho...**

No final de cada disciplina, você encontrará algumas sugestões de leitura para aprofundar seus conhecimentos.

Em papel especial, um material exclusivo complementa as atividades do livro.

Para complementar seu aprendizado, você ainda receberá, à parte, um caderno de atividades.

Língua Portuguesa

SUMÁRIO

UNIDADE 1: Lidando com emoções

- **Texto 1:** Nas asas do condor 6
  Aprendendo gramática: Fonemas e letras / Encontro consonantal e dígrafo 10
  Escrevendo certo: **-esa**, **-eza** 13
- **Texto 2:** Chapeuzinho Amarelo 14
  Aprendendo gramática: Classificação dos fonemas / Ditongo / Tritongo / Hiato / Ditongo oral e nasal / Ditongo crescente e decrescente .. 17
  Escrevendo certo: **-izar**, **-isar** 21
- **Texto 3:** Eternamente... mãe! 22
  Aprendendo gramática: Artigo definido e artigo indefinido / Substantivo comum e substantivo próprio / Substantivo concreto e substantivo abstrato 26
  Escrevendo certo: **s** e **z** finais 30
- **Texto 4:** Para contar estrelas 32
  Aprendendo gramática: Substantivo coletivo / Substantivo primitivo e substantivo derivado / Substantivo simples e substantivo composto 36
  Escrevendo certo: **atrás** e **traz** 39

De olho no dicionário: Sinais gráficos 40

UNIDADE 2: Vida real

- **Texto 1:** O diário de Zlata 42
  Aprendendo gramática: Gênero do substantivo 47
  Escrevendo certo: **ce**, **ci**, **ç** 49
- **Texto 2:** Eli & Edi! 50
  Aprendendo gramática: Número do substantivo 54
  Escrevendo certo: **sc**, **sç**, **xc** 57
- **Texto 3:** Uma lição na areia 58
  Aprendendo gramática: Grau do substantivo 62
  Escrevendo certo: Sufixos com **s** e **z** (derivação) 64
- **Texto 4:** A bola 65
  Aprendendo gramática: Preposição / Crase .. 69
  Escrevendo certo: **Til** 73
- **Texto 5:** O menino marrom 74
  Aprendendo gramática: Adjetivo: gênero e número 79
  Escrevendo certo: **des**-, **im**- (**in**-) 81

De olho no dicionário: Adjetivo pátrio 82

UNIDADE 3: Histórias que ensinam

- **Texto 1:** O lobo e o cão 84
  Aprendendo gramática: Graus do adjetivo / Locução adjetiva 88
  Escrevendo certo: **-oso**, **-osa** 92
- **Texto 2:** Dize-me com quem andas 93
  Aprendendo gramática: Numeral 96
  Escrevendo certo: **-am**, **-ão** 98
- **Texto 3:** O homem mais rico do mundo 99
  Aprendendo gramática: Pronome pessoal .. 102
  Escrevendo certo: **li**, **lh** 105
- **Texto 4:** Contos que valem uma fábula 106
  Aprendendo gramática: Pronome possessivo, pronome demonstrativo e pronome indefinido 110
  Escrevendo certo: **mal**, **mau** 114
- **Texto 5:** A cigarra e as formigas 115
  Aprendendo gramática: Pronome relativo e pronome interrogativo 119
  Escrevendo certo: **Abreviaturas** e **siglas** .. 122

De olho no dicionário: Homônimo e parônimo.... 124

UNIDADE 4: Cuidar do planeta: questão de sobrevivência

- **Texto 1:** Terra e conhecimento da natureza ... 126
  Aprendendo gramática: Conjunção 129
  Escrevendo certo: **mais**, **mas** 131
- **Texto 2:** Combate ao desperdício: use mas não abuse 132
  Aprendendo gramática: Verbo / Conjugação de verbo regular 135
  Escrevendo certo: **por que**, **porque**, **por quê**, **porquê** 141
- **Texto 3:** Consumo consciente 142
  Aprendendo gramática: Verbo **pôr** / Conjugação de verbo auxiliar 144
  Escrevendo certo: **por**, **pôr** 149
- **Texto 4:** Vocês e a reciclagem de papel 150
  Aprendendo gramática: Oração – sujeito e predicado / Sujeito 153
  Escrevendo certo: **esta**, **está** / **cessão**, **seção**, **sessão** 157
- **Texto 5:** Você sabia que a ameaça à biodiversidade é também uma ameaça à espécie humana? 158
  Aprendendo gramática: Advérbio 162
  Escrevendo certo: **aonde** e **onde** / **menos** (não "menas") 165

De olho no dicionário: Sexta, sesta e cesta 166

Sugestões para o aluno 167

Unidade

1

Lidando com emoções

Valter Ferrari/Arquivo da editora

O QUE VOU ESTUDAR?

- Leitura e compreensão
- Fonemas e letras
- Encontro consonantal e dígrafo
- Ditongo: oral e nasal, crescente e decrescente
- Artigo: definido e indefinido
- Substantivo: comum/próprio, concreto/abstrato, coletivo, primitivo/derivado, simples/composto
- Sinais gráficos

Texto 1

Nas asas do Condor

Kanton/Arquivo da editora

Quase morri de medo nas asas do Condor. Voei, voei muito alto, mas a verdade é que renasci...

Quando?

Faz muito tempo, mas me lembro do dia, mês e ano: 7 de setembro de 1958. Lembro-me também do lugar, pois há lugares da infância que ficam bem guardados na memória. Naquela época, na manhã do Dia da Independência, eu estava na beira do rio Xapuri, lá no Acre, brincando com meus amigos... Nós cavávamos buracos na areia a fim de encontrar ovos de tracajá. Em cada buraco havia dezenas de ovos que as nossas mãos transformavam em pequenas pirâmides e colinas brancas... Suávamos sob o calor inclemente, e, de vez em quando, a gente mergulhava no rio, nadava e voltava para a praia à procura de ovos... Quando terminei de construir a terceira pirâmide, tive minha primeira crise de asma. Senti falta de ar, e abri a boca para tentar respirar...

Não há nada pior do que sentir falta de ar, porque, sem ar, eu, você e o mundo inteiro não podemos viver. Meus amigos, assustados, correram até minha casa e viram minha tia Leila limpando um peixe na varanda. Apontaram para a beira do rio, e um deles disse que meu rosto estava estufado e vermelho. [...] Minha mãe se lembrou de que havia um médico em Xapuri, o dr. Monte, um médico de Rio Branco que a cada dois meses visitava a cidade. Mas o dr. Monte tinha ido atender a um doente em Brasileia, lá na fronteira com a Bolívia. Então, apavorada, ela se dirigiu à prefeitura, pois o prefeito era primo de meu pai. O prefeito correu para a praia e me viu estendido na areia, cercado por pirâmides e colinas de ovos de tracajá. Meu rosto devia estar vermelho que nem melancia, porque o prefeito olhou para mim e disse:

— Por Deus, o menino tá sufocado!

Ele olhou para o céu e disse para minha mãe e tia Leila:

— Fiquem aqui, eu vou cuidar desse menino.

[...]

Nos braços do prefeito eu entrei no Condor. Era um avião verde e prateado, um bimotor alemão que passava por Xapuri a cada quinze dias e fazia uma viagem impressionante para São Paulo. O Condor escalava em seis cidades (duas da Bolívia e quatro do Brasil) antes de aterrizar na capital paulista. O prefeito, que sabia pilotar, disse ao dono do Condor que ia dar uma volta comigo. Além da falta de ar, comecei a sentir medo. Nunca viajara de avião, e agora estava num aviãozinho que parecia um sapo metálico. Tremia de medo, e, com medo e falta de ar, sentado na cabina, percebi que o avião corria na pista de cascalho. Fechei os olhos...

Minha primeira aventura: voar com falta de ar aos dez anos de idade. Quando abri os olhos, a cidade parecia uma maquete, uma cidade de brinquedo, vi os dois rios, o Acre e o Xapuri, como se fossem duas cobras amarelas. O Condor ainda chacoalhava, o barulho dos motores era infernal e o vento que entrava pela janelinha da cabina tinha a força de um furacão. Aos poucos, fui me acostumando com aquela ideia louca de voar. Estava nervoso, mas no ar. Era um milagre... e também uma alegria, pois navegando no espaço, não sei por quê, comecei a respirar melhor... Já não sentia a angústia de estar perdendo o fôlego, de abocanhar em vão um punhado de ar.

Voltava a ser como você, que respira pelo nariz, normalmente, sem ânsia, sem sufoco. O prefeito-piloto, ao notar minha melhora, sorriu. Logo depois ele riu e disse:

— Agora vamos conhecer as nuvens.

Ele puxou um pouquinho o manche, o Condor começou a subir, a subir...

[...]

Hoje, quase quarenta anos depois desse voo, penso que escrever uma história se parece com isso: voar, ver o que nunca vimos... imaginar.

Aterrizamos na pista de cascalho. No galpãozinho à beira da pista, minha mãe e tia Leila estavam ao lado do dono do avião. Minha mãe xingou o prefeito-piloto de louco e irresponsável; tia Leila, de cara emburrada, mal falou com ele. Mas quando me viram são e salvo, respirando como uma criança sadia, ficaram aliviadas.

Olhei para o avião na pista, e me despedi daquele sapo metálico que havia me curado. Enfim agradeci aos céus, mas nunca perdi o medo de voar. Anos depois, iria voar muito, e em aviões ainda menores que o Condor. Mas aquele voo foi inesquecível.

Até hoje me lembro daquela manhã em que voei no Condor e vi lá do alto o mundo da minha infância.

O livro dos medos, organização de Heloisa Prieto.
São Paulo: Companhia das Letrinhas, 1998.

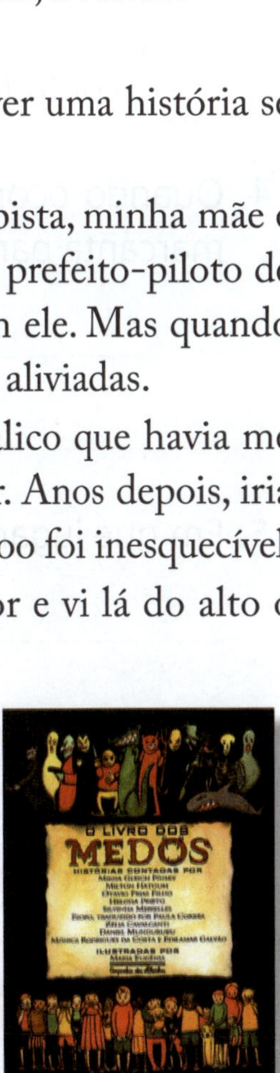

tracajá: espécie de tartaruga da Amazônia.

inclemente: que não é clemente, rigoroso.

chacoalhava: sacudia, balançava.

abocanhar: apanhar com a boca; engolir.

manche: comando ou alavanca deslizante que, quando movida para a frente e para trás, controla os estabilizadores e os movimentos de subida e descida do avião e, quando movida para os lados, movimenta os dispositivos articulados da asa.

POR DENTRO DO TEXTO

1. Qual é o título do texto? Você o acha adequado? Justifique sua resposta.

____

____

2. O narrador dessa história é um adulto ou uma criança? Como podemos comprovar isso?

____

____

3. A narrativa que você leu:

- [ ] conta fatos reais acontecidos na vida de uma pessoa.
- [ ] conta fatos imaginados pelo autor.

4. Quando ocorreu o episódio narrado no texto? Por que essa data foi tão marcante para o narrador-personagem da história?

____

____

5. Em que lugar aconteceu esse episódio?

____

6. O narrador-personagem da história viveu uma situação de risco. Ele foi socorrido:

- [ ] pelo pai num barco.
- [ ] pelo médico em Brasileia.
- [ ] pelo prefeito, primo de seu pai.

7. O narrador conta qual foi sua primeira aventura.

a) Que idade ele tinha? ______________________________

b) A qual aventura ele se refere? ______________________________

8. Explique com suas palavras o seguinte trecho:

"Hoje, quase quarenta anos depois desse voo, penso que escrever uma história se parece com isso: voar, ver o que nunca vimos... imaginar."

____

____

____

9. O narrador afirma que "aquele sapo metálico" o curou.

- O que é, na verdade, o "sapo metálico"?

____

10. Assinale o avião que se assemelha à descrição do Condor no texto.

☐ 

☐ 

Ilustrações: Kanton/Arquivo da editora

11. Volte ao texto e copie as palavras e as expressões que caracterizam o Condor.

____

____

APRENDENDO GRAMÁTICA

Fonemas e letras

Leia as frases e observe as palavras destacadas.

Mariana sente muito; ela contou que sua tartaruga morreu.
Mariana mente muito; ela contou que sua tartaruga correu.

Compare as palavras:

sente → **m**ente   **m**orreu → **c**orreu

Como você pôde perceber, o que diferencia essas palavras é o som inicial, representado na escrita por letras diferentes.

Os **sons** da fala são chamados de **fonemas**.

Ao mudarmos um só fonema numa palavra, teremos outra palavra, com outro significado.

Para você entender melhor o que é fonema, leia em voz alta as palavras abaixo e compare-as:

pato   **r**ato

Quando escrevemos, os sons são representados por sinais gráficos. Esses sinais recebem o nome de **letra**.

É importante não confundir letra e fonema. Fonema é som, letra é o sinal gráfico que representa o som. Observe:

óculos

mochila

Ilustrações: Ilustra Cartoon/ Arquivo da editora

A palavra **óculos** tem seis fonemas e seis letras; cada letra corresponde a um fonema.

A palavra **mochila** tem seis fonemas e sete letras, porque as letras **ch** juntas formam um único som e, por isso, um único fonema.

1. Leia as palavras abaixo e escreva quantas letras e quantos fonemas cada uma delas tem.

amigo ______________ caprichar ______________

piscina ______________ coração ______________

conhecer ______________ olhos ______________

2. Leia as afirmações abaixo.

[a] Um mesmo som pode ser representado por letras diferentes.

[b] Uma mesma letra pode representar sons diferentes.

[c] Uma letra pode não representar som nenhum.

- Que grupo de palavras corresponde a cada afirmação? Responda escrevendo corretamente as letras nos quadrinhos.

[ ] **g**oleiro, **g**inástica

[ ] **c**ebola, va**ss**oura

[ ] **H**enrique, **h**oje

Encontro consonantal e dígrafo

Vamos relembrar?

Os **encontros consonantais** se formam quando duas ou mais consoantes aparecem juntas em uma palavra. Por exemplo:

prefeito **tr**acajá

Já os dígrafos são grupos de duas ou mais letras representando um único som. Veja:

o**lh**os ma**qu**ete

1. Distribua nas colunas as palavras do quadro.

alto	morri	braços
assustados	naquela	renasci
aviãozinho	vermelho	alegria
verde	cascalho	barulho
pista	impressionante	mergulhava

palavras com encontro consonantal	palavras com dígrafo	palavras com encontro consonantal e dígrafo

Fique por dentro!

- Também são dígrafos os grupos de letras que servem para representar as vogais nasais: c**on**dor e t**em**po, por exemplo.
- Não são dígrafos os grupos **gu**, **qu**, **sc** e **xc** nas palavras em que cada uma dessas letras representa um som: á**gu**a, **qu**adro, e**sc**uras e e**xc**lusão, por exemplo.
- Na separação de sílabas, as letras dos dígrafos **rr**, **ss**, **sc**, **sç** e **xc** ficam separadas: ca**r**-**r**o, pá**s**-**s**a-ro, na**s**-**c**i-men-to, cre**s**-**ç**o e e**x**-**c**e-to, por exemplo.

2. Circule os dígrafos e separe as sílabas das palavras.

barraco ____________________ apressado ____________________

excelente ____________________ barulho ____________________

limpo ____________________ tranquilo ____________________

preguiça ____________________ tosse ____________________

ESCREVENDO CERTO

-esa, -eza

Leia a frase, prestando atenção nos substantivos destacados.

A **camponesa** emocionou-se com a **beleza** da vegetação.

Ilustra Cartoon/Arquivo da editora

As palavras **camponesa** e **beleza** apresentam o mesmo som em sua terminação, embora a grafia não seja igual.

A terminação **-esa** é empregada para formar o feminino de alguns substantivos. Observe:

masculino	feminino
camponês	camponesa

A terminação **-eza** é empregada para formar substantivo derivado de adjetivo. Veja:

adjetivo	substantivo
belo	beleza

1. Escreva os substantivos correspondentes aos adjetivos abaixo.

adjetivos	substantivos
esperto	esperteza
gentil	______

adjetivos	substantivos
rico	______
limpo	______

2. Complete as frases utilizando adjetivos pátrios.

a) Ela nasceu na Holanda, portanto é ______.

b) Em restaurante chin**ês** se come comida típica ______.

c) É ingl**ês** o homem que nasceu na Inglaterra; é ______ a mulher que nasceu no mesmo país.

Texto 2

Chapeuzinho Amarelo

Chapeuzinho Amarelo era uma menina que tinha muitos medos...

[...]
E de todos os medos que tinha
o medo mais que medonho
era o medo do tal do LOBO.
Um LOBO que nunca se via,
que morava lá pra longe,
do outro lado da montanha,
num buraco da Alemanha,
cheio de teia de aranha,
numa terra tão estranha,
que vai ver que o tal do LOBO
nem existia.
Mesmo assim a Chapeuzinho
tinha cada vez mais medo
do medo do medo do medo
de um dia encontrar um LOBO.
Um LOBO que não existia.
E Chapeuzinho Amarelo,
de tanto pensar no LOBO,
de tanto sonhar com o LOBO,
de tanto esperar o LOBO,
um dia topou com ele
que era assim:
carão de LOBO,
olhão de LOBO,
jeitão de LOBO

e principalmente um bocão
tão grande que era capaz
de comer duas avós,
um caçador,
rei, princesa,
sete panelas de arroz
e um chapéu de sobremesa.
Mas o engraçado é que,
assim que encontrou o LOBO,
a Chapeuzinho Amarelo
foi perdendo aquele medo,
o medo do medo do medo
de um dia encontrar um LOBO.
Foi passando aquele medo
do medo que tinha do LOBO.
Foi ficando só com um pouco
de medo daquele lobo.
Depois acabou o medo
e ela ficou só com o lobo.
[...]

Kanton/Arquivo da editora

Chapeuzinho Amarelo, de Chico Buarque. Rio de Janeiro: José Olympio, 2012.

Reprodução/Editora José Olympio

medonho: que causa muito medo, horrendo.

Daniel Marenco/Folhapress

Chico Buarque

Francisco Buarque de Hollanda

Mais conhecido como Chico Buarque, o autor de **Chapeuzinho Amarelo** nasceu no Rio de Janeiro em 1944, mas foi criado em São Paulo. Considerado um dos maiores músicos brasileiros, Chico também escreveu peças para teatro, livros para adultos e crianças, fez óperas infantis, trabalhou em cinema e já foi até comentarista de futebol.

POR DENTRO DO TEXTO

1. Qual era o maior medo de Chapeuzinho Amarelo?

____

2. Por que a palavra **lobo** vem escrita em letras maiúsculas em quase todo o poema?

____

____

3. Chapeuzinho Amarelo perdeu o medo ao encontrar o lobo? Copie um trecho do texto para comprovar sua resposta.

____

____

4. A história **Chapeuzinho Amarelo** fez você se lembrar de alguma outra? Qual?

____

____

- Em sua opinião, o que diferencia as duas histórias?

____

____

____

5. Você conhece alguém que sente muito medo de algo assim como Chapeuzinho Amarelo sentia do lobo? Quem? Em sua opinião, essa atitude é saudável? Por quê?

____

____

____

APRENDENDO GRAMÁTICA

Classificação dos fonemas

Os fonemas da língua portuguesa classificam-se em **vogais**, **semivogais** e **consoantes**.

Leia a frase abaixo e pronuncie as palavras destacadas.

Ai que vontade de estar aí com você!

Nessa frase, você pode perceber que a letra **i** representa diferentes fonemas.

Na palavra **ai**, o som da letra **i** é fraco. Já na palavra **aí**, o som da letra **i** é forte.

A palavra **aí** tem duas vogais (**a** e **i**), portanto duas sílabas (**a-í**). A palavra **ai**, por sua vez, tem uma vogal (**a**) e uma semivogal (**i**), portanto uma única sílaba (**ai**).

Semivogal é o nome que se dá ao fonema produzido como vogal, mas pronunciado com menor intensidade (mais fraco). Isso acontece com as vogais **i** e **u**. A semivogal sempre acompanha uma vogal, formando com ela uma sílaba.

Veja estes exemplos:

vai

V	A	I
consoante	vogal	semivogal

sou

S	O	U
consoante	vogal	semivogal

Observe a seguir como as vogais e as semivogais podem aparecer juntas em determinadas palavras, formando encontros vocálicos.

Ditongo

É o encontro vocálico formado por semivogal + vogal ou por vogal + semivogal numa mesma sílaba. Exemplos:

q**ua**tro ⟶ **u** ↓ semivogal; **a** ↓ vogal

p**ai** ⟶ **a** ↓ vogal; **i** ↓ semivogal

Tritongo

É o encontro vocálico formado por semivogal + vogal + semivogal numa mesma sílaba. Exemplo:

U-ru-g**uai** → **u** (semivogal), **a** (vogal), **i** (semivogal)

Hiato

É o encontro vocálico formado por vogal + vogal, as quais ficam em sílabas separadas. Exemplo:

s**a**-**í**-da → **a** (vogal), **i** (vogal)

1. Numere os encontros vocálicos de acordo com a legenda.

1. ditongo
2. tritongo
3. hiato

☐ carruagem	☐ viúva	☐ coroa
☐ enxaguou	☐ caixa	☐ saguão
☐ Gabriela	☐ biscoito	☐ quais
☐ ouro	☐ iguais	☐ couve

2. Em cada par de palavras, circule aquela em que as letras **i** ou **u** são semivogais.

- deslizou, unidade
- pais, país
- pedir, adorei
- mau, baú

a) Em quais das palavras acima a letra **u** representa vogal?

____

b) E em quais a letra **i** representa vogal?

____

____

Ditongo oral e nasal / ditongo crescente e decrescente

Leia a frase abaixo e observe os ditongos destacados.

Chapeuzinho Amarelo não teve medo do lobo.

Um ditongo pode ser **oral** ou **nasal**, **crescente** ou **decrescente**.

Na palavra **Chapeuzinho**, o ditongo **eu** é **oral** e, na palavra **não**, o ditongo **ão** é **nasal**.

O ditongo é **oral** quando apresenta uma vogal oral, ou seja, quando o som dessa vogal sai exclusivamente pela boca. Exemplos:

c**ai**-xa he-r**ói** ca-c**au**

Ilustrações: Kanton/ Arquivo da editora

O ditongo é **nasal** quando apresenta uma vogal nasal, ou seja, o som dessa vogal sai pela boca e pelo nariz simultaneamente. Exemplos:

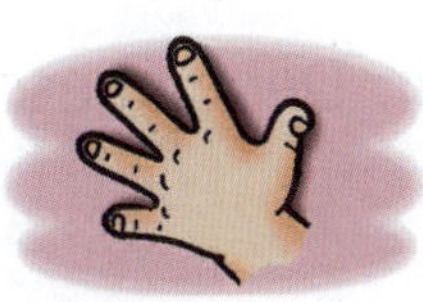

m**ão** m**ui**-to p**ãe**s

O ditongo é **crescente** quando a semivogal vem antes da vogal, ou seja, quando pronunciamos primeiro o som fraco e depois o forte (o som vai do fraco para o forte).

Exemplo: gê-n**io** → **i** ↓ semivogal **o** ↓ vogal

O ditongo é **decrescente** quando a semivogal vem depois da vogal, ou seja, quando pronunciamos primeiro o som forte e depois o fraco (o som vai do forte para o fraco).

Exemplo: **au**-to-mó-vel → **a** ↓ vogal **u** ↓ semivogal

1. Complete as frases com as palavras do quadro.

alimentação	peões	bocão	pão

a) O lobo tinha um ______________________ .

b) O ______________ faz parte de nossa ______________________ diária.

c) No jogo de xadrez, os _____________ são sempre deslocados para a frente.

2. Como é chamado o sinal gráfico que está sobre as palavras do quadro acima?

____

- Esse sinal gráfico indica que o ditongo é oral ou nasal?

____

3. Observe os ditongos destacados nas palavras a seguir. Depois, escreva se são crescentes ou decrescentes.

p**ai** ______________________________

agradec**eu** ______________________________

táb**ua** ______________________________

instruç**ão** ______________________________

líng**ua** ______________________________

lingu**i**ça ______________________________

Ilustra Cartoon/Arquivo da editora

4. Das palavras acima, quais podemos classificar como:

a) ditongo nasal decrescente? ______________________________

b) ditongo oral crescente? ______________________________

c) ditongo oral decrescente? ______________________________

ESCREVENDO CERTO

-izar, -isar

Leia as frases abaixo e pronuncie vagarosamente os verbos destacados.

A mãe tentou tranquilizar a menina.

Tentaram avisar que o lobo não era mau.

Você deve ter notado que o som da terminação dos verbos **tranquilizar** e **avisar** é igual, embora a grafia seja diferente.

Agora, leia as palavras do quadro.

verbo	substantivo	adjetivo
tranquil**izar**	tranquilidade	tranquilo
av**isar**	avi**s**o	avi**s**ado

A terminação -**izar** caracteriza os verbos cujos substantivos e adjetivos correspondentes não apresentam a consoante **s** em sua terminação.

Já a terminação -**isar** caracteriza os verbos cujos substantivos e adjetivos correspondentes apresentam a consoante **s** em sua terminação.

1. Complete o quadro com o verbo correspondente ao substantivo e ao adjetivo apresentados.

substantivo	adjetivo	verbo
suavidade	suave	______
paralisia	paralisado	______
cicatriz	cicatrizado	______
canal	canalizável	______

2. Complete os verbos com -**izar** ou -**isar**.

civil ______ improv ______ fiscal ______

valor ______ escrav ______ rev ______

Texto 3

Eternamente... mãe!

MÃE...
Presença constante que me ensinou,
na pureza de seu coração,
a vislumbrar os caminhos.

MÃE...
dos primeiros passos,
das primeiras palavras.

MÃE...
do amor sem dimensão
de cada momento,
dos atos de cada capítulo de minha vida
não ensaiados, mas vividos em cada emoção.

Ilustra Cartoon/Arquivo da editora

MÃE...
da conversa no quintal,
do acalanto do meu sono aquecido com amor,
aninhado em seu coração.

MÃE...
do abraço,
do beijo que levo na lembrança.

MÃE...
a sua ausência me inspira a
caminhar.

MÃE...
a presença de cada passo que o tempo não apaga,
por mais longo e escuro que seja o caminho,
haverá sempre um horizonte.

MÃE...
sinto suas mãos a me levar,
em cada momento de minha vida.

MÃE...
de onde estiver,
ensine-me o caminho,
mostre-me a liberdade.

MÃE...
dê-me a sua mão como quando em criança
para que eu possa entender um pouco mais
a vida,
o mundo;
pois só quem me entendia era você,
e eu só não estou só porque tenho na
lembrança a verdadeira concepção da
palavra *mãe*...
Como no brilho das estrelas,
a eterna luz da sua presença...
MÃE!

Armando Coelho de Carvalho Neto.

vislumbrar: perceber.
dimensão: tamanho.
concepção: significado.

Ilustra Cartoon/Arquivo da editora

Saiba mais

Você sabe como surgiu o Dia das Mães?

Em uma cidadezinha chamada Grafton, nos Estados Unidos, morava Anne Jarvis. Em 1907, quando se completava o primeiro aniversário de morte de sua mãe, ela teve a ideia de propor uma comemoração especial para as mães.

Empenhou-se de tal maneira que, em 1910, o governador da Virgínia instituiu no estado o Dia das Mães; em 1917, a comemoração foi incluída no calendário federal dos Estados Unidos.

No Brasil, a data foi comemorada pela primeira vez em 1918.

POR DENTRO DO TEXTO

1. Verifique como o texto **Eternamente... mãe!** está organizado.

a) Esse texto é:

☐ um conto. ☐ um poema. ☐ uma receita.

b) Que características do texto permitiram chegar a essa conclusão?

____

____

2. Em sua opinião, o que o texto pretende transmitir ao leitor?

____

____

____

3. Os itens da segunda coluna completam os da primeira. Relacione-os.

1	A sua ausência	☐	de cada passo que o tempo não apaga.
2	A presença	☐	a me levar, em cada momento.
3	Sinto suas mãos	☐	me inspira a caminhar.
4	De onde estiver,	☐	ensine-me o caminho.

4. Releia a última estrofe e responda às questões:

a) E você, é entendido por quem? Explique sua resposta.

____

____

____

b) A que a presença eterna da mãe é comparada?

____

____

5. Escolha uma das estrofes do poema que você gostaria de dedicar à sua mãe ou a uma pessoa que lhe é querida e reescreva-a no espaço abaixo.

____

____

____

____

____

6. Observe a foto.

Rafal Olechowski/Shutterstock/Glow Images

a) Que sentimento a imagem ao lado desperta? Assinale.

- [ ] tristeza
- [ ] segurança
- [ ] saudade

b) A qual verso do poema essa imagem pode ser relacionada?

____

____

____

7. Escolha, no poema **Eternamente... mãe!**, duas palavras ou expressões que você tenha achado bonitas ou poéticas. No caderno, escreva uma estrofe usando essas palavras ou expressões. Você pode dedicá-la à sua mãe ou a alguém muito especial que cuida de você.

APRENDENDO GRAMÁTICA

Artigo definido e artigo indefinido

Releia esta estrofe do poema e observe as palavras destacadas.

"MÃE...
a presença de cada passo que o tempo não apaga,
por mais longo e escuro que seja o caminho,
haverá sempre um horizonte."

As palavras destacadas **a**, **o** e **um** acompanham substantivos. Essas palavras são **artigos**.

Artigo é a palavra que acompanha o substantivo determinando-o de modo preciso ou vago e indicando seu gênero e número.

Os artigos podem ser **definidos** ou **indefinidos**. Observe:

Os alunos fizeram um trabalho interessante.

Ilustra Cartoon/Arquivo da editora

Os indica o substantivo **alunos** de modo definido, determinado, preciso. **Os** é **artigo definido**.

Um indica o substantivo **trabalho** de modo indefinido, indeterminado, impreciso. **Um** é **artigo indefinido**.

Veja o quadro dos artigos:

	artigo			
	definido		indefinido	
	masculino	feminino	masculino	feminino
singular	o	a	um	uma
plural	os	as	uns	umas

1. Leia as tirinhas e circule os artigos.

Peanuts, Charles Schulz © Peanuts Worldwide LLC/ Dist. by Universal Uclick

Snoopy: assim é a vida, Charlie Brown!, de Charles M. Schulz. Porto Alegre: L&PM, n. 3, 2011. p. 34 e p. 90.

2. Escreva no quadro os artigos que você circulou e os substantivos a que esses artigos se referem.

artigo definido	substantivo

artigo indefinido	substantivo

Substantivo comum e substantivo próprio / substantivo concreto e substantivo abstrato

Todos os seres, animados ou inanimados, têm nome.

Ilustrações: Ilustra Cartoon/ Arquivo da editora

menino

flor

maçã

tartaruga

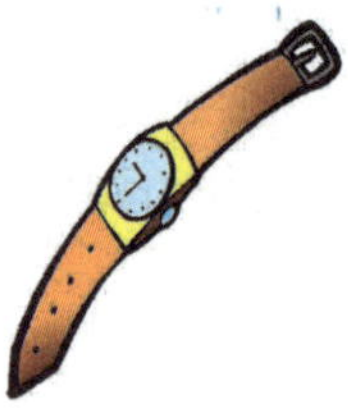
relógio

As palavras que dão nome aos seres são chamadas **substantivos**.

Leia a frase a seguir, atentando às palavras destacadas e à sua classificação.

No **Brasil** há uma grande variedade de **animais**.

Brasil ↓ substantivo próprio

animais ↓ substantivo comum

Substantivo próprio é aquele que dá nome a determinado ser da mesma espécie. Escreve-se com letra inicial maiúscula.

Exemplos: Amazônia, Costa Rica, Paulo Henrique.

Substantivo comum é aquele que dá nome a todos os seres da mesma espécie. É escrito com letra minúscula.

Exemplos: menino, dia, livro, réptil, tartaruga.

Veja ainda:

O **menino** sente **saudade** da antiga **escola**.

Menino e **escola** são **substantivos concretos**.

Substantivo concreto dá nome a seres de existência própria, reais ou imaginários.

Exemplos: Curitiba, criança, rua, mosca, ar, saci-pererê.

O substantivo **saudade**, que aparece no exemplo, não existe por si só; depende do menino para existir. O menino deve sentir saudade para que ela exista. **Saudade** é um **substantivo abstrato**.

Substantivo abstrato dá nome a seres que não existem por si mesmos, mas que dependem sempre de outro ser para se manifestar. São os nomes de sentimentos, ações, estados ou qualidades. Exemplos: amor, alegria, pobreza, honestidade.

1. Complete o quadro com dois substantivos comuns que sejam nome de:

fruta	animal	parte do corpo humano
______	______	______
______	______	______

2. Complete o quadro com dois substantivos próprios que sejam nome de:

país	cidade brasileira	bairro da sua cidade
______	______	______
______	______	______

3. Leia os substantivos abstratos do quadro e escreva-os embaixo da figura que melhor os representa.

tristeza beijo paz

______

______

______

Ilustrações: Ilustra Cartoon/Arquivo da editora

4. Das atividades 1, 2 e 3, transcreva três substantivos concretos.

______

ESCREVENDO CERTO

s e **z** finais

Leia estas frases:

Diana estava **feliz**. Ela disse mais de uma **vez**: "Oba! Hoje é meu aniversário!".

1. Copie as palavras destacadas nas frases acima.

____

• Agora, complete a informação.

Nessas palavras, a letra **z** tem som de ______________.

2. Troque os números pelas letras correspondentes e forme palavras.

1	f	**4**	a	**7**	u	**10**	n	**13**	c	**16**	j
2	p	**5**	o	**8**	r	**11**	q	**14**	d	**17**	s
3	i	**6**	z	**9**	v	**12**	b	**15**	e	**18**	l

a) 1, 8, 4, 10, 13, 15, 17 ______________________

b) 4, 2, 8, 15, 10, 14, 3, 6 ______________________

c) 9, 15, 8, 10, 3, 6 ______________________

d) 16, 4, 2, 5, 10, 15, 17 ______________________

e) 13, 4, 2, 7, 6 ______________________

f) 12, 3, 17 ______________________

g) 11, 7, 3, 17 ______________________

h) 18, 7, 6 ______________________

Ilustrações: Ilustra Cartoon/Arquivo da editora

3. Que letra está faltando nas palavras da primeira coluna? Responda fazendo um **X** na coluna onde está a letra correspondente à palavra. Depois, escreva a palavra completa ao lado.

	s	z	
óculo★			
carta★			
timide★			
lilá★			
rai★			
fi★			
mai★			

Ilustra Cartoon/Arquivo da editora

Fique por dentro!

Na língua portuguesa, o mesmo som pode ser representado por diferentes letras. Escrever com atenção ajuda a fixar a grafia correta das palavras. Sempre que surgir alguma dúvida, consulte um dicionário.

4. Escreva **s** ou **z** para completar as palavras.

a) Ontem esquecemos a lu______ da sala acesa. Verifique se todas as luze______ estão apagadas antes de sair.

b) Quantas veze______ você já foi à praia? Eu fui apenas uma ve______!

c) Naquele restaurante, um dos cozinheiros é chinê______ e o outro é francê______.

d) O palhaço perdeu seu nari______ vermelho!

e) Cada aluno fe______ um carta______. Depois, o professor colou todos os cartaze______ no corredor.

Texto
4

Para contar estrelas

— Pai, como é que a gente conta estrelas do céu?, perguntou Lelê. O pai, baixando o jornal, foi logo fazendo pose de explicação.

— Bem, existem equipamentos especiais para isso. Eles tiram fotos do céu e fazem medições. E tem o Hubble, que é o bambambã dos telescópios! Mas só os cientistas podem usá-lo. Então, cada um conta com o que tem à mão.

— Ah!, disse Lelê com admiração, mesmo sem ter entendido muito bem (ele ainda estava no 2º ano).

A mãe o chamou na cozinha para um lanche. Ele se sentou à mesa pensando ainda no que o pai tinha dito. Decidiu perguntar para ela também.

— Isso seu pai deve saber. Por que não pergunta para ele?

— Já perguntei. Ele falou várias coisas, mas não entendi direito: o que cada um tem nas mãos e...

— Ora, nas mãos a gente tem dedos! Por que você não conta nos dedos?, disse a mãe, que era bem mais esperta que o pai nos assuntos práticos.

— Hum..., pensou Lelê. Assim eu sei! — E foi logo devorando o sanduíche.

Uns minutinhos depois, Lelê já estava no quintal. Olhava para o alto, bem fundo no céu de estrelas. Para começar, mirou a mais brilhante e passou a contar em voz alta:

Um... Dois... Três..., recolhendo um dedo de cada vez. Chegou até dez. Olhou para as mãos, olhou para o céu.

Suspirou. O problema é que ele tinha só dez dedos, e o céu tinha muito mais estrelas.

Kanton/Arquivo da editora

Kanton/Arquivo da editora

Desanimado, sentou--se na varanda, apoiando o queixo nas mãos.

Sua avó, que sempre observava tudo bem quietinha, foi lá falar com ele.

— O que foi, filho?

— Nada...

— Hum. Sabe, eu conheço um jeito de fazer caber todas as estrelas na mão, de uma só vez.

Lelê olhou desconfiado, mas ficou atento, esperando o resto da história.

— Está vendo as estrelas lá em cima? São tão pequenininhas, não é mesmo? Pois então. Basta você olhar bem para elas, como se fossem grãozinhos de areia. Daí você passa a mão, assim, por todo o céu, como se estivesse varrendo, e fecha de uma vez no final! Depois, chacoalha bem e põe em cima do coração pegando emprestado um pouco da luz delas.

Ela deu então uma piscadela e foi se levantando para entrar em casa.

Lelê percebeu uma emoção estranha no peito, sentiu uma saudade imensa da avó, queria que ela morasse com ele para sempre.

Desde então, sempre que tinha vontade, Lelê contava todas as estrelas do céu. E num punhado só.

André de Martini.
In: Revista **Nova Escola**. São Paulo: Abril, v. 5, jul. 2010, p. 26-27.
Edição especial Era uma vez.

Reprodução/Revista *Nova Escola*/Editora Abril

assuntos práticos: assuntos do dia a dia.
punhado: quantidade de algo que caiba na mão.

POR DENTRO DO TEXTO

1. O que o menino queria saber?

____

2. A quem ele perguntou primeiro?

____

3. Releia este trecho:

> "Então, cada um conta com o que tem **à mão**."

- A expressão destacada significa:

☐ dentro da mão. ☐ ao alcance, disponível. ☐ fora da mão.

4. O que o pai do menino quis dizer em "E tem o Hubble, que é o **bambambã** dos telescópios!"?

____

5. Compare a fala do pai com o pensamento do menino.

- Explique a diferença entre o que o pai quis dizer e o que o menino entendeu.

____

____

____

6. Releia este trecho do texto:

"Desanimado, **sentou-se** na varanda, apoiando o queixo nas mãos."

- O verbo destacado refere-se:

☐ à mãe. ☐ ao pai. ☐ ao menino.

7. Releia mais um trecho do texto:

"— Hum. Sabe, eu conheço um jeito de fazer caber todas as estrelas na mão, de uma só vez."

a) De quem é essa fala?

____

b) A quem essa fala se dirige?

____

8. A solução que a avó de Lelê arruma para que todas as estrelas do céu caibam nas mãos é:

☐ tradicional. ☐ baseada em estudos científicos. ☐ criativa.

9. Segundo a explicação da avó, como podemos fazer caber todas as estrelas na mão de uma só vez? Explique com suas palavras.

____

____

____

10. Em sua opinião, por que Lelê queria que sua avó morasse com ele para sempre?

____

____

____

APRENDENDO GRAMÁTICA

Substantivo coletivo

Leia a frase e observe a palavra destacada.

Lelê apreciou a constelação durante horas.

A palavra **constelação**, embora esteja no singular, designa um conjunto de estrelas. **Constelação** é um **substantivo coletivo**.

> **Substantivo coletivo** é o substantivo comum que, mesmo estando no singular, designa um conjunto de seres da mesma espécie.

1. Nas frases a seguir, circule os substantivos coletivos e sublinhe os substantivos comuns que se referem a eles.

a) Os atores terminaram a encenação e se reuniram com o novo elenco.

b) Comprei flores e fiz um belo ramalhete.

c) O batalhão, com mais de 2 mil soldados, marchou pela avenida.

d) A biblioteca de minha tia tem mais de 200 livros.

2. Observe o substantivo comum destacado e complete as frases com o substantivo coletivo correto.

a) Ganhei uma ________________ de folhas de papel colorido.

b) Um dos ladrões da ________________ foi preso.

c) Uma ________________ de gafanhotos destruiu toda a plantação.

d) Encontrei no ________________ os mapas de que preciso.

e) Este ________________ tem muitas palavras.

f) Mônica comeu dois ________________ de uvas.

g) Um ônibus daquela ________________ enguiçou.

Substantivo primitivo e substantivo derivado / substantivo simples e substantivo composto

Leia a frase atentando às palavras destacadas.

No início a **chuva** estava fraca, mas depois se transformou em uma **chuvarada**.

Observe:

chuva → chuvisco
chuva → chuveiro
chuva → chuvinha
chuva → chuvarada

Sublinhe, nas palavras acima, a parte comum a todas elas.

Na língua portuguesa há palavras que dão origem a outras.

Substantivo primitivo é aquele que não se originou de outra palavra.
Exemplo: chuva.

Substantivo derivado é aquele que se originou de outra palavra.
Exemplos: chuvisco, chuveiro, chuvinha, chuvarada.

1. Complete as frases abaixo com substantivos derivados dos substantivos primitivos do quadro.

cachorro	casa	flor
dente	pedra	porta

a) A ______________________ da esquina vende flores lindas!

b) O ______________ construiu aquela escada em dois dias.

c) Ganhei um ______________________ de meu irmão.

d) Marina mora em um ______________________ na rua de cima.

e) A ______________ da prefeitura funciona 24 horas.

f) O bisavô de Miguel usa ______________.

2. Dos substantivos primitivos abaixo, escreva substantivos derivados.

pedra: ______________________________

flor: ______________________________

ferro: ______________________________

Agora, veja:

Abri o **guarda-chuva** para proteger-me da **chuva**.

chuva ⟶ substantivo simples guarda-chuva ⟶ substantivo composto

> **Substantivos simples** são formados de uma só palavra.
> Exemplos: chuva, flor.

> **Substantivos compostos** são formados de duas ou mais palavras, ligadas ou não por hífen.
> Exemplos: pé de moleque, beija-flor, passatempo.

3. Leia os quadrinhos a seguir.

Ilustra Cartoon/Arquivo da editora

- Copie dos quadrinhos

a) dois substantivos simples e comum: ______________________________

b) um substantivo próprio: ______________________________

c) dois substantivos comuns, compostos e com hífen:

____

d) um substantivo comum, composto e sem hífen: ______________________________

ESCREVENDO CERTO

atrás e traz

Ilustra Cartoon/Arquivo da editora

Leia a frase a seguir e observe as palavras destacadas.

Sempre que Alice **traz** um brinquedo para seu cãozinho, ele o pega e vai brincar **atrás** do sofá.

Traz é uma forma do verbo **trazer**.

Atrás indica lugar.

1. Complete as frases corretamente usando **atrás** ou **traz**.

a) Ele se escondeu ____________________ da porta.

b) O professor ____________________ boas notícias aos alunos.

c) Vovó sempre ____________________ algum doce para mim.

d) Os atendentes estão ____________________ do balcão.

e) Vou ______________ de pistas para descobrir o mistério dessa história.

f) Meu pai sempre ____________________ flores para minha mãe.

2. Reescreva cada frase substituindo as palavras destacadas por seu antônimo.

a) Ele esperava a mãe **na frente** da escola.

____

b) A menina **leva** flores.

____

c) O brinquedo estava **na frente** da porta.

____

d) O carteiro **leva** as cartas.

____

De olho no dicionário

Sinais gráficos

Para escrever, além das letras do alfabeto e dos sinais de pontuação, também usamos outros sinais gráficos: os **acentos**. Veja:

acento agudo → céu acento circunflexo → você

O **acento agudo** é usado sobre as vogais para indicar tonicidade. Sobre as vogais **e** e **o** indica **som aberto**.

O **acento circunflexo** é usado sobre as vogais **a**, **e** ou **o** para destacar a vogal tônica. Indica **som fechado**.

1. Observe as palavras e complete as afirmações.

a) bab**á**/bab**ás** caf**é**/caf**és** vov**ô**/vov**ôs** armaz**ém**/armaz**éns**

- Acentuamos graficamente as palavras oxítonas terminadas em

____

b) órf**ã**, júr**i**, ági**l**

- Acentuamos graficamente todas as palavras ____________ que terminam em **i**, **is**, **us**, **um**, **uns**, **l**, **n**, **r**, **x**, **ps**, **ã**, **ãs**, **ão**, **ãos**.

c) lír**io**, ág**ua**, pôn**eis**

- Acentuamos as palavras ____________ que terminam em ditongo oral crescente ou decrescente, seguido ou não de **s**.

d) **á**libi, **lâm**pada, **má**gico

- Acentuamos todas as palavras ____________.

2. Acentue as palavras corretamente. Consulte um dicionário para confirmar suas respostas.

a) sabio d) virus g) album

b) jacare e) principe h) atras

c) tenis f) ciencia i) cipo

Unidade

2

Vida real

Valter Ferrari/Arquivo da editora

O QUE VOU ESTUDAR?

- Leitura e compreensão
- Substantivo: gênero, número e grau
- Preposição
- Crase
- Adjetivo: gênero e número
- Adjetivo pátrio

Texto 1

O diário de Zlata

Pouco antes de completar 11 anos, Zlata começa a escrever seu diário. Inicialmente escreve sobre assuntos comuns a qualquer menina: amigos, aniversário, notas na escola... No dia em que a guerra atinge sua terra, Sarajevo, ex-Iugoslávia, o tom do diário muda. Com muita coragem, Zlata continua registrando os acontecimentos desumanos e tristes que uma guerra provoca.

Terça-feira, 3 de dezembro de 1991

Hoje é o grande dia: é meu aniversário. Feliz aniversário, Zlata!!! Infelizmente, estou doente. Estou com sinusite e pus na garganta. Na verdade não estou me sentindo mal, mas mesmo assim sou obrigada a tomar antibiótico — Penbritina — e pôr gotas desagradáveis no nariz. Gotas que ardem horrivelmente. Precisava acontecer justo no dia do meu aniversário? Meu Deus, meu Deus, é realmente muita falta de sorte! (Vamos, não seja tão pessimista, nem tudo está tão negro!)

Bom, tudo bem, vou sarar e a gente festeja mais tarde — com minhas amigas, quero dizer, pois os "grandes" (os amigos e a família) vêm de todo jeito me dar parabéns hoje. E eu de camisola! Gostei muito dos presentes que papai e mamãe me deram: um par de esquis Head, fixações Tyrolia novas e bastões novos. Demais! Obrigada, mamãe, obrigada, papai!

Uma parte dos convidados acaba de ir embora e estou um pouco cansada. Vou precisar parar de escrever, não tenho mais ideias nem inspiração. Boa noite.

Quarta-feira, 4 de dezembro de 1991

Estou de cama — com você, meu Diário. Todo um dia pela frente para ficar deitada. Bimbilimbica (minha boneca preferida) está toda entediada em cima da mesa de cabeceira e Panda fica olhando fixamente para ela... Por mim, que continue!

19h45. Ainda estou de cama, ouvindo a barulhada de nossa máquina de lavar. O técnico está aí. Coitada da velhota, ela é "centenária". Eu devia chamá-la de "senhora". O técnico foi embora e estou ouvindo Michael Jackson, "Man in the mirror". Uma ideia maluca acaba de me passar pela cabeça. Vou tentar me inscrever no fã-clube da Madonna. Sou realmente muito louca!

Quinta-feira, 5 de dezembro de 1991

Acordei bem tarde. Depois Azra, Mirela e Bojana vieram me visitar. Bojana vai festejar o aniversário dela sábado. Que sortuda! MAS POR QUE TENHO QUE ESTAR DOENTE?!

Sniff! Sniff!

Sábado, 7 de dezembro de 1991

Fim de semana na cama. Bojana festejando o aniversário dela e eu sem poder ir. Estou triste. Não consigo mais ler nem ver televisão. Eu-que-ro-sa-rar!

Todas as noites papai e mamãe tentam telefonar para Srdjan, mas é impossível conseguir linha para Dubrovnik. É realmente guerra por lá. Vi pela televisão imagens de Dubrovnik. Uma coisa terrível. Estamos preocupados com Srdjan e a família dele. Mamãe conseguiu (porque ficou insistindo) completar a ligação às onze da noite. Ele está passando fome e sede, está passando frio, estão sem luz, sem água, não têm nada para comer. Ele está triste. Mamãe chorou. Mas o que está acontecendo, e por quê? Meu Deus, será possível que Dubrovnik esteja em guerra? A cidade cai em ruínas, as pessoas morrem. É a triste verdade, infelizmente. Cuide-se bem, Srdjan, estou torcendo por você. Um dia desses a gente manda outra caixa pela Caritas.

Segunda-feira vou ver tia Mira (a doutora) para saber como estão as coisas. Tchau!

Segunda-feira, 9 de dezembro de 1991

Passei na consulta. Tia Mira disse que eu podia voltar para a escola amanhã. Demaaaais! [...]

Quarta-feira, 11 de dezembro de 1991

Voltei à escola. Estamos aprendendo um monte de coisas, logo logo vamos chegar ao fim do trimestre. Amanhã, prova de Matemática. Preciso estudar. Hoje tirei 5/5 em História. Sábado festejo (atrasada) meus onze anos. [...]

Quinta-feira, 19 de dezembro de 1991

Em Sarajevo (a gente viu na tevê) começou a ação "Ajuda da Cidade de Sarajevo às Crianças de Dubrovnik". Dentro da caixa para Srdjan pusemos um pacotinho bem bonito para o Natal de uma criança desconhecida de Dubrovnik: balas, chocolate, uma bonequinha, livros, lápis, cadernos — tudo o que pudemos achar, porque queríamos mimar uma criança inocente que a guerra impediu de ir à escola, de brincar, de comer o que gosta e de ser feliz por ser criança. O pacotinho é bonito, em cores vivas. Espero que a criança que receber o pacote fique contente. Nós todos desejamos. Escrevi um cartãozinho para dizer que espero que a guerra em Dubrovnik acabe logo.

[...]

Domingo, 5 de abril de 1992

Dear Mimmy,

Estou tentando me concentrar nos deveres (um livro para ler), mas simplesmente não consigo. Alguma coisa está acontecendo na cidade. Ouvem-se tiros nas colinas. Grupos de pessoas chegam de Dobrinja. Para tentar interromper alguma coisa — o quê, nem eles mesmos sabem. Digamos simplesmente que se sente que alguma coisa vai acontecer, já está acontecendo, uma terrível desgraça. Na televisão, veem-se pessoas na frente da Assembleia Nacional. No rádio toca permanentemente a música "Sarajevo, meu amor". Tudo isso é muito bonito, mas a todo momento sinto uma espécie de cãibra no estômago e não consigo mais me concentrar nos estudos.

Mimmy, estou com medo da GUERRA!

[...]

O diário de Zlata: a vida de uma menina na guerra, de Zlata Filipović. Tradução de Antonio de Macedo Soares e Heloisa Jahn. São Paulo: Cia. das Letras, 1994.

sinusite: inflamação da cavidade óssea do rosto.

antibiótico: medicamento empregado na cura de doenças infecciosas.

Penbritina: nome do antibiótico.

pessimista: aquele que tem tendência a ver tudo de modo negativo.

POR DENTRO DO TEXTO

1. Complete a afirmação assinalando as opções corretas.
No texto de um diário pessoal:

- [ ] registram-se reportagens.
- [ ] usa-se linguagem coloquial.
- [ ] enviam-se recados
- [ ] escreve-se na primeira pessoa (eu).
- [ ] relatam-se acontecimentos do dia a dia.
- [ ] são feitas confidências pessoais.

2. Qual é o dia do aniversário de Zlata?

____

3. Por que a comemoração do aniversário não se realizou nesse dia?

____

- Copie uma frase que comprove sua resposta.

____

4. Em que dia Zlata voltou à escola?

____

5. Como Zlata e seus pais colaboraram para a ação "Ajuda da Cidade de Sarajevo às Crianças de Dubrovnik"?

____

____

____

6. O que você acha dessa atitude?

____

____

7. Leia este trecho e observe a palavra destacada.

"Passei na consulta. Tia Mira disse que eu podia voltar para a escola amanhã. **Demaaaais!**"

a) O que ocorreu com a palavra em destaque?

____

b) Nesse trecho, o que ela significa? ______________________

c) Por que Zlata escreveu dessa forma?

____

8. No primeiro parágrafo do trecho de 7 de dezembro de 1991, a menina escreve uma expressão de uma maneira diferente da usual. Localize-a e copie-a.

____

- Por que ela foi escrita dessa forma?

____

9. No trecho abaixo, a que ou a quem se refere a palavra **velhota**?

"Coitada da velhota, ela é 'centenária'. Eu devia chamá-la de 'senhora'."

____

- Por que a velhota é "centenária"? ______________________

10. No trecho de 5 de dezembro, Zlata afirma que Bojana é **sortuda**. Qual é o sentido dessa palavra?

____

11. Onomatopeia é a palavra que procura imitar um som. Circule a onomatopeia no trecho a seguir e escreva o que ela indica.

"Que sortuda! MAS POR QUE TENHO QUE ESTAR DOENTE?! Sniff! Sniff!"

____

APRENDENDO GRAMÁTICA

Gênero do substantivo

Ilustra Cartoon/Arquivo da editora

Leia a frase atentando às palavras destacadas.

O **aluno** e a **aluna** do 5º ano escolheram alguns livros para ler.

Os substantivos podem ser do gênero masculino ou do gênero feminino.

É **masculino** o substantivo diante do qual podemos usar os artigos **o**, **os**, **um** ou **uns**. Exemplos:

o aluno	**os** irmãos	**um** brinquedo	**uns** barracos

É **feminino** o substantivo diante do qual podemos usar os artigos **a**, **as**, **uma** ou **umas**. Exemplos:

a aluna	**as** irmãs	**uma** boneca	**umas** casas

Muitos substantivos que designam o ser humano ou outros animais têm uma forma para indicar o gênero masculino e outra para indicar o gênero feminino. Veja:

ator → atriz

herói → heroína

touro → vaca

zangão → abelha

Há substantivos que apresentam uma única forma para os dois gêneros. Eles são chamados de **sobrecomum**, **comum de dois gêneros** ou **epiceno**.

Observe estas frases:

Aline é **uma criança**.

Alexandre é **uma criança**.

O substantivo **criança** apresenta uma só forma para indicar o masculino e o feminino. **Criança** é um **substantivo sobrecomum**.

Veja outros substantivos sobrecomuns:

o animal	**o** carrasco	**o** monstro	**a** testemunha
a criatura	**o** apóstolo	**o** cadáver	**o** indivíduo
a vítima	**a** pessoa	**o** cônjuge	**o** ídolo

Observe esta outra frase.

Paulo é um dentista e Letícia é uma dentista.

O substantivo **dentista** tem uma só forma para o masculino e para o feminino. O gênero é indicado geralmente pelo artigo que o acompanha. **Dentista** é um **substantivo comum de dois gêneros**.

Veja alguns substantivos comuns de dois gêneros:

o jovem → **a** jovem
o doente → **a** doente
o estudante → **a** estudante
o colega → **a** colega

Agora, observe esta frase:

O jacaré macho e o jacaré fêmea foram vistos pela manhã.

O substantivo **jacaré** tem a mesma forma para o masculino e para o feminino, porém necessita das palavras **macho** e **fêmea** para indicar o gênero. **Jacaré** é um **substantivo epiceno**.

Veja alguns exemplos de substantivo epiceno:

a formiga **macho** → a formiga **fêmea**
a borboleta **macho** → a borboleta **fêmea**
a aranha **macho** → a aranha **fêmea**
a águia **macho** → a águia **fêmea**
a cobra **macho** → a cobra **fêmea**
a onça **macho** → a onça **fêmea**

- Reescreva as frases substituindo os substantivos masculinos destacados por substantivos femininos. Faça as alterações necessárias.

a) Aquele **jornalista** fez uma reportagem sobre o **estudante**.

____

b) O **caçula** esteve no consultório do **pediatra**.

____

c) Meu **irmão** sempre foi meu melhor **amigo**.

____

d) O **jacaré macho** quase atacou o **cavalo** perto da fazenda do meu **bisavô**.

____

e) O **moço** decidiu ser um **esportista**.

____

ESCREVENDO CERTO

ce, ci, ç

1. Leia estas palavras em voz alta e depois complete as frases.

a**ç**aí	**c**ebola	**c**inema	palha**ç**o	a**ç**úcar

a) Nessas palavras, a consoante **c** tem o mesmo som que a letra ______ na palavra **sapo**.

b) A consoante **c** com cedilha (**ç**) é usada somente antes das vogais ______, ______ ou ______.

c) Não se usa cedilha antes das vogais ______ e ______.

2. Complete as palavras com a letra que está faltando.

dança ⟶ dan______arina ⟶ dan______eteria

avanço ⟶ avan______ado ⟶ avan______ei

disfarçar ⟶ disfar______ado ⟶ disfar______e

- Explique o emprego de **ç** ou **c** nas palavras acima.

____

____

3. Complete as frases abaixo com palavras com **c** ou **ç**.

Ilustrações: Ilustra Cartoon/Arquivo da editora

Nossa, que ______________________!

O ______________________ está quase pronto.

- Agora, escreva no caderno um breve texto com as palavras que você usou para completar as frases.

Texto 2

Eli & Edi!

A bem da verdade, Eli e Edi nunca tiveram um despertador. Nem o galo era de muita serventia para eles, pois quase sempre o galo começava a cocorocar bem depois que saíam de casa. Nunca fora preciso.

Ilustra Cartoon/Arquivo da editora

Eli, que desde que se entendia como gente sempre fora Eli e nem se lembrava mais da última vez em que alguém o chamara pelo nome, Eliseu, e Edi, que preferia ser chamada de Edileusa ("Eli e Edi!" Onde já se viu uma coisa dessas! Parece dupla caipira!), levantavam às quatro e meia sem que nem pai nem mãe fossem chamá-los. Podia se dizer que seus corpos já tinham se acostumado. Era como se o corpo de cada um tivesse um despertador que tocava todo dia na mesma hora, e, mais do que tocar, parecia dizer:

— Vai, sai da cama, tá na hora!

[...]

A névoa da noite encolhia-se para dentro da mata brilhante de orvalho que se espremia ao longo da trilha esburacada e cheia de curvas que desembocava numa estrada maior, igualmente de terra e ainda mais esburacada. Enquanto caminhavam ao lado dos pais, nem sequer falavam. A pressa e o medo de perder o ônibus os silenciavam. [...]

O céu estava escuro, salpicado de estrelas. A lua cheia, aos poucos, escondia-se do começo da manhã. O Sol apareceu bonito, afugentando a escuridão com uma profusão brilhante de cores. Uma perua branca passou pela estrada sacolejando e levantando poeira. Num dos lados viam-se grandes letras pretas sobre um fundo amarelo: ESCOLAR.

Os olhos de Eli e Edi acompanharam a perua até ela se perder na distância, os rostos dos meninos e meninas dentro dela espremidos contra o vidro das janelas e observando-os com grande curiosidade.

Eram crianças da cidade que ficava na outra ponta da estrada. Estavam indo para a escola em Boa Esperança. Todo dia os dois a viam passar carregada de crianças a caminho da escola rural que nem ficava tão longe. Na verdade, era bem mais perto do que aquela distância que percorriam todo santo dia pra pegar o ônibus.

— É boa a escola? — quis saber Edi.

Eli sacudiu os ombros, chateado, como se não quisesse assunto.

— Eu sei lá!

— Mas você esteve na escol...

— Por tão pouco tempo!

— Dá vontade de...

— Ah, deixa de conversa fiada, Edi, que o Tonhão não tá com cara muito boa hoje, não!

Os dois ficaram parados na estrada, ainda tentando ver a perua. A mãe parou e depois de olhar pra um e outro durante certo tempo, gritou:

— Anda, gente, que o trabalho não espera, não!

Era o grande sonho de Edi, o irmão sabia muito bem. Sonho antigo, desde que ele fora para a escola e lá ficara por certo tempo. Ela não podia ver a perua passar que o sonho retornava. Edi se via dentro da escola, indo para muitos lugares, os livros e cadernos levando-a para algum lugar ou para qualquer coisa melhor do que a plantação de laranjas, de batatas, ou mesmo para o canavial, para onde todos iam desde que ela era bem pequena. De vez em quando, sua cabeça fervia tanto, imaginando números e palavras, a possibilidade de ler bem depressa e entender tudo o que ouvia e lia com muita dificuldade, que Edi sonhava.

Eli sabia muito bem como a irmã se sentia. Sentira algo bem parecido nos tempos em que fora à escola. Chegara a fazer a primeira série, mas precisara largar para trabalhar e ganhar dinheiro para ajudar os pais a pôr comida dentro de casa. Preferia estudar, é claro, pois a vida que viviam seria sempre igual e sempre feita de sonhos impossíveis de realizar. Sem dinheiro, trabalhando o tempo inteiro, para não sair do lugar.

Ilustra Cartoon/Arquivo da editora

Isso lá era vida?

[...]

Infância roubada: a exploração do trabalho infantil, de Telma Guimarães de Castro Andrade e Júlio Emílio Braz. São Paulo: FTD, 2000.

Reprodução/Editora FTD

serventia: utilidade.

orvalho: pequenas gotas de água que se depositam sobre superfícies pela manhã e à noite.

profusão: grande quantidade.

sacolejando: sacudindo.

canavial: plantação de cana-de-açúcar.

POR DENTRO DO TEXTO

1. O texto apresenta a realidade de duas crianças que não podem estudar porque precisam trabalhar.

a) Como se chamam essas crianças?

____

b) Onde essas crianças trabalham?

____

____

c) Com quem elas vão para o trabalho?

____

2. Qual é o grande sonho de Eli e Edi?

____

____

3. O que os impede de realizar esse sonho?

____

____

4. Em que momento o sonho retorna com mais força na mente da menina?

____

____

5. Qual das duas crianças chegou a frequentar a escola? O que a impediu de continuar os estudos?

____

____

6. O trecho do texto que foi reproduzido termina com a frase "Isso lá era vida?".

a) De quem é essa frase?

☐ de Eli ☐ de Edi ☐ do narrador

b) O que essa frase revela?

☐ alegria ☐ tristeza ☐ revolta

7. Assinale as opções corretas. O trecho "Sem dinheiro, trabalhando o tempo inteiro, para não sair do lugar." expressa que:

☐ o trabalho satisfazia todas as necessidades das crianças e elas não sentiam falta da escola.

☐ o futuro das crianças era de poucas expectativas, já que Edi e Eli não podiam estudar.

☐ somente estudando seria possível realizar o sonho de ter um futuro melhor.

8. Discuta com os colegas a história de Eli e Edi e o que poderia ser feito para resolver o problema do trabalho infantil no Brasil. Depois, escreva sua conclusão.

____

____

____

____

____

____

____

____

APRENDENDO GRAMÁTICA

Número do substantivo

Leia as frases e observe os substantivos destacados.

Ilustrações: Ilustra Cartoon/Arquivo da editora

Júlio conversa com seu **amigo** pela internet.

Júlio reviu seus **amigos** de infância.

O substantivo pode estar na forma singular ou na forma plural.

No **singular**, o substantivo indica **um só elemento** ou **um conjunto de elementos** (**substantivo coletivo**).

No plural, o substantivo indica **mais de um elemento**.

Geralmente se forma o plural dos substantivos simples acrescentando a consoante **s** ao singular. Observe:

Pelfophoto/Shutterstock/Glow Images

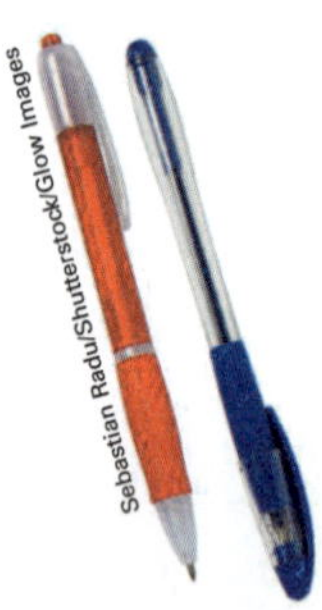

Sebastian Radu/Shutterstock/Glow Images

caneta **a** → caneta**s**

koya979/Shutterstock/Glow Images

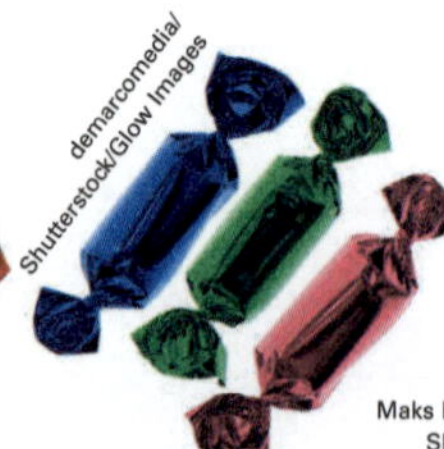

demarcomedia/Shutterstock/Glow Images

bal**a** → bal**as**

Maks Narodenko/Shutterstock/Glow Images

Przemyslaw Ceynowa/Shutterstock/Glow Images

morang**o** → morang**os**

Há também outras maneiras de formar o plural dos substantivos. Veja os exemplos a seguir e complete as frases com suas conclusões.

a) mel**ão** → mel**ões** irm**ão** → irm**ãos** c**ão** → c**ães**

Substantivos terminados em **ão** fazem o plural em ______________.

b) flo**r** → flor**es** freguê**s** → fregues**es** rai**z** → raíz**es**

Substantivos terminados em **r**, **s** ou **z** fazem o plural acrescentando-se ____.

c) **o** tóra**x** → **os** tóra**x** **o** têni**s** → **os** têni**s** **o** ônibu**s** → **os** ônibu**s**

Substantivos terminados em **x** e substantivos paroxítonos ou proparoxítonos terminados em **s** conservam a mesma forma no plural e no singular. O plural é indicado pelo ____________.

d) bagage**m** → bagage**ns** jardi**m** → jardi**ns**

Substantivos terminados em **m** fazem o plural trocando-se o ____ por ____.

e) jorna**l** → jorna**is** pape**l** → papé**is**

anzo**l** → anzó**is** azu**l** → azu**is**

Substantivos terminados em **al**, **el**, **ol** ou **ul** fazem o plural trocando-se o ______ por ______.

Atenção para as exceções!

ma**l** → ma**les** cônsu**l** → cônsu**les**

f) fuz**il** → fuz**is** can**il** → can**is**

Substantivos oxítonos terminados em **il** perdem o _____ e recebem o _____.

g) répt**il** → répt**eis** inút**il** → inút**eis**

Substantivos paroxítonos terminados em **il** trocam o _____ por _____.

Alguns substantivos têm vogal **o** tônica **fechada** no singular e vogal **o** tônica **aberta** no plural.

Leia as palavras dos quadros em voz alta.

singular (ô)	plural (ó)
ovo	ovos
caroço	caroços
corpo	corpos
fogo	fogos

singular (ô)	plural (ó)
poço	poços
povo	povos
forno	fornos
porco	porcos

O substantivo composto escrito com hífen ou sem hífen forma o plural de várias maneiras. Veja:

- Os dois elementos vão para o plural quando temos:

substantivo + **substantivo**

couv**e**-flor → couv**es**-flor**es**

substantivo + **adjetivo**

erv**a**-doc**e** → erv**as**-doc**es**

adjetivo + **substantivo**

bo**a**-noit**e** → bo**as**-noit**es**

numeral + **substantivo**

sext**a**-feir**a** → sext**as**-feir**as**

- Só a primeira palavra vai para o plural quando os dois elementos são ligados por preposição:

língu**a** **de** sogr**a** → língu**as** **de** sogr**a**

- Só a segunda palavra vai para o plural quando temos:

verbo (ou palavra invariável) + **substantivo**

quebr**a**-cabeç**a** → quebr**a**-cabeç**as**

palavras repetidas

rec**o**-rec**o** → rec**o**-rec**os**

- Conserva a mesma forma o substantivo composto em que os dois elementos são invariáveis. O singular ou o plural é indicado pelo artigo:

o port**a**-lápi**s** → **os** port**a**-lápi**s**

- Reescreva as frases passando os substantivos para o plural. Faça as adaptações necessárias.

a) O rapaz colocou a bagagem no ônibus.

____

b) Peguei o guarda-chuva e o coloquei na mochila.

____

c) O aluno levará o boletim para sua casa.

____

d) A sala estava tão silenciosa que era possível ouvir o tique-taque do relógio.

____

ESCREVENDO CERTO

sc, sç, xc

Leia a frase atentando às palavras destacadas.

Durante toda a semana, a classe manteve **excelente disciplina**, **exceto** hoje.

Os grupos **sc**, **sç** e **xc** representam um único som. São **dígrafos**.

Observe as palavras dos quadros:

sc
disciplina
piscina
nascimento
adolescente

sç
cresça
floresça
nasça
cresço

xc
excelente
exceção
exceto
excesso

Na divisão silábica, as letras dos dígrafos **sc**, **sç** e **xc** ficam em sílabas diferentes.

1. Separe as sílabas das palavras abaixo.

nasceu ________________ ascender ________________

descida ________________ fascinação ________________

consciente ________________ fascículo ________________

2. Complete as frases com as palavras do quadro.

excepcional	exceção	adolescência	ascensorista	desça

a) Todos compareceram à reunião, com ________________ de dona Ana.

b) O ________________ abriu a porta do elevador.

c) Assisti a um filme ________________ ontem.

d) Não ________________ as escadas correndo!

e) A ________________ é uma fase da vida do ser humano.

Texto

3

Uma lição na areia

Ilustra Cartoon/Arquivo da editora

Henrique e Carolina estavam se divertindo há mais de uma hora, na praia, construindo montanhas, vulcões, rios e ilhas de areia. O calor não estava forte, pois era mês de maio, época em que o Sol não esquenta muito às dez horas da manhã. Por isso, as crianças podiam brincar por muito tempo, sem correr o risco de queimar a pele. Ao lado, em uma cadeira de armar, o avô lia um livro. A leitura parecia muito interessante, pois ele nem percebeu que a maré estava subindo e logo iria atingir as roupas e objetos espalhados pelo chão.

De repente, aconteceu o que ninguém esperava. Uma onda mais forte avançou pela praia, espumando, e "lambeu" os pés do distraído vovô, carregando seus chinelos. Mas o pior é que a onda atingiu parte das construções das crianças, invadindo e destruindo morros, vales, lagos e transformando tudo novamente em uma simples planície de areia.

Henrique não se conteve e gritou com raiva:

— Droga! Depois de tanto trabalho, vem essa onda e destrói tudo o que levamos horas para construir.

O avô, preocupado em levar a cadeira para mais longe e recolher os chinelos, as roupas e os brinquedos das crianças, nem prestou atenção na "catástrofe" que aborrecia os netos. Ele procurou um lugar mais seguro e seco para colocar as coisas. Só se deu conta do problema das crianças quando viu uma segunda onda, mais forte que a primeira, completar a destruição, nivelando o terreno. Onde antes havia alguns tipos de relevo — que Carolina tinha aprendido na escola e construído com a ajuda do irmão —, agora só restava uma superfície plana de areia.

— É... vocês não levaram em conta uma lição de geografia que é muito importante: as marés!

— Eu sei o que é maré... — adiantou Carolina. — É a subida e a descida do mar todos os dias. Tem horas que o mar está lá embaixo e a praia fica bem larga; e tem horas que o mar bate até no barranco. Agora, a maré está subindo!

— Muito bem — concordou o avô. — Mas você sabe por que o mar às vezes está mais alto e às vezes mais baixo?

— Não... isso eu não sei.

— Pois é por causa da atração da Lua. Por isso é que, a cada dia, a hora da maré varia um pouco. Quando é lua cheia ou nova, a maré está bem alta por volta das duas horas, mas, quando é quarto minguante ou quarto crescente, ocorre o contrário: às duas horas ela está bem baixa!

— Duas horas da tarde ou da manhã? — perguntou Henrique.

— Tanto faz, pois a maré sobe duas vezes por dia.

Carolina estava um pouco desapontada:

— A maré estragou tudo! E eu tenho prova na segunda-feira.

— Como assim? Não estou entendendo — disse o avô.

— Eu tinha construído montanhas, vales, rios, ilhas... para depois você me dizer se estava certo. Aí veio a água e acabou com a minha ideia.

O avô sorriu com pena.

— Nem tudo está perdido. Você acaba de ter uma lição viva de como a natureza age para formar a superfície da Terra!

[...]

Ilustra Cartoon/Arquivo da editora

Passeio por dentro da Terra, de Samuel Murgel Branco. São Paulo: Moderna, 2002.

Reprodução/Editora Moderna

nivelando: tornando plano; colocando no mesmo nível.

POR DENTRO DO TEXTO

1. Marque o cenário no qual aconteceu o fato narrado na história.

☐ rio ☐ montanha ☐ praia

2. Releia o quarto parágrafo. Qual foi a causa da raiva de Henrique?

____

____

____

3. O que as crianças haviam construído na areia?

____

____

4. Assinale a ilustração que representa como ficou o cenário após a destruição provocada pelas ondas.

Ilustra Cartoon/Arquivo da editora

5. Com base no texto, responda:

a) O que é maré?

____

b) Por que o mar às vezes está mais alto e às vezes mais baixo?

____

c) Quais são as fases da Lua?

____

d) Em que fases da Lua a maré se apresenta bem alta, por volta das duas horas? Em que fases ocorre o contrário?

____

____

6. Releia o trecho a seguir.

"e 'lambeu' os pés do distraído vovô"

a) Nesse trecho, a palavra destacada significa:

☐ passou a língua. ☐ tocou levemente.

b) Essa palavra foi usada:

☐ em sentido figurado. ☐ em seu sentido exato.

7. Superfície plana é uma superfície:

☐ sem desníveis. ☐ com desníveis.

8. Qual é o significado da palavra **catástrofe**? Se necessário, consulte um dicionário.

____

____

9. No texto **Uma lição na areia**, as palavras **lambeu** e **catástrofe** estão destacadas com aspas. Explique por quê.

____

____

____

APRENDENDO GRAMÁTICA

Grau do substantivo

Leia estas frases e observe as palavras destacadas.

Enquanto eu pensava, a chuva caía.

Caía uma chuvinha fina enquanto eu pensava.

Caía uma chuvarada enquanto eu pensava.

> Às variações do substantivo para indicar aumento ou diminuição do seu tamanho damos o nome de **grau**.

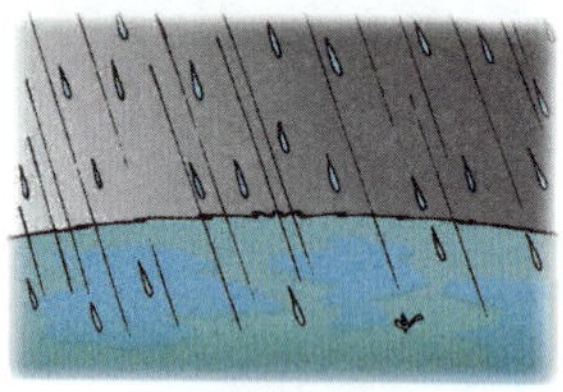

chuva → grau neutro

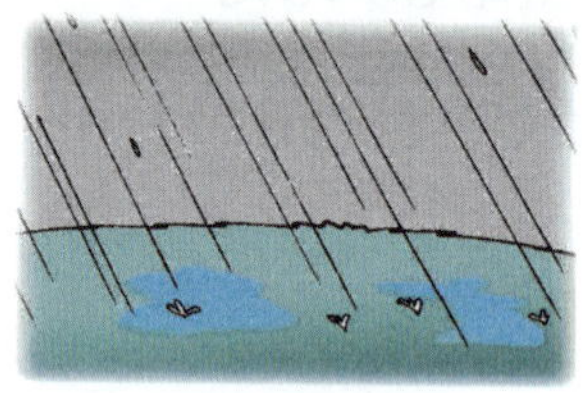

chuvinha → grau diminutivo

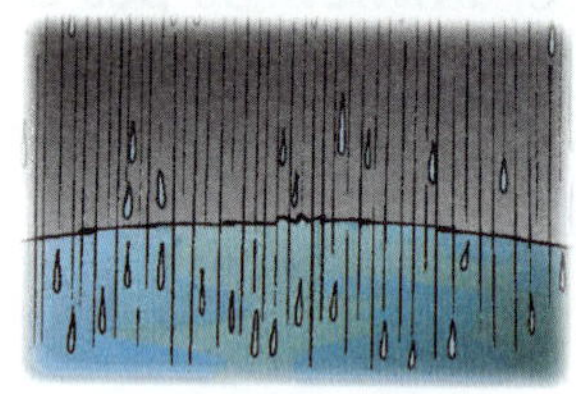

chuvarada → grau aumentativo

Ilustrações: Ilustra Cartoon/ Arquivo da editora

Em geral, para formar o diminutivo, usamos terminações como:

inho → menin**inho** | **ote** → menin**ote** | **eto** → livr**eto**
zinho → animal**zinho** | **ico** → burr**ico** | **ejo** → animal**ejo**
ito → cabr**ito** | **ebre** → cas**ebre**

Podemos também formar o diminutivo com o auxílio das palavras **pequeno(a)** e **minúsculo(a)**. Veja:

sapato **pequeno** | flor **minúscula**

Em geral, o grau aumentativo é formado com o auxílio das terminações:

ão → lat**ão** | **aço** → ric**aço** | **orra** → cabeç**orra**
ona → crianç**ona** | **alha** → mur**alha** | **ázio** → cop**ázio**
(z)arrão → can**zarrão** | **eirão** → voz**eirão** | **aréu** → fog**aréu**

Podemos ainda formar o grau aumentativo com o auxílio das palavras **grande**, **enorme** e **imenso(a)**. Veja:

lápis **grande** | casa **enorme** | carinho **imenso**

1. Assinale a opção em que há apenas palavras no diminutivo.

- [ ] carinho, animalzinho, dentinho, bainha
- [ ] filhote, burrico, rainha, soneca
- [ ] aldeota, riacho, animalejo, gotícula

2. Muitas vezes, o diminutivo ou o aumentativo são utilizados para expressar sentimentos. Escreva a ideia expressa pelas palavras destacadas nas frases a seguir.

a) Que **lugarzinho**, hein!? ________________________

b) O cantor soltou aquele **vozeirão**! ________________________

c) **Queridinha**, aonde você pensa que vai? ________________________

d) Eu amo tanto minha **mãezona**! ________________________

3. Passe os substantivos abaixo para o plural. Depois, escreva a forma plural e diminutiva desses substantivos. Veja o exemplo.

limão → limões → limõezinhos

animal ________________ → ________________

mão ________________ → ________________

pão ________________ → ________________

farol ________________ → ________________

4. Reescreva as frases, passando as palavras destacadas para a forma feminina plural diminutiva. Faça as modificações necessárias.

a) Um **jovem** comia bombom.

____

b) O **menino** trouxe o papel dobrado.

____

c) O **pai** recebeu o grupo de crianças.

____

ESCREVENDO CERTO

Sufixos com **s** e **z** (derivação)

Leia o parágrafo abaixo.

Os seres humanos precisam **utilizar** racionalmente os recursos que a **natureza** oferece. Assim, nosso **maravilhoso** mundo será preservado.

O verbo **utilizar** deriva do adjetivo **útil**.

Na língua portuguesa, algumas palavras são formadas por **derivação**. A partir de uma palavra primitiva, obtemos outras por meio de acréscimos.

Uma das formas de derivação é o acréscimo de um elemento no final da palavra. Esse elemento é chamado **sufixo**. O sufixo do verbo **utilizar** é -**izar**.

1. Complete as afirmações.

a) O substantivo **natureza** deriva do adjetivo ________________.

b) O adjetivo **maravilhoso** deriva do substantivo ________________.

2. Quais são os sufixos das palavras **natureza** e **maravilhoso**?

____

3. Junte as palavras aos sufixos e forme novas palavras. Veja o exemplo.

palavras	sufixos	novas palavras
casa	-eiro	caseiro
preguiça	-oso	
cozinha	-eira	
suave	-izar	
veneno	-osa	

Texto 4

A bola

O pai deu uma bola de presente ao filho. Lembrando o prazer que sentira ao ganhar a sua primeira bola do pai. Uma número 5 sem tento oficial de couro. Agora não era mais de couro, era de plástico. Mas era uma bola.

O garoto agradeceu, desembrulhou a bola e disse "Legal". Ou o que os garotos dizem hoje em dia quando gostam do presente ou não querem magoar o velho. Depois começou a girar a bola, à procura de alguma coisa.

— Como é que liga? — perguntou.

— Como, como é que liga? Não se liga.

O garoto procurou dentro do papel de embrulho.

— Não tem manual de instrução?

O pai começou a desanimar e a pensar que os tempos são outros. Que os tempos são decididamente outros.

— Não precisa de manual de instrução.

— O que é que ela faz?

— Ela não faz nada. Você é que faz coisas com ela.

— O quê?

— Controla, chuta...

— Ah, então é uma bola.

— Claro que é uma bola.

— Uma bola, bola. Uma bola mesmo.

— Você pensou que fosse o quê?

— Nada, não.

Kanton/Arquivo da editora

Kanton/Arquivo da editora

O garoto agradeceu, disse "Legal" de novo, e dali a pouco o pai o encontrou na frente da tevê, com a bola nova do lado, manejando os controles de um *videogame*. Algo chamado Monster Ball, em que times de monstrinhos disputavam a posse de uma bola em forma de *blip* eletrônico na tela ao mesmo tempo que tentavam se destruir mutuamente. O garoto era bom no jogo. Tinha coordenação e raciocínio rápido. Estava ganhando da máquina.

O pai pegou a bola nova e ensaiou algumas embaixadas. Conseguiu equilibrar a bola no peito do pé, como antigamente, e chamou o garoto.

— Filho, olha.

O garoto disse "Legal" mas não desviou os olhos da tela. O pai segurou a bola com as mãos e a cheirou, tentando recapturar mentalmente o cheiro de couro. A bola cheirava a nada. Talvez um manual de instrução fosse uma boa ideia, pensou. Mas em inglês, para a garotada se interessar.

Festa de criança, de Luis Fernando Verissimo. São Paulo: Ática, 2002.

Reprodução/Editora Ática

tento: nas bolas de futebol antigas, abertura costurada com cadarço por onde era introduzida uma câmara de ar.

magoar: desgostar; entristecer.

manejando: manobrando, movimentando.

embaixadas: exercício ou brincadeira que consiste em manter uma bola no ar com chutes leves por baixo repetidas vezes.

recapturar: sentir novamente.

POR DENTRO DO TEXTO

1. Assinale a opção correta.

- O narrador do texto **A bola** é:

☐ narrador-observador. ☐ narrador-personagem.

- Justifique sua resposta.

____

____

2. Leia a informação do quadro.

> A **crônica** relata fatos e acontecimentos cotidianos de uma forma simples e descontraída. Há vários tipos de crônica, entre elas a humorística e a crítica.

- O texto **A bola** pode ser considerado uma crônica? Por quê?

____

____

3. Em sua opinião, a intenção do autor do texto **A bola** foi fazer uma crítica? Justifique sua resposta.

____

____

4. Ao escolher uma bola para dar de presente ao filho, o pai achava que:

☐ o menino já esperava pelo presente.

☐ o filho sentiria o mesmo prazer que ele sentiu ao ganhar sua primeira bola.

☐ a bola de plástico iria agradar mais que uma de couro.

5. O que fez o menino ao receber o presente?

6. O que fez o menino ao perceber que o presente era uma bola?

7. Qual é a semelhança entre a bola que o menino ganhou e o jogo Monster Ball?

8. Na língua portuguesa existem muitas expressões relacionadas a bola. Leia algumas delas abaixo e explique seu sentido.

pisar na bola

bom de bola

bater bola

APRENDENDO GRAMÁTICA

Preposição

Leia esta frase:

"O pai deu uma bola de presente ao filho."

A palavra **de** é uma preposição.

Preposição é uma palavra invariável que liga duas palavras.

Veja o quadro das preposições.

a	até	de	entre	perante	sob
ante	com	desde	para	por	sobre
após	contra	em	per	sem	trás

As preposições **a**, **de**, **em** e **per** podem unir-se a outras palavras, como artigos, pronomes e advérbios, para formar uma única palavra. Veja:

Estive **numa** exposição de quadros. — **numa** ⟶ em + uma

Você já viu uma estrela-**do**-mar? — **do** ⟶ de + o

Vou **ao** baile **no** sábado. — **ao** ⟶ a + o; **no** ⟶ em + o

Ia **pelo** caminho pensando. — **pelo** ⟶ per + o

Essa união de palavras recebe o nome de **combinação** ou **contração**.

Combinação é a união de uma preposição com um artigo, um pronome ou um advérbio sem alterações em sua forma. Exemplo: **a + o** ⟶ **ao**

Contração é a união de uma preposição com um artigo, um pronome ou um advérbio com alterações em sua forma. Exemplo: **de + o** ⟶ **do**

Conheça algumas combinações e contrações.

preposição + artigo	preposição + pronome demonstrativo	preposição + advérbio
a + a → **à**	a + aquela → **àquela**	a + onde → **aonde**
a + o → **ao**	a + aquele → **àquele**	de + onde → **donde**
de + a → **da**	de + esta → **desta**	de + aqui → **daqui**
de + o → **do**	de + este → **deste**	de + ali → **dali**
em + a → **na**	de + essa → **dessa**	
em + o → **no**	de + esse → **desse**	
per + a → **pela**	em + aquela → **naquela**	
per + o → **pelo**	em + aquele → **naquele**	

Crase

Ilustra Cartoon/Arquivo da editora

Observe:

Eduardo vai à escola de ônibus.

vai à escola → vai a (preposição) + a escola (substantivo feminino) (artigo)

preposição + artigo

Quando duas vogais **a** se fundem, temos uma crase.

Crase é a fusão de duas vogais: **a + a**. Na escrita, indicamos a crase com o acento grave (`).

A crase ocorre quando:

- a preposição **a** se junta ao artigo **a(s)**.

  Iremos a a praia no domingo.

  Iremos à praia no domingo.

- a preposição **a** se junta aos pronomes demonstrativos **aquele(s)**, **aquela(s)**, **aquilo**.

  Vou a aquele cinema hoje.

  Vou àquele cinema hoje.

Veja os principais casos de emprego do acento indicativo de crase.

- Antes de palavra feminina precedida do artigo **a** e da preposição **a**:

Vívian foi a a feira.

↓

Vívian foi à feira.

- Na indicação das horas:

Voltei às duas horas.

- Antes de nome de países, estados ou cidades que admitem o artigo feminino **a**:

A Itália é um país da Europa.

Vou à Itália.

↓

(**a** + **a**)

Agora observe alguns casos em que **não** há crase.

- Antes de palavra masculina. → Vou andar **a cavalo**.
- Antes de verbo. → Estava **a cantar**.
- Antes de pronomes pessoais. → Enviei flores **a ela**.
- Antes de nome de cidades, estados e países que não admitem artigo feminino. → Campos é uma cidade linda! Vou **a Campos** no fim do mês.

1. Leia a legenda da obra, identifique as preposições e circule-as.

O jardim dos poetas (1888), óleo sobre tela de Vincent van Gogh.

2. Coloque o acento indicativo de crase onde for necessário.

a) Mamãe levou a bolsa.

b) Fui a aula de manhã.

c) No próximo ano irei a França.

d) Pediu licença a professora e saiu.

3. Leia os quadrinhos e faça como no exemplo.

Ilustra Cartoon/Arquivo da editora

Venho **da** cozinha.

Vou **à** cozinha.

a) Venho da Bahia. ______________________

b) Venho da biblioteca. ______________________

4. Leia as frases e explique por que o acento indicativo de crase não foi usado.

a) Gosto de andar **a pé**.

____

____

b) Não tenho nada **a dizer** sobre o assunto.

____

____

c) Dei um presente **a ele**.

____

____

d) Dei o recado **a você** pela manhã!

____

____

ESCREVENDO CERTO

Til

Leia a quadrinha e observe o uso do til nas palavras destacadas.

Nunca solte **balões**
Na noite de **São João**
Procure outra **diversão**
E espalhe esta **informação**:
Balão que cai aceso
Incendeia matas
E causa muita **destruição**!

Kanton/Arquivo da editora

O **til** é usado sobre as vogais **a** e **o** para indicar que elas são nasais.

1. Circule a sílaba tônica das palavras abaixo.

lãzinha	campeões	mansão	alemãozinho
romãzeira	grã-fino	perdão	balão

- Em qual posição pode aparecer a sílaba marcada por til em uma palavra?

____

____

2. Leia a resenha do livro **Anão e gigante** e coloque corretamente o til nas palavras em que está faltando.

Às vezes, a gente se sente forte como um gigante. Outras vezes, pequeno como um anao. Nílson José Machado brinca com as palavras e traduz, em versos simples e divertidos, a oposiçao entre emoçoes intensas e diferentes.

Disponível em: <www.scipione.com.br>. Acesso em: 12 set. 2013.

Reprodução/Editora Scipione

Texto
5

O menino marrom

O texto a seguir foi extraído do livro **O menino marrom**, no qual são narradas as aventuras e descobertas de dois meninos: um marrom — sua pele era cor de chocolate — e outro cor-de-rosa — ele era muito clarinho. Amigos desde muito pequenos, a cor não tinha a menor importância para os dois...

Ilustra Cartoon/Arquivo da editora

Foi uma tarde, os dois brincavam com suas cores, quando o menino marrom misturou todas as tintas que tinha na caixinha de aquarela, todas as cores do arco-íris.

E aí, sabe o resultado que deu?

A mistura das cores todas deu um marrom. Um marrom forte como o do chocolate puro.

O menino marrom olhou para aquela cor que ele tinha inventado e falou: "Olha aí, é a minha cor!".

Os olhinhos do menino cor-de-rosa brilharam como eles brilhavam diante de suas descobertas. E ele disse: "Sua cor é a soma de todas as cores!".

O menino marrom ficou todo feliz. Criou sua cor e achou que era bom.

Justo no dia seguinte, na escola, a tia levou toda a turma para o laboratório do colégio para dar algumas explicações sobre cores. Quando os dois souberam que o assunto era cor, ficaram muito excitados. É que eles iam revelar aos coleguinhas sua grande descoberta.

"Eu chego e conto?", perguntou o menino cor-de-rosa.

"Não", disse o menino marrom. "Deixa a professora falar primeiro, depois nós damos o nosso *show*."

Eles estavam convencidos de que iriam brilhar na visita ao laboratório da escola. E, enquanto todo mundo ria, falava, mexia nas cores, acendia luzes, desligava projetores, eles estavam caladinhos num canto para fazer a grande revelação na hora exata. Aí, chegou a hora.

A professora resolveu mostrar para eles o Disco de Newton.

Todo mundo conhece o Disco de Newton, não é verdade?

[...]

O Disco de Newton é o seguinte: um pequeno círculo de metal, plano como um disco comum, dividido em raios (como uma roda de bicicleta). São sete espaços entre os raios, cada espaço com uma das cores do arco-íris. O disco gira em pé, como uma pequena roda-gigante, tocado por uma manivela. Você toca a manivela bem depressa, o disco vai girando, girando, e aí, o que é que acontece com as sete cores? O quê?

Isto é o que os meninos iam descobrir aquela manhã, na escola.

A professora mostrou o disco para eles [...] e perguntou: "Se eu misturar todas essas cores, o que é que elas viram?".

O menino marrom gritou, rápido: "Viram marrom!". E olhou orgulhoso para os outros. Só que ele esperava aplausos e levou foi o maior susto.

A professora disse: "Não". E continuou: "Vejam: eu vou rodar este disco bem depressa e vou misturar todas as cores nesta rodada. Prestem atenção, fiquem de olho no disco".

E todos prestaram atenção. O disco foi girando, girando, e, de repente, ficou todo branco. E a professora explicou: "Viram? O branco não é uma cor. O branco é a soma de todas as cores em movimento".

"Com esta eu não contava", falou o menino marrom.

"Nem eu", falou o menino cor-de-rosa.

Os dois voltaram para casa calados, com a cabecinha fervendo.

A coisa tinha ficado deste jeito: se misturar todas as cores e elas não girarem, elas ficam marrom.

Se misturar todas as cores — em partes iguais — e botá-las para rodar, elas viram o branco.

Estava tudo assim, quando, de repente, o menino marrom falou para o menino cor-de-rosa: "Quer dizer que eu sou todas as cores paradas e você é todas as cores em movimento?".

O menino cor-de-rosa pensou um pouco e respondeu: "Só tem um detalhe: eu não sou branco!".

Pronto. Agora é que as coisas complicaram de vez...

E voltou aquela discussão: o que é realmente branco na natureza?

O tipo da pergunta de menino curioso!

[...]

Ilustra Cartoon/Arquivo da editora

E quando os dois chegaram em casa, estavam encantados com uma nova descoberta: o mundo não é dividido entre pessoas brancas e pretas.

Mesmo porque elas não existem.

O que existe — que boa descoberta! — é gente marrom, marrom-escura, marrom-clara, avermelhada, cor de cobre, cor de mel, charuto, parda, castanha, bege, flicts, esverdeada, creme, marfim, amarelada, ocre, café com leite, bronze, rosada, cor-de-rosa e todos esses nomes aproximados e compostos das cores e suas variações.

Aquela visita ao laboratório deixou os dois meninos sem dormir por vários dias de tanto que eles matutaram sobre suas descobertas. [...]

O menino marrom,
de Ziraldo. 2. ed. São Paulo:
Melhoramentos, 2010.

Reprodução/Editora Melhoramentos

excitados: entusiasmados.
***show*:** espetáculo.
revelação: divulgação de um segredo; declaração.
manivela: alavanca que faz girar a peça à qual se liga.
matutaram: pensaram, refletiram.

POR DENTRO DO TEXTO

1. Nesse texto, como as falas dos personagens são indicadas?

____

2. Releia este parágrafo:

"Foi numa tarde, os dois brincavam com suas cores, quando o menino marrom misturou todas as tintas que tinha na caixinha de aquarela, todas as cores do arco-íris."

a) Quando se deu o fato narrado no parágrafo?

____

b) Quem são os personagens envolvidos nesse fato?

____

3. Observe o Disco de Newton, que mostra as cores do arco-íris.

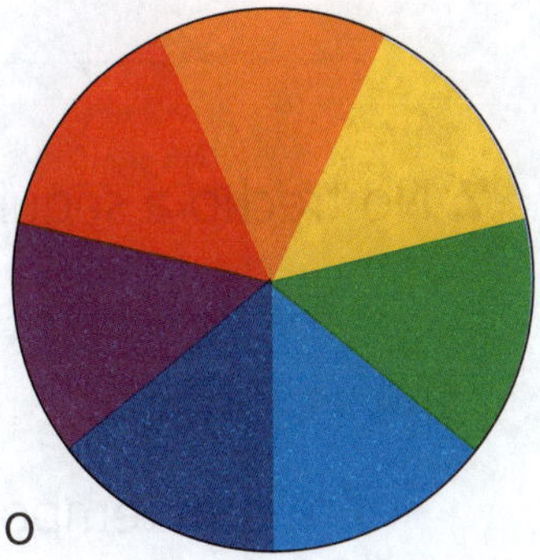

a) Quantas e quais são as cores do arco-íris?

____

____

b) Escreva no caderno, do seu jeito, como funciona o Disco de Newton.

4. Quem realizou as ações descritas no trecho abaixo?

"Vejam: eu vou rodar este disco bem depressa e vou misturar todas as cores nesta rodada."

____

- Que cor resultou?

____

5. Comparando o movimento do Disco de Newton com a mistura das tintas feita pelo menino marrom, os dois meninos chegaram a algumas conclusões.

a) Que explicação eles deram para a cor marrom?

____

b) E para a cor branca?

____

6. Releia os trechos abaixo e responda às questões.

"Os dois voltaram para casa calados, com a **cabecinha fervendo**."

a) O que significa a expressão destacada?

____

"de tanto que eles **matutaram** sobre suas descobertas."

b) Que palavra, ou palavras, pode, ou podem, substituir a palavra destacada sem mudar o sentido da frase?

____

7. No trecho a seguir, circule as palavras que indicam ações.

"os dois brincavam com suas cores, quando o menino marrom misturou todas as tintas"

- Em que tempo ocorreram essas ações? Assinale a opção correta.

☐ No presente. ☐ No pretérito (ou passado). ☐ No futuro.

8. No trecho "**Justo** no dia seguinte", a palavra destacada significa:

☐ apertado. ☐ exatamente. ☐ de acordo com a justiça.

9. Depois da experiência no laboratório, os meninos chegaram a uma importante conclusão sobre as cores das pessoas. Converse a esse respeito com os colegas e o professor. Diga se você concorda ou não com essa conclusão e por quê. Depois, escreva no caderno a conclusão a que a turma chegou.

APRENDENDO GRAMÁTICA

Adjetivo: gênero e número

Leia a frase e atente ao que está em destaque.

O caderno novo estava sobre a toalha amarela.

Adelmo Naccari/Arquivo da editora

A palavra **novo** caracteriza o substantivo **caderno** e a palavra **amarela** caracteriza o substantivo **toalha**. **Novo** e **amarela** são adjetivos.

As palavras que atribuem características — positivas ou negativas — aos substantivos pertencem à classe dos **adjetivos**.

Observe esta frase:

Eram três lindas meninas e uma história interessante.

As palavras destacadas são **adjetivos**: **lindas** está no feminino plural para concordar com o substantivo **meninas**; **interessante** está no singular para concordar com o substantivo **história**.

Os **adjetivos** concordam com os **substantivos** em **gênero** e **número**, ou seja, no masculino/feminino e no singular/plural.

Veja a concordância entre artigo, substantivo e adjetivo:

artigo	substantivo	adjetivo
O	menin**o**	estudios**o**.
A	menin**a**	estudios**a**.

As terminações do artigo e do adjetivo sofrem modificações para concordar em gênero e número com o substantivo. A essa adaptação do artigo e do adjetivo ao substantivo damos o nome de **concordância nominal**.

1. Complete as frases, caracterizando os substantivos com adjetivos. Atenção à concordância. Veja o exemplo.

a) Eram crianças ___animadas___.

b) Coloquei o lápis ______________ sobre a mesinha.

c) A cidade estava ______________ e ______________.

d) Animais ______________ mamam quando pequenos.

e) Helena é uma menina ______________; já seu irmão é ______________.

2. Classifique as palavras das frases assinalando-as com os códigos correspondentes. Observe o exemplo.

● substantivo ▲ artigo ■ adjetivo

a) A linda manhã prometia um passeio agradável.
▲ ■ ● ▲ ● ■

b) A menina tinha os cabelos compridos.

c) André é um rapaz inteligente.

d) O tigre é ágil e tem as garras afiadas.

3. Reescreva as expressões, passando-as para o feminino plural.

a) o aluno aplicado ______________

b) um cantor excelente ______________

c) o idoso saudável ______________

d) um gato branco ______________

ESCREVENDO CERTO

Kanton/Arquivo da editora

des-, im- (in-)

Leia este parágrafo e observe os verbos destacados.

Ricardo ligava seu computador bem cedinho e só o desligava à noite.

Os verbos **ligava** e **desligava** são **antônimos**, isto é, têm sentidos opostos.

Leia também estas palavras:

amarrado → **des**amarrado	valorização → **des**valorização

Muitas palavras iniciadas com **des** derivam de outras e têm sentido de oposição, negação ou falta/ausência.

1. Aplicando a informação anterior, escreva o antônimo das palavras abaixo.

abrigado ______________________ ocupado ______________________

abotoado ______________________ cobrir ______________________

Observe esta frase:

Renata precisava ser paciente, pois também queria pesquisar na internet.

Pode-se ainda expressar oposição antepondo **im** ou **in** a algumas palavras. Veja estes exemplos:

paciente → **im**paciente	adequado → **in**adequado

2. Leia as palavras e forme suas derivadas, indicando oposição.

aceitável ______________________ possível ______________________

prestável ______________________ parcial ______________________

capacidade ______________________ feliz ______________________

De olho no dicionário

Adjetivo pátrio

Leia as frases abaixo.

Ilustra Cartoon/Arquivo da editora

A cantora Carmen nasceu na Espanha.

Carmen é espanhola.

A palavra **espanhola** é um **adjetivo pátrio**, pois indica origem ou nacionalidade.

- Complete as frases com adjetivos pátrios, fazendo adaptações quando necessário. Veja o exemplo e consulte um dicionário para confirmar suas respostas.

a) Minha tia nasceu em Salvador. Ela é soteropolitana.

b) Eu nasci ____________. Eu sou ____________.

c) Minha professora nasceu ____________.

Ela é ____________.

d) Meu avô paterno nasceu ____________.

Ele é ____________.

e) Minha mãe nasceu ____________.

Ela é ____________.

f) Quem nasce no Amazonas é ____________.

Unidade

3

Histórias que ensinam

Valter Ferrari/Arquivo da editora

O QUE VOU ESTUDAR?

- Leitura e compreensão
- Graus do adjetivo e locução adjetiva
- Numeral
- Pronome: pessoal, possessivo, demonstrativo, indefinido, relativo e interrogativo
- Homônimo e parônimo

Texto 1

O lobo e o cão

Ilustra Cartoon/Arquivo da editora

Uma boa caçada há muito tempo o lobo não fazia. Andava o pobre coitado com uma fome danada. Estava magro, era pele e osso.

Certo dia, encontrou um cão e reparou como ele estava gordo, com o pelo liso, brilhando, uma beleza!

— Este cão — pensou o lobo — goza de boa saúde. Pode-se notar que o animal está bem nutrido, forte como quê. Hum!... Ele daria um excelente jantar...

Mas logo, logo o lobo mudou de ideia, do jeito que andava fraco, podia acontecer que ele próprio virasse o jantar do outro.

Assim, entre a fome e a morte, escolheu ficar com a fome. E com o rabo entre as pernas, em vez de atacar, resolveu agradar o cão. Tinha a esperança de ganhar a sua confiança, e quem sabe o que aconteceria então?

Com muito jeito, com uma voz calma e doce, o lobo começou a elogiar o cão:

— Olha, seu cão, que o senhor com este pelo até parece um leão.

E o cão, que era vaidoso, ficou manso, bem manso, e se pôs a prosear. Conversa vai, conversa vem, resolveu convencer o amigo a trocar a vida de lobo caçador pela vida de cão.

Ilustra Cartoon/Arquivo da editora

— Pois saiba, amigo lobo, que é uma vida saudável: almoço todos os dias, regularmente. É uma vida decente, gozo de muito prestígio, de grande admiração. Sou, de fato, um cidadão importante. Mude de vida, amigo. Não pense duas vezes, venha comigo!

O lobo escutava atento, analisava a questão. E o cão disse ainda mais:

— Vou levá-lo ao patrão. Daqui por diante, terá comida na hora certa e cama quente. Em troca, você só terá que agradar às pessoas que nos vão sustentar.

Ora! Eram tantas as vantagens que o lobo não hesitou. E, sentindo uma terrível fome, olhou mais uma vez para o pelo do cão, que brilhava, e decidiu:

— Eu vou!

Lá se foram os dois, caminho afora, em direção à cidade. De repente, o lobo notou que em volta do pescoço o cão era pelado.

— Amigo, o que é isso? — perguntou intrigado.

— Nada, nada, meu caro. É apenas a marca da coleira que usam para me prender.

— Coleira? — falou o lobo horrorizado. — Mas... Como?! Você não é livre como eu? Não corre a mata inteira a qualquer hora?

E o cão respondeu:

— Não, não. Mas que importância tem isso? Afinal, eu vivo bem. Sou respeitado por todos e não sou magro como um caniço. Por que me importar com a liberdade se tenho sempre um bom pernil?

— Amigo, muito obrigado — disse o lobo. — Não quero nem saber dessa sua vida de cão. — E voltou para a floresta, certo de que não havia jantar que pagasse sua liberdade. Lá de longe, antes de desaparecer entre as árvores, ele gritou:

— Dê lembranças ao patrão.

Fábulas 1, de Mary França. São Paulo: Ática, 2004.

Reprodução/Editora Ática

caniço: cana fina e comprida usada para pescar.

POR DENTRO DO TEXTO

1. Quem são os personagens da história?

____

2. A qual personagem se referem as atitudes e as situações descritas abaixo?

a) Vivia solto pela mata e não tinha o que comer. ____________

b) Estava gordo e bem alimentado. ____________

c) Lutava para sobreviver, mas prezava sua liberdade. ____________

d) Recebia comida e abrigo, mas não tinha liberdade. ____________

3. Que convite o cão fez ao lobo?

____

____

4. O lobo pensou em aceitar o convite? Por quê?

____

____

5. Como o lobo soube que o cão não era livre?

____

____

6. Que motivo o lobo apresentou para não aceitar o convite?

____

____

7. Assinale o ensinamento — a moral — da fábula.

- [ ] É preferível melhorar de vida a ter liberdade.
- [ ] A liberdade, mesmo que na miséria, é melhor que o conforto em uma prisão.
- [ ] A vida de cão é melhor que a vida de lobo.

8. Você concorda com a decisão do lobo em preferir a liberdade? Por quê?

____

____

____

9. Veja os significados da palavra **fábula** neste verbete de dicionário:

> **fábula** *s.f.* **1** curta narrativa, em prosa ou verso, com personagens animais que agem como seres humanos, e que ilustra um preceito moral. **2** grande quantia em dinheiro. **3** fato inventado.
>
> **Dicionário eletrônico Houaiss da Língua Portuguesa**, 2009. (Adaptado)

10. O que significa a abreviatura **s.f.** que aparece logo após a palavra **fábula**?

____

11. Qual dos significados acima é atribuído ao texto **O lobo e o cão**?

____

12. Assinale a opção que corresponde ao significado da palavra **fábula** nesta frase:

Aquele carro custou uma **fábula**.

- [ ] mito, ficção
- [ ] preço muito alto

Ilustra Cartoon/Arquivo da editora

APRENDENDO GRAMÁTICA

Graus do adjetivo

Leia as frases abaixo e observe o que está em destaque.

Ilustra Cartoon/Arquivo da editora

O gato é **tão rápido quanto** o coelho.

O coelho, por sua vez, é **mais rápido que** o cão.

O cão é **menos rápido que** o coelho.

A palavra **rápido** é um **adjetivo**. Com o adjetivo podemos comparar as características de dois ou mais substantivos e também indicar a intensidade da característica de um só substantivo.

Nas frases acima, temos o **grau comparativo do adjetivo**.

Observe o quadro a seguir.

grau comparativo		
de igualdade	**de superioridade**	**de inferioridade**
tão rápido quanto	mais rápido que	menos rápido que

Os adjetivos **bom**, **mau**, **grande** e **pequeno** possuem formas especiais para o comparativo de superioridade. Veja:

bom → melhor	Este livro é **melhor** que aquele.
mau → pior	O filme de hoje foi **pior** que o de ontem.
grande → maior	Júlio é **maior** que seu irmão.
pequeno → menor	A Lua é **menor** que a Terra.

Leia mais esta informação.

Em **muito rápido** e **rapidíssimo**, o adjetivo **rápido** é elevado ao seu mais alto grau. Eles estão no grau **superlativo absoluto** que, por sua vez, pode ser **absoluto analítico** ou **absoluto sintético**. Veja:

grau superlativo	
absoluto analítico	absoluto sintético
usamos mais de uma palavra: **muito rápido**	usamos uma só palavra: **rapidíssimo**

1. Complete as frases de acordo com o comparativo solicitado.

igualdade superioridade igualdade inferioridade

a) Ângela é _______________ estudiosa _______________ Lúcia.

b) Aquela professora é _______________ calma _______________ esta.

c) Sua bicicleta é _______________ bonita _______________ a minha.

d) A bicicleta é _______________ veloz _______________ o carro.

2. Empregue os adjetivos entre parênteses no comparativo de superioridade.

a) A Lua é _______________ que o Sol. (pequeno)

b) A paz é _______________ que a violência. (bom)

c) Meu pedaço de bolo é _______________ que o seu. (grande)

d) Este computador novo é _______________ que o antigo. (mau)

3. Reescreva as frases usando os adjetivos no grau superlativo. Veja o exemplo.

Ilustra Cartoon/Arquivo da editora

O menino é **feliz**.

O menino é **muito feliz**.

O menino é **felicíssimo**.

a) O rapaz é bom.

____

____

b) A casa é simples.

____

____

Locução adjetiva

Worlds Wild Life Wonders/Shutterstock/Glow Images

Leia as frases e observe as palavras destacadas.

Ontem Júlio viu um eclipse **da Lua**.

Ontem Júlio viu um eclipse **lunar**.

As expressões **da Lua** e **lunar** têm o mesmo valor de um adjetivo.

Locução adjetiva é a união de duas ou mais palavras que equivalem a um adjetivo.

As locuções adjetivas geralmente são formadas por:

- uma preposição e um substantivo
  dente **de cão** ⟶ dente **canino**
- uma preposição e um advérbio
  pneus **de trás** ⟶ **pneus traseiros**

1. Relacione a locução adjetiva ao adjetivo correspondente. Consulte o dicionário e procure o significado das palavras desconhecidas.

	Locução		Adjetivo
A	de aluno		urbano
B	de anjo		capilar
C	de chuva		discente
D	de rio		bucal
E	de boca		rural
F	de vento		angelical
G	de cabelo		fluvial
H	de abelha		eólico
I	de cidade		pluvial
J	de campo		apícola

Ilustrações: Ilustra Cartoon/ Arquivo da editora

2. Reescreva as frases, substituindo as locuções em destaque por adjetivos de sentido equivalente.

a) O sono **da noite** renova nossas energias.

____

b) Entrei na loja que vende roupas **de criança**.

____

c) Fiz uma viagem **por mar**. ______________________________

d) Carinho **de mãe** é sempre bom. ______________________________

e) Recebi o salário **do mês**. ______________________________

f) Ele é um homem **de coragem**. ______________________________

ESCREVENDO CERTO

-oso, -osa

Leia a frase e atente à terminação da palavra destacada.

O cão tinha o pelo **brilhoso**.

Observe também as duplas de palavras e complete a informação.

gato gul**oso** galinha gul**osa**	jogo perig**oso** aventura perig**osa**

a) Gato, ______, ______ e ______ são substantivos.

b) Guloso, ______, ______ e ______ são adjetivos.

c) A terminação desses adjetivos é ______ ou ______.

Os adjetivos terminados em **-oso** e **-osa** transmitem a ideia de "muito", "cheio de". Por exemplo, **brilhoso** indica que tem **muito brilho**.

Esses adjetivos se originam de substantivos. Veja:

gula ⟶ gul**oso** / gul**osa**	perigo ⟶ perig**oso** / perig**osa**

A pronúncia do adjetivo masculino é fechada (**ô**); a do adjetivo feminino é aberta (**ó**).

1. Complete estas frases:

a) Quem tem muita preguiça é ______________________.

b) Quem faz muito carinho é ______________________.

c) Quem sente muito medo é ______________________.

2. No caderno, escreva frases com as palavras **corajosa** e **famoso**.

Dize-me com quem andas

Ilustra Cartoon/Arquivo da editora

Ia um viajante por uma estrada, quando chegou a uma pequena cidade desconhecida.

À entrada da cidade estava sentado um velho, meditando. O viajante o abordou, dizendo:

— Estou vindo de muito longe, procurando um novo lugar para morar. O senhor que parece ter tanta experiência, diga-me: como são os habitantes desta cidade?

— Responda-me primeiro uma coisa, meu filho: como eram os habitantes da sua cidade?

— Bem, não eram pessoas agradáveis — queixou-se o forasteiro. — Eram invejosas, mesquinhas e estúpidas.

— Sinto muito — tornou o velho —, mas infelizmente aqui você só encontrará pessoas exatamente iguais às que descreveu: invejosas, mesquinhas e estúpidas.

O viajante, decepcionado, ajeitou a mochila às costas e foi embora.

Dali a pouco chegou um outro viajante, que fez ao velho a mesma pergunta. Este tornou a indagar:

— E como eram as pessoas de sua cidade?

— Ah, eram pessoas muito amáveis — explicou o homem —, em geral bondosas, generosas e educadas.

— Então, seja bem-vindo! — respondeu o velho filósofo, abrindo um sorriso. — Pois saiba que as pessoas aqui são exatamente assim: bondosas, generosas e educadas.

O homem que contava histórias,
de Rosane Pamplona.
São Paulo: Brinque-Book, 2005.

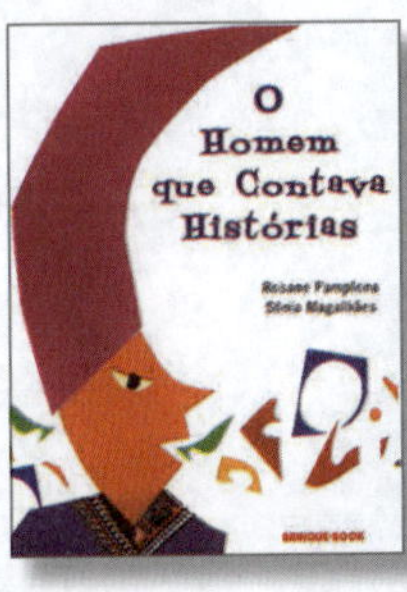

Reprodução/Editora Brinque-Book

abordou: aproximou-se de alguém, dirigindo-lhe a palavra.
forasteiro: quem é de fora; estrangeiro.
indagar: perguntar.

POR DENTRO DO TEXTO

1. O narrador desse conto participa da história ou apenas conta o que observa?

2. Quem vivencia os acontecimentos de uma história são os personagens. Quem são os personagens desse conto?

3. Os fatos de uma história se passam em um tempo e um lugar. Onde se passam os acontecimentos desse conto?

4. Releia este trecho:

"— Responda-me primeiro uma coisa, meu filho: como eram os habitantes da sua cidade?"

- Essa pergunta foi feita pelo velho aos dois viajantes. Escreva com suas palavras o que respondeu:

  a) o primeiro viajante.

  b) o segundo viajante.

5. Os dois viajantes procuravam um novo lugar para morar. Em sua opinião, qual teria sido o motivo do:

a) primeiro viajante? ______________________________

____

b) segundo viajante? ______________________________

____

6. Em sua opinião, qual dos dois viajantes tinha uma boa relação com os habitantes da cidade onde morava? Por quê?

____

____

____

7. A história que você leu originou-se do dito popular "Dize-me com quem andas e te direi quem és". Que relação você vê entre a maneira como cada viajante descreveu sua cidade e o dito popular? Converse sobre isso com seus colegas e, depois, escreva nas linhas abaixo a conclusão da turma.

____

____

____

____

8. Observe as cenas e assinale aquela que representa o seguinte trecho da história.

"À entrada da cidade estava sentado um velho, meditando."

Ilustrações: Ilustra Cartoon/Arquivo da editora

APRENDENDO GRAMÁTICA

Numeral

Leia o texto abaixo e observe as palavras destacadas.

Na primeira oportunidade, o pai disse que compraria um computador para João, que já tem dez anos. Seu irmão, que tem o dobro dessa idade, reclamou:

— Eu só ganhei computador no meu décimo quinto aniversário!

Primeira, **dez**, **dobro** e **décimo quinto** são **numerais**.

Numeral é a palavra que indica quantidade de seres ou posições em uma série.

O numeral pode ser:

- **cardinal** – indica quantidade. Exemplos: **um**, **dois**, **três**, etc.
- **ordinal** – indica ordem. Exemplos: **primeiro**, **segundo**, **terceiro**, etc.
- **fracionário** – indica divisão de quantidades. Exemplos: **metade**, **um terço**, **um quarto**, etc.
- **multiplicativo** – indica multiplicação de quantidade. Exemplos: **dobro**, **triplo**, **quádruplo**, etc.

Conheça alguns numerais:

cardinal	ordinal	fracionário	multiplicativo
cem	centésimo	centésimo	cêntuplo
cento e um	centésimo primeiro	cento e um avos	———
duzentos	ducentésimo	duzento avos	———
trezentos	trecentésimo	trezentos avos	———
quatrocentos	quadrigentésimo	quatrocentos avos	———
quinhentos	quingentésimo	quinhentos avos	———
seiscentos	sexcentésimo	seiscentos avos	———
setecentos	septingentésimo	setecentos avos	———
oitocentos	octingentésimo	oitocentos avos	———
novecentos	nongentésimo	novecentos avos	———
mil	milésimo	milésimo	———

1. Complete as frases abaixo, fazendo a concordância. Veja o exemplo.

Ela é a segunda da fila.

Ele é o segundo da fila.

a) Maria foi a **oitava** colocada no concurso de poesia.

José foi o ______________________ colocado no concurso de poesia.

b) O evento durou **meio** dia.

O evento durou ______________________ hora.

2. Circule os numerais no trecho a seguir. Depois, copie-os e classifique-os.

Setembro é o nono mês do ano.

Tem trinta dias. Seu nome vem de *September*, que faz referência ao número sete, pois era o sétimo mês do calendário romano.

Ilustra Cartoon/Arquivo da editora

Almanaque Ruth Rocha, de Ruth Rocha. São Paulo: Ática, 2004.

____

____

3. Reescreva o trecho, escrevendo os numerais por extenso.

A comemoração reuniu mais de 1 200 pessoas. Para chegar ao local, elas tiveram de percorrer mais de 1 quilômetro. Na 1ª parte da festa, a orquestra sinfônica da cidade tocou durante 1 hora e 50 minutos.

____

____

____

____

____

ESCREVENDO CERTO

-am, -ão

Leia as frases em voz alta e observe o som final das palavras destacadas.

Os forasteiros **viajaram** durante dias. Os forasteiros **viajarão** durante dias.

viajar**am** → **am** ação passada

viaja**rão** → **ão** ação futura

As sílabas finais das formas verbais **viajaram** e **viajarão** são escritas de modo diferente, mas o som delas é parecido.

As formas verbais não oxítonas são escritas com **-am**. Os monossílabos e as palavras oxítonas são escritos com **-ão**.

Exemplos:

n**ão** → monossílabo

est**ão** → forma verbal oxítona

mel**ão** → palavra oxítona

gel**am** → forma verbal não oxítona

1. Complete as frases com uma das palavras entre parênteses.

a) Amanhã os meninos ________________ primeiro. (entrarão / entraram)

b) Ontem eles ________________ antes de mim. (sairão / saíram)

c) No próximo ano, eles ________________ a nos visitar. (voltarão / voltaram)

2. Continue completando as palavras com **-ão** ou **-am** e compare-as. Veja o exemplo:

calç**ão**	calç**am**	lim______	lim______
bot______	bot______	pi______	pi______
pag______	pag______	tost______	tost______

3. O professor vai ditar algumas palavras. Escreva-as corretamente.

____

____

Texto 3

O homem mais rico do mundo

Baseado num conto popular indiano.

Havia um rei muito rico, que gostava de ajudar todas as pessoas que tinham menos do que ele. Como ele era muito bom, acabavam abusando de sua generosidade. Muitos fingiam ser pobres só para receber ajuda facilmente.

Mas o rei, um dia, não quis mais ser enganado. Resolveu que só ajudaria quem fosse realmente necessitado.

Um dia, um súdito lhe disse:

— Meu senhor, eu vi o homem mais pobre do mundo. Ele é um homem de idade avançada. Não possui nada. Vive com alguns farrapos sobre o corpo. Dorme no topo de uma colina alta e se alimenta apenas de alguns frutos.

— Existe alguém pobre assim em meu reino? Preciso conhecê-lo de perto para poder ajudá-lo — disse o bom rei.

O rei montou em seu cavalo e foi até a colina.

Chegando lá avistou o homem. — Senhor, eu sou o rei, dono dessas terras. Quero ajudá-lo para que não sejas tão pobre, que não vivas em condições tão miseráveis.

— Mas eu não sou pobre, senhor. Sei transformar a terra em ouro.

— Como assim? — surpreendeu-se o rei.

— O senhor, se quiser, pode vir ver com seus próprios olhos. Venha encontrar-me no topo dessa colina de manhãzinha, antes de o Sol nascer.

Assim fez o rei. Os dois se encontraram e se sentaram no topo da colina, em silêncio. Os olhos do rei não podiam crer na beleza do espetáculo que se podia admirar do alto. Tudo se transformara num dourado que ficava cada segundo mais radiante.

— Agora entendo. Sua riqueza é essa liberdade, esse contato direto com a natureza. Eu que sou o rei e que vivo todos os dias dentro do meu castelo com empregados, políticos e aduladores não tenho isso. Obrigado por ser generoso e compartilhar esse tesouro comigo — disse o rei, que a partir de então passou a acompanhar o homem todos os dias na colina.

Histórias de valor, de Katia Canton. São Paulo: WMF Martins Fontes, 2008.

súdito: habitante de um país governado por rei, imperador, etc.

farrapos: pedaços de panos velhos.

radiante: resplandecente, brilhante.

aduladores: que elogiam em excesso; bajuladores.

POR DENTRO DO TEXTO

1. O título do texto, **O homem mais rico do mundo**, refere-se:

- [ ] ao rei.
- [ ] ao homem que morava na colina.

2. O texto trata, principalmente:

- [ ] da bondade de um rei.
- [ ] da preocupação de um rei em ajudar os pobres.
- [ ] de um rei enganado.
- [ ] do homem mais pobre do mundo.

3. O rei, com suas atitudes, demonstra ser:

- [ ] generoso.
- [ ] preguiçoso.
- [ ] ambicioso.

4. Que decisão tomou o rei para não ser mais enganado?

____

____

5. Onde o súdito do rei encontrou o homem mais pobre do mundo, segundo ele?

____

6. Como o súdito o descreveu ao rei?

____

____

7. No trecho abaixo, a que o rei está se referindo ao dizer **tesouro**?

"Obrigado por ser generoso e compartilhar esse tesouro comigo."

____

____

8. Releia este trecho:

"— Mas eu não sou pobre, senhor. Sei transformar a terra em ouro."

a) Quem disse essas palavras?

____

____

b) Para quem ele disse isso?

____

9. O homem da colina não se considerava pobre porque:

- [ ] extraía ouro da terra.
- [ ] tinha a amizade do rei.
- [ ] era generoso.
- [ ] tinha liberdade e contato direto com as belezas da natureza.

10. Veja os significados de **compartilhar** no dicionário.

> **compartilhar** *v.t.d.*, *t.i.* e *t.d.i.* Ter ou tomar parte em; participar de; compartir, partilhar.
>
> **Miniaurélio: o minidicionário da língua portuguesa**, de Aurélio Buarque de Holanda Ferreira. Curitiba: Positivo, 2008.

- Agora releia este trecho e explique o sentido de compartilhar.

  "Obrigado por ser generoso e **compartilhar** esse tesouro comigo".

  ____

11. Qual é, na sua opinião, a lição desse conto?

____

____

APRENDENDO GRAMÁTICA

Pronome pessoal

Leia as frases e atente às palavras destacadas.

O rei encontrou o homem na colina. **Ele** usava farrapos e **o** convidou a assistir ao nascer do sol.

A palavra **ele** substitui o substantivo **homem**. A palavra **o** substitui o substantivo **rei**. As palavras **ele** e **o** são chamadas de **pronomes**.

Pronomes são palavras que acompanham ou substituem substantivos.

Agora, observe o diálogo.

Ilustra Cartoon/Arquivo da editora

Eu, **tu** e **ele** são chamados de **pronomes pessoais**.

Os pronomes pessoais indicam três pessoas gramaticais: primeira, segunda e terceira do singular e do plural.

Eu e **nós** indicam a pessoa que fala.

Tu e **vós** (**você/vocês**) indicam a pessoa com quem se fala.

Ele, **ela**, **eles**, **elas** indicam a pessoa de quem se fala.

Os pronomes pessoais são divididos em três grupos:

- do caso reto
- do caso oblíquo
- de tratamento

	pronomes pessoais	
	do caso reto	do caso oblíquo
1ª pessoa do singular	eu	me, mim, comigo
2ª pessoa do singular	tu	te, ti, contigo
3ª pessoa do singular	ele, ela	o, a, lhe, se, si, consigo
1ª pessoa do plural	nós	nos, conosco
2ª pessoa do plural	vós	vos, convosco
3ª pessoa do plural	eles, elas	os, as, lhes, se, si, consigo

Os pronomes pessoais oblíquos **o**, **a**, **os**, **as** têm também as formas **lo**, **la**, **los**, **las** e **no**, **na**, **nos**, **nas**.

Veja alguns exemplos de emprego dessas formas:

Vou buscar o caderno.

Vou buscá-lo.

As crianças estudam a lição.

As crianças estudam-na.

1. Complete corretamente as frases com os pronomes pessoais do quadro.

conosco nos me

a) Você vai à festa ____________?

b) Desculpe, eu não ____________ lembrei do seu aniversário.

c) Nós ____________ encontramos por acaso.

2. Reescreva as frases, substituindo as palavras destacadas pelos pronomes **lhes** ou **las**.

a) Vou comprar as maçãs no mercado.

Vou comprá-____________ no mercado.

b) O guarda mostrou aos pedestres o sinal vermelho.

O guarda mostrou-____________ o sinal vermelho.

Empregamos pronomes denominados **pronomes de tratamento** quando nos dirigimos às pessoas. Veja:

pronomes de tratamento	
Você (V.)	no tratamento familiar
Senhor (Sr.)/Senhora (Sra.)	no tratamento de respeito
Senhorita (Srta.)	no tratamento a moças solteiras
Vossa Senhoria (V. Sa.)	no tratamento a pessoas de cerimônia, principalmente na correspondência comercial
Vossa Excelência (V. Exa.)	no tratamento a altas autoridades
Meritíssimo (M. M.)	no tratamento a juízes
Vossa Reverendíssima (V. Revma.)	no tratamento a sacerdotes
Vossa Eminência (V. Ema.)	no tratamento a cardeais
Vossa Santidade (V. S.)	no tratamento ao papa
Vossa Majestade (V. M.)	no tratamento a reis e rainhas
Vossa Majestade Imperial (V. M. I.)	no tratamento a imperadores
Vossa Alteza (V. A.)	no tratamento a príncipes, princesas e duques

A forma **Vossa** antes do título é utilizada quando nos dirigimos diretamente à pessoa a quem se refere o pronome. Exemplo: Vossa Majestade deseja sair?

A forma **Sua** antes do título é utilizada quando falamos dessa pessoa. Exemplo: Sua Majestade disse que deseja sair.

3. Reescreva as frases, substituindo as palavras destacadas pelo pronome de tratamento correspondente.

a) O prefeito compareceu à solenidade.

____

b) O papa rezou a missa.

____

c) A rainha completou 80 anos.

____

ESCREVENDO CERTO

li, lh

1. Leia, em voz alta, as palavras destacadas abaixo.

Pedi **auxílio** e consegui tirar meu **filho** da árvore.

O som de **li** em **auxílio** é parecido com o som do dígrafo **lh** em **filho**. Notamos, então, que nem sempre as palavras são escritas da forma que as pronunciamos. Por isso, ao escrever, tenha cuidado para não trocar o **lh** por **li** ou vice-versa.

2. Complete as palavras com **li** ou **lh**. Se precisar, consulte um dicionário.

ladri_____o	entu_____o	Emí_____a	Marí_____a
pa_____aço	famí_____a	plani_____a	mobi_____ado
reta_____o	fi_____arada	coe_____o	te_____ado

3. Troque o **lh** por **l** para formar novas palavras. Veja o exemplo:

telha ___tela___	malha __________	falha __________
velha __________	escolha __________	molha __________
bolha __________	calha __________	filha __________

4. Complete as frases com as palavras que o professor vai ditar. Preste atenção e escreva-as na frase correta.

a) Uma senhora pediu __________ para atravessar a rua.

b) Não sabia qual __________ era adequado àquela comida.

c) __________ brincava em meio às __________ do quintal.

d) Aprendi hoje que __________ é o mesmo que pestana.

e) A cabine de telefone público em forma de concha é conhecida como __________.

Texto 4

Contos que valem uma fábula

"Não compre gato por lebre!". Mesmo sem saber exatamente o que significa, você já deve ter ouvido isso antes, em algum lugar.

Estranha frase essa aí, já que você nunca pensou em comprar nenhum dos dois animais, não é?

É e não é.

Porque esse dito, na verdade, não tem um sentido ao pé da letra. Quer dizer, no caso, o gato e a lebre estão simbolizando uma outra coisa.

Transmitem a seguinte mensagem: que você tem de prestar atenção nas coisas para não ser enganado. Portanto, não espere uma coisa e receba outra, inferior à prometida. Tome sempre cuidado!

E por que é que se usam animais para dar exemplos de como agir na vida humana? Porque frases como essas são muito eficazes. Quando ampliadas, viram histórias mágicas e poderosas. São chamadas fábulas. Nelas, como acontece com qualquer herói de contos de fada, os animais podem ganhar vida, falar, cantar e transmitir mensagens que, no fundo, no fundo, servem também para todos nós...

Ilustra Cartoon/Arquivo da editora

Uma fábula bem conhecida é a da cigarra e a formiga.

Qual delas você preferia ser? A cigarra não queria nem saber de trabalhar. Durante todo o verão e durante toda a primavera, enquanto a formiga andava de lá pra cá juntando folhinhas e gravetos, a cigarra só se divertia. Ficava gozando o esforço da formiga e curtia a vida, tocando violão, cantando com os amigos...

Mas eis que o frio bateu na porta de todos. E, então, a cigarra, quase congelada, não tinha o que comer nem para onde ir. Foi bater na porta da formiguinha, que estava bem prevenida com alimentos e lenha para acender a fogueira. Toc, toc, toc... "Dona Formiga, me dê alimento e casa, por favor, estou com frio e fome", pediu a cigarra. Mas a formiga respondeu secamente: "A senhora cantou durante todo o verão e a primavera! Agora, dance". E a cigarra morreu.

Ilustra Cartoon/Arquivo da editora

Uma história como essas, triste até, serve para quê? Você já sabe: ela transmite uma mensagem muito clara. Avisa a todos nós que é melhor prevenir do que remediar. Isto é, que devemos sempre pensar no futuro e nos preparar para épocas mais difíceis da vida.

E de onde vieram esses contos nos quais os animais se comportam que nem gente e adoram dar lições de moral? Essas tais fábulas de animais têm uma história e tanto. Ficaram bem conhecidas entre nós através dos versos de um escritor francês chamado Jean de La Fontaine, que nasceu em 1621, e, aos 47 anos, começou a escrever e colecionar suas fábulas. Mas as histórias com animais são, na realidade, bem mais antigas...

Contos que valem uma fábula: histórias de animais animados, de Katia Canton. São Paulo: Difusão Cultural do Livro, 2010.

Reprodução/Difusão Cultural do Livro

ao pé da letra: literalmente.
eficazes: eficientes, que causam o resultado esperado.
remediar: corrigir, reparar.

POR DENTRO DO TEXTO

1. Segundo o texto, o que são fábulas?

2. O texto **Contos que valem uma fábula** pode ser divido em duas partes: uma parte sobre o ditado popular "Não compre gato por lebre!" e outra parte sobre a fábula **A cigarra e a formiga**. Responda:

a) Quantos parágrafos constituem a primeira parte e quais são?

b) Quantos parágrafos constituem a segunda parte e quais são?

3. Segundo o texto, qual é a mensagem da fábula **A cigarra e a formiga**? O que ela significa?

4. Se você tivesse de ser um dos personagens dessa fábula, qual escolheria? Por quê?

5. Você já sabe que uma palavra pode ter um ou mais sentidos. Escreva o sentido da palavra sublinhada em cada frase.

a) Não concordo com o desfecho da fábula **A cigarra e a formiga**.

____

____

b) Paguei uma fábula para consertar o computador.

____

____

c) No fundo, as fábulas servem a todos nós.

____

____

d) Há lendas, como a de Atlântida, reino do fundo do mar, que são muito belas.

____

____

6. O texto inicia com um ditado popular: "Não compre gato por lebre". Converse com os colegas sobre esse ditado e, juntos, façam uma lista de ditados populares que vocês conhecem.

____

____

____

____

____

____

____

APRENDENDO GRAMÁTICA

Pronome possessivo, pronome demonstrativo e pronome indefinido

Leia o balão de fala e observe a palavra destacada.

Ilustra Cartoon/Arquivo da editora

A palavra **nosso** é um **pronome possessivo**.

Pronome possessivo é aquele que se refere a um ser (o substantivo), dando ideia de posse.

Veja os pronomes possessivos:

		singular		plural	
	pessoa	**masculino**	**feminino**	**masculino**	**feminino**
singular	1ª (eu)	meu	minha	meus	minhas
	2ª (tu)	teu	tua	teus	tuas
	3ª (ele, ela)	seu	sua	seus	suas
plural	1ª (nós)	nosso	nossa	nossos	nossas
	2ª (vós)	vosso	vossa	vossos	vossas
	3ª (eles, elas)	seu	sua	seus	suas

Muitas vezes substituímos **seu**, **sua**, **seus**, **suas** por **dele**, **dela**, **deles**, **delas** e de **vocês**.

Observe a palavra destacada nesta frase:

A palavra **aquela** é um **pronome demonstrativo**.

Pronome demonstrativo é aquele que indica a posição de um ser em relação à pessoa que fala e à pessoa que ouve.

Veja os pronomes demonstrativos:

pessoa	variáveis	invariáveis	indicam
1ª	este, esta, estes, estas	isto	o que está próximo do falante (isto aqui, este aqui)
2ª	esse, essa, esses, essas	isso	o que está próximo do ouvinte (isso aí, esse aí)
3ª	aquele, aquela, aqueles, aquelas	aquilo	o que está distante do falante e do ouvinte (aquilo lá, aquele lá)

Veja esta fala:

A palavra **algumas** refere-se ao substantivo **notícias**, dando uma ideia vaga, indefinida. Não nos informa ao certo quantas e quais notícias serão procuradas no jornal. **Algumas** é um **pronome indefinido**.

Pronome indefinido é aquele que se refere ao substantivo dando uma ideia vaga, imprecisa, genérica.

Observe os principais pronomes indefinidos:

variáveis				invariáveis
singular		plural		
masculino	feminino	masculino	feminino	
algum	alguma	alguns	algumas	algo
nenhum	nenhuma	nenhuns	nenhumas	alguém
todo	toda	todos	todas	ninguém
outro	outra	outros	outras	outrem
muito	muita	muitos	muitas	tudo
pouco	pouca	poucos	poucas	nada
certo	certa	certos	certas	cada
vário	vária	vários	várias	

Algumas palavras, juntas, equivalem a um pronome indefinido. Esses grupos constituem as **locuções pronominais indefinidas.**

Veja alguns exemplos:

Cada um sabe de si.

Todos os vestidos são discretos.

Qualquer um está bom para a festa.

Um ou outro entregará a encomenda ao cliente.

1. Complete as frases com um pronome possessivo.

a) Eu levo ____________ malas.

b) Tu achaste ____________ lápis?

c) Recebi ajuda de ____________ amiga.

d) Cuidamos bem de ____________ cadernos, por isso estão conservados.

e) Onde você guarda ____________ livros?

f) Como está ____________ mãe? E ____________ pai?

2. Complete a frase com os pronomes demonstrativos corretos.

__________ livro que está aqui é meu; __________ que está aí perto de você é seu. __________ que está lá no armário é do Leo.

3. Complete as frases com palavras de sentido oposto ao da palavra destacada.

a) Quem __________ quer **nada** tem.

b) **Ninguém** se oferece? Preciso de __________ para me ajudar.

c) Tenho **muitas** revistas, mas __________ livros.

- Como são classificadas as palavras destacadas e as que você escreveu?

____

4. Circule os pronomes indefinidos e as locuções pronominais indefinidas.

a) Comprei alguns livros novos para dar a cada uma das crianças.

b) Todos viajaram.

c) Vários alunos faltaram hoje, cada qual por um motivo.

5. Copie os pronomes das frases e classifique-os. Veja o exemplo.

Ela levava muitos brinquedos a seus netos.

ela → pronome pessoal do caso reto (3ª pessoa do singular)

muitos → pronome indefinido

seus → pronome possessivo (3ª pessoa do plural)

a) Alguém deixou este caderno aqui.

____

____

b) Aquela caneta me pertence.

____

____

ESCREVENDO CERTO

mal, mau

Leia as frases e observe as palavras destacadas.

A cigarra foi **mal** recebida. A formiga estava de **mau** humor.

Mal é um **advérbio**; indica modo: mal recebida.

Usamos a palavra **mal** quando ela se refere a um verbo. O antônimo de **mal** é **bem**.

Ela foi **mal** recebida ⟶ Ela foi **bem** recebida

Mau é um **adjetivo**; está caracterizando um substantivo.

Usamos a palavra **mau** quando ela se refere a um substantivo. O oposto de **mau** é **bom**.

mau humor ⟶ **bom** humor

1. Reescreva as frases, substituindo as palavras destacadas por seu antônimo.

a) A turma hoje se comportou **bem**.

____

b) Papai fez um **bom** negócio.

____

2. Complete as frases com **mal** ou **mau**.

a) A prova foi __________ elaborada.

b) Eu não sou um __________ aluno.

c) Ronaldo __________ chegou e já saiu?

d) Passei __________ ao saber do __________ resultado de minha avaliação.

Texto
5

A cigarra e as formigas

I – A formiga boa

Ilustra Cartoon/Arquivo da editora

Houve uma jovem cigarra que tinha o costume de chiar ao pé de um formigueiro. Só parava quando cansadinha; e seu divertimento então era observar as formigas na eterna faina de abastecer as tulhas.

Mas o bom tempo afinal passou e vieram as chuvas. Os animais todos, arrepiados, passavam o dia cochilando nas tocas.

A pobre cigarra, sem abrigo em seu galhinho seco e metida em grandes apuros, deliberou socorrer-se de alguém.

Manquitolando, com uma asa a arrastar, lá se dirigiu para o formigueiro. Bateu — tique, tique, tique...

Aparece uma formiga friorenta, embrulhada num xalinho de paina.

— Que quer? — perguntou, examinando a triste mendiga suja de lama e a tossir.

— Venho em busca de agasalho. O mau tempo não cessa e eu...

A formiga olhou-a de alto a baixo.

— E que fez durante o bom tempo que não construiu sua casa?

A pobre cigarra, toda tremendo, respondeu depois de um acesso de tosse:

— Eu cantava, bem sabe...

— Ah!... — exclamou a formiga recordando-se. — Era você então quem cantava nessa árvore enquanto nós labutávamos para encher as tulhas?

— Isso mesmo, era eu...

— Pois entre, amiguinha! Nunca poderemos esquecer as boas horas que sua cantoria nos proporcionou. Aquele chiado nos distraía e aliviava o trabalho. Dizíamos sempre: que felicidade ter como vizinha tão gentil cantora! Entre, amiga, que aqui terá cama e mesa durante todo o mau tempo.

A cigarra entrou, sarou da tosse e voltou a ser a alegre cantora dos dias de sol.

II – A formiga má

Já houve, entretanto, uma formiga má que não soube compreender a cigarra e com dureza a repeliu de sua porta.

Foi isso na Europa, em pleno inverno, quando a neve recobria o mundo com o seu cruel manto de gelo.

A cigarra, como de costume, havia cantado sem parar o estio inteiro, e o inverno veio encontrá-la desprovida de tudo, sem casa onde se abrigar, nem folhinhas que comesse.

Desesperada, bateu à porta da formiga e implorou — emprestado, notem! — uns miseráveis restos de comida. Pagaria com juros altos aquela comida de empréstimo, logo que o tempo o permitisse.

Mas a formiga era uma usurária sem entranhas. Além disso, invejosa. Como não soubesse cantar, tinha ódio à cigarra por vê-la querida de todos os seres.

— Que fazia você durante o bom tempo?

— Eu... eu cantava!

— Cantava? Pois dance agora, vagabunda! — e fechou-lhe a porta no nariz.

Resultado: a cigarra ali morreu entanguidinha; e quando voltou a primavera, o mundo apresentava um aspecto mais triste. É que faltava na música do mundo o som estridente daquela cigarra morta por causa da avareza da formiga. Mas se a usurária morresse, quem daria pela falta dela?

Os artistas — poetas, pintores, músicos — são as cigarras da humanidade.

[...]

Fábulas, de Monteiro Lobato.
São Paulo: Globo, 2008.

faina: trabalho árduo que se estende por muito tempo.

tulhas: celeiros, lugares onde se guardam alimentos.

manquitolando: mancando.

paina: conjunto de fibras sedosas, semelhantes ao algodão, que envolvem as sementes de diversas plantas.

labutávamos: trabalhávamos.

estio: verão.

usurária: pessoa mesquinha.

entranhas: coração, caráter.

entanguidinha: encolhidinha de frio.

POR DENTRO DO TEXTO

1. Fábula é uma narrativa cujos personagens são animais que pensam, agem e sentem como seres humanos.

- Quais são os personagens principais do texto apresentado?

2. Quem é o autor dessa fábula?

3. Ele dividiu a fábula em duas partes. Quais são os subtítulos?

4. Releia este trecho:

"Mas o bom tempo afinal passou e vieram as chuvas."

- O que aconteceu, então, com a cigarra?

5. A quem a cigarra recorreu quando precisou de ajuda?

6. Como agiu a formiga boa quando a cigarra bateu em sua porta?

7. E a formiga má, como agiu?

8. Monteiro Lobato organizou a narrativa de forma que mostrasse os dois lados da questão. Releia ambos os desfechos.

I – Desfecho de **A formiga boa**

"A cigarra entrou, sarou da tosse e voltou a ser a alegre cantora dos dias de sol."

II – Desfecho de **A formiga má**

"Resultado: a cigarra ali morreu entanguidinha; e quando voltou a primavera, o mundo apresentava um aspecto mais triste. É que faltava na música do mundo o som estridente daquela cigarra morta por causa da avareza da formiga. Mas se a usurária morresse, quem daria pela falta dela?"

a) O que você achou dos desfechos dessa fábula? Com qual você concorda? Por quê?

b) Se você tivesse de criar um terceiro desfecho, como ele seria?

9. Na fábula **A cigarra e as formigas**, o autor utiliza várias palavras no diminutivo para enfatizar o tamanho pequeno dos animais. Liste essas palavras.

APRENDENDO GRAMÁTICA

Pronome relativo e pronome interrogativo

Leia as frases e observe o que está destacado.

A cigarra bateu na porta **da formiga**. **A formiga** a convidou para entrar.

Agora, leia a mesma informação em uma única oração.

A cigarra bateu na porta da formiga, **que** a convidou para entrar.

A palavra **que** é um **pronome relativo**.

Pronomes relativos são aqueles que substituem palavras já citadas numa oração, estabelecendo uma relação entre duas orações.

Veja os principais pronomes relativos:

variáveis			
singular		plural	
masculino	feminino	masculino	feminino
o qual	a qual	os quais	as quais
cujo	cuja	cujos	cujas
quanto	quanta	quantos	quantas

invariáveis
que
quem
onde
como
quando

1. Junte as orações usando um dos pronomes relativos do quadro.

quem que cujo

a) Este é meu tio. Meu tio mora no interior.

____

b) Aqui está meu amigo. O apelido de meu amigo é igual ao meu.

____

c) Esta é a aluna. Eu falava da aluna.

____

2. Circule os pronomes relativos e sublinhe as palavras que eles estão substituindo.

a) Minha irmã, cujo aniversário é amanhã, vai fazer uma grande festa.

b) Na festa de amanhã virão meus avós, os quais moram no interior.

c) Esta é a casa onde nasci.

Agora, leia o balão e observe a palavra destacada.

Ilustra Cartoon/Arquivo da editora

Quem é um **pronome interrogativo**.

Pronomes interrogativos são os pronomes indefinidos usados em frases interrogativas.

Veja os principais pronomes interrogativos:

variáveis				invariáveis
masculino		feminino		
singular	plural	singular	plural	
(o) qual	(os) quais	(a) qual	(as) quais	que
quanto	quantos	quanta	quantas	quem

A frase interrogativa pode ser:

direta — Exemplo: **Quem** falou comigo?
Nesse tipo de frase é usado o ponto de interrogação.

indireta — Exemplo: Quero saber **quem** falou comigo.
Mesmo sem o ponto de interrogação, esse tipo de frase equivale a uma pergunta.

3. Circule os pronomes interrogativos e responda às perguntas.

a) Qual é o seu nome?

____

b) Quantos anos você tem?

____

c) Gostaria de saber quem são seus cantores preferidos.

____

4. Complete as frases interrogativas indiretas com um pronome interrogativo.

a) Diga ____________ destas roupas são as suas.

b) Pergunte ____________ anos ele tem.

c) Digam-me ____________ chegou primeiro.

d) Gostaria de saber ____________ dia é hoje.

5. Circule o pronome interrogativo na frase da placa.

Ilustra Cartoon/Arquivo da editora

ESCREVENDO CERTO

Abreviaturas e siglas

Leia esta frase:

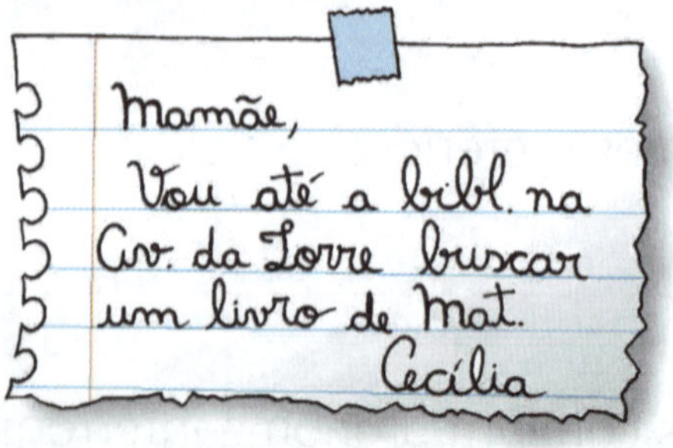
Mamãe,
Vou até a bibl. na Av. da Torre buscar um livro de Mat.
Cecília

Cecília escreveu um bilhete e usou algumas abreviaturas.

Abreviatura é a redução da escrita de uma palavra ou uma expressão, sem prejudicar a sua compreensão.

Conheça algumas abreviaturas:

adj. → adjetivo	educ. → educação
av. → avenida	ex. → exemplo
bibl. → biblioteca	geogr. → geografia
cia. → companhia	gram. → gramática
clín. → clínica	h → hora(s)
dr. → doutor	hab. → habitante(s)
fone → telefone	r. → rua

Há um tipo especial de abreviaturas: as **siglas**.

Ilustra Cartoon/Arquivo da editora

As siglas são formadas:

- pelas letras iniciais maiúsculas das palavras que a compõem:

  AM ⟶ **Am**azonas

- ou pelas sílabas ou letras iniciais que formam um nome:

  CEP ⟶ **C**ódigo de **E**ndereçamento **P**ostal

Conheça outras siglas:

ABL ⟶ **A**cademia **B**rasileira de **L**etras
DDD ⟶ **D**iscagem **D**ireta a **D**istância
IBGE ⟶ **I**nstituto **B**rasileiro de **G**eografia e **E**statística
ECA ⟶ **E**statuto da **C**riança e do **A**dolescente

1. Reescreva as frases substituindo as abreviaturas pelos nomes correspondentes por extenso.

a) Marisa sai da escola às 5**h**30**min** e vai a pé para casa.

____

b) A **prof.** de Clarice mora na **r**. Príncipe, a 3 **m** da escola.

____

2. Observe o quadro e copie a sigla correspondente ao nome.

ONG   OMS   ONU   Funai

a) Fundação Nacional do Índio: ____________________

b) Organização Mundial da Saúde: ____________________

c) Organização Não Governamental: ____________________

d) Organização das Nações Unidas: ____________________

Fique por dentro!

As abreviaturas das unidades de medida não têm ponto-final nem plural.

3h (3 horas)   5 km (5 quilômetros)   20 kg (20 quilogramas)

De olho no dicionário

Homônimo e parônimo

Leia estes verbetes:

manga[1] *s.fem.* **man**-ga. Fruto da mangueira, de polpa amarela e doce, que tem caroço grande. *A manga tem vitamina C.*

manga[2] *s.fem.* **man**-ga. Parte da roupa que cobre os braços, em parte ou totalmente. *A manga de sua camisa rasgou.*

Dicionário ilustrado de português, de Maria Tereza Camargo Biderman. São Paulo: Ática, 2005.

As palavras **manga** acima, uma com o significado de "fruto da mangueira" e outra com o significado de "parte da roupa", são **homônimas**.

Homônimos são palavras com mesma pronúncia e grafia, mas com sentidos diferentes.

Há também palavras que apresentam semelhanças quanto à escrita, embora não possuam nada de semelhante no que diz respeito à significação. São os **parônimos**. Exemplos:

Ela escreveu uma bela **descrição**. → ato de escrever

Ela se sobressai pela **discrição**. → qualidade de ser discreto

- Pesquise no dicionário outras palavras homônimas e parônimas e escreva-as.

____

____

____

____

____

Unidade

4

Cuidar do planeta: questão de sobrevivência

Valter Ferrari/Arquivo da editora

O QUE VOU ESTUDAR?

- Leitura e compreensão
- Conjunção
- Verbo: conjugação de verbo regular e auxiliar
- Verbo **pôr**
- Oração: sujeito e predicado
- Advérbio

Texto
1

Terra e conhecimento da natureza

Os povos indígenas têm muito respeito pela terra. Eles consideram a terra como uma grande mãe, que os alimenta e dá vida, porque é dela que tiram todas as coisas que precisam para sobreviver. Para eles, a terra não é apenas uma propriedade, ela é a morada dos mortos e de todos os espíritos.

Os povos indígenas são grupos que fazem uso da natureza, assim como todos nós, mas não o fazem de forma descuidada.

É bom dizer que, para sobreviver e se reproduzir, um povo necessita de muito mais terras do que as utilizadas para plantar, pois desse território ele também extrai material para a construção de suas casas, para a fabricação dos arcos, das flechas, das canoas e de tudo que utiliza em seu dia a dia.

As populações indígenas aprenderam a se relacionar com a natureza com respeito. Por isso sabem que é preciso conhecer bem a fauna e a flora.

Os índios sabem que um determinado pedaço de terra só pode ser cultivado por um tempo determinado, mudando-se em seguida para outros lugares, a fim de permitir que as plantas nasçam e cresçam de novo e o solo descanse. Depois de um bom tempo, quando essa terra puder ser utilizada novamente, então voltarão para esse mesmo lugar.

Quando fazem longas caçadas, os indígenas aproveitam para conhecer melhor seu próprio território e coletar materiais que usarão depois, na fabricação de vários objetos.

Infelizmente há pessoas que querem a terra para explorar e destruir, arruinando o meio ambiente que os povos nativos souberam preservar por milhares de anos.

A preocupação com a preservação da natureza tem feito com que muitos povos se organizem para defender seus direitos garantidos pela Constituição Federal, aprovada em 1988. Essas organizações indígenas sabem que a terra é sagrada e tudo o que for feito a ela hoje atingirá, mais cedo ou mais tarde, todas as pessoas do planeta.

Coisas de índio: versão infantil, de Daniel Munduruku. São Paulo: Callis, 2003.

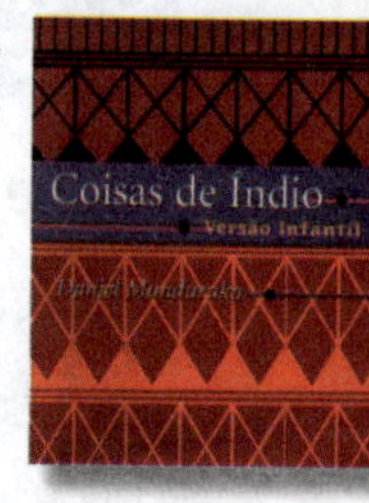

nativos: indivíduos naturais de uma terra; indígenas.

POR DENTRO DO TEXTO

1. O texto que você leu faz parte do livro ao lado:

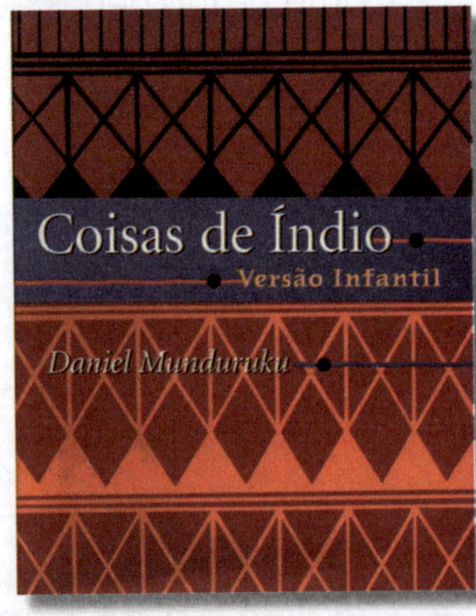

Reprodução/Editora Callis

a) Quem é o autor do texto?

____

b) De qual livro ele foi extraído?

____

____

c) Na sua opinião, o que o autor relata pode ser considerado real? Por quê?

____

____

2. O narrador inicia o texto fazendo uma afirmação sobre a relação dos povos indígenas com a terra. Como é essa relação?

____

____

____

3. Na frase "Os povos indígenas têm muito respeito pela **terra**", a palavra destacada indica:

☐ o planeta. ☐ o solo. ☐ pó, poeira.

4. A ideia central do texto é:

☐ a destruição da natureza.

☐ o uso e a preservação da natureza.

☐ a exploração da natureza.

5. O desgaste do solo é um dos maiores problemas ambientais de nossos dias. Como os indígenas agem para evitar esse problema?

____

____

____

____

____

6. Segundo o texto, os povos indígenas:

- [ ] não conhecem muito bem a fauna e a flora.
- [ ] cultivam a terra até que ela se esgote.
- [ ] interagem com a fauna e a flora de acordo com suas crenças e necessidades, sempre respeitando a natureza.

7. Releia o trecho a seguir.

> "a terra é sagrada e **tudo o que for feito a ela hoje atingirá, mais cedo ou mais tarde, todas as pessoas do planeta.**"

- Explique o que você entendeu da parte destacada.

____

____

____

Rogério Albuquerque/ Arquivo da editora

Daniel Munduruku

Daniel Munduruku

Escritor nascido em 1964 em uma aldeia no Pará, é pesquisador, dá palestras sobre a questão indígena e escreve, principalmente, sobre as histórias que os povos indígenas contam.

APRENDENDO GRAMÁTICA

Conjunção

Leia as orações abaixo.

Ilustra Cartoon/Arquivo da editora

Comprei um livro de poemas.
Li o livro de poemas no mesmo dia.

Vamos unir essas duas orações?

Comprei um livro de poemas **e** o li no mesmo dia.

A palavra **e** é uma **conjunção**.

Conjunção é a palavra invariável que liga orações ou termos de uma oração.

Conheça algumas conjunções:

assim	contudo	logo	entretanto	e
nem	todavia	pois	porém	mas
por isso	porquanto	porque	portanto	ou
no entanto	por conseguinte			

1. Leia as definições:

[1] **Preposição** é a palavra que liga duas palavras, estabelecendo uma relação entre elas.

[2] **Conjunção** é a palavra que liga uma oração a outra ou termos de uma oração.

- Nos quadrinhos, escreva **1** se a palavra destacada nas frases for preposição e **2** se for conjunção.

[ ] Quero um pedaço **de** bolo.

[ ] Eu gosto de ler, **mas** gosto de passear também

[ ] Ele sempre age **com** educação.

[ ] Fui à festa ontem, **porém** não levei meu irmão.

[ ] Minha mãe chegou **e** saiu.

2. Reescreva as orações abaixo ligando-as com uma conjunção.

a) Ontem fui ao cinema. Levei minha irmã comigo.

____

____

b) Ivete quer fazer um bolo. Ela foi comprar farinha e ovos.

____

____

c) Comprei o livro. Preciso estudar muito.

____

____

d) O trem parou na estação. Ninguém desembarcou.

____

____

ESCREVENDO CERTO

mais, mas

Leia a frase e atente às palavras destacadas.

Você colocou **mais** comida para mim, **mas** eu não queria!

Mais indica quantidade. Tem sentido oposto a **menos**.

Mas indica ideia contrária, oposição. Equivale a **porém**.

1. Reescreva as frases substituindo **mais** por **menos** e **mas** por **porém**.

a) A atriz daquele filme foi **mais** homenageada que o ator.

____

b) Quero estudar a lição, **mas** não tenho o livro.

____

c) Eu ia ao cinema, **mas** começou a chover e desisti.

____

2. Complete as frases com **mais** ou **mas**.

a) Coloque ____________ açúcar no meu café, ____________ não exagere.

b) Gostaria de viajar, ____________ preciso de ____________ dinheiro.

3. Observe as ilustrações e escreva, no caderno, frases empregando as palavras **mas** e **mais**.

Ilustrações: Ilustra Cartoon/ Arquivo da editora

Texto
2

Combate ao desperdício: use mas não abuse

Ilustra Cartoon/Arquivo da editora

Combater o desperdício é usar energia de forma inteligente e assumir um compromisso com a preservação do planeta, trabalhando para que máquinas e equipamentos de todos os tipos funcionem bem sem consumir nossas reservas naturais de água, carvão, madeira, gás, petróleo, etc.

Hoje sabemos que é possível consumir menos energia aumentando a eficiência das máquinas nas fábricas, instalando equipamentos apropriados para a conservação de produtos nos estabelecimentos comerciais, dando atenção especial aos sistemas de refrigeração e iluminação nas residências e utilizando lâmpadas e eletrodomésticos eficientes. O racionamento pelo qual o Brasil teve de passar em 2001 nos ensinou muito sobre redução de consumo.

Mas não aprendemos apenas a economizar energia. Descobrimos também que o combate ao desperdício não é só responsabilidade dos consumidores e que o governo também precisa fazer a parte que lhe cabe, dando maior atenção aos sistemas de iluminação pública e transporte, sem esquecer da segurança e do conforto da população; mudando os hábitos e os horários em escritórios e edifícios públicos, sem prejudicar o desenvolvimento do país; e, principalmente, incentivando os investimentos das empresas em geração, transmissão e distribuição de energia.

Investir e reduzir as perdas em todas as etapas da produção, com a aplicação de novas tecnologias e a manutenção dos equipamentos mais antigos, além de contribuir para a economia do país, é fundamental para a segurança de trabalhadores e usuários.

É importante lembrar que combater o desperdício não significa fazer racionamento e não implica, necessariamente, a perda da qualidade de vida ou o comprometimento da produtividade e do desenvolvimento do país. É possível economizar energia e fazer o país crescer ao mesmo tempo.

Ilustra Cartoon/Arquivo da editora

O racionamento acontece em situações emergenciais e temporárias quando, além da falta de investimentos e planejamentos, esquecemos que princípios básicos de boa convivência entre o homem e o meio ambiente devem vigorar sempre. Um não pode viver sem o outro. Devemos nos empenhar para preservar nossas reservas e para não provocar alterações significativas no meio ambiente, pois as reações da natureza são imprevisíveis. É possível, por exemplo, que algumas regiões fiquem sem chuva por tanto tempo que a terra seja prejudicada de forma irreversível. Sem água, fica impossível produzir grande parte da energia que consumimos, mas, pior do que isso, sem água não existe vida.

Luz e força movimentando a história,
de Liliana Neves Cordeiro de Mello (coord.).
Rio de Janeiro: Centro da Memória da Eletricidade no Brasil, 2003.

Reprodução/Centro da Memória da Eletricidade no Brasil

racionamento: no texto, limitação do consumo de energia elétrica.
comprometimento: ação de prejudicar.
princípios básicos: regras essenciais.
vigorar: valer.
irreversível: que não pode voltar à condição anterior.

POR DENTRO DO TEXTO

1. O assunto do texto é:

- [ ] a preservação do planeta.
- [ ] a economia do país.
- [ ] o desenvolvimento do país.
- [ ] a aplicação de novas tecnologias.

2. Segundo o texto, o que é combater o desperdício?

____

____

____

3. De acordo com o texto, é possível consumir menos energia nos estabelecimentos comerciais e em casas. Explique de que forma isso pode ser feito.

____

____

____

____

4. Releia este trecho:

> "O racionamento pelo qual o Brasil teve de passar em 2001 nos ensinou muito sobre redução de consumo."

- Isso significa que em 2001 o Brasil:

  - [ ] ampliou o consumo de energia.
  - [ ] não teve problemas com distribuição de energia.
  - [ ] limitou o consumo de energia.

5. Escreva um pequeno texto no caderno sobre as principais atitudes adotadas em sua casa para economizar energia elétrica.

APRENDENDO GRAMÁTICA

Verbo

Leia as orações e observe as palavras destacadas.

O menino **soltava** pipa.

As crianças **estavam** alegres.

Chovia muito.

As palavras em destaque são **verbos**.

Verbos são palavras usadas para indicar ações, estados ou fenômenos da natureza.

Leia o balão de fala na imagem ao lado:

Ilustra Cartoon/Arquivo da editora

Como você pôde perceber, conjugamos o verbo flexionando-o para combinar com o pronome a que se refere. Assim descobrimos que o verbo varia em **pessoa** e **número**.

Observe o quadro:

	singular	plural
1ª pessoa	**eu** cant**o**	**nós** cant**amos**
2ª pessoa	**tu** cant**as**	**vós** cant**ais**
3ª pessoa	**ele** cant**a**	**eles** cant**am**

O verbo também muda de forma de acordo com o tempo.

Ontem eu cantei. → pretérito

Hoje eu canto. → presente

Amanhã eu cantarei. → futuro

São três os tempos básicos do verbo:

presente	agora, hoje	Eu estudo.
pretérito (ou passado)	ontem, há pouco	Eu estudei.
futuro	mais tarde, amanhã	Eu estudarei.

O **tempo pretérito** divide-se em:

- **pretérito perfeito** ⟶ indica um fato já ocorrido, concluído.

  Ontem ele estudou bastante.

- **pretérito imperfeito** ⟶ indica um fato passado, mas que não foi concluído.

  Ele estudava bastante durante a tarde.

- **pretérito mais-que-perfeito** ⟶ indica uma ação passada já concluída em relação a outro fato passado.

  Quando mamãe chegou, ele já estudara bastante.

O **tempo futuro** divide-se em:

- **futuro do presente** ⟶ indica um fato que se realizará após o momento em que se fala, tomado como certo ou provável.

  Ele estudará bastante na próxima semana.

- **futuro do pretérito** ⟶ indica um acontecimento não realizado que ocorreria mediante uma condição.

  Ele estudaria mais se tivesse tempo.

Veja, agora, estas frases:

A menina estuda a lição.
Estude a lição, por favor!
Se vocês estudassem a lição juntos, poderiam usar o mesmo livro.

Houve uma variação na forma verbal para indicar o modo ou a maneira como a ação ocorre.

Os **modos do verbo** são:

- **indicativo** ⟶ indica um fato certo, uma certeza.
  Júlia pula corda.

- **subjuntivo** ⟶ indica um fato incerto, duvidoso, uma possibilidade.
  Talvez Júlia pule corda.

Ilustrações: Adelmo Naccari/Arquivo da editora

- **imperativo** ⟶ indica uma ordem, um conselho, um pedido.
  Júlia, pule corda. ⟶ **imperativo afirmativo**
  Júlia, não pule corda. ⟶ **imperativo negativo**

1. Complete a frase abaixo flexionando o verbo entre parênteses no modo e no tempo corretos.

Era uma vez uma menina cuja avó ______________ (morar) na floresta. Um dia sua mãe a ______________ (chamar) e lhe ______________ (pedir) que levasse uma cesta de doces para sua avó.

2. Leia a frase a seguir e observe o verbo destacado.

Se ele **estudasse** mais, teria melhor desempenho nas provas.

a) O verbo indica um fato certo ou uma possibilidade?

____

b) Em que modo está esse verbo?

____

3. Os verbos do quadro indicam estado. Use-os para completar as frases abaixo.

pareciam	permaneceu	ficou	eram	estava

a) Ontem eu ______________ tão cansado!

b) Todos ______________ candidatos às vagas no curso de férias.

c) Os alunos ______________ decepcionados com as notícias.

d) Os filhos falaram, porém a mãe ______________ calada.

e) Diana ______________ feliz com a surpresa.

4. Leia a frase a seguir e faça o que se pede.

José é um homem muito sortudo!

Ilustra Cartoon/Arquivo da editora

a) Em que tempo está escrita a frase acima?

____

b) Reescreva essa frase no futuro do presente.

____

Conjugação de verbo regular

Observe na tabela as duas partes que formam o verbo.

	parte 1	parte 2
Eu canto	cant	o
Tu cantas	cant	as
Ele canta	cant	a

A parte 1 — **cant** — é o **radical**; informa o significado do verbo.

A parte 2 — **o**, **as**, **a** — são as **terminações**; informam a **pessoa**, o **número** e o **tempo** do verbo.

Há verbos que, em sua conjugação, seguem um modelo, isto é, não apresentam nenhuma mudança no radical. São chamados de **verbos regulares**.

Os verbos da língua portuguesa podem ser divididos em três grupos de flexões, as **conjugações**, que são reconhecidas pelas terminações:

ar — cant**ar** → 1ª conjugação

er — vend**er** → 2ª conjugação

ir — part**ir** → 3ª conjugação

Veja, a seguir, o modelo de conjugação de alguns verbos regulares.

cant**ar** vend**er** part**ir**

Modo indicativo

presente			pretérito imperfeito		
Eu cant-o	vend-o	part-o	cant-ava	vend-ia	part-ia
Tu cant-as	vend-es	part-es	cant-avas	vend-ias	part-ias
Ele cant-a	vend-e	part-e	cant-ava	vend-ia	part-ia
Nós cant-amos	vend-emos	part-imos	cant-ávamos	vend-íamos	part-íamos
Vós cant-ais	vend-eis	part-is	cant-áveis	vend-íeis	part-íeis
Eles cant-am	vend-em	part-em	cant-avam	vend-iam	part-iam

pretérito perfeito			pretérito mais-que-perfeito		
Eu cant-ei	vend-i	part-i	cant-ara	vend-era	part-ira
Tu cant-aste	vend-estes	part-istes	cant-aras	vend-eras	part-iras
Ele cant-ou	vend-eu	part-iu	cant-ara	vend-era	part-ira
Nós cant-amos	vend-emos	part-imos	cant-áramos	vend-êramos	part-íramos
Vós cant-astes	vend-estes	part-istes	cant-áreis	vend-êreis	part-íreis
Eles cant-aram	vend-eram	part-iram	cant-aram	vend-eram	part-iram

futuro do presente			futuro do pretérito		
Eu cant-arei	vend-erei	part-irei	cant-aria	vend-eria	part-iria
Tu cant-arás	vend-erás	part-irás	cant-arias	vend-erias	part-irias
Ele cant-ará	vend-erá	part-irá	cant-aria	vend-eria	part-iria
Nós cant-aremos	vend-eremos	part-iremos	cant-aríamos	vend-eríamos	part-iríamos
Vós cant-areis	vend-ereis	part-ireis	cant-aríeis	vend-eríeis	part-iríeis
Eles cant-arão	vend-erão	part-irão	cant-ariam	vend-eriam	part-iriam

Modo subjuntivo

presente		
Que eu cant-e	Que eu vend-a	Que eu part-a
Que tu cant-es	Que tu vend-as	Que tu part-as
Que ele cant-e	Que ele vend-a	Que ele part-a
Que nós cant-emos	Que nós vend-amos	Que nós part-amos
Que vós cant-eis	Que vós vend-ais	Que vós part-ais
Que eles cant-em	Que eles vend-am	Que eles part-am

pretérito imperfeito		
Se eu cant-asse	Se eu vend-esse	Se eu part-isse
Se tu cant-asses	Se tu vend-esses	Se tu part-isses
Se ele cant-asse	Se ele vend-esse	Se ele part-isse
Se nós cant-ássemos	Se nós vend-êssemos	Se nós part-íssemos
Se vós cant-ásseis	Se vós vend-êsseis	Se vós part-ísseis
Se eles cant-assem	Se eles vend-essem	Se eles part-issem

futuro		
Quando eu cant-ar	Quando eu vend-er	Quando eu part-ir
Quando tu cant-ares	Quando tu vend-eres	Quando tu part-ires
Quando ele cant-ar	Quando ele vend-er	Quando ele part-ir
Quando nós cant-armos	Quando nós vend-ermos	Quando nós part-irmos
Quando vós cant-ardes	Quando vós vend-erdes	Quando vós part-irdes
Quando eles cant-arem	Quando eles vend-erem	Quando eles part-irem

Modo imperativo

afirmativo		
________	________	________
Cant-a tu Cant-e você Cant-emos nós Cant-ai vós Cant-em vocês	Vend-e tu Vend-a você Vend-amos nós Vend-ei vós Vend-am vocês	Part-e tu Part-a você Part-amos nós Part-i vós Part-am vocês

negativo		
________	________	________
Não cant-es tu Não cant-e você Não cant-emos nós Não cant-eis vós Não cant-em vocês	Não vend-as tu Não vend-a você Não vend-amos nós Não vend-ais vós Não vend-am vocês	Não part-as tu Não part-a você Não part-amos nós Não part-ais vós Não part-am vocês

1. Complete as frases com o verbo no tempo indicado. O modo é o indicativo.

a) Nós ____________________ com ele se houvesse uma oportunidade.
(**falar** — futuro do pretérito)

b) Eu ____________________ quando você ____________________.
(**estudar** — pretérito imperfeito) (**chegar** — pretérito perfeito)

2. Escreva em qual tempo do modo subjuntivo estão os verbos destacados.

a) Se eu **dormisse** aqui, seria melhor. ____________________

b) Quando ele **chegar**, iremos ao cinema. ____________________

c) Mamãe quer que eu **fale** sempre a verdade. ____________________

3. No caderno, analise as formas verbais abaixo, como no exemplo.

> Eu pulo ⟶ *verbo pular, 1ª conjugação, 1ª pessoa do singular do tempo presente do modo indicativo*

a) Nós venceremos b) Tu divides c) Eles trabalhavam

ESCREVENDO CERTO

por que, porque, por quê, porquê

Usamos a expressão **por que** para fazer uma pergunta:

- direta → Por que não haverá aula amanhã?
- indireta → Todos querem saber por que não haverá aula amanhã.

Usamos a palavra **porque** para dar uma resposta ou uma explicação.

Não haverá aula amanhã porque será dia de festa na escola.

Usamos a expressão **por quê** no final de frase interrogativa seguida de ponto de interrogação ou de ponto-final.

Você está pensativa! Por quê?
Você está pensativa. Diga-me por quê.

Usamos a palavra **porquê** precedida dos artigos **o**, **os**, **um**, **uns**. Nesse caso, **porquê** é um substantivo que equivale a **causa**, **motivo**, **razão**.

Gosto de saber o porquê (a causa) de tudo.
Gosto de saber os porquês de tudo.

1. Complete as frases com **por que**, **por quê**, **porque** ou **porquê**.

a) O professor saiu rapidamente ________________?

________________ recebeu um telefonema urgente.

b) ________________ tanta confusão?

Ora, ________________ vimos um sapo-cururu!

c) Você sabe ________________ os alunos estão comemorando?

O ________________ da comemoração é a vitória do time no campeonato.

2. Leia a frase abaixo e copie-a substituindo a palavra em destaque por **motivo** ou **razão**.

- Eu não entendi o **porquê** da briga entre eles!

____

Texto 3

Consumo consciente

Seguem já algumas dicas
Do consumo consciente
Pense antes de comprar
Sem temer o diferente
Que impacto o produto
Gera no meio ambiente?

Sempre tenha preferência
Por produtos mais duráveis
Sempre que possível evite
Os produtos descartáveis
Valorize e divulgue
As empresas responsáveis.

Sempre evite os produtos
Com excesso de embalagem
Mesmo sendo lixo limpo
Com possível reciclagem
O melhor é nem comprar.
Pra mudar, basta coragem.

Compre sempre os produtos
Feitos em sua região
Menos custos de transporte
Também menos combustão
A mãe-Terra mais feliz
Com a sua decisão.

Nós sabemos que o mundo
Desperdiça sempre mais
E o futuro como fica
Sem recursos naturais?
Se o planeta não for vivo
Como a gente vive em paz?

Para que comprar a dúzia
Se eu só consumo meia?
Se metade vai ao lixo
A mãe-Terra fica feia.
Penso então em redução
E dou vida a essa cadeia.

Aquecimento global não dá rima com legal, de César Obeid. São Paulo: Moderna, 2008.

Reprodução/ Editora Moderna

impacto: efeito, consequência.
gera: produz, causa.
combustão: queima de combustível.

POR DENTRO DO TEXTO

1. Observando as imagens e considerando seu assunto, pode-se afirmar que o texto tem por objetivo:

- [ ] explicar o consumo consciente.
- [ ] incentivar o consumismo.
- [ ] incentivar o consumo consciente.
- [ ] alertar para o desperdício.

2. O texto é organizado em estrofes e versos. Em cada estrofe, quais são os versos que rimam?

____

3. O texto dá algumas dicas do consumo consciente. Escreva a dica dada para cada caso.

Antes de comprar: ____

Dê preferência: ____

Evite: ____

4. Segundo o texto, quais são as vantagens de comprar produtos feitos na região em que se reside?

____

____

____

5. Ao afirmar que o mundo desperdiça sempre mais, o autor faz uma pergunta com relação ao nosso futuro.

a) Qual é essa pergunta? ____

____

b) Converse com seus colegas e, depois, responda a essa pergunta escrevendo um pequeno texto no caderno.

APRENDENDO GRAMÁTICA

Verbo pôr

Leia a frase abaixo e observe o verbo destacado.

Ilustra Cartoon/Arquivo da editora

Regina **põe** seus pés dentro do lago.

A forma verbal **põe** é uma das flexões do verbo **pôr**.

O verbo **pôr**, embora não termine em **er**, é considerado verbo da 2ª conjugação, pois vem da forma arcaica **poer**.

Aprenda a conjugar o verbo **pôr**. Ele serve como modelo para a conjugação dos demais verbos derivados dele, como **compor**, **repor**, **decompor**, **dispor**, **transpor** e **propor**.

Modo indicativo

presente	pretérito imperfeito	pretérito perfeito	pretérito mais-que-perfeito	futuro do presente	futuro do pretérito
Eu ponho	punha	pus	pusera	porei	poria
Tu pões	punhas	puseste	puseras	porás	porias
Ele põe	punha	pôs	pusera	porá	poria
Nós pomos	púnhamos	pusemos	puséramos	poremos	poríamos
Vós pondes	púnheis	pusestes	puséreis	poreis	poríeis
Eles põem	punham	puseram	puseram	porão	poriam

Modo subjuntivo

presente	pretérito imperfeito	futuro
Que eu ponha	Se eu pusesse	Quando eu puser
Que tu ponhas	Se tu pusesses	Quando tu puseres
Que ele ponha	Se ele pusesse	Quando ele puser
Que nós ponhamos	Se nós puséssemos	Quando nós pusermos
Que vós ponhais	Se vós pusésseis	Quando vós puserdes
Que eles ponham	Se eles pusessem	Quando eles puserem

Ilustra Cartoon/Arquivo da editora

Modo imperativo

afirmativo	negativo
________	________
Põe tu	Não ponhas tu
Ponha você	Não ponha você
Ponhamos nós	Não ponhamos nós
Ponde vós	Não ponhais vós
Ponham vocês	Não ponham vocês

O radical do verbo **pôr** muda em diferentes tempos verbais, não seguindo o modelo da 2ª conjugação. Por isso, o verbo **pôr** é classificado como verbo **irregular**.

1. Complete as frases de acordo com os exemplos.

a) Eu **ponho** o prato no armário.

Tu ____________ o prato no armário.

Ele ____________ o prato no armário.

Nós ____________ o prato no armário.

Vós ____________ o prato no armário.

Eles ____________ o prato no armário.

Ilustrações: Camila de Godoy/Arquivo da editora

b) Eu **punha** o livro na mochila.

Tu ____________ o livro na mochila.

Ele ____________ o livro na mochila.

Nós ____________ o livro na mochila.

Vós ____________ o livro na mochila.

Eles ____________ o livro na mochila.

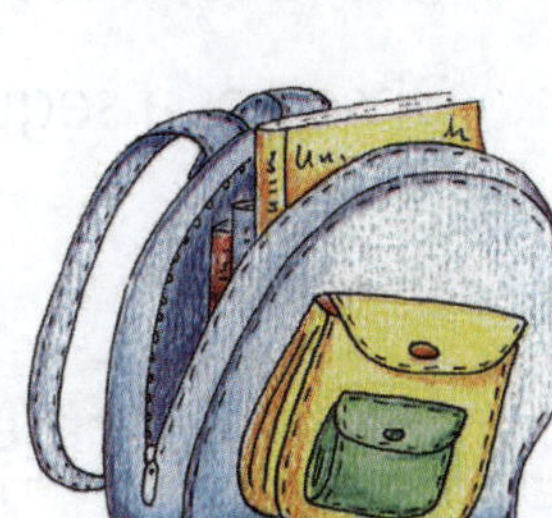

c) Eu **porei** o dinheiro na carteira.

Tu ____________ o dinheiro na carteira.

Ele ____________ o dinheiro na carteira.

Nós ____________ o dinheiro na carteira.

Vós ____________ o dinheiro na carteira.

Eles ____________ o dinheiro na carteira.

Conjugação de verbo auxiliar

Veja esta frase:

O aluno está fazendo a lição.

verbo **estar** → verbo auxiliar

verbo **fazer** → verbo principal

Ilustra Cartoon/Arquivo da editora

O verbo **fazer** — verbo principal — é auxiliado, na conjugação, pelo verbo **estar**. **Estar** é um **verbo auxiliar**.

Os verbos auxiliares mais comuns são: **ser**, **ter**, **haver** e **estar**.

Leia as frases e atente ao que está em destaque.

Paulo foi ouvido pelos alunos na reunião.

Ilda não tem tomado os remédios corretamente.

Ela havia chegado de viagem quando liguei.

Minha irmã está assando um bolo.

Os verbos principais, nas frases acima, vêm numa forma nominal: **particípio** (tomado, chegado), **gerúndio** (assando) ou **infinitivo** (fazer).

Observe, a seguir, a conjugação desses verbos auxiliares.

Modo indicativo

presente				pretérito imperfeito			
Eu sou	tenho	hei	estou	Eu era	tinha	havia	estava
Tu és	tens	hás	estás	Tu eras	tinhas	havias	estavas
Ele é	tem	há	está	Ele era	tinha	havia	estava
Nós somos	temos	havemos	estamos	Nós éramos	tínhamos	havíamos	estávamos
Vós sois	tendes	haveis	estais	Vós éreis	tínheis	havíeis	estáveis
Eles são	têm	hão	estão	Eles eram	tinham	haviam	estavam

pretérito perfeito				pretérito mais-que-perfeito			
Eu fui	tive	houve	estive	Eu fora	tivera	houvera	estivera
Tu foste	tiveste	houveste	estiveste	Tu foras	tiveras	houveras	estiveras
Ele foi	teve	houve	esteve	Ele fora	tivera	houvera	estivera
Nós fomos	tivemos	houvemos	estivemos	Nós fôramos	tivéramos	houvéramos	estivéramos
Vós fostes	tivestes	houvestes	estivestes	Vós fôreis	tivéreis	houvéreis	estivéreis
Eles foram	tiveram	houveram	estiveram	Eles foram	tiveram	houveram	estiveram

futuro do presente				futuro do pretérito			
Eu serei	terei	haverei	estarei	Eu seria	teria	haveria	estaria
Tu serás	terás	haverás	estarás	Tu serias	terias	haverias	estarias
Ele será	terá	haverá	estará	Ele seria	teria	haveria	estaria
Nós seremos	teremos	haveremos	estaremos	Nós seríamos	teríamos	haveríamos	estaríamos
Vós sereis	tereis	havereis	estareis	Vós seríeis	teríeis	haveríeis	estaríeis
Eles serão	terão	haverão	estarão	Eles seriam	teriam	haveriam	estariam

Modo subjuntivo

presente			
Que eu seja	Que eu tenha	Que eu haja	Que eu esteja
Que tu sejas	Que tu tenhas	Que tu hajas	Que tu estejas
Que ele seja	Que ele tenha	Que ele haja	Que ele esteja
Que nós sejamos	Que nós tenhamos	Que nós hajamos	Que nós estejamos
Que vós sejais	Que vós tenhais	Que vós hajais	Que vós estejais
Que eles sejam	Que eles tenham	Que eles hajam	Que eles estejam

pretérito imperfeito			
Se eu fosse	Se eu tivesse	Se eu houvesse	Se eu estivesse
Se tu fosses	Se tu tivesses	Se tu houvesses	Se tu estivesses
Se ele fosse	Se ele tivesse	Se ele houvesse	Se ele estivesse
Se nós fôssemos	Se nós tivéssemos	Se nós houvéssemos	Se nós estivéssemos
Se vós fôsseis	Se vós tivésseis	Se vós houvésseis	Se vós estivésseis
Se eles fossem	Se eles tivessem	Se eles houvessem	Se eles estivessem

futuro			
Quando eu for	Quando eu tiver	Quando eu houver	Quando eu estiver
Quando tu fores	Quando tu tiveres	Quando tu houveres	Quando tu estiveres
Quando ele for	Quando ele tiver	Quando ele houver	Quando ele estiver
Quando nós formos	Quando nós tivermos	Quando nós houvermos	Quando nós estivermos
Quando vós fordes	Quando vós tiverdes	Quando vós houverdes	Quando vós estiverdes
Quando eles forem	Quando eles tiverem	Quando eles houverem	Quando eles estiverem

Modo imperativo

afirmativo			
—	—	—	—
Sê tu	Tem tu	Há tu	Está tu
Seja você	Tenha você	Haja você	Esteja você
Sejamos nós	Tenhamos nós	Hajamos nós	Estejamos nós
Sede vós	Tende vós	Havei vós	Estai vós
Sejam vocês	Tenham vocês	Hajam vocês	Estejam vocês

negativo			
—	—	—	—
Não sejas tu	Não tenhas tu	Não hajas tu	Não estejas tu
Não seja você	Não tenha você	Não haja você	Não esteja você
Não sejamos nós	Não tenhamos nós	Não hajamos nós	Não estejamos nós
Não sejais vós	Não tenhais vós	Não hajais vós	Não estejais vós
Não sejam vocês	Não tenham vocês	Não hajam vocês	Não estejam vocês

Os verbos **ser**, **ter**, **haver** e **estar** nem sempre acompanham outra forma verbal. Nesse caso, não são verbos auxiliares.

1. Reescreva as frases fazendo a concordância do verbo com o pronome.

a) Se eu **tivesse** dinheiro, **compraria** aquela roupa.

Se tu ____________ dinheiro, ____________ aquela roupa.

Se nós ____________ dinheiro, ____________ aquela roupa.

Se eles ____________ dinheiro, ____________ aquela roupa.

b) Quando eu **tiver** dinheiro, **comprarei** aquela roupa.

Quando tu ____________ dinheiro, ____________ aquela roupa.

Quando nós ____________ dinheiro, ____________ aquela roupa.

Quando eles ____________ dinheiro, ____________ aquela roupa.

O verbo auxiliar acompanhado de um verbo principal forma uma **locução verbal**. Veja o exemplo:

Ilustra Cartoon/Arquivo da editora

Márcia **estava brincando** na rua.

↓

locução verbal

2. Sublinhe as locuções verbais das frases abaixo.

a) Você tinha de chegar logo agora?

b) Rui havia comido uma *pizza*, mas ainda estava com fome.

c) Eu vou brincar de amarelinha na rua.

ESCREVENDO CERTO

por, pôr

Leia estas frases e observe as palavras destacadas.

O melhor é optar **por** produtos mais duráveis e com pouca embalagem.

Vamos **pôr** essa ideia em prática?

Na primeira frase, **por** é uma preposição; não leva acento. Na segunda, **pôr** é verbo; é acentuado.

por → preposição

pôr → verbo

1. Classifique as palavras destacadas.

a) A moeda brasileira circula **por** muitas mãos até ser recolhida.

____

b) Convém **pôr** essa importância no cofre?

____

2. Leia as frases e complete com **por** ou **pôr**.

a) Brasília foi construída _______________ muita gente.

b) A babá costumava _______________ algumas lembranças em caixas.

3. Reescreva as frases substituindo o verbo **pôr** pelo verbo **colocar**.

a) Temos bastante tempo para **pôr** a conversa em dia.

____

b) A menina resolveu **pôr** seus livros na estante.

____

Vocês e a reciclagem de papel

Chico Papeleta, um menino feito de papel, explica como podemos reciclar papel e, assim, ajudar a preservar a natureza.

Os papéis bons para a reciclagem e que vocês podem enviar para a coleta seletiva são: caixas de papelão, jornais, revistas, rascunhos, papel de fax e embalagem longa-vida.

Não se esqueçam de que existem tipos de papéis que não podem ser reciclados: o papel higiênico, o papel-carbono, as fitas e etiquetas adesivas e as fotografias. Esses papéis possuem colas, produtos químicos ou sujeiras que prejudicam o resultado no processo de reciclagem.

Agora, eu vou ensinar a vocês como reciclar, em casa, uma pequena quantidade de papel. É divertido!

Importante: peçam ajuda de um adulto para evitar acidentes.

Vocês vão precisar de:

- uma peneira de fundo plano;
- diferentes tipos de papel;
- uma bacia larga;
- folhas de jornal;
- pano seco;
- água.

Modo de fazer

1. Rasguem os papéis (menos os jornais) em pedaços bem pequenos.
2. Coloquem os pedaços de papel em uma bacia com água por 24 horas.
3. Separem pequenas porções do papel molhado e batam no liquidificador com um litro de água até desmanchar bem e formar uma massa. Peçam ajuda de um adulto para utilizar o liquidificador.
4. Coloquem a massa novamente em uma bacia com água pela metade. Agitem a massa com a mão para que ela não fique depositada no fundo da bacia.
5. Coloquem a peneira dentro da água pela lateral da bacia com cuidado e depois a retirem deixando uma camada fina de massa de papel dentro dela.
6. Passem a mão para retirar o excesso de água. Coloquem a peneira com a massa sobre algumas folhas de jornal para secar. Troquem o jornal quando estiver encharcado.
7. Cubram a peneira com um pano e apertem com a mão até a massa ficar quase seca e se tornar uma folha de papel reciclado.
8. Virem a folha de papel reciclado sobre uma folha de jornal seco. Ela deverá se soltar com facilidade. Se isso não ocorrer repitam o processo.
9. Coloquem a folha de papel entre folhas de jornal por 24 horas ou a pendurem no varal para secar.
10. No dia seguinte seu papel reciclado estará pronto!
11. Guardem as sobras de massa de papel em potes com tampas, na geladeira, se quiserem fazer mais papel num outro dia.

Atividades

- Usem as folhas de papel reciclado que vocês acabaram de fazer como papel de carta. Façam um desenho bem bonito na parte superior de cada folha.
- Separem algumas folhas e confeccionem envelopes para suas cartas.

Chico Papeleta e a reciclagem de papel, de Nereide Schilaro Santa Rosa. São Paulo: Moderna, 2006.

confeccionem: façam.

POR DENTRO DO TEXTO

1. Você sabe o que é coleta seletiva do lixo? Assinale a imagem em que isso parece estar sendo feito.

Ilustrações: Ilustra Cartoon/Arquivo da editora

2. Explique o que é reciclagem de lixo.

____

____

____

3. O texto fala especificamente da reciclagem do papel. Quais são os tipos desse material bons para a reciclagem?

____

____

4. Releia no texto o "Modo de fazer" e circule todos os verbos de ação no imperativo nele encontrados.

5. Copie as etapas 1 e 2 do "Modo de fazer" passando o verbo de ação no imperativo para o infinitivo.

____

____

____

____

APRENDENDO GRAMÁTICA

Oração — sujeito e predicado

Ilustra Cartoon/Arquivo da editora

Leia a frase e atente ao seu sentido.

Lia **fez** um brinquedo de sucata.

↓

verbo

O conjunto de palavras acima forma uma **oração**.

> Recebe o nome de **oração** a frase, ou a parte de uma frase, que se organiza a partir de um verbo ou de uma locução verbal.

Numa oração há, geralmente, dois elementos importantes: o **sujeito** e o **predicado**. Observe:

Lia fez um brinquedo de sucata.

Quem fez um brinquedo de sucata? Lia.

Lia → sujeito da oração

> **Sujeito** é o ser sobre o qual se informa alguma coisa.

Releia a oração.

O que fez Lia? Fez um brinquedo de sucata.

Fez um brinquedo de sucata. → predicado da oração

> **Predicado** é tudo aquilo que se declara a respeito do sujeito.

A frase pode ter uma ou mais orações. Veja o exemplo:

A população **mudou** os hábitos e **produziu** menos lixo.

↓ mudou: verbo da oração 1

↓ produziu: verbo da oração 2

1. Sublinhe os verbos e escreva nos quadrinhos quantas orações há em cada frase.

a) O rapaz chegou, tocou o interfone e entregou as flores. ☐

b) Ontem nós saímos à noite. ☐

c) Meu pai chutou a bola e fez um gol. ☐

d) A graciosa menina andava, cumprimentava a todos e sorria. ☐

- Escreva no quadro o sujeito e o predicado das frases anteriores.

sujeito (responde à pergunta "quem?"	predicado (o que se declara sobre o sujeito)

Sujeito

Leia a oração e observe o que está destacado.

sujeito (O menino) **predicado** (ouviu sua mãe.)

O **menino** ouviu sua mãe.

↓

núcleo do sujeito (palavra principal)

O **núcleo do sujeito** é a palavra que contém a informação principal do sujeito.

O núcleo do sujeito é representado geralmente por duas classes de palavra: o **substantivo** ou o **pronome**.

Veja estas orações:

sujeito (Aquela menina) **predicado** (foi premiada.)

Aquela **menina** foi premiada.

↓

núcleo (substantivo)

sujeito (Ela) **predicado** (foi premiada.)

Ela foi premiada.

↓

núcleo (pronome)

O sujeito pode ser classificado como:

- **simples** – quando é constituído de um só núcleo.

sujeito simples — O **pássaro** (núcleo)
predicado — estava com frio.

- **composto** – quando é constituído de mais de um núcleo.

sujeito composto — **Carro** e **ônibus** (núcleos)
predicado — são meios de transporte.

- **oculto** – quando não aparece na frase, mas o identificamos pela terminação do verbo.

sujeito oculto — (**Eu**)
predicado — Fi**quei** sozinha em casa.

Ilustrações: Ilustra Cartoon/Arquivo da editora

Sabemos que o sujeito é um pronome reto da primeira pessoa do singular pela forma conjugada do verbo **ficar**: **fiquei**.

- **indeterminado** – quando não é possível determiná-lo ou identificá-lo.

Bateram à porta.

Quem bateu à porta? Não se pode determinar.

Nos casos de sujeito indeterminado, é comum o verbo estar na terceira pessoa do plural, desde que o sujeito não tenha sido identificado anteriormente.

Há, ainda, a **oração sem sujeito**.

Ilustra Cartoon/Arquivo da editora

Nevou demais ontem.

Nessa oração, a ação verbal não é atribuída a nenhum ser.

A oração sem sujeito acontece quando o verbo indica um fenômeno da natureza.

Alguns autores classificam o sujeito, neste caso, como **inexistente**.

1. Sublinhe o sujeito e circule o predicado das orações.

a) Seu João chegou agora.

b) Nós fomos ao cinema.

c) As meninas dançaram bem.

d) Mamãe e eu viajamos.

2. Leia as orações, circule o núcleo do sujeito e classifique o sujeito como simples ou composto.

a) Ele chegou sozinho. ______________________

b) Jorge e Cláudio são grandes amigos. ______________________

c) Os alunos permaneceram em silêncio. ______________________

3. Assinale as orações em que o sujeito está oculto.

☐ Arrumei a casa.

☐ A praia estava deserta.

☐ Precisamos comprar mantimentos.

☐ Chegou e saiu de táxi.

4. Sublinhe as orações em que o sujeito é indeterminado, circule as orações sem sujeito e faça um X nas orações cujo sujeito é oculto.

a) Falaram bem de você.

b) Fiquei quieta em aula.

c) Troveja muito nas tardes de verão.

d) Sairemos cedo para a aula.

e) Telefonaram para ela.

f) No inverno, anoitece cedo.

ESCREVENDO CERTO

esta, está / cessão, seção, sessão

Leia este diálogo e observe as palavras destacadas.

A mãe pergunta ao filho:

— Onde **está** a caneta?

— Qual caneta? **Esta** aqui?

Ilustra Cartoon/Arquivo da editora

Está é uma forma conjugada do verbo **estar**; recebe acento agudo. **Esta** é pronome demonstrativo; não recebe acento.

Está e **esta** são palavras **parônimas**: semelhantes na grafia e diferentes na significação.

Observe a grafia dos substantivos abaixo e seu significado.

cessão: ato de ceder; doação.

seção: divisão, setor.

sessão: reunião; espaço de tempo; exibição de um filme ou programa.

Esses substantivos são palavras **homófonas**: iguais na pronúncia e diferentes na significação e na grafia.

1. Complete as frases com **está** ou **esta**.

a) A mãe ________________ falando com o filho.

b) ________________ classe é muito aplicada.

c) O menino ________________ fascinado com a beleza da borboleta.

2. Complete as frases com **sessão**, **seção** ou **cessão**.

a) Beto gosta de assistir aos filmes da ________________ do meio-dia.

b) O menino adora ler a ________________ de esportes do jornal.

c) O autor fez a ________________ de seus direitos autorais à escola.

Texto

5

Você sabia que a ameaça à biodiversidade é também uma ameaça à espécie humana?

Produção de remédios, água potável, quantidade e qualidade dos alimentos, saúde e segurança. Tudo isso é indispensável à vida humana hoje, concorda? Pois é, mas só protegendo a natureza — da qual fazemos parte, juntamente com outros seres vivos — é que a humanidade garante de fato a sua sobrevivência. Isso porque a nossa vida depende da interação com outras espécies e, mesmo sem perceber, necessitamos da biodiversidade para ter qualidade de vida.

O desmatamento da floresta Amazônica, por exemplo, entre inúmeras consequências, pode causar a extinção de muitas espécies raras, de plantas ou microrganismos, que poderiam ser usados para a produção de remédios e para a cura de muitas doenças. Já a degradação das matas ciliares é uma ameaça à qualidade da água. Esse tipo de vegetação protege as margens dos rios. A variedade de espécies de plantas que ali vivem garante a quantidade e a qualidade de água potável para nosso consumo.

Ilustra Cartoon/Arquivo da editora

A produção de alimentos também pode ser afetada pela perda de biodiversidade. Muitas espécies cultivadas dependem de animais polinizadores, como as abelhas e as vespas, para a geração de frutos e sementes. Além disso, a diversidade de espécies próximas das plantações também é útil para evitar que outros insetos se tornem pragas pela inexistência de predadores naturais, destruindo a agricultura local.

O equilíbrio entre a composição das espécies na cadeia alimentar também depende da biodiversidade e, sem ele, a saúde humana está ameaçada. Não acredita? Então, fique sabendo que para ajudar no controle de mosquitos em algumas cidades da Itália há um grande esforço para atrair de volta os morcegos, que foram expulsos dessas regiões pela poluição do ar e pela falta de local para se abrigar. Esses mamíferos alados que se alimentam de insetos são mais eficientes para controlar os mosquitos e menos prejudiciais à saúde do homem do que os inseticidas.

Ilustra Cartoon/Arquivo da editora

Outra consequência da perda da biodiversidade, talvez não tão imediata, mas muito preocupante, é a perda da capacidade dos ecossistemas de se recuperarem após desastres naturais, como enchentes, secas, ondas de frio ou de calor extremo. Um ecossistema prejudicado implica a incapacidade de regulação do clima. Sem este equilíbrio, o processo de aquecimento global é ampliado e mais catástrofes naturais podem ocorrer, ameaçando a nossa existência.

Devemos, então, ficar atentos. Se não conservamos a biodiversidade, em curto ou longo prazo, podemos lidar com a falta de água limpa, de alimentos, com doenças e com desastres naturais que colocariam a própria espécie humana em risco de extinção. O alerta máximo é: vamos conservar a natureza!

Silvana Amaral, coordenação-geral de Observação da Terra, Instituto Nacional de Pesquisas Espaciais, **Ciência Hoje das Crianças**. Rio de Janeiro: SBPC, ano 23, n. 214, jul. 2010.

interação: ação mútua entre os seres.

degradação: devastação; destruição arrasadora.

alados: que têm asas.

POR DENTRO DO TEXTO

1. Qual é o assunto do texto?

2. Qual é seu objetivo?

3. Segundo o texto, o que é indispensável à vida humana hoje?

4. Segundo a autora do texto, como a humanidade poderá garantir sua sobrevivência?

5. Volte ao texto e escreva, no caderno, quais as consequências causadas:

a) pelo desmatamento da floresta Amazônica.

b) pela degradação das matas ciliares.

c) pela perda da biodiversidade.

6. Leia os textos a seguir.

Texto 1

biodiversidade (bi.o.di.ver.si.da.de) *sf.* Ecol. Conjunto composto pela variedade de espécies animais e vegetais em determinada região. (A biodiversidade não é distribuída igualmente pela Terra, pois depende do clima, da altitude, da disponibilidade energética e hídrica das regiões; por isso, tende a ser maior nos trópicos.)

Saraiva jovem: dicionário da língua portuguesa ilustrado. São Paulo: Saraiva, 2010.

Texto 2

Um mundo de espécies

Se reparar bem, verá que no jardim da sua casa e na praça do seu bairro vivem muitas espécies de seres vivos. Nesses lugares, homens, animais, plantas e microrganismos de vários tamanhos, cores e formas convivem lado a lado. O conjunto de todas as espécies do planeta se chama biodiversidade, que é o mesmo que diversidade biológica.

Os pesquisadores calculam que em toda a Terra existam até 30 milhões de espécies de plantas e animais. Até hoje, apenas 1,8 milhão delas são conhecidas, mas as descobertas não param de acontecer. A cada ano, cerca de 15 mil novas espécies são catalogadas pelos cientistas.

Recreio Pesquisa Escolar: datas especiais, ética e cidadania, meio ambiente. São Paulo: Abril, 2006.

- Com base nesses textos, o que você entende por biodiversidade? Escreva no caderno.

7. Releia este trecho e preste atenção à palavra destacada.

"O equilíbrio entre a composição das espécies na cadeia alimentar também depende da biodiversidade e, sem **ele**, a saúde humana está ameaçada."

- A que o pronome **ele** se refere?

____

____

8. No final do texto há um alerta.

a) Qual é esse alerta?

____

____

b) O que você já faz para conservar a natureza?

____

____

APRENDENDO GRAMÁTICA

Advérbio

Leia este parágrafo e observe as palavras destacadas.

As pessoas voltavam para casa **rapidamente**. Era **tarde** da noite e, no dia seguinte, precisariam levantar **cedo**.

As palavras em destaque são **advérbios**.

Advérbio é uma palavra invariável que modifica um verbo, um adjetivo ou outro advérbio, acrescentando a eles alguma circunstância ou intensificando-os.

Conheça alguns advérbios:

- de **lugar**: aqui, aí, ali, cá, lá, longe, perto, atrás, dentro.
- de **tempo**: agora, hoje, ontem, amanhã, sempre, depois, cedo, nunca, jamais.
- de **modo**: assim, bem, mal, depressa, devagar, lentamente, e quase todos os advérbios terminados em **mente**.
- de **intensidade**: muito, pouco, bastante, mais, menos, apenas.
- de **afirmação**: sim, certamente, seguramente, realmente.
- de **negação**: não, tampouco.
- de **dúvida**: talvez, acaso, porventura, possivelmente, provavelmente.

1. Leia as frases abaixo.

No primeiro dia, Laura levantou alegre.

No segundo dia, Laura levantou **bem** alegre.

a) Como Laura levantou no primeiro dia?

____

b) E no segundo dia?

____

c) O que a palavra **bem** acrescentou ao sentido da segunda frase?

____

d) A palavra **bem** refere-se ao verbo **levantou** ou ao adjetivo **alegre**?

____

e) A palavra **bem** é:

☐ adjetivo. ☐ substantivo. ☐ advérbio.

2. Leia as frases e reescreva-as acrescentando advérbios.

a) Paulo acordou.

____

b) Joana saiu.

____

c) Elas tomavam café.

____

3. Circule os advérbios das frases abaixo e assinale a ideia que eles acrescentam.

a) Antigamente, os costumes eram diferentes.

☐ de lugar ☐ de tempo

b) Falou calmamente com os alunos.

☐ de modo ☐ de intensidade

c) Fique aí me esperando.

☐ de lugar ☐ de modo

d) Meus alunos estão sempre alegres.

☐ de tempo ☐ de afirmação

Ilustrações: Ilustra Cartoon/Arquivo da editora

4. Classifique os advérbios destacados nas frases.

a) Vá **depressa** ou chegará tarde.

____

b) **Certamente** este foi o meu melhor desempenho escolar.

____

c) **Talvez** eu falte amanhã.

____

d) Ele é um aluno **muito** estudioso.

____

Veja esta frase:

Saímos pela manhã e voltamos à tarde.

Pela manhã e **à tarde** são expressões que funcionam como advérbio.

Denomina-se **locução adverbial** o conjunto de duas ou mais palavras que exerce a mesma função do advérbio.

Exemplos: **em cima, com certeza, de jeito nenhum, sem dúvida**.

As locuções adverbiais classificam-se como os advérbios.

5. Transforme as locuções adverbiais em advérbios. Veja o exemplo.

a) Ela chegará **em breve**. brevemente

b) Agiu **às cegas**. ______________________________

c) Atravesse **com cuidado**. ______________________________

d) Chegou **de súbito**. ______________________________

e) **Com certeza** partiremos cedo. ______________________________

f) Viva **com alegria**. ______________________________

ESCREVENDO CERTO

aonde e **onde** / **menos** (não "menas")

Leia as falas e observe os advérbios destacados.

Ilustrações: Ilustra Cartoon/Arquivo da editora

Usamos o advérbio **aonde** com verbos que indicam movimento.

Usamos o advérbio **onde** com verbos que **não** indicam movimento.

A palavra **menos** é advérbio, portanto é invariável.

1. Complete as frases com **aonde** ou **onde**.

a) ______________________ você vai tão tarde?

b) Correndo assim, ______________________ você quer chegar?

c) ______________________ fica a rua das Flores?

2. Complete as frases com **menos** e leia-as.

a) Quero ______________________ comida no meu prato.

b) Ari tem ______________________ paciência que Júlio.

c) Hoje eu tenho ______________________ tarefas que você.

De olho no dicionário

Sexta, **sesta** e **cesta**

1. Pesquise as palavras a seguir no dicionário e escreva o significado delas.

sexta: ______________________________

sesta: ______________________________

cesta: ______________________________

- Agora, escreva as palavras nas figuras correspondentes.

Ilustrações: Ilustra Cartoon/ Arquivo da editora

- As palavras **sexta** e **cesta** são denominadas **homófonas**, pois são iguais na pronúncia e diferentes na significação e na grafia. A palavra **sesta** é parônima, pois tem grafia semelhante, mas pronúncia e significação diferentes.

2. Complete as frases com as palavras do quadro.

sexta	sesta	cesta

a) Levei a ______________ de frutas para a cozinha.

b) O atleta brasileiro chegou na ______________ posição.

c) Após o almoço, gosto de tirar uma ______________ de meia hora antes de voltar ao trabalho.

d) Esta artesã faz ______________ maravilhosas!

e) A ______________ nota da escala musical é o lá.

SUGESTÕES PARA O ALUNO

Livros

A incrível fuga da Cebola,
de Sara Fanelli. Ática.

Uma jovem cebola quer escapar do horrível destino de todas as cebolas: ser frita na panela. Para fugir da Grande Fritura, só há uma saída: ser uma cebola esperta, que questiona e duvida. Mas, para se libertar, ela precisa da ajuda do leitor, que deve usar a cabeça e as mãos para ajudá-la a escapar do livro. Assim, a Cebola começa uma conversa para convencer o leitor da importância de aprender a pensar, e do início ao fim faz questionamentos éticos e existenciais. No fim da leitura, a Cebola sai, literalmente, do livro e vira um volume separado, com o qual a criança pode brincar.

A justiça,
de Alexia Delrieu e Sophie Menthon. Ática.

Quem nunca disse a frase "Isso não é justo"? Mas será que as crianças entendem o que ela realmente significa? Em linguagem acessível, este livro apresenta a origem do conceito de justiça e o sistema que garante a sua aplicação. Leis e instituições brasileiras são abordadas de maneira simples e clara, mostrando às crianças que todos os cidadãos devem fazer a sua parte para que a sociedade seja justa.

Chapeuzinho Vermelho e o Lobo-Guará,
de Ângelo Machado. Melhoramentos.

Nesta história Chapeuzinho Vermelho não encontra um lobo mau no caminho da casa de sua avó, e sim um lobo-guará. O espírito do mal, Anhangá, pediu a ele que atacasse a Chapeuzinho. Porém o lobo-guará é muito pacífico e não é capaz de fazer grandes maldades. Será que o lobo-guará conseguiu agir como o lobo mau?

Fábulas,
adaptadas da obra de Monteiro Lobato por Miguel Mendes. Globo. (Monteiro Lobato em quadrinhos).

As fábulas, histórias passadas de geração para geração por leitores do mundo inteiro, recontadas por Monteiro Lobato neste livro no formato de quadrinhos, divertem e apresentam muitos ensinamentos.

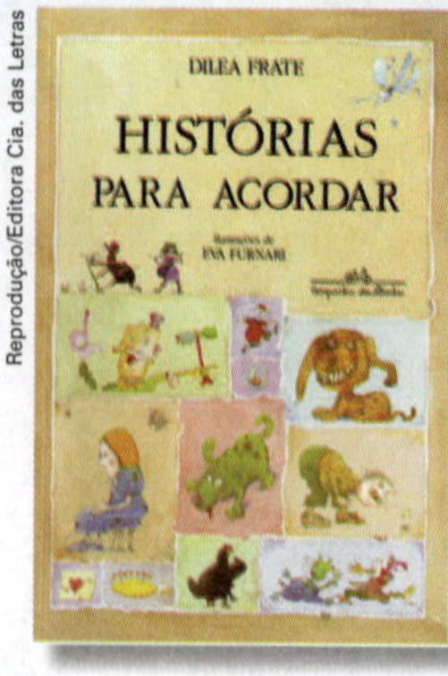

Reprodução/Editora Cia. das Letras

Histórias para acordar,
de Dilea Frate. Companhia das Letrinhas.

As histórias deste livro são curtas e escritas em linguagem clara, sobre temas que falam de meninos, meninas, pais, mães, avós, animais, máquinas...

Reprodução/Editora Scipione

Liberdade e responsabilidade,
de Brigitte Labbé e Michel Puech. Scipione.

O que significa agir com liberdade e responsabilidade? Neste livro, os leitores são apresentados a diversas situações que propõem questionamentos sobre valores humanos básicos. Ao explorar o tema, os autores buscaram fazer o jovem leitor compreender que sua liberdade não pode restringir a liberdade das outras pessoas. As situações são acompanhadas de comentários que auxiliam o leitor a fazer uma reflexão importante acerca do convívio social e do respeito ao outro.

Reprodução/Editora Ática

O diário escondido da Serafina,
de Cristina Porto. Ática.

Serafina adora se esconder e escrever no diário o seu dia a dia. O livro traz uma surpresa a cada página: ilustrações escondidas nas dobras das páginas, um calendário para marcar o aniversário dos amigos e muito mais!

Sites

Reprodução/ http://chc.cienciahoje.uol.com.br

Ciência Hoje das Crianças

<http://chc.cienciahoje.uol.com.br/>. Acesso em: 27 set. 2013.

Site da revista de divulgação científica **Ciência Hoje das Crianças**, dirigida ao público infantil. Informa e diverte com assuntos interessantes e uma linguagem adequada às crianças.

Reprodução/ http://www2.uol.com.br/ecokids

Ecokids

<www2.uol.com.br/ecokids/>. Acesso em: 27 set. 2013.

Com enfoque no meio ambiente, o *site* apresenta muitas informações, dicas sobre a preservação da natureza, histórias em quadrinhos, jogos e muito mais.

Matemática

SUMÁRIO

UNIDADE 1: Números naturais, Geometria, operações e sistemas

1. Números, uma grande invenção ... 170
Sistemas de numeração ... 170
Os números naturais ... 172

2. Sistema de numeração decimal ... 174
Noção de ordens ... 175
Noção de classes ... 175
Valor absoluto e valor relativo ... 178
Arredondamento ... 178
Numeração ordinal ... 182

3. Geometria ... 184
Os sólidos geométricos e suas superfícies ... 184
Plano, ponto e reta ... 186

4. Sistema monetário brasileiro ... 190
Unidade monetária: o real ... 190

5. Operações com números naturais ... 192
Adição ... 192
Subtração ... 196
Expressões numéricas: sinais de associação ... 200

De olho na resolução de problemas ... 202

UNIDADE 2: Operações com números naturais e figuras geométricas

6. Outras operações com números naturais ... 204
Multiplicação: adição de parcelas iguais ... 204
Organização retangular ... 204
Raciocínio combinatório ... 204
Múltiplos de um número natural ... 210
Mínimo múltiplo comum ... 212
Divisão ... 214
Divisores de um número natural ... 218
Máximo divisor comum ... 220
Critérios de divisibilidade ... 224
Números primos ... 226

7. Figuras geométricas ... 232
Ideia de ângulo ... 232
Medida de ângulo ... 232
Tipos de ângulo ... 232
Polígonos ... 234
Circunferência e círculo ... 238

8. Sentenças matemáticas ... 240
Expressão com valor desconhecido ... 240
Expressão com mais de um valor desconhecido 240

De olho na resolução de problemas ... 242

UNIDADE 3: Frações e números decimais

9. Frações ... 244
Representação e leitura de um número fracionário ... 244
Fração de quantidades ... 246
Tipos de fração ... 248
Números mistos ... 250
Comparação de frações ... 258
Operações com frações ... 262
Multiplicação de frações ... 266
Frações inversas ... 268
Divisão de frações ... 270

10. Números decimais ... 272
Décimos, centésimos e milésimos ... 272
Representação e leitura ... 272
Transformando fração decimal em número decimal ... 274
Transformando número decimal em fração decimal ... 274
Comparação de números decimais ... 276
Operações com números decimais ... 278
Multiplicação ... 280
Divisão ... 282

De olho na resolução de problemas ... 284

UNIDADE 4: Porcentagem e sistemas de medidas

11. Porcentagem ... 286
Noção de porcentagem ... 286
Cálculo de porcentagem ... 286
Cálculo mental de porcentagem ... 288

12. Medidas de tempo ... 290
Unidade fundamental: o segundo ... 290
Outras medidas de tempo ... 290

13. Medidas de temperatura ... 292
Unidade fundamental: o grau centesimal ... 292

14. Medidas de comprimento ... 294
Unidade fundamental: o metro ... 294
Múltiplos e submúltiplos do metro ... 294
Ideia de perímetro ... 298

15. Medidas de superfície ... 300
Unidade fundamental: o metro quadrado ... 300
Múltiplos e submúltiplos do metro quadrado ... 300
Áreas de figuras planas ... 304

16. Medidas de massa ... 308
Unidade fundamental: o grama ... 308
Múltiplos e submúltiplos do grama ... 308
Mudanças de unidade ... 308

17. Medidas de volume ... 310
Unidade fundamental: o metro cúbico ... 310
Múltiplos e submúltiplos do metro cúbico ... 310
Volume de figuras espaciais ... 312

18. Medidas de capacidade ... 314
Unidade fundamental: o litro ... 314
Múltiplos e submúltiplos do litro ... 315

De olho na resolução de problemas ... 318

Sugestões para o aluno ... 319

Unidade

1

Números naturais, Geometria, operações e sistemas

Valter Ferrari/Arquivo da editora

O QUE VOU ESTUDAR?

- Números, uma grande invenção
- Sistema de numeração decimal
- Geometria
- Sistema monetário brasileiro
- Operações com números naturais (adição e subtração)

1

Números, uma grande invenção

Você consegue imaginar como era o mundo antes da invenção dos números? Como as pessoas faziam para representar, por exemplo, a quantidade de peixes que haviam pescado ou a quantidade de animais caçados?

Sistemas de numeração

Diversas civilizações desenvolveram seu próprio sistema de numeração, cada um deles com suas próprias regras, com o uso de diferentes símbolos para representar números.

No sistema egípcio não importa a posição dos símbolos. Eles podem ocupar qualquer posição e continuar representando o mesmo valor.

No sistema mesopotâmico são usados dois símbolos (dois "triângulos", um apontado para baixo e outro para o lado) para escrever qualquer número.

sistema egípcio	
número	símbolo
1	𓏺
10	𓎆
100	𓍢
1 000	𓆼
10 000	𓂭
100 000	𓆐
1 000 000	𓁨

sistema mesopotâmico							
∇ 1	∇∇ 2	∇∇∇ 3	∇∇∇∇ 4	∇∇∇ ∇∇ 5	∇∇∇ ∇∇∇ 6	∇∇∇∇ ∇∇∇ 7	∇∇∇∇ ∇∇∇∇ 8
∇∇∇∇∇ ∇∇∇∇ 9	◁ 10	◁∇ 11	◁∇∇ 12	◁∇∇∇ 13	◁∇∇∇∇ 14	◁∇∇∇ ∇∇ 15	◁◁ 20

No sistema romano são usados apenas sete símbolos.

I	V	X	L	C	D	M
1	5	10	50	100	500	1 000

1. Usando símbolos egípcios, represente os números do quadro.

26	75	153	1 265

2. Leia as informações sobre o sistema de numeração romano.

- Os símbolos I, X, C e M não podem ser repetidos mais de três vezes seguidas.

  IIII → IV

  não pode (IIII)

- Os símbolos V, L e D não podem ser repetidos.
- Escrevendo I, X e C à direita de símbolos que representam números maiores, fazemos uma **adição**.

  VI → 5 + 1 = 6   LXX → 50 + 10 + 10 = 70

- Escrevendo I, X e C à esquerda de símbolos que representam números maiores, fazemos uma **subtração**.

  XC → 100 − 10 = 90   CM → 1 000 − 100 = 900

- Um traço horizontal sobre um símbolo multiplica o valor por 1 000.

  $\overline{V}$ → 5 × 1 000 = 5 000 $\overline{XXX}$ → 30 × 1 000 = 30 000

- Agora complete adequadamente.

a) ____________ → $\overline{XL}$

b) 3 460 → ____________

c) 42 → ____________

d) ____________ → XXXVIII

e) 2 500 → ____________

f) ____________ → DCCC

g) ____________ → LXXXII

h) 1 630 → ____________

Os números naturais

Observe:

Cláudio Chiyo/Arquivo da editora

Renato S. Cerqueira/Futura Press

Corrida e caminhada contra o câncer de mama. Rio de Janeiro (RJ), 2010.

Hoje em dia, quando queremos contar quantidades, empregamos os números naturais.

No sistema de numeração que utilizamos, são usados apenas 10 símbolos, os 10 algarismos indo-arábicos, para representar qualquer número.

Você já conhece a sucessão dos números naturais:

0, 1, 2, 3, 4, 5, 6, 7, 8, 9, 10, 11, 12, 13, 14, 15...

Todo número tem um número que vem imediatamente depois dele. Esse número é chamado **sucessor**.

O sucessor de 0 é $0 + 1 = 1$.

O sucessor de 1 é $1 + 1 = 2$.

O sucessor de 58 é $58 + 1 = 59$.

Todo número natural, com exceção do zero, tem um número que vem imediatamente antes dele. Esse número é chamado **antecessor**.

O antecessor de 1 é $1 - 1 = 0$.

O antecessor de 2 é $2 - 1 = 1$.

O antecessor de 59 é $59 - 1 = 58$.

1. Continue escrevendo na cartela os números da sequência.

100			103				107		
	111				115	116	117	118	

2. Pense na sequência dos números naturais e complete.

a) O sucessor do número 186 é ________ e seu antecessor é ________.

b) O número ________ é o sucessor de 888.

c) O antecessor do número ________ é o 905.

3. Complete a tabela.

antecessor	número	sucessor
	232	
	1 001	
	30 009	
	998 998	
	12 040	
	175 910	

4. Usando os algarismos 3, 5, 6 e 8, sem repeti-los em um mesmo número, escreva:

a) o maior número possível. ________________

b) o menor número possível. ________________

c) os números maiores que 5 000 e menores que 6 000, em ordem crescente.

____

____

2

Sistema de numeração decimal

Cláudio Chiyo/Arquivo da editora

O sistema de numeração que usamos é um sistema decimal, pois é contado em grupos de 10. Veja como podemos representar esses agrupamentos:

 cubinho	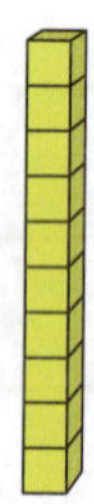 **barra** 10 cubinhos formam 1 barra	 **placa** 10 barras formam 1 placa	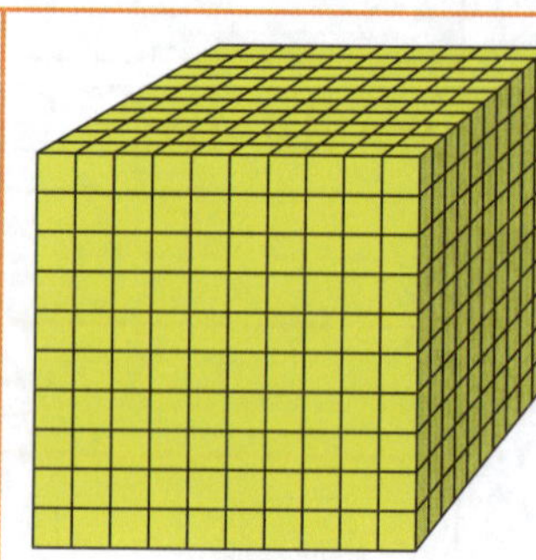 **cubo** 10 placas formam 1 cubo
1 unidade	**1 dezena**	**1 centena**	**1 milhar**

- 10 unidades agrupadas formam 1 dezena.
- 10 dezenas agrupadas formam 1 centena.
- 10 centenas agrupadas formam 1 milhar.

O sistema de numeração decimal permite-nos escrever qualquer número usando apenas 10 símbolos.

0, 1, 2, 3, 4, 5, 6, 7, 8, 9

Noção de ordens

A posição do algarismo no número é fundamental.

Cada algarismo ocupa uma **ordem**.

As ordens são contadas da direita para a esquerda.

Noção de classes

Cada classe é formada por três ordens.

Observe o quadro de ordens:

4ª classe			3ª classe			2ª classe			1ª classe		
bilhões			milhões			milhares			unidades simples		
12ª ordem	11ª ordem	10ª ordem	9ª ordem	8ª ordem	7ª ordem	6ª ordem	5ª ordem	4ª ordem	3ª ordem	2ª ordem	1ª ordem
C	D	U	C	D	U	C	D	U	C	D	U

A 4ª classe é a dos bilhões, a 5ª classe é a dos trilhões, e assim por diante.

Leitura de um número

Para facilitar a leitura de um número, separam-se os algarismos em classes e lê-se cada uma delas, da esquerda para a direita:

153 486 721 923

- 153 → classe dos bilhões
- 486 → classe dos milhões
- 721 → classe dos milhares
- 923 → classe das unidades

Lê-se: cento e cinquenta e três bilhões, quatrocentos e oitenta e seis milhões, setecentos e vinte e um mil, novecentos e vinte e três.

Claudio Chiyo/Arquivo da editora

18 435 000

- 000 → classe das unidades
- 435 → classe dos milhares
- 18 → classe dos milhões

Lê-se: dezoito milhões, quatrocentos e trinta e cinco mil.

1. Observe na tabela a população de alguns estados brasileiros e depois responda às questões.

estado	população em 2010
Amazonas	3 483 985
Bahia	14 016 906
Rio de Janeiro	15 989 929
São Paulo	41 262 199
Rio Grande do Sul	10 693 929

Fonte: IBGE. Disponível em: <www.ibge.gov.br/estadosat/index.php>. Acesso em: 13 ago. 2013.

a) Qual desses estados tem o maior número de habitantes? Escreva por extenso a população desse estado.

b) Quantos habitantes São Paulo tem a mais que o Rio de Janeiro? Escreva por extenso.

c) Qual dos estados tem o menor número de habitantes? Escreva por extenso a população desse estado.

d) Quantas ordens e quantas classes tem o número que representa a população do estado da Bahia?

2. Escreva os números que estão representados nos ábacos:

Ilustra Cartoon/Arquivo da editora

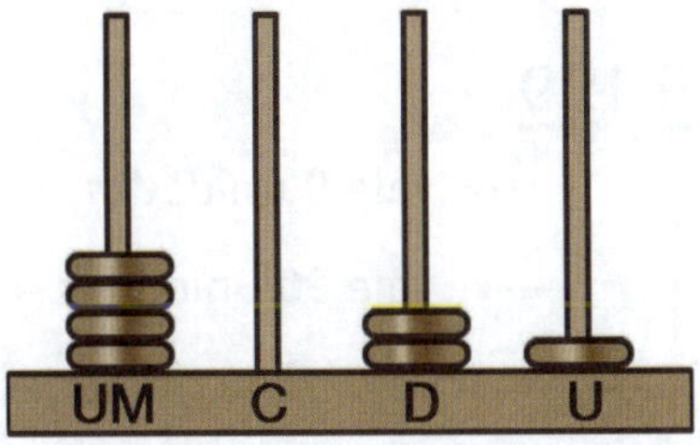

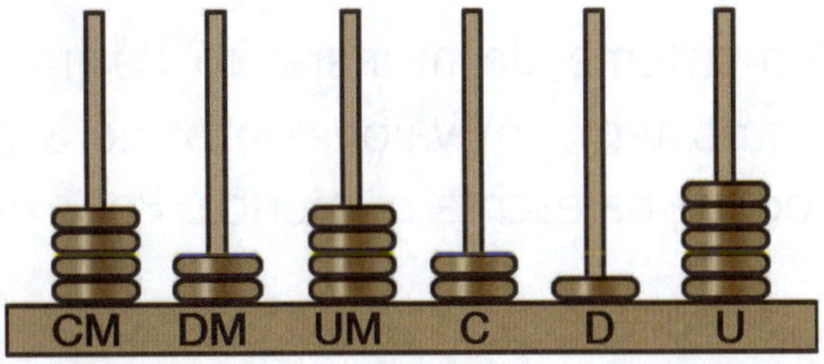

______________________ ______________________

3. O combate à fome é uma preocupação mundial. Observe os números e depois responda às questões.

	número de subnutridos (em milhões)	
	2009	**2012**
regiões desenvolvidas	**15**	**16**
regiões em desenvolvimento	**852**	**852**
África	220	239
Ásia	581	563
América Latina e Caribe	50	49
Oceania	1	1

Fonte: Organização das Nações Unidas para a Alimentação e a Agricultura (FAO). Disponível em: <www.fao.org/docrep/016/i3027e/i3027e00.htm>. Texto traduzido. Acesso em: 14 ago. 2013.

a) Considerando as regiões desenvolvidas e as em desenvolvimento, qual era o total de subnutridos no mundo em 2012?

____

b) De 2009 para 2012, esse número aumentou ou diminuiu? Quanto?

____

c) Qual era o total de subnutridos na América Latina e no Caribe em 2012?

____

d) Escreva por extenso o total de subnutridos em 2012 nas regiões em desenvolvimento.

____

Valor absoluto e valor relativo

No sistema de numeração decimal, cada algarismo tem um valor conforme a posição que ocupa na escrita numérica. Por exemplo:

9 199
- 9 (unidades) → vale 9 unidades
- 9 (dezenas) → vale 90 unidades
- 9 (unidades de milhar) → vale 9 000 unidades

Como você viu, um mesmo algarismo tem valores diferentes.

Valor absoluto (VA) é o valor do algarismo independentemente da posição que ele ocupa no número.

Valor relativo (VR) é o valor do algarismo de acordo com a posição que ele ocupa no número.

4 836
- 3 → valor absoluto: 3
- 3 → valor relativo: 30

Arredondamento

A Lua é o satélite natural da Terra. O diâmetro médio da Lua é 3 476 km. É comum usarmos expressões como "aproximadamente" e "cerca de" ao arredondar um número.

Salomon Cytrynowicz/Pulsar Imagens

Lua cheia acima do prédio do Congresso Nacional em Brasília, DF.

3 400 — 3 460 — **3 476** — 3 480 — 3 500

- O número 3 476 está mais próximo de 3 480 do que de 3 460; logo, podemos arredondá-lo para a dezena mais próxima, que é 3 480.
- O número 3 476 está mais próximo de 3 500 do que de 3 400; logo, podemos arredondá-lo para a centena mais próxima, que é 3 500.

1. Escreva o valor absoluto (VA) e o valor relativo (VR) dos algarismos que formam os números:

78 956	
VA	VR

4 859	
VA	VR

2. No número 236 985, qual é o algarismo de:

a) menor valor relativo? ________

b) menor valor absoluto? ________

c) maior valor absoluto? ________

d) maior valor relativo? ________

3. Observe o número:

UM	C	D	U
8	5	0	2

a) Se você trocar de posição os algarismos 2 e 5, o número aumenta ou diminui? Quantas unidades?

____

b) Para aumentar 20 unidades nesse número, deve-se trocar o zero por qual algarismo?

____

c) Para aumentar 1 000 unidades, que algarismo devo trocar? Por qual algarismo?

____

4. A turma do 5º ano estava estudando a região Norte do Brasil. Depois de fazer uma pesquisa, os alunos anotaram na tabela a população do estado mais populoso e a do menos populoso da região.

estado	população em 2010
Pará	7 581 051
Roraima	450 479

Fonte: IBGE. Disponível em: <www.ibge.gov.br/estadosat/perfil.php>. Acesso em: 21 ago. 2013.

Agora responda às questões aproximando os números para a centena de milhar mais próxima.

a) O estado do Pará é o mais populoso, com aproximadamente

_______________ habitantes.

b) O estado de Roraima é o menos populoso, com cerca de

_______________ habitantes.

5. Observe no quadro o raio de alguns planetas do Sistema Solar e faça os arredondamentos.

planeta	raio (em km)	dezena mais próxima	centena mais próxima	unidade de milhar mais próxima
Terra	6 371	6 370		
Saturno	58 232			
Urano	25 362			

Fonte: NASA. **Órbitas e características físicas dos planetas**. Disponível em: <http://solarsystem.nasa.gov/planets/charchart.cfm>. Acesso em: 15 ago. 2013.

Cláudio Chiyo/Arquivo da editora

6. O Instituto Brasileiro de Geografia e Estatística (IBGE), em parceria com o Instituto Militar de Engenharia (IME), efetuou as medições dos sete pontos culminantes brasileiros. Observe o quadro:

	nome	localidade	estado	altitudes novas (m)
1º	Pico da Neblina	Serra do Imeri	AM	2 993,8
2º	Pico 31 de Março	Serra do Imeri	AM	2 972,7
3º	Pico da Bandeira	Serra do Caparaó	MG/ES	2 892,0
4º	Pico da Pedra de Mina	Serra da Mantiqueira	MG/SP	2 798,4
5º	Pico das Agulhas Negras	Serra do Itatiaia	MG/RJ	2 791,5
6º	Pico do Cristal	Serra do Caparaó	MG	2 769,8
7º	Monte Roraima	Serra do Paracaima	RR	2 739,3

Fonte: IBGE. **Anuário Estatístico do Brasil**. Rio de Janeiro, 2012, p. XXIX. Disponível em: <http://biblioteca.ibge.gov.br/visualizacao/periodicos/20/aeb_2012.pdf>. Acesso em: 15 ago. 2013.

Agora complete as informações arredondando as novas altitudes para a dezena mais próxima.

a) O pico da Neblina, o ponto mais alto do Brasil, tem aproximadamente ______________ metros e localiza-se no estado do Amazonas.

b) O pico da Bandeira é o terceiro ponto culminante do país. Tem aproximadamente ______________ metros de altura.

c) O pico das Agulhas Negras ocupa a quinta posição, com aproximadamente ______________ metros de altitude.

d) O monte Roraima ocupa o sétimo lugar, com aproximadamente ______ metros de altitude.

Numeração ordinal

Observe os dados a seguir.

classificação dos planetas do Sistema Solar por tamanho do raio (em km)		
1º	Júpiter	69 911,0
2º	Saturno	58 232,0
3º	Urano	25 362,0
4º	Netuno	24 622,0
5º	Terra	6 371,0
6º	Vênus	6 051,8
7º	Marte	3 389,5
8º	Mercúrio	2 439,7

Fonte: NASA. **Órbitas e características físicas dos planetas**. Atualizado em: 13 ago. 2013. Disponível em: <http://solarsystem.nasa.gov/planets/charchart.cfm>. Acesso em: 15 ago. 2013.

1. Agora responda segundo a classificação dos planetas.

a) Em que posição está a Terra? ______________________

b) Qual é o segundo maior planeta? ______________________

Os números ordinais servem para indicar a ordem, o lugar, a posição.

Veja como alguns números ordinais são lidos:

1º	primeiro	10º	décimo	100º	centésimo
2º	segundo	20º	vigésimo	200º	ducentésimo
3º	terceiro	30º	trigésimo	300º	trecentésimo ou tricentésimo
4º	quarto	40º	quadragésimo	400º	quadringentésimo
5º	quinto	50º	quinquagésimo	500º	quingentésimo
6º	sexto	60º	sexagésimo	600º	sexcentésimo ou seiscentésimo
7º	sétimo	70º	septuagésimo	700º	setingentésimo
8º	oitavo	80º	octogésimo	800º	octingentésimo
9º	nono	90º	nonagésimo	900º	nongentésimo ou noningentésimo
				1 000º	milésimo
				1 000 000º	milionésimo

2. Você sabia? Em 1º de abril de 2012, 2 500 atletas fizeram a travessia entre as praias de Copacabana e do Leme, no Rio de Janeiro.

Nesta prova esportiva, chamada Travessia dos Fortes, os atletas nadam cerca de 3,8 quilômetros. Em 2012 o vencedor na categoria masculina foi o baiano Luiz Rogério Arapiraca, que representa o Exército. Levou 38 minutos e 33 segundos para completar a prova, conquistando o bicampeonato. Na categoria feminina, a vencedora foi Isabelle Longo com o tempo de 41 minutos e 46 segundos.

Adaptado de: CAvEx: representa Taubaté na Travessia dos Fortes 2012. **Diário de Taubaté On-line**. Disponível em: <www.diariotaubate.com.br/display.php?id=26585>. Acesso em: 15 ago. 2013.

- Complete com números ordinais (escreva por extenso).

Isabelle Longo foi a ____________________ colocada na categoria feminina, e Luiz Rogério Arapiraca foi o ____________________ colocado na categoria masculina. É a ____________________ vez que ele vence a Travessia dos Fortes.

3. Escreva por extenso os números ordinais abaixo.

29º ____________________ 530º ____________________

85º ____________________ 1000º ____________________

Desafio

Paulo, Carla, Tiago, Mariana e Camila participaram de um campeonato de ciclismo. Leia as pistas e descubra qual foi a classificação de cada um.

- Paulo chegou depois de Mariana.
- Carla chegou antes de Mariana e depois de Camila.
- Tiago chegou antes de Camila.
- Mariana não chegou por último.
- Camila foi a segunda colocada.

1º	2º	3º	4º	5º

3

Geometria

Os sólidos geométricos e suas superfícies

Os sólidos geométricos que não possuem superfícies arredondadas são chamados **poliedros**. Estes são formados por superfícies planas chamadas **polígonos**.

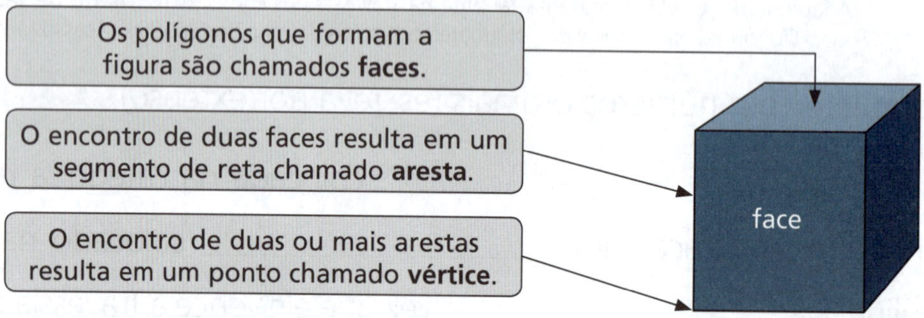

Observe os tipos de face dos poliedros:

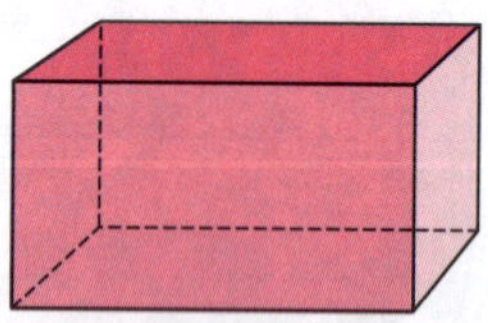
paralelepípedo

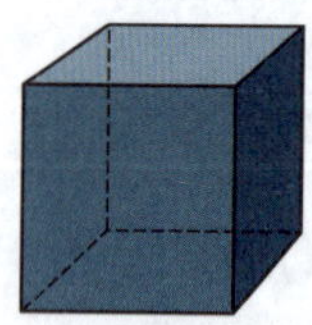
cubo

O **paralelepípedo** tem 6 faces em forma de retângulo. O **cubo** tem 6 faces em forma de quadrado.

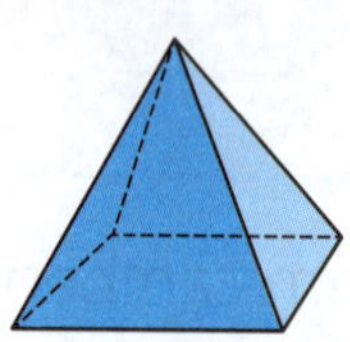
pirâmide de base quadrada

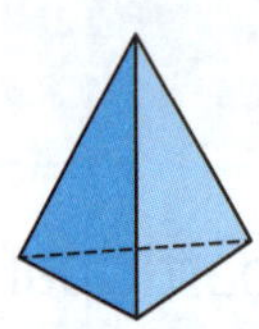
pirâmide de base triangular

A base das **pirâmides** sempre tem a forma de um polígono qualquer, enquanto as outras faces são sempre triângulos.

Os sólidos geométricos que possuem superfícies não planas são chamados **corpos redondos**.

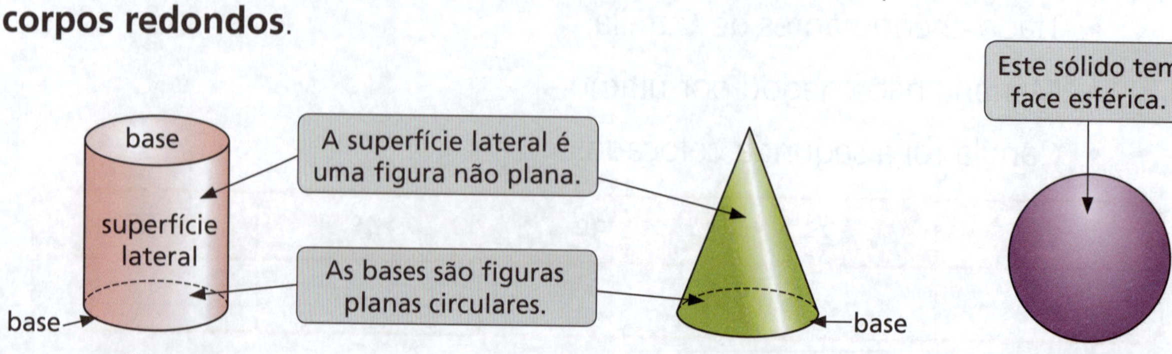

1. Observe a forma dos objetos abaixo e responda às questões.

PeterVrabel/Shutterstock/Glow Images

Sérgio Dotta Jr./Arquivo da editora

a) Esses objetos se parecem com quais sólidos geométricos?

____

b) Quais as semelhanças entre esses sólidos?

____

c) Quais as diferenças entre esses sólidos?

____

2. Complete as frases.

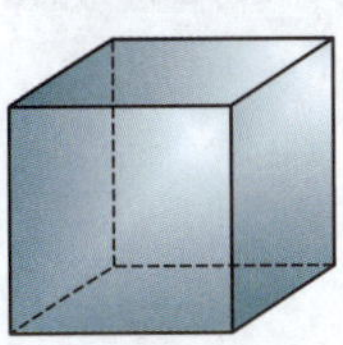	O ____________ tem ______ faces, ______ arestas e ______ vértices. Suas faces são ______________.
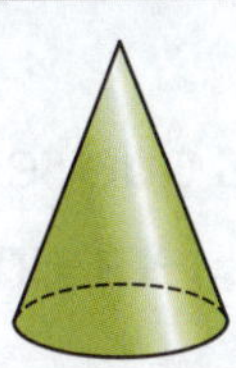	O ____________ tem ______ face plana (base). A face plana é ______________.
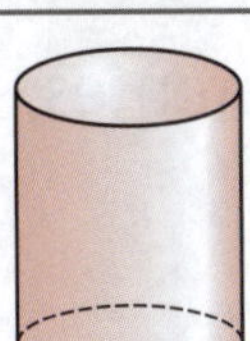	O ____________ tem ______ faces planas (bases). As faces planas são ______________.
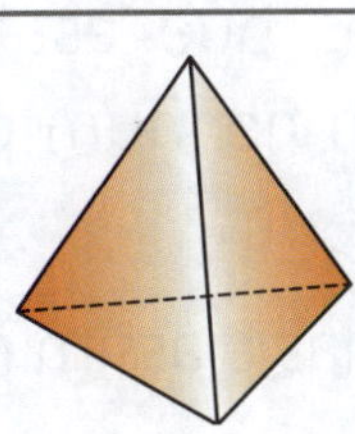	A ________________ tem ______ faces e ______ vértices. Todas as faces são ______________.

Plano, ponto e reta

A superfície da capa de um livro ou de uma mesa nos dá a ideia de **plano**.

O plano é indicado por uma letra do alfabeto grego: α (alfa), β (beta) ou γ (gama), por exemplo.

Uma estrela no céu e a marca da ponta de um lápis no papel nos dão a ideia de um **ponto**.

Costuma-se indicar um ponto com uma letra maiúscula de nosso alfabeto: A, B ou C, por exemplo.

Um fio esticado ou a linha do horizonte nos dão a ideia de uma reta.

A **reta** é indicada por uma letra minúscula de nosso alfabeto.

Posições de uma reta

De acordo com sua posição, uma reta pode ser horizontal, vertical ou inclinada.

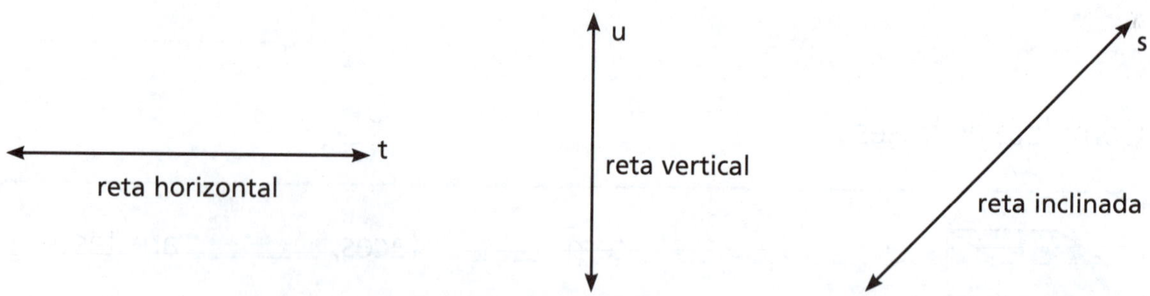

Retas paralelas e retas concorrentes

retas concorrentes

Retas concorrentes são as que se cruzam em apenas um ponto, ou seja, têm um ponto comum.

As retas **r** e **z** são concorrentes, pois se cruzam no ponto **T**.

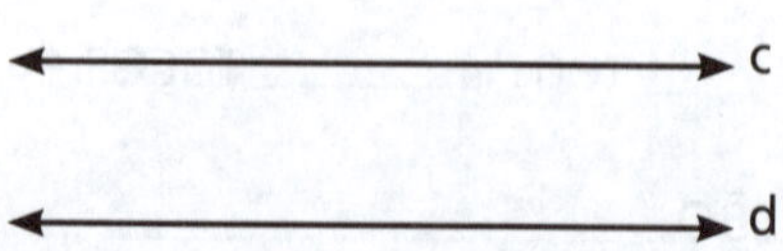

retas paralelas

Retas paralelas são as que estão no mesmo plano, mas não têm nenhum ponto comum.

As retas **c** e **d** são paralelas e assim representadas: **c // d**.

1. Escreva a posição das retas **m**, **n** e **v**.

______________ ______________ ______________

2. Observe cada foto e responda: a imagem dá a ideia de plano, ponto ou reta?

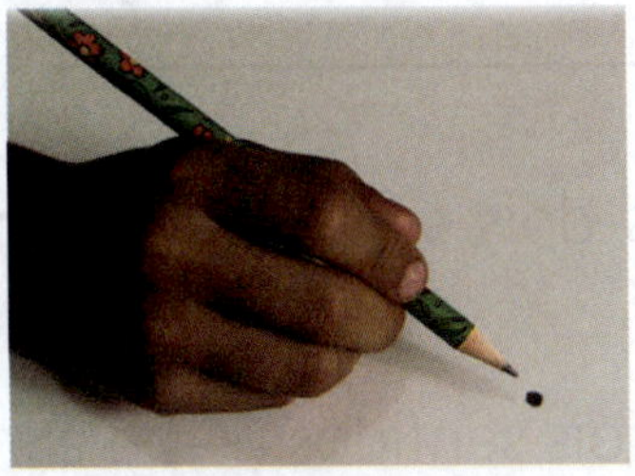

Rubens Chaves/Arquivo da editora

____

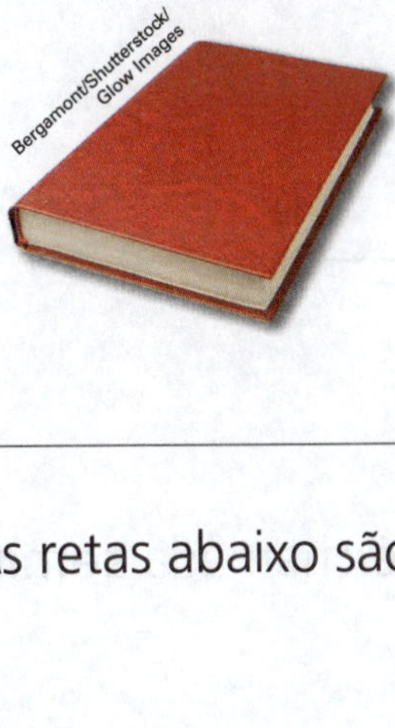

Bergamont/Shutterstock/Glow Images

Mandy Godbehear/Shutterstock/Glow Images

______________ ______________

3. As retas abaixo são paralelas ou concorrentes?

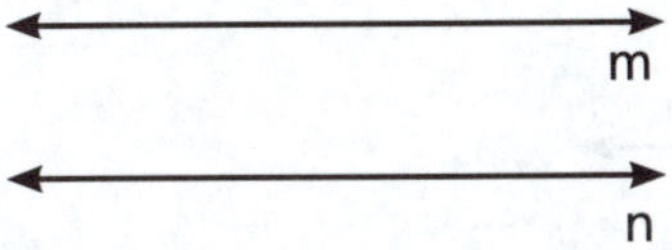

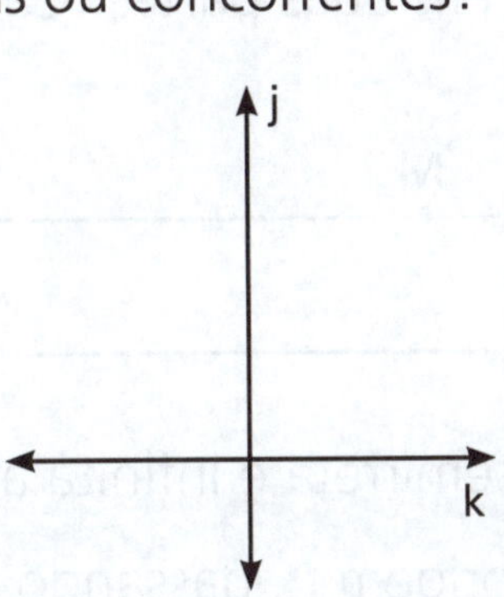

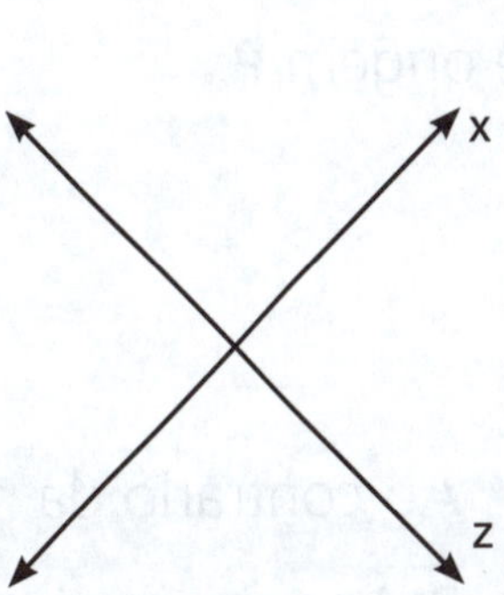

______________ ______________ ______________

Segmentos de reta

Observe a ligação de dois pontos (**A** e **B**) por meio de duas linhas.

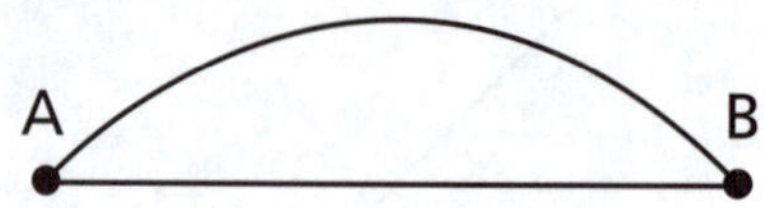

segmento de reta $\overline{AB}$

Como você pode observar, a linha reta é mais curta do que a linha curva.

A linha que representa o caminho mais curto entre os pontos **A** e **B** chama-se **segmento de reta**. Indica-se assim: $\overline{\mathbf{AB}}$

Os pontos **A** e **B** são as extremidades desse segmento de reta. O segmento de reta é então limitado pelos pontos **A** e **B**.

Veja o prolongamento do segmento $\overline{\mathbf{AB}}$ indefinidamente nos dois sentidos.

Prolongando, infinitamente, o segmento $\overline{\mathbf{AB}}$ nos dois sentidos, obtemos uma **reta**.

A reta não tem extremidades, ela é ilimitada nos dois sentidos (⟷) e é indicada por **r** ou $\overleftrightarrow{\mathbf{AB}}$.

Semirretas

Observe a reta **r** abaixo.

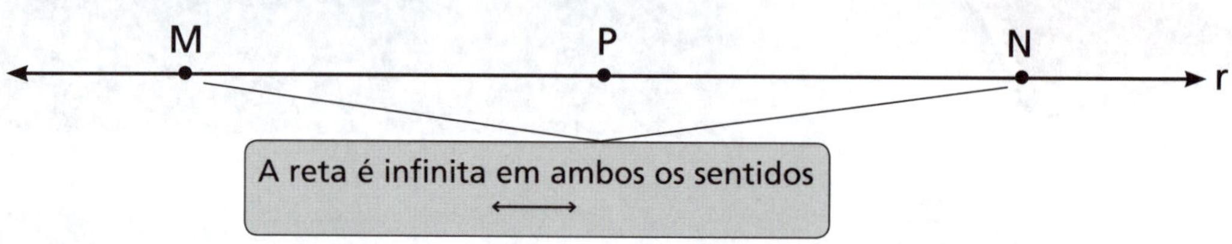

O ponto **P** divide a reta em duas partes. Cada parte é chamada **semirreta** de origem **P**.

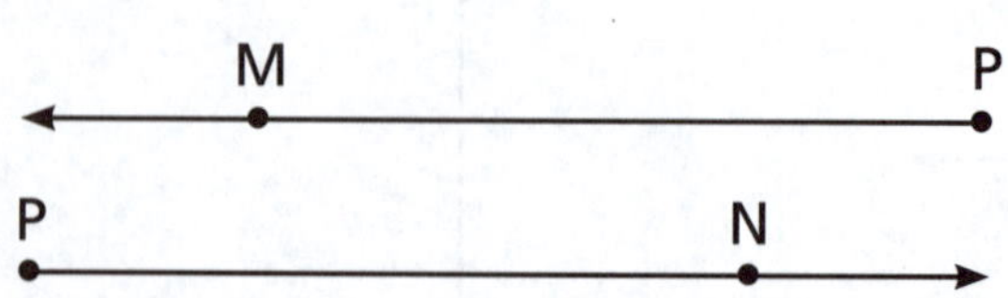

Ao contrário da reta, a semirreta é infinita apenas em um sentido:

$\overrightarrow{PM}$ ⟶ semirreta de origem **P**, passando pelo ponto **M**.

$\overrightarrow{PN}$ ⟶ semirreta de origem **P**, passando pelo ponto **N**.

1. Use a régua e meça os segmentos.

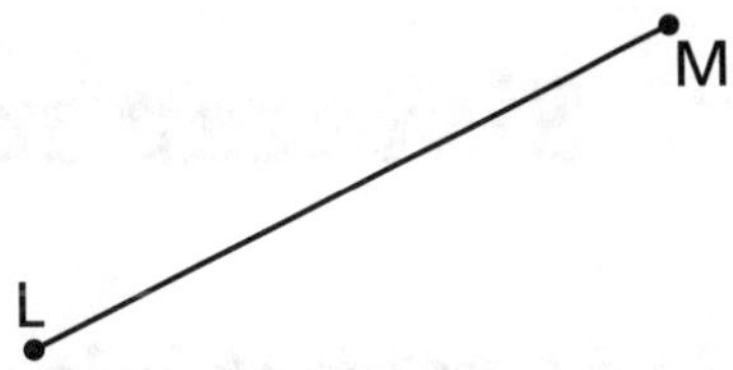

$\overline{IJ}$ = ______________________ $\overline{LM}$ = ______________________

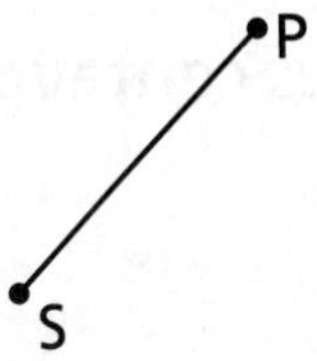

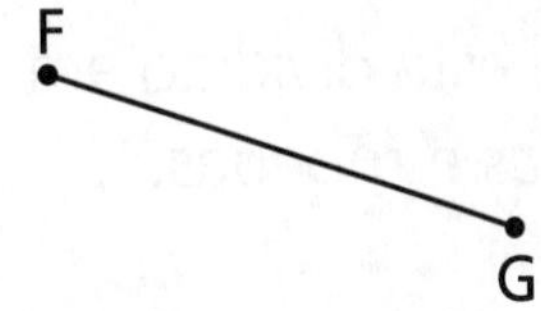

$\overline{SP}$ = ______________________ $\overline{FG}$ = ______________________

2. Indique o ponto de origem das semirretas a seguir e escreva também por quais pontos cada uma delas passa. Veja o exemplo:

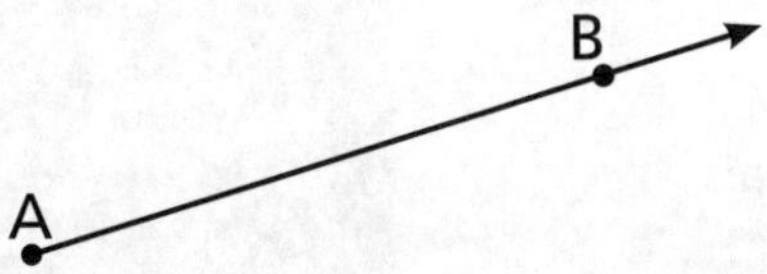

Semirreta de origem A, passando pelo ponto B.

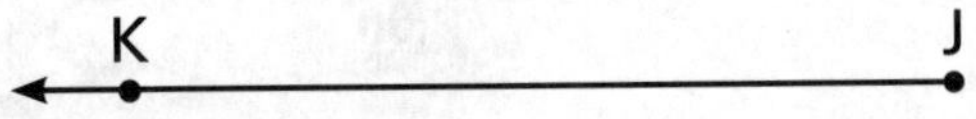

____

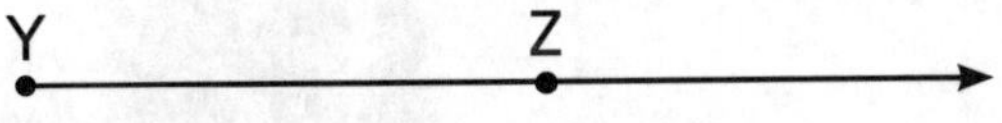

____

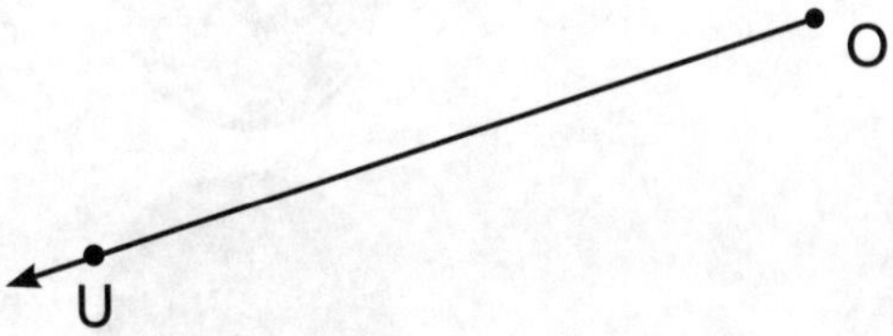

____

4

Sistema monetário brasileiro

Unidade monetária: o real

Desde julho de 1994, a unidade monetária brasileira é o real, representado por **R$**.

O real está dividido em 100 partes iguais chamadas **centavos** e se apresenta em cédulas e moedas.

Cédulas

Fotos: Reprodução/Casa da Moeda do Brasil/Ministério da Fazenda

R$ 2,00
dois reais

R$ 20,00
vinte reais

R$ 5,00
cinco reais

R$ 50,00
cinquenta reais

R$ 10,00
dez reais

R$ 100,00
cem reais

Moedas

R$ 0,01
um centavo

R$ 0,25
vinte e cinco centavos

R$ 0,05
cinco centavos

R$ 0,50
cinquenta centavos

R$ 0,10
dez centavos

R$ 1,00
um real

- Observe os anúncios:

a) Qual o valor total do televisor se o pagamento for parcelado? __________

b) Ronaldo comprou um televisor a prazo. Quanto ele economizaria se tivesse comprado à vista? __________

c) Fátima comprou um televisor e uma geladeira e pagou à vista. Quanto ela pagou? __________

d) Pedro comprou uma geladeira à vista. Quanto pagou? __________

e) João comprou um televisor e um aparelho de DVD à vista. Quanto pagou? __________

f) Daniela comprou uma geladeira em 6 prestações. Qual o valor de cada prestação? __________

g) É mais vantajoso comprar a geladeira à vista ou em 6 vezes? Por quê?

____

h) Cláudio comprou um aparelho de DVD em 6 prestações. Quanto ele economizaria se tivesse comprado à vista? __________

i) Marina comprou o aparelho de DVD à vista e pagou o valor exato em dinheiro usando o menor número de cédulas possível. Que cédulas ela usou? __________

____

5

Operações com números naturais

Adição

Cláudio Chiyo/Arquivo da editora

Carla e Luiz Henrique são pessoas preocupadas com o meio ambiente e com o bem-estar das outras pessoas. Eles levaram para a cooperativa de reciclagem folhas de papel sulfite usadas.

Carla levou 95 folhas e Luiz Henrique levou mais 63.

Para saber quantas folhas eles levaram ao todo, é preciso efetuar uma adição:

95 folhas + 63 folhas

	Número		Termo
	95	→	parcela
+	63	→	parcela
	158	→	soma ou total

parcela, parcela, soma ou total → termos da adição

A adição é indicada pelo sinal **+**, que se lê **mais**.

Os elementos que adicionamos são as **parcelas**. O resultado da adição é a **soma** ou o **total**.

1. Descubra o segredo e complete as sequências.

5		15				35		45
4	9	14				34		
13		43	58					133
100	250				850			

2. Efetue as adições no caderno e escreva abaixo os resultados.

a) 7 439 + 5 653 = ____________

b) 187 + 480 + 325 = ________

c) 8 652 + 4 879 = ____________

d) 2 381 + 296 + 374 = ______

e) 4 + 8 775 = ____________________

f) 7 243 + 2 904 + 1 202 = _______

g) 5 978 + 6 969 = ____________

h) 6 474 + 3 845 + 1 097 = _______

3. Arredonde para a centena mais próxima e faça uma estimativa das somas.

a) 7 439 + 5 653

estimativa

d) 1 596 + 805

estimativa

b) 3 106 + 795

estimativa

e) 7 869 + 416

estimativa

c) 675 + 121

estimativa

f) 8 652 + 4 879

estimativa

Propriedades da adição

- **Fechamento**

Quando somamos dois ou mais números naturais, obtemos sempre um número natural. Exemplos:

15 + 7	=	22
números naturais		número natural

63 + 21 + 9	=	93
números naturais		número natural

- **Comutativa**

A ordem das parcelas não altera a soma. Exemplo:

5 + 7 = 12 é o mesmo que 7 + 5 = 12

- **Associativa**

A ordem em que se juntam as parcelas não altera a soma.

Veja no exemplo como obtemos o mesmo resultado fazendo variações entre as parcelas. Exemplo: 3 + 4 + 6.

$$(3 + 4) + 6 = 7 + 6 = 13$$

ou

$$3 + (4 + 6) = 3 + 10 = 13$$

- **Elemento neutro**

O elemento neutro da adição é o zero, pois adicionando-se zero a qualquer número natural o resultado será o mesmo número natural. Exemplo:

$$85 + 0 = 85$$

1. Identifique a propriedade usada e relacione as colunas.

A	$35 + 0 = 35$	☐	Propriedade associativa
B	$17 + 9 = 9 + 17$	☐	Propriedade do elemento neutro
C	$(18 + 5) + 11 = 18 + (5 + 11)$	☐	Propriedade comutativa

2. Aplicando as propriedades da adição, muitas vezes facilitamos os cálculos da soma. Veja o exemplo:

$$12 + 8 + 5 + 13 =$$

$$20 + 18 = 38$$

Agora resolva.

a) $18 + 7 + 6 + 15 =$

b) $100 + 50 + 10 + 50 =$

3. Aplicando as propriedades da adição, descubra qual é o número natural que deve ser colocado no lugar de cada ▲.

a) $18 + 42 = 42 +$ ▲ → ▲ = ______

b) $25 +$ ▲ $= 25$ → ▲ = ______

c) $(19 + 20) + 15 = 19 + ($▲$ + 15)$ → ▲ = ______

Subtração

A subtração pode representar três ideias, dependendo da situação em que aparece:

- **Subtrativa** (Quanto sobra?)

Exemplo: Uma das tarefas da gincana da escola era arrumar, em 5 minutos, 20 pares de tênis que estavam misturados. A equipe **A** levou 3 minutos. Quantos minutos sobraram?

Ilustrações: Cláudio Chiyo/Arquivo da editora

$5 - 3 = 2$

Resposta: Sobraram 2 minutos.

- **Aditiva** (Quanto falta?)

Exemplo: Para completar as tarefas da gincana, a equipe **B** precisa conseguir 1 centena de agasalhos. Ela já conseguiu 75. Quantos agasalhos faltam para completar a tarefa?

$100 - 75 = 25$

Resposta: Faltam 25 agasalhos para completar a tarefa.

- **Comparativa** (Quanto tem a mais?)

Exemplo: Ao final da gincana, a equipe **A** marcou 56 pontos e a **B**, 45. Quantos pontos a equipe **A** marcou a mais que a **B**?

$56 - 45 = 11$

Resposta: A equipe **A** marcou 11 pontos a mais que a **B**.

O sinal da subtração é **–**, que se lê **menos**.

```
  59 → minuendo           ┐
– 41 → subtraendo         ├ termos da subtração
  18 → resto ou diferença ┘
```

1. Observe no quadro o ano de algumas invenções. Arredonde cada número à centena mais próxima. Depois, calcule mentalmente e responda às perguntas.

invenção	ano	arredondamento
Fotografia	1826	
Fósforo	1827	
Lâmpada	1879	
Bicicleta	1885	
Caneta esferográfica	1888	

Fonte: 101 invenções que mudaram o mundo. **Superinteressante**, São Paulo: Abril, 2013. Edição especial.

a) Aproximadamente, a bicicleta foi inventada quantos anos após a fotografia? ____________________

b) O fósforo surgiu quanto tempo antes da lâmpada, em números aproximados? ____________________

2. Faça uma estimativa do resultado arredondando o minuendo e o subtraendo à centena mais próxima.

a) 325 − 121

estimativa

c) 1 278 − 195

estimativa

b) 895 − 608

estimativa

d) 6 310 − 1 295

estimativa

3. Efetue as subtrações no caderno e escreva os resultados.

a) 98 − 23 = ______

b) 54 − 12 = ______

c) 971 − 649 = ______

d) 8 565 − 3 783 = ______

e) 25 966 − 19 465 = ______

f) 15 635 − 10 009 = ______

4. Daniela, Carolina e Joel disputaram um jogo em duas rodadas. Ganhou o jogo quem fez mais pontos. Observe a tabela e complete-a.

	pontos na 1ª rodada	pontos na 2ª rodada	total
Daniela	128	57	
Carolina	151		257
Joel		112	260

a) Quem ganhou o jogo? ______

b) Quem fez mais pontos, Daniela ou Carolina? Quantos a mais?

______

c) Quantos pontos Joel fez a mais que Carolina? ______

d) E quantos pontos ele fez a mais que Daniela ? ______

e) Quantos pontos foram feitos na 1ª rodada? ______

f) E na 2ª rodada? ______

g) Em qual rodada foram feitos mais pontos? Quantos pontos a mais?

______

______

5. Veja como foi efetuada a adição abaixo. Em seguida faça a outra adição da mesma forma.

152 + 350 | **185 + 260**

100 + 50 + 2 + 300 + 50

400 + 100 + 2

502

6. Estela separou material reciclável em quatro lixeiras coloridas. Usando as propriedades da adição, mostre três formas diferentes de Estela encontrar a soma de todo o material que ela separou.

Cláudio Chiyo/Arquivo da editora

7. Descubra o valor dos termos desconhecidos.

a) ▲ − 945 = 930

c) 1 735 − 329 = ▲

b) ▲ + 21 503 = 45 000

d) ▲ − 19 598 = 12 126

Expressões numéricas: sinais de associação

$4 + 8 - 5 = ■$

Ilustrações: Cláudio Chiyo/Arquivo da editora

Assim: $4 + 8 - 5 =$

$12 - 5 = 7$

Se houver parênteses, efetuamos as operações contidas neles em primeiro lugar.

$(9 + 7) - 5 =$

$16 - 5 = 11$

$20 - (15 + 2) =$

$20 - 17 = 3$

Se houver parênteses, colchetes e chaves, efetuam-se as operações na seguinte ordem:

1º as operações que estão entre parênteses;

2º as operações que estão entre colchetes;

3º as operações que estão entre chaves.

( ) parênteses
[ ] colchetes
{ } chaves

Veja este exemplo:

$60 - \{52 + [(7 - 3) - 3] + 2\} =$ — Efetua-se primeiro a operação que está entre parênteses.

$60 - \{52 + [4 - 3] + 2\} =$ — Em seguida, efetua-se a operação que está entre colchetes.

$60 - \{52 + 1 + 2\} =$ — Finalmente, efetua-se a operação que está entre chaves.

$60 - 55 = 5$

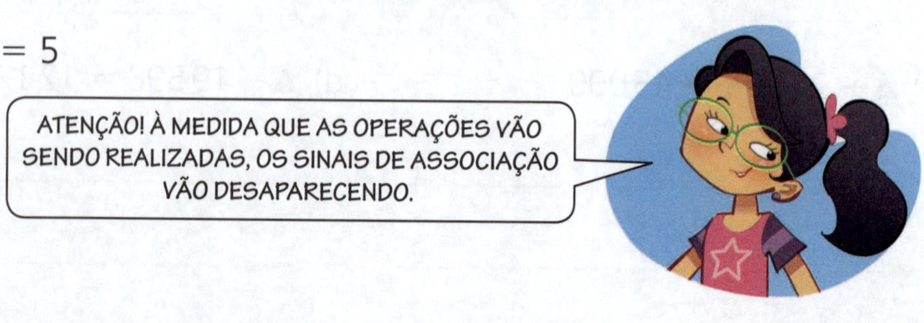

- Resolva as expressões numéricas:

a) 36 − [16 − (10 + 4) + (8 + 12)] =

b) {120 − [90 + (36 − 25) + 9] − 7} + 8 =

c) 30 − {40 − [18 + (14 − 6)]} + 6 =

d) 23 + [(8 − 5 + 2) − 4] =

e) 65 + {10 − [5 − (6 − 4) + 2]}=

f) 44 − [(2 + 8) + (3 − 2 − 1)] =

Matemática e diversão

Descubra os números!

Quais são os números escondidos?

4 8 6 3		6 4 8 3	
+ 2 ▲4■	■ = _____	− 5 ▲4■	■ = _____
7 2 0 8	▲ = _____	1 1 3 8	▲ = _____

De olho na resolução de problemas

Faça em seu caderno

1. Veja na tabela quantos livros uma livraria vendeu no primeiro semestre do ano anterior.

mês	janeiro	fevereiro	março	abril	maio	junho
Livros vendidos	575	1 246	902	734	398	206

a) Quantos livros foram vendidos nos dois primeiros meses?

b) Quantos livros foram vendidos nos três primeiros meses?

c) Quantos livros foram vendidos nos seis meses?

d) Em que mês foram vendidos mais livros? E em que mês foram vendidos menos livros?

2. A biblioteca da escola tem 4 785 livros. A diretora está fazendo uma campanha para chegar aos 10 000. Quantos livros ela precisa conseguir?

3. Caio tem R$ 900,00 para comprar um computador que custa R$ 1 200,00. Caio poderá comprar esse computador? Por quê?

4. Uma estrada de 360 quilômetros está sendo asfaltada. Sabendo-se que ainda faltam 210 quilômetros, quantos quilômetros já foram asfaltados?

Unidade

2

Operações com números naturais e figuras geométricas

Valter Ferrari/Arquivo da editora

O QUE VOU ESTUDAR?

- Operações com números naturais (multiplicação e divisão)
- Figuras geométricas
- Sentenças matemáticas

Outras operações com números naturais

Multiplicação: adição de parcelas iguais

Para participar de uma gincana escolar do bairro, foram convidadas 5 escolas.

Cada escola deverá enviar 12 alunos. Quantos alunos vão participar?

$$12 + 12 + 12 + 12 + 12 = 60 \quad \text{ou} \quad 5 \times 12 = 60$$

Resposta: Vão participar da gincana 60 alunos.

Organização retangular

No local de entrega das tarefas da gincana, foram colocadas 3 fileiras de 5 cadeiras. Quantas cadeiras foram colocadas?

Em uma fileira há 5 cadeiras. Então, o número de cadeiras nas 3 fileiras é:

$$3 \times 5 = 15 \quad \text{ou} \quad 5 \times 3 = 15$$

Resposta: Foram colocadas 15 cadeiras.

Estes são os termos da multiplicação:

5 →	**multiplicando**	parcela que se repete
× 3 →	**multiplicador**	número de vezes que a parcela se repete
1 5 →	**produto**	resultado da multiplicação

O sinal da multiplicação é **×**, que se lê **vezes**.

Raciocínio combinatório

Em uma das tarefas da gincana, cada representante de equipe deverá combinar 3 camisetas com 2 bermudas e vestir-se de todas as maneiras possíveis. De quantas maneiras diferentes cada representante poderá se vestir?

Cada camiseta pode ser combinada com 2 bermudas. Como são 3 camisetas, então: $3 \times 2 = 6$

Resposta: Cada representante de equipe poderá vestir-se de 6 maneiras diferentes.

1. Represente as adições em forma de multiplicação.

a) $4 + 4 + 4 =$ ________ c) $7 + 7 + 7 + 7 + 7 =$ ________

b) $9 + 9 =$ ________ d) $5 + 5 + 5 + 5 =$ ________

2. Renata gosta dos sorvetes de creme e chocolate e das coberturas de caramelo e chantili. Para tomar sorvete de uma bola com apenas um tipo de cobertura, que combinações ela pode fazer? Observe o quadro e complete.

	coberturas	
sorvetes	caramelo	chantili
creme		
chocolate		

3. Faça de conta que você é vendedor da loja Móveis na Medida e está atendendo a um cliente. Para preencher o pedido de compra, calcule os valores das mercadorias. Utilize uma calculadora.

Móveis na Medida

Pedido nº 17836 **Data de emissão:**

ARTIGO	QUANTIDADE	PREÇO UNITÁRIO (em R$)	TOTAL (em R$)
Escrivaninha	5	120,00	
Cadeira sem braço	3	75,00	
Cadeira com braço	2	90,00	
Estante aberta	2	95,00	
Estante com porta	1	120,00	
VENDEDOR:		**TOTAL A PAGAR:**	

Multiplicação com multiplicador maior que 10

Observe as multiplicações:

$$
\begin{array}{r l}
36 & \\
\times\ 32 & \\
\hline
72 & \rightarrow 2 \times 36 \\
+\ 1080 & \rightarrow 30 \times 36 \\
\hline
1152 &
\end{array}
$$

Ilustrações: Cláudio Chiyo/Arquivo da editora

$$
\begin{array}{r l}
323 & \\
\times\ 127 & \\
\hline
2261 & \rightarrow 7 \times 323 \\
6460 & \rightarrow 20 \times 323 \\
+\ 32300 & \rightarrow 100 \times 323 \\
\hline
41021 &
\end{array}
$$

método prático

$$
\begin{array}{r}
36 \\
\times\ 32 \\
\hline
72 \\
+\ 108 \\
\hline
1152
\end{array}
\qquad
\begin{array}{r}
323 \\
\times\ 127 \\
\hline
2261 \\
646 \\
+\ 323 \\
\hline
41021
\end{array}
$$

O ZERO NA MULTIPLICAÇÃO

Quando se multiplica um número por zero, o produto é zero.

$5 \times 0 = 0$ $0 \times 5 = 0$ $6 \times 0 = 0$ $0 \times 6 = 0$

1. Arme e efetue no caderno. Depois, escreva os resultados.

a) $12 \times 315 =$ ______ e) $658 \times 19 =$ ______

b) $423 \times 37 =$ ______ f) $135 \times 123 =$ ______

c) $23 \times 312 =$ ______ g) $985 \times 129 =$ ______

d) $798 \times 135 =$ ______ h) $931 \times 353 =$ ______

2. Encontre o valor aproximado e o valor exato das multiplicações:

a) $43 \times 32 =$

aproximado **exato**

b) $58 \times 42 =$

aproximado **exato**

c) $29 \times 79 =$

aproximado **exato**

Propriedades da multiplicação

- **Fechamento**

números naturais — 8×4 = 32 — número natural

O produto de dois números naturais é sempre um número natural.

- **Comutativa**

$3 \times 5 = 15$ e $5 \times 3 = 15$

Então, $3 \times 5 = 5 \times 3$.

A ordem dos fatores não altera o produto.

- **Associativa**

$(2 \times 5) \times 3 = 10 \times 3 = 30$ ← $2 \times 5 \times 3 = 30$ → $2 \times (5 \times 3) = 2 \times 15 = 30$

Na multiplicação podemos associar vários fatores de diferentes maneiras, e o resultado não se altera.

- **Elemento neutro**

O número 1 é o elemento neutro da multiplicação.

O resultado da multiplicação de qualquer número natural por 1 é sempre o próprio número.

- **Distributiva**

Observe:

$4 \times (2 + 5) =$

$4 \times 7 = 28$

Aplicando a propriedade distributiva:

$4 \times (2 + 5) =$

$4 \times 2 + 4 \times 5 =$

$8 + 20 = 28$

Para multiplicar um número por uma adição (ou subtração), multiplicamos esse número pelos termos da adição (ou subtração), separadamente, e adicionamos (ou subtraímos) os resultados obtidos.

1. Identifique a propriedade da multiplicação aplicada.

a) $4 \times 3 = 3 \times 4$ → ______

b) $5 \times (3 + 4) = (5 \times 3) + (5 \times 4)$ → ______

c) $9 \times 6 = 54$ → ______

d) $(2 \times 8) \times 3 = 2 \times (8 \times 3)$ → ______

e) $4 \times 1 = 4$ → ______

2. Aplique a propriedade comutativa e calcule.

a) $3 \times 105 =$ ______

b) $20 \times 17 =$ ______

c) $5 \times 215 =$ ______

d) $430 \times 2 =$ ______

3. Calcule as multiplicações aplicando a propriedade associativa.

$5 \times 6 \times 2 =$	$6 \times 9 \times 5 =$

4. Aplique a propriedade distributiva e calcule.

a) $(2 + 9) \times 3 =$

b) $6 \times (11 - 8) =$

5. Complete com o número que torna verdadeira cada igualdade.

a) $6 \times 7 = 7 \times$ ______

b) $9 \times ($ ______ $+ 5) = 9 \times 4 + 9 \times 5$

c) ______ $\times 5 = 5 \times 7$

d) $2 \times (12 - 2) =$ ______ $\times 12 - 2 \times 2$

e) $2 \times 3 \times 7 = 2 \times$ ______

f) $3 \times 7 \times 4 =$ ______ $\times 28$

Múltiplos de um número natural

No fim de semana, Marcos e Iara viajaram de trem com seus pais até a cidade onde moram os avós.

Imagine que esse trem apitou de 5 em 5 minutos. Ele apitou do ponto de partida zero e a cada 5 minutos. Veja:

Cláudio Chiyo/Arquivo da editora

Essa sequência de números (0, 5, 10, 15, 20, 25, 30...) é chamada **sequência dos múltiplos naturais de 5**.

Agora observe:

$2 \times 5 = 10$
$2 \times 6 = 12$
$2 \times 8 = 16$

Os números 10, 12 e 16 são múltiplos de 2.

$3 \times 5 = 15$
$3 \times 6 = 18$
$3 \times 8 = 24$

Os números 15, 18 e 24 são múltiplos de 3.

O múltiplo de um número natural é o produto da multiplicação desse número por um número natural qualquer.

Obtemos a sequência dos múltiplos de um número multiplicando-o por números naturais. Veja como achar o conjunto dos múltiplos de 6:

	números naturais		sequência dos múltiplos de 6
6 ×	0	=	0
6 ×	1	=	6
6 ×	2	=	12
6 ×	3	=	18
6 ×	4	=	24
6 ×	5	=	30

M (6) = 0, 6, 12, 18, 24, 30...

A sequência dos múltiplos de um número diferente de zero é infinita, por isso colocamos as reticências.

1. Complete as sequências. A regra é:

múltiplos de 3

3×	0	1	2	3	4	5	6	7	8	9	...
	0	3									...

M (3) = 0, 3, ____, ____, ____, ____, ____, ____, ____, ____, ...

múltiplos de 7

7×	0	1	2	3	4	5	6	7	8	9	...
	0	7									...

M (7) = 0, 7, ____, ____, ____, ____, ____, ____, ____, ____, ...

múltiplos de 15

15×	0	1	2	3	4	5	6	7	8	9	...
	0	15	30								...

M (15) = 0, 15, 30, ____, ____, ____, ____, ____, ____, ____, ...

2. Determine as sequências:

a) múltiplos de 8 menores que 40. ____________

b) múltiplos de 6 maiores que 12 e menores que 42. ____________

c) múltiplos de 9 compreendidos entre 18 e 63. ____________

d) múltiplos de 4 menores que 28. ____________

3. Numa loja, há várias bicicletas em exposição. Contando todas as rodas das bicicletas, podemos dizer que existem 39 ou 40 rodas? Por quê?

____

Mínimo múltiplo comum

Observe as sequências dos múltiplos de 4, 6 e 8:

Múltiplos de 4: 0, 4, 8, 12, 16, 20, 24, 28, 32, 36, 40, 44, 48...
Múltiplos de 6: 0, 6, 12, 18, 24, 30, 36, 42, 48...
Múltiplos de 8: 0, 8, 16, 24, 32, 40, 48...

Agora veja quais são os múltiplos comuns a esses três números, isto é, aqueles que se encontram entre os múltiplos de 4, de 6 e de 8.

Múltiplos comuns de 4, 6 e 8: 0, 24, 48...

O menor valor diferente de zero que encontramos na sequência dos múltiplos comuns é 24.

Portanto, 24 é o menor múltiplo comum de 4, 6 e 8.

mmc (4, 6, 8) = 24

Ilustra Cartoon/Arquivo da editora

A sequência dos múltiplos comuns de dois ou mais números é infinita. Por isso, não existe o maior múltiplo comum.

O menor múltiplo comum de dois ou mais números, excluindo-se o zero, é chamado **mínimo múltiplo comum** (mmc).

1. Calcule o mmc. Observe o exemplo:

> mmc (6, 15)
>
> **múltiplos de 6**: 0, 6, 12, 18, 24, 30, 36, 42, 48, 54, 60...
>
> **múltiplos de 15**: 0, 15, 30, 45, 60, 75, 90, 105...
>
> **múltiplos comuns de 6 e 15**: 0, 30, 60...
>
> mmc (6, 15) = 30

a) mmc (4, 9)

múltiplos de 4: ______________________________

múltiplos de 9: ______________________________

múltiplos comuns de 4 e 9: ______________________________

mmc (4, 9) = ______________________________

b) mmc (4, 8, 12)

múltiplos de 4: ______________________________

múltiplos de 8: ______________________________

múltiplos de 12: ______________________________

múltiplos comuns de 4, 8 e 12: ______________________________

mmc (4, 8, 12) = ______________________________

2. Em uma rodoviária, os ônibus para a cidade **A** partem de 4 em 4 horas; para a cidade **B**, de 3 em 3 horas; e para a cidade **C**, de 2 em 2 horas. No domingo passado, os ônibus para as três cidades partiram juntos às 9 horas. Quantas horas depois os ônibus partirão novamente ao mesmo tempo? A que horas ocorrerá a partida?

____

____

Divisão

Para realizar as tarefas de uma gincana escolar, o professor separou os 60 alunos inscritos em 5 equipes. Quantos alunos tinha cada equipe?

Para encontrar a resposta, devemos fazer uma divisão.

```
               D U
(dividendo) —— 6 0 | 5 ———— (divisor)
                   |____
             − 5     1 2 —— (quociente)
             _____   D U
               1 0
             − 1 0
             _____
               0 0 ———————— (resto)
```

Resposta: Cada equipe ficou com 12 alunos.

Como o resto é zero, diz-se que é uma divisão exata. Quando o resto é diferente de zero, dizemos que a divisão é não exata (inexata).

método longo

```
   1 6 0 | 1 2
         |_____
 − 1 2     1 3
 _______
   0 4 0
   − 3 6
   _____
     0 4
```

método breve

```
 1 6 0 | 1 2
       |_____
 0 4 0   1 3
   0 4
```

O sinal da divisão é ÷ ou :, que se lê **dividido por**.

O zero na divisão

Não podemos dividir um número por zero, pois, como já vimos, qualquer número multiplicado por zero dá sempre zero.

Assim, o resultado da divisão de zero por qualquer número também é sempre zero. Veja os exemplos:

Não há divisão.

$6 \div 0 = ■$

$15 \div 0 = ■$

Há divisão; o resultado é zero.

$0 \div 5 = 0$, pois $0 \times 5 = 0$

$0 \div 11 = 0$, pois $0 \times 11 = 0$

1. Resolva as divisões.

a) $84 \,\underline{|\,6\quad}$

c) $612 \,\underline{|\,6\quad}$

e) $2520 \,\underline{|\,24\quad}$

b) $525 \,\underline{|\,5\quad}$

d) $1751 \,\underline{|\,17\quad}$

f) $4056 \,\underline{|\,13\quad}$

2. Indique o quociente e o resto em cada item.

dividendo	divisor	quociente	resto
74	3		
297	4		
3850	2		
2431	2		

3. Agora efetue mentalmente e registre só os resultados.

a) $80 \div 5 =$ ________

b) $960 \div 30 =$ ________

c) $165 \div 15 =$ ________

d) $288 \div 3 =$ ________

e) $174 \div 6 =$ ________

f) $736 \div 32 =$ ________

4. Escreva **V** de verdadeiro ou **F** de falso.

a) $7 \div 0 = 0$ ☐

b) $156 \div 0 = 0$ ☐

c) $0 \div 9 = 0$ ☐

d) $0 \div 8 = 0$ ☐

e) $0 \div 25 = 0$ ☐

f) $29 \div 0 = 0$ ☐

Expressões numéricas: as quatro operações e os sinais de associação

Quando aparecem as quatro operações em uma expressão numérica, resolvemos as operações na seguinte ordem:

1º Multiplicações e divisões, de acordo com a ordem em que aparecem.

2º Adições e subtrações, também na ordem em que aparecem.

Veja estes exemplos:

$8 + 3 \times 9 - 5 =$

$8 + 27 - 5 =$

$35 - 5 = 30$

$25 + 49 \div 7 - 3 \times 8 =$

$25 + 7 - 24 =$

$32 - 24 = 8$

Cláudio Chiyo/Arquivo da editora

Nas expressões com sinais de associação, eliminamos esses sinais efetuando as operações na seguinte ordem:

1º – as que se encontram entre parênteses ( );

2º – as que estão entre colchetes [ ];

3º – as que vêm entre chaves { }.

$25 + \{4 \times [9 + (36 \div 6) - 11]\} =$ — Eliminamos os parênteses.

$25 + \{4 \times [9 + 6 - 11]\} =$ — Resolvemos as operações dentro dos colchetes.

$25 + \{4 \times [15 - 11]\} =$ — Eliminamos os colchetes.

$25 + \{4 \times 4\} =$ — Eliminamos as chaves.

$25 + 16 = 41$

- Resolva as expressões.

a) $36 - 3 \times 9 + 45 \div 5 =$

b) $90 \div 5 - 3 \times 5 + 31 =$

c) $25 - 3 \times 6 + 18 \div 6 =$

d) $9 \times 5 + 63 \div 7 - 3 \times 12 =$

e) $81 \div 27 + 3 \times 14 - 45 =$

f) $7 \times 8 - 64 \div 8 + 3 \times 5 =$

g) $39 \div [5 + (9 - 2 \times 4) + 7] =$

h) $72 - 5 \times (27 \div 3 - 6) =$

i) $46 + [5 + (42 \div 6 - 4)] =$

j) $5 + \{3 + [(7 \times 3) + 4]\} =$

k) $\{9 + [3 \times (2 + 3) + 2 \times (4 - 4)]\} \div 4 =$

l) $33 \div \{10 + [6 \div 3 + (1 + 2)] - 4\} =$

Divisores de um número natural

Observe as divisões a seguir, todas com o número 15 como dividendo.

$$\begin{array}{r|l} 15 & 1 \\ \cline{2-2} 05 & 15 \\ 0 & \end{array} \quad \begin{array}{r|l} 15 & 2 \\ \cline{2-2} 1 & 7 \end{array} \quad \begin{array}{r|l} 15 & 3 \\ \cline{2-2} 0 & 5 \end{array} \quad \begin{array}{r|l} 15 & 4 \\ \cline{2-2} 3 & 3 \end{array} \quad \begin{array}{r|l} 15 & 5 \\ \cline{2-2} 0 & 3 \end{array}$$

$$\begin{array}{r|l} 15 & 6 \\ \cline{2-2} 3 & 2 \end{array} \quad \begin{array}{r|l} 15 & 7 \\ \cline{2-2} 1 & 2 \end{array} \quad \begin{array}{r|l} 15 & 8 \\ \cline{2-2} 7 & 1 \end{array} \quad \begin{array}{r|l} 15 & 9 \\ \cline{2-2} 6 & 1 \end{array} \quad \begin{array}{r|l} 15 & 10 \\ \cline{2-2} 05 & 1 \end{array}$$

$$\begin{array}{r|l} 15 & 11 \\ \cline{2-2} 04 & 1 \end{array} \quad \begin{array}{r|l} 15 & 12 \\ \cline{2-2} 03 & 1 \end{array} \quad \begin{array}{r|l} 15 & 13 \\ \cline{2-2} 02 & 1 \end{array} \quad \begin{array}{r|l} 15 & 14 \\ \cline{2-2} 01 & 1 \end{array} \quad \begin{array}{r|l} 15 & 15 \\ \cline{2-2} 00 & 1 \end{array}$$

Note que o número 15 é divisível por **1**, **3**, **5** e **15**, mas não é divisível por 2, 4, 6, 7, 8, 9, 10, 11, 12, 13 e 14.

Dizemos, portanto, que 1, 3, 5 e 15 são **divisores** de 15.

D (15) = {1, 3, 5, 15}

Divisor de um número é outro número pelo qual ele pode ser dividido exatamente, ou seja, sem deixar resto.

Usando a multiplicação para encontrar os divisores de um número

Também podemos encontrar os divisores de um número procurando todas as multiplicações de dois fatores que resultem nesse número como produto. Começamos pelo 1 e vamos efetuando os produtos, até que um dos fatores se repita. Por exemplo:

Para encontrarmos os divisores de 30, fazemos:

$30 = 1 \times 30 = 2 \times 15 = 3 \times 10 = 5 \times 6$

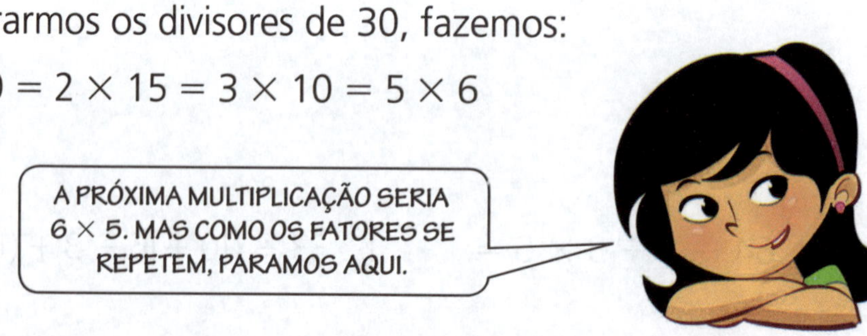

Cláudio Chiyo/Arquivo da editora

Portanto, os divisores de 30 são todos os números que encontramos ao efetuar as multiplicações acima.

D (30) = {1, 2, 3, 5, 6, 10, 15, 30}

1. Encontre os divisores.

a) 27

27 ÷ ______ = 27

27 ÷ ______ = 9

27 ÷ ______ = 3

27 ÷ ______ = 1

D (27) = ____________________

b) 25

25 ÷ ______ = 25

25 ÷ ______ = 5

25 ÷ ______ = 1

D (25) = ____________________

2. Observe os conjuntos de divisores da atividade anterior e complete.

a) O número ________ é divisor de qualquer número natural.

b) O conjunto de divisores de um número é ____________.
(finito/infinito)

c) O número ________ é o menor divisor de um número natural.

d) O ____________ divisor de um número natural é o próprio número.
(menor/maior)

3. Encontre a sequência dos divisores fazendo as multiplicações necessárias.

a) D (8) = ____________________

____

b) D (24) = ____________________

____

4. Determine os divisores dos números abaixo e escreva o conjunto dos divisores comuns.

D (14) = ____________________

____

D (21) = ____________________

____

Divisores comuns de 14 e 21 = ____________________

Máximo divisor comum

Observe os conjuntos dos divisores dos números 9 e 18:

D (9) = {1, 3, 9}

D (18) = {1, 2, 3, 6, 9, 18}

Os divisores que aparecem nos dois conjuntos são chamados **divisores comuns** de 9 e 18.

D (9) $\cap$ D (18) = {1, 3, 9}

O elemento de maior valor no conjunto intersecção (divisores comuns) é 9. Portanto, 9 é o maior (máximo) divisor comum de 9 e 18.

O máximo divisor comum é indicado assim: mdc (9, 18) = 9

> **Máximo divisor comum** (mdc) de dois ou mais números naturais diferentes de zero é o maior dos divisores comuns desses números.

Cálculo do máximo divisor comum

PROCESSO DAS DIVISÕES SUCESSIVAS – ALGORITMO DE EUCLIDES

1º Para determinar o mdc de dois ou mais números, divide-se o maior pelo menor. Se a divisão for exata, ou seja, se não houver resto, o mdc será o menor dos dois números.

2º Se houver resto, divide-se o número menor pelo resto, e assim sucessivamente, até chegar a uma divisão exata. O mdc será o último divisor.

Vamos calcular o mdc dos números 50 e 15 usando o algoritmo de Euclides.

50	15	

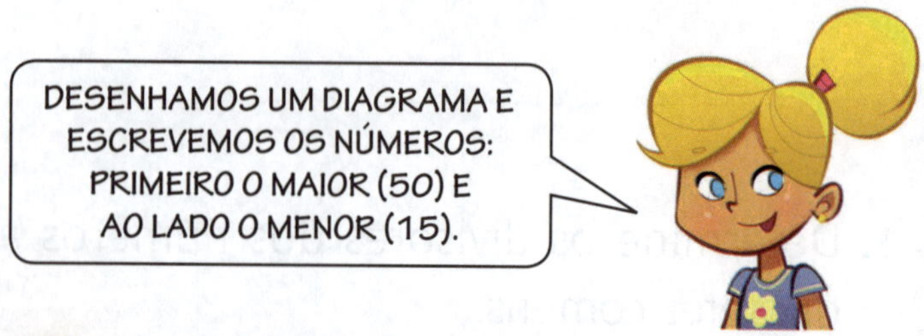

	3	
50	15	

Ilustrações: Cláudio Chiyo/Arquivo da editora

	3	
50	15	
5		

	3	
50	15	5
5		

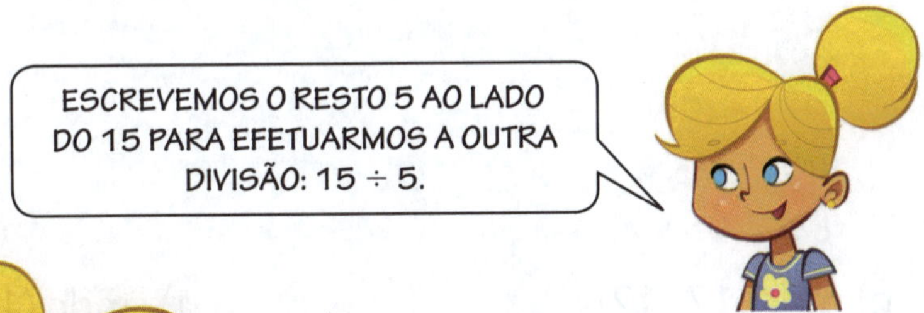

	3	3
50	15	5
5		

	3	3
50	15	5
5	0	

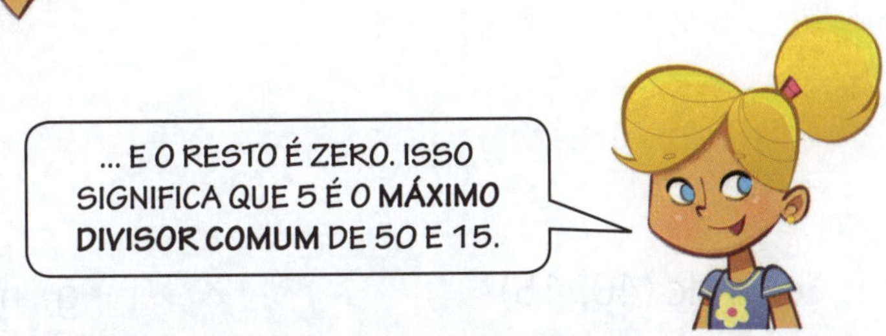

Ilustrações: Cláudio Chiyo/Arquivo da editora

Saiba mais

Cálculo do mdc

Para calcular o mdc de mais de dois números, primeiro determina-se o mdc de dois deles. Depois, calcula-se o mdc desse resultado e do terceiro número, e assim sucessivamente.

Veja como calcular o mdc de 12, 30 e 45.

	2	2
30	12	6
6	0	

	7	2
45	6	**3**
3	0	

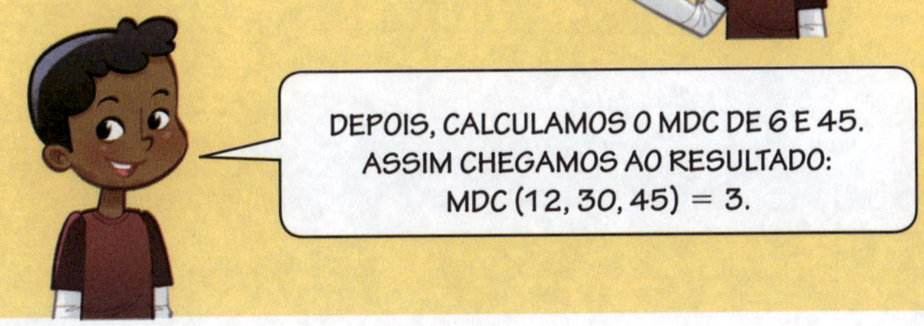

- Determine o mdc dos números:

a) mdc (32, 4)

e) mdc (96, 9)

b) mdc (17, 12)

f) mdc (108, 46)

c) mdc (40, 15)

g) mdc (246, 18)

d) mdc (140, 8)

h) mdc (969, 192)

Matemática e diversão

Jogo da velha com mdc

Reúna-se com um colega para jogar. Cada um deve escolher um símbolo (inserir contorno de círculo ou inserir contorno de quadrado) para marcar no diagrama.

Escolha e copie um dos diagramas no caderno.

4	7	1
8	3	10
6	2	9

6	1	10
9	4	2
3	8	7

10	3	8
2	7	6
1	9	4

8	2	3
7	1	9
10	4	6

Um jogador por vez deve escolher um dos pares de números abaixo para calcular o mdc e assinalar o resultado no diagrama usando o símbolo que escolheu.

mdc (7, 21) mdc (18, 9) mdc (12, 18)

mdc (10, 30) mdc (8, 20) mdc (9, 15)

mdc (4, 6) mdc (24, 16) mdc (9, 11)

Vence o jogo quem assinalar primeiro três resultados na mesma linha vertical, horizontal ou diagonal.

Critérios de divisibilidade

Um número é divisível por outro se o resto da divisão dele por esse outro número for zero. É possível saber se um número é divisível por outro sem efetuarmos uma operação de divisão.

Divisibilidade por 2

Os múltiplos de 2 são os números divisíveis por 2.

M (2): 0, 2, 4, 6, 8, 10, 12, 14, 16, 18, 20, 22, 24, 26, 28, 30...

Um número é divisível por 2 quando é par, ou seja, quando termina em 0, 2, 4, 6 ou 8.

Divisibilidade por 3

Os múltiplos de 3 são os números divisíveis por 3.

M (3): 0, 3, 6, 9, 12, 15, 18, 21, 24, 27, 30, 33, 36, 39, 42, 45...

54 → 5 + 4 = 9 — 9 é múltiplo de 3.

Um número é divisível por 3 quando a soma dos valores absolutos de seus algarismos for divisível por 3.

Divisibilidade por 5

Os múltiplos de 5 são os números divisíveis por 5.

M (5): 0, 5, 10, 15, 20, 25, 30, 35, 40, 45, 50, 55, 60, 65...

Em todos os múltiplos de 5, o algarismo das unidades é 0 ou 5.

Um número é divisível por 5 quando ele termina em 0 ou 5.

Divisibilidade por 6

Os múltiplos de 6 são os números divisíveis por 6.

M (6): 0, 6, 12, 18, 24, 30, 36, 42, 48, 54, 60, 66, 72, 78...

Um número é divisível por 6 quando é, ao mesmo tempo, divisível por 2 e por 3.

Divisibilidade por 9

Os múltiplos de 9 são os números divisíveis por 9.

M (9): 0, 9, 18, 27, 36, 45, 54, 63, 72, 81, 90, 99, 108, 117...

963 → 9 + 6 + 3 = 18 — 18 é múltiplo de 9.

Um número é divisível por 9 quando a soma dos valores absolutos de seus algarismos for divisível por 9.

Divisibilidade por 10

Os múltiplos de 10 são os números divisíveis por 10.

M (10): 0, 10, 20, 30, 40, 50, 60, 70, 80, 90, 100, 110, 120...

Um número é divisível por 10 quando termina em 0.

Cláudio Chiyo/Arquivo da editora

a) por 2 → 81, 92, 106, 233, 317, 494

b) por 3 → 81, 103, 126, 209, 300, 363, 426

c) por 5 → 77, 80, 105, 106, 210, 351, 405

d) por 6 → 69, 72, 96, 281, 312, 582

e) por 9 → 79, 108, 209, 270, 594, 620

f) por 10 → 67, 70, 98, 100, 220, 378

Números primos

Observe os divisores destes números:

D (1) = {1}
D (2) = {1, 2}
D (3) = {1, 3}
D (4) = {1, 2, 4}
D (5) = {1, 5}
D (6) = {1, 2, 3, 6}
D (7) = {1, 7}
D (8) = {1, 2, 4, 8}
D (9) = {1, 3, 9}
D (10) = {1, 2, 5, 10}

- Os números 2, 3, 5 e 7 só têm dois divisores: eles mesmos e a unidade. Eles são chamados **números primos**.
- Os números 4, 6, 8, 9 e 10 possuem mais de dois divisores. Eles são chamados **números compostos**.
- O número 1 tem um só divisor, portanto não é primo nem composto.

Um número é primo quando possui apenas dois divisores: o 1 e ele mesmo.

Decomposição em fatores primos

Observe a decomposição do número 30 em um produto (ou multiplicação) de fatores primos:

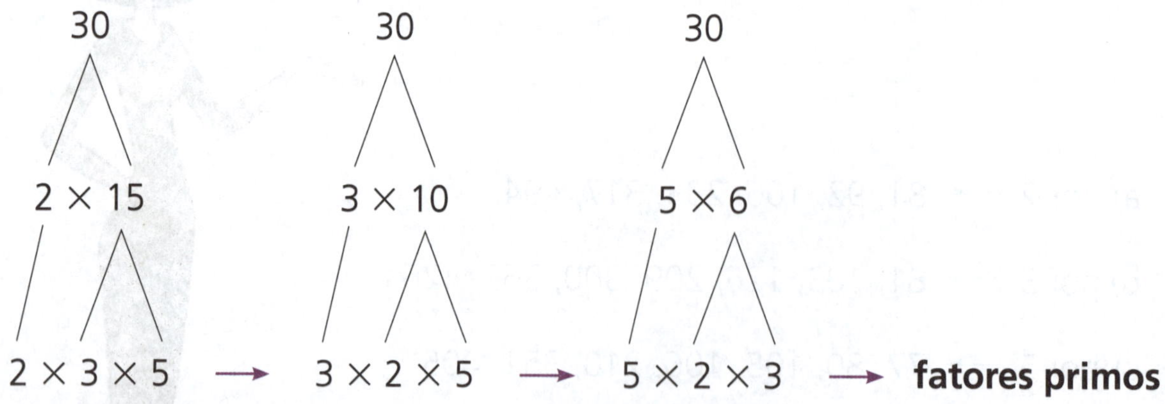

$$30 = 2 \times 3 \times 5 = 3 \times 2 \times 5 = 5 \times 2 \times 3$$

Se trocarmos a ordem dos fatores, o produto não se altera. Isso mostra que a decomposição de um número em fatores primos é única.

1. Pinte os quadrinhos que tenham números divisíveis por 2, por 3, por 5 ou por 7. Depois, complete as frases.

41	42	43	44	45	46	47	48	49	50
51	52	53	54	55	56	57	58	59	60
61	62	63	64	65	66	67	68	69	70

a) Os quadrinhos que não foram pintados contêm ______________________.

b) Os números primos compreendidos entre 40 e 50 são ______________________.

c) Os números primos compreendidos entre 50 e 70 são ______________________.

2. Encontre os divisores dos números a seguir. Depois indique se o número é primo (**P**) ou composto (**C**).

a) 27 é divisível por ____________________________________. ☐

b) 23 é divisível por ____________________________________. ☐

c) 30 é divisível por ____________________________________. ☐

d) 29 é divisível por ____________________________________. ☐

3. Pinte a trilha dos números primos para levar o canguru até a sua mãe.

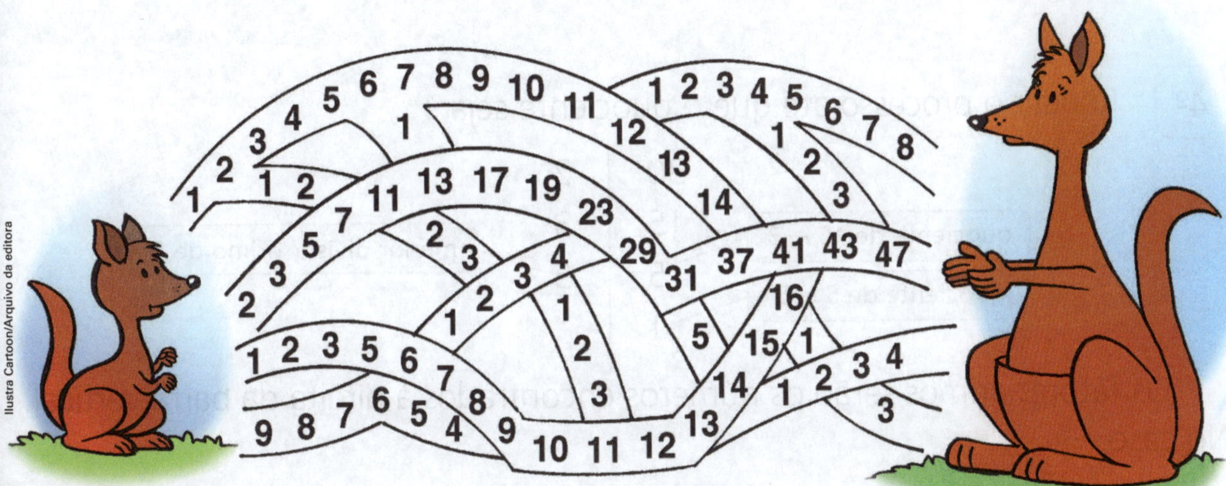

Ilustra Cartoon/Arquivo da editora

Processo de decomposição ou fatoração

Para determinar os fatores primos que entram na composição de um número, efetua-se uma decomposição ou fatoração.

Veja como é esse processo.

Vamos usar como exemplo o número 30.

1º Escrever o número **30** à esquerda de uma barra vertical.

$$\begin{array}{r|l} 30 & \\ & \end{array}$$

2º Dividir o número **30** pelo seu menor divisor primo, **2**, que deve ser escrito à direita da barra.

$$\begin{array}{r|l} 30 & 2 \\ & \end{array}$$

3º Abaixo do número dado, escrever o quociente, **15**, da divisão **30 ÷ 2**, e dividi-lo também por seu menor divisor primo, **3**.

$$\begin{array}{r|l} 30 & 2 \\ 15 & 3 \end{array}$$

quociente de 30 ÷ 2 (15)

menor divisor primo de 15 (3)

4º Repetir o processo até que o quociente seja 1.

$$\begin{array}{r|l} 30 & 2 \\ 15 & 3 \\ 5 & 5 \\ 1 & \end{array}$$

quociente de 15 ÷ 3 (5)

quociente de 5 ÷ 5 (1)

menor divisor primo de 5 (5)

Os fatores primos serão os números encontrados à direita da barra vertical. No caso:

$$30 = 2 \times 3 \times 5$$

1. Continue decompondo até obter somente fatores primos.

a)

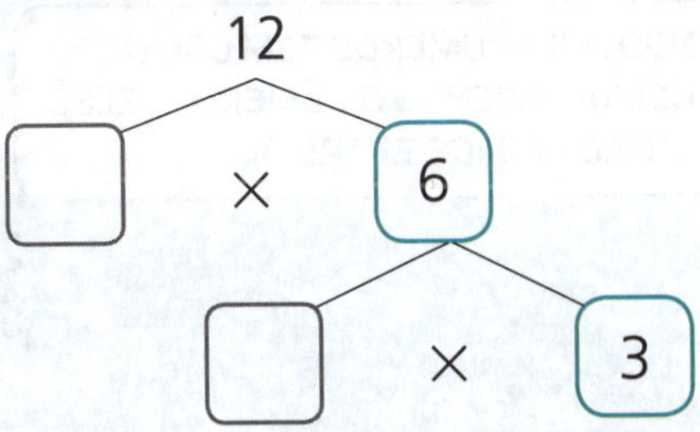

b)

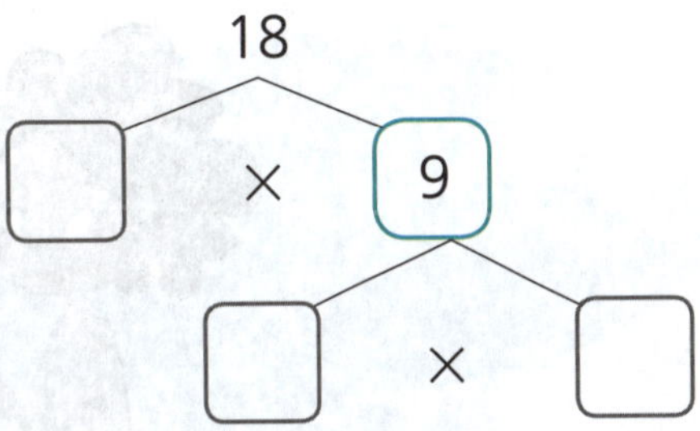

12 = ____________________ 18 = ____________________

2. Decomponha os números em fatores primos pelo processo da fatoração (barra vertical).

a) 8 |

8 = ____________________

c) 24 |

24 = ____________________

b) 60 |

60 = ____________________

d) 125 |

125 = ____________________

3. Descubra qual é o número natural cujos fatores primos são:

a) 2, 3, 5, 7 → ____________________

c) 2, 2, 2, 3, 3 → ____________________

b) 2, 2, 5, 5 → ____________________

d) 2, 2, 3, 3 → ____________________

Números primos entre si

Ilustrações: Cláudio Chiyo/Arquivo da editora

Vamos determinar os divisores comuns dos números 20 e 27.

D (20) = 1, 2, 4, 5, 10, 20

D (27) = 1, 3, 9, 27

Divisor comum de 20 e 27 ⟶ 1

20 e 27 **são primos entre si**.

Cálculo do mmc pela decomposição simultânea

É possível determinar o mínimo múltiplo comum de dois ou mais números por meio da decomposição simultânea desses números em fatores primos.

Vamos calcular o mínimo múltiplo comum dos números 20 e 14:

Fazendo a decomposição simultânea, temos:

20	14	2	⟶ 20 ÷ 2 = 10 e 14 ÷ 2 = 7
10	7	2	⟶ 10 ÷ 2 = 5 e 7 não é divisível por 2
5	7	5	⟶ 5 ÷ 5 = 1 e 7 não é divisível por 5
1	7	7	⟶ 7 ÷ 7 = 1
	1	fatores primos	

O mínimo múltiplo comum (mmc) é igual ao produto desses fatores.

$$\text{mmc }(20, 14) = 2 \times 2 \times 5 \times 7$$
$$\text{mmc }(20, 14) = 140$$

1. Determine o mmc pelo processo da decomposição simultânea.

a) mmc (5, 21, 30)

b) mmc (9, 18, 36)

2. Paulo e Eduardo são motoristas de uma empresa de viagens. O ônibus de Paulo sai da cidade a cada 4 dias e o de Eduardo, a cada 3 dias. No dia 3 do mês passado, Eduardo partiu para mais uma viagem e Paulo foi no dia seguinte.

a) Escreva os dias das saídas de Paulo e Eduardo naquele mês.

Paulo → ______________________

Eduardo → ______________________

b) Em que dias a saída dos dois coincide?

____

3. Determine os divisores dos números e escreva se eles são ou não primos entre si.

a) 15 e 40

D (15) = ______________________

D (40) = ______________________

____

Divisores comuns de 15 e 40:

____

15 e 40 ______________________ primos entre si.

b) 9 e 16

D (9) = ______________________

D (16) = ______________________

____

Divisores comuns de 9 e 16:

____

9 e 16 ______________________ primos entre si.

7

Figuras geométricas

Ideia de ângulo

Veja a figura. Considerando as semirretas $\overrightarrow{OS}$ e $\overrightarrow{OQ}$, observamos que elas têm a mesma origem, **O**. Essas duas semirretas formam o ângulo **S$\hat{O}$Q**. — Lê-se: ângulo SOQ.

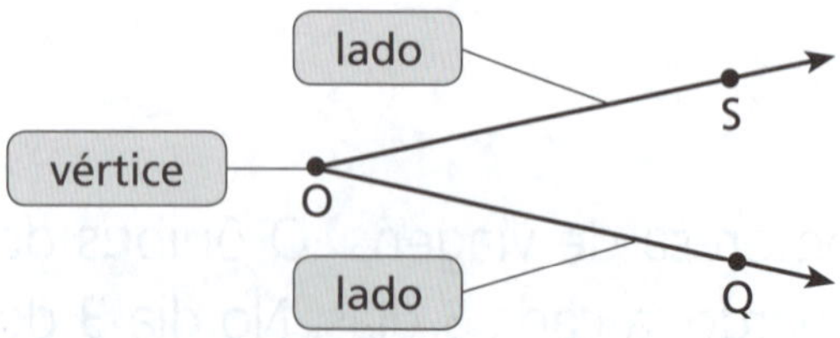

A origem **O** das semirretas chama-se **vértice** do ângulo.

As semirretas $\overrightarrow{OS}$ e $\overrightarrow{OQ}$ são os **lados** do ângulo.

A figura formada por duas semirretas que têm a mesma origem chama-se **ângulo**.

Medida de ângulo

Para sabermos a medida de um ângulo, medimos sua abertura.

O instrumento utilizado para medir ângulos é o transferidor. A unidade de medida de ângulo é o grau, cujo símbolo é °. A medida do ângulo S$\hat{O}$Q é 30°.

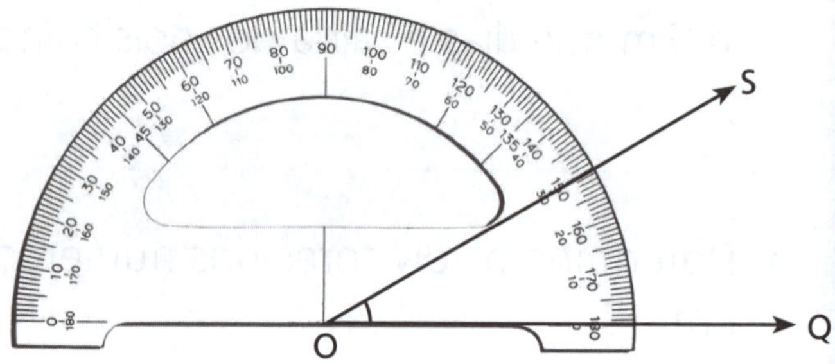

Indica-se a medida assim: m (S$\hat{O}$Q) = 30°

Tipos de ângulo

De acordo com suas medidas, os ângulos podem ser classificados em:

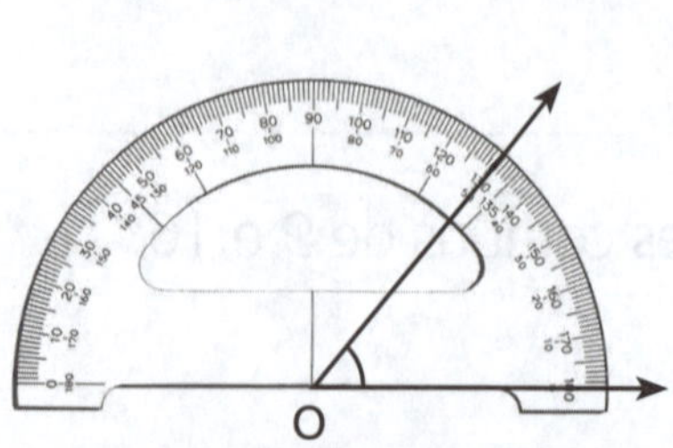

ângulo agudo

menor que 90°

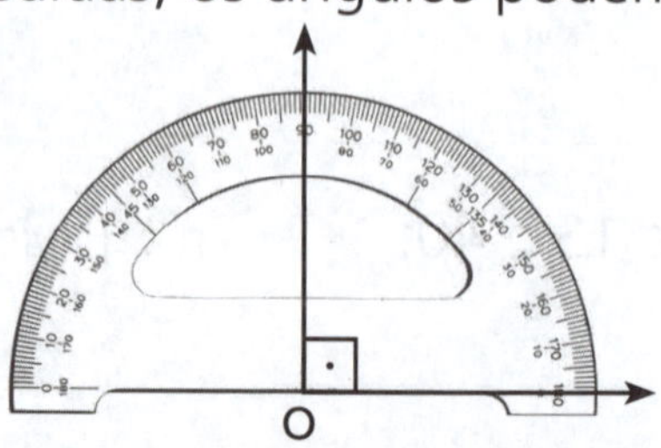

ângulo reto

90°

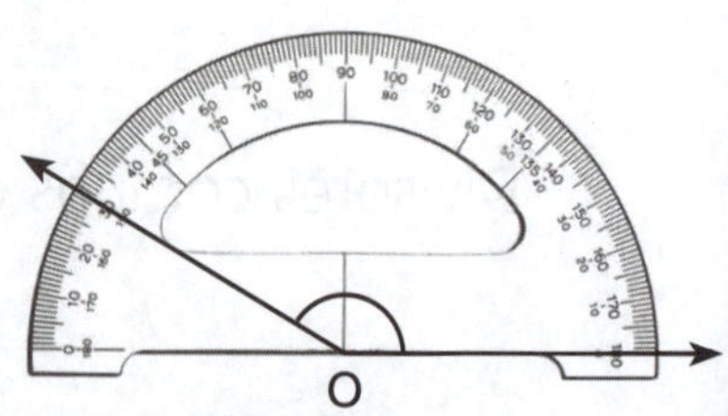

ângulo obtuso

maior que 90°

1. Utilizando o transferidor, meça os ângulos e classifique-os como agudo, reto ou obtuso.

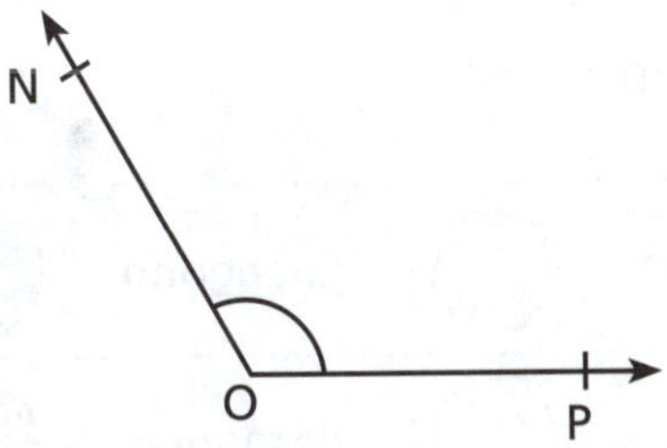

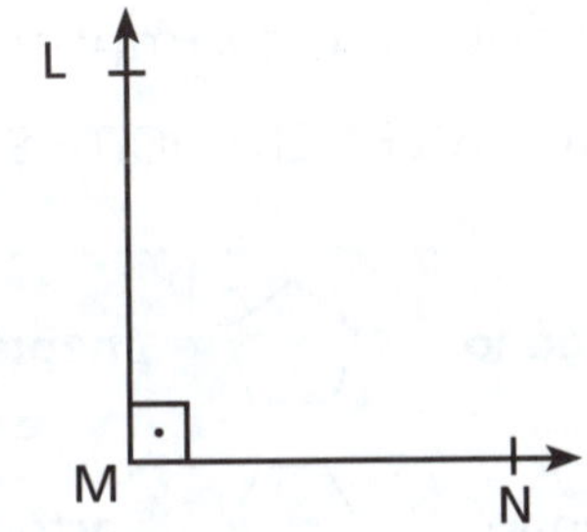

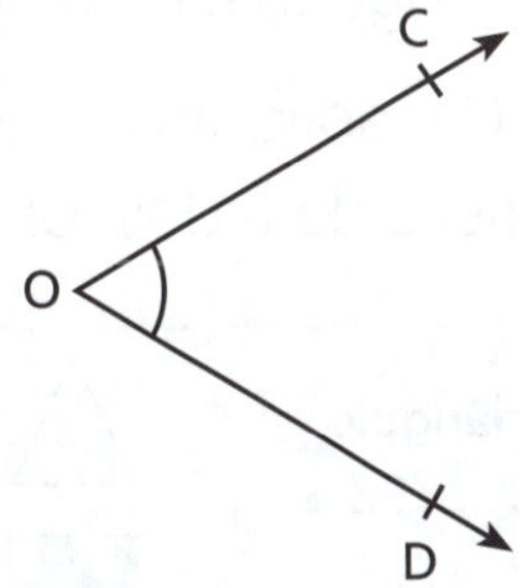

m (NÔP) = ____________ m (LM̂N) = ____________ m (CÔD) = ____________

ângulo ____________ ângulo ____________ ângulo ____________

2. Observe os ângulos e complete.

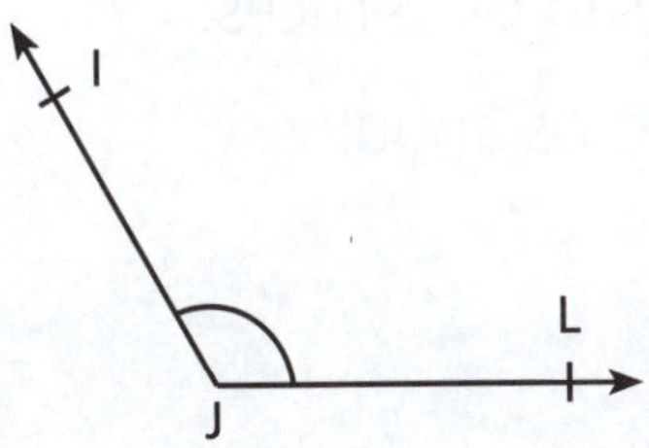

vértice: ____________

lados: ____________

indica-se ____________

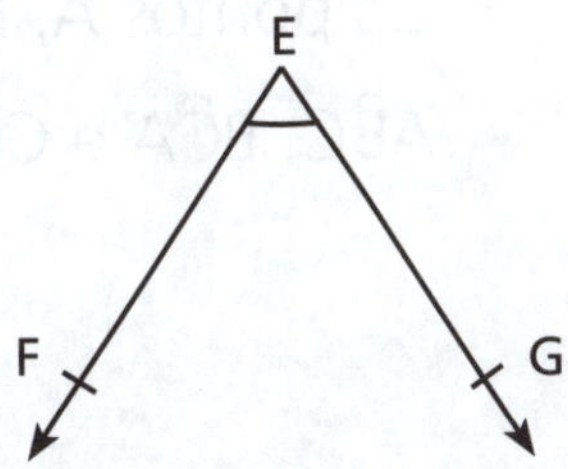

vértice: ____________

lados: ____________

indica-se ____________

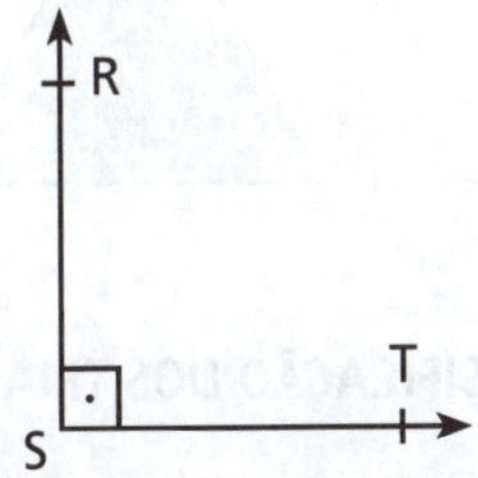

vértice: ____________

lados: ____________

indica-se ____________

3. Observe os ângulos e classifique-os em agudo, reto ou obtuso.

Natursports/Shutterstock/Glow Images

____

Harald Lueder/Shutterstock/Glow Images

____

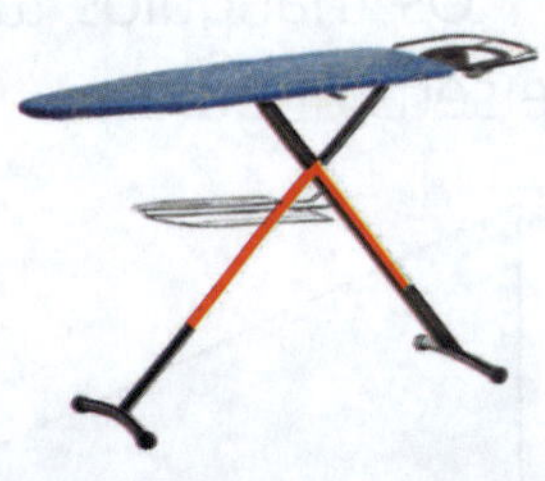

Stokkete/Shutterstock/Glow Images

____

Polígonos

Polígono é uma figura plana formada pelo mesmo número de ângulos e lados.

Os polígonos são formados por segmentos de retas. De acordo com o número de lados, os polígonos recebem nomes diferentes:

triângulo	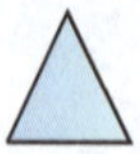	**pentágono**		**heptágono**	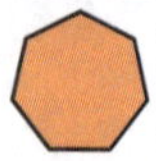	**eneágono**	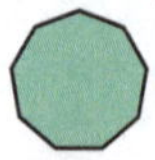
quadrilátero		**hexágono**		**octógono**	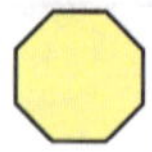	**decágono**	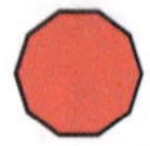

Triângulos

Podemos definir triângulo como um polígono que tem três lados, três ângulos e três vértices. Veja o triângulo ABC:

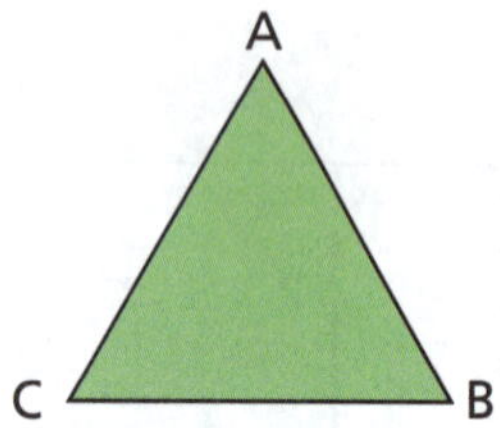

- $\overline{AB}$, $\overline{BC}$ e $\overline{CA}$ são os lados do triângulo ABC.
- Os pontos A, B e C são os vértices.
- $A\hat{B}C$, $B\hat{C}A$ e $C\hat{A}B$ são os ângulos.

CLASSIFICAÇÃO DOS TRIÂNGULOS

Os triângulos podem ser classificados de acordo com as medidas de seus lados.

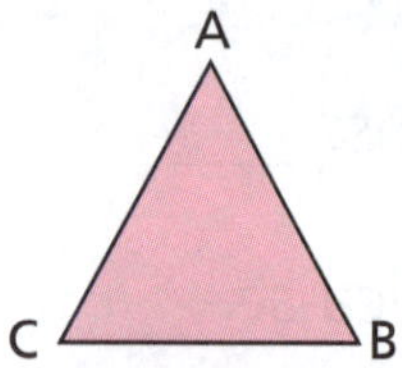

Equilátero: tem os três lados com medidas iguais.

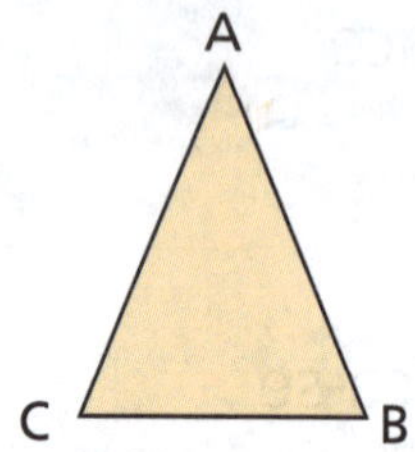

Isósceles: tem dois lados com medidas iguais.

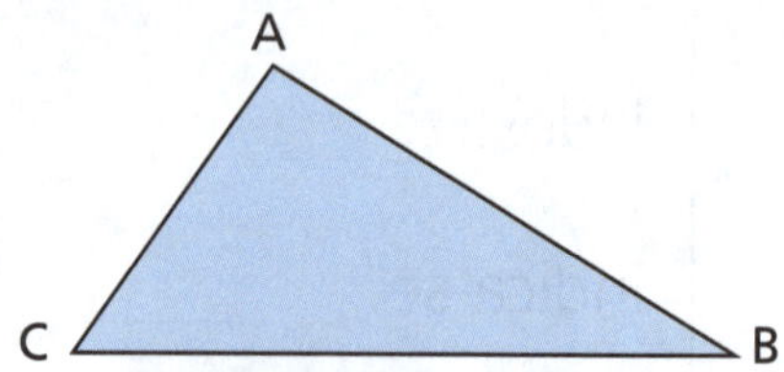

Escaleno: tem os três lados com medidas diferentes.

Os triângulos também podem ser classificados de acordo com as medidas de seus ângulos.

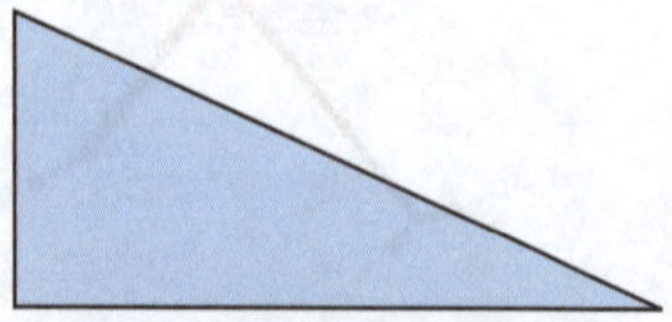

Retângulo: tem um ângulo reto.

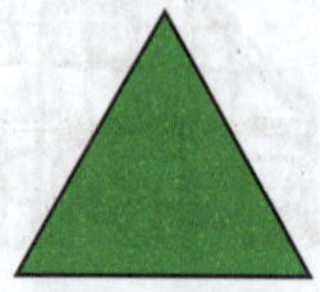

Acutângulo: tem três ângulos agudos.

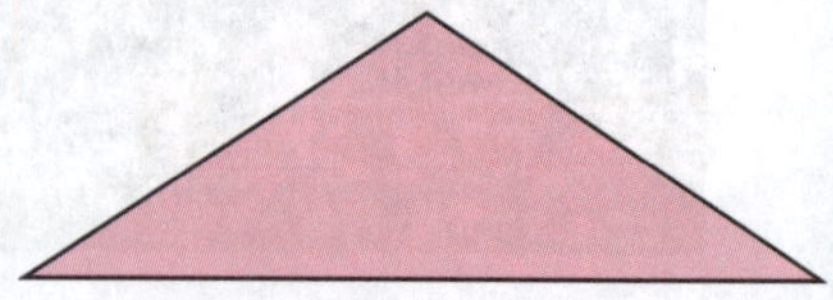

Obtusângulo: tem um ângulo obtuso.

1. Observe os polígonos e complete:

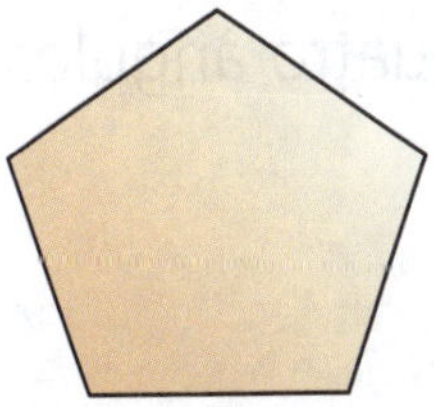
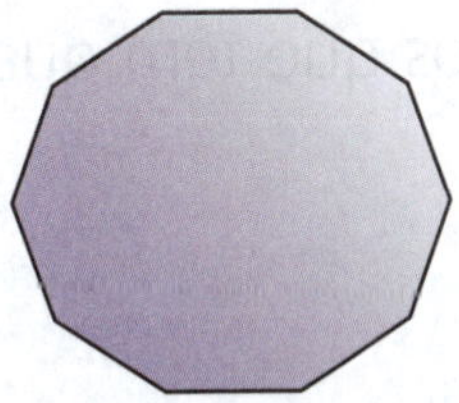
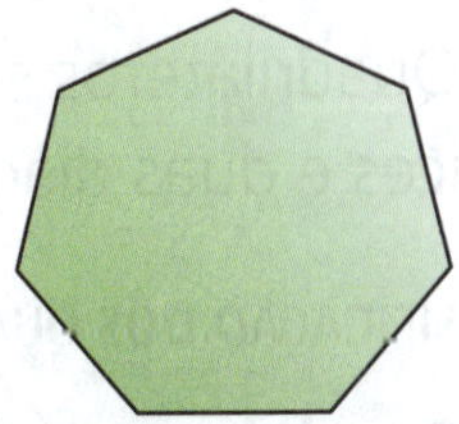

__________ lados __________ lados __________ lados

__________ ângulos __________ ângulos __________ ângulos

__________ vértices __________ vértices __________ vértices

2. Com a régua, meça os lados dos triângulos e classifique-os em equilátero, isósceles ou escaleno.

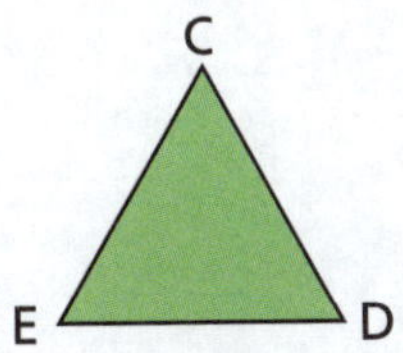

$\overline{CE}$ = __________ cm

$\overline{CD}$ = __________ cm

$\overline{DE}$ = __________ cm

CDE é __________

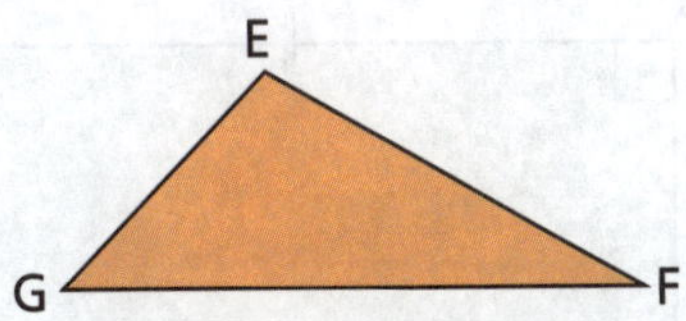

$\overline{EF}$ = __________ cm

$\overline{GF}$ = __________ cm

$\overline{GE}$ = __________ cm

EFG é __________

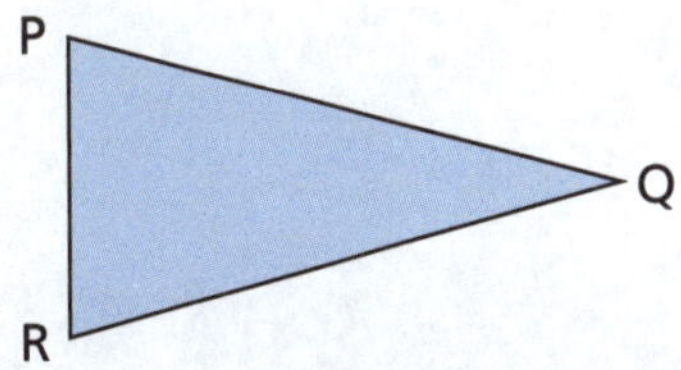

$\overline{PQ}$ = __________ cm

$\overline{RQ}$ = __________ cm

$\overline{PR}$ = __________ cm

PQR é __________

3. Classifique os triângulos quanto aos ângulos e aos lados.

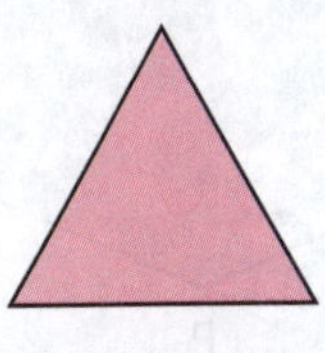
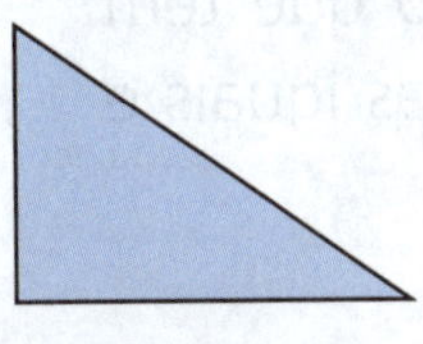
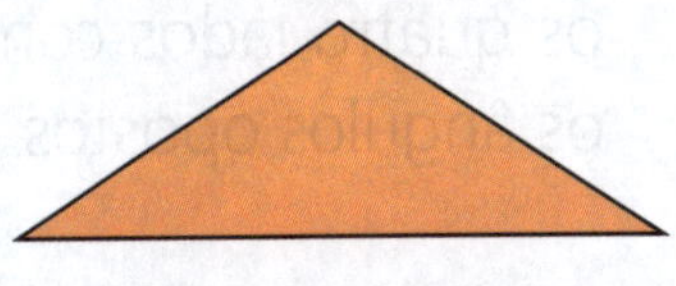

Quadriláteros

Quadriláteros são polígonos que têm quatro lados, quatro ângulos, quatro vértices e duas diagonais.

CLASSIFICAÇÃO DOS QUADRILÁTEROS

Paralelogramo é o quadrilátero que tem os lados opostos paralelos.

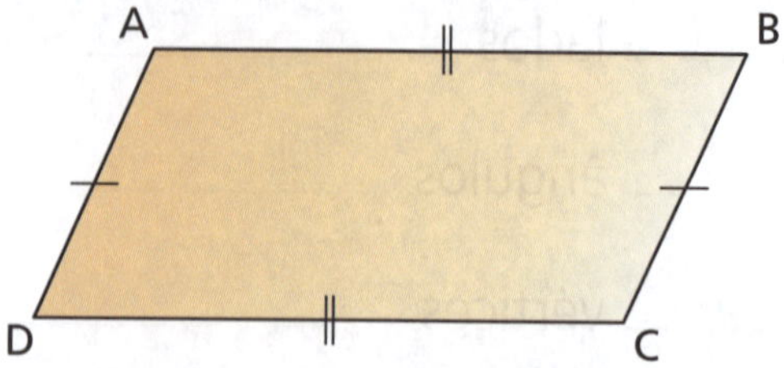

$\overline{AB} \parallel \overline{CD}$

$\overline{BC} \parallel \overline{DA}$

Os paralelogramos recebem nomes especiais: retângulo, quadrado e losango.

- **Retângulo** é o paralelogramo que tem os lados opostos com medidas iguais e quatro ângulos retos.

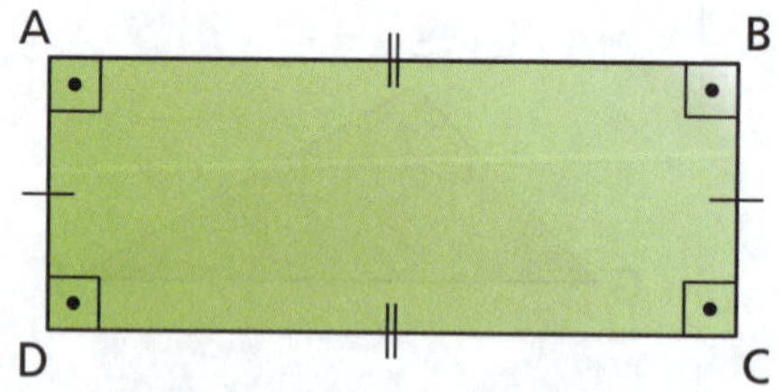

- **Quadrado** é o paralelogramo que tem os quatro lados com medidas iguais e quatro ângulos retos.

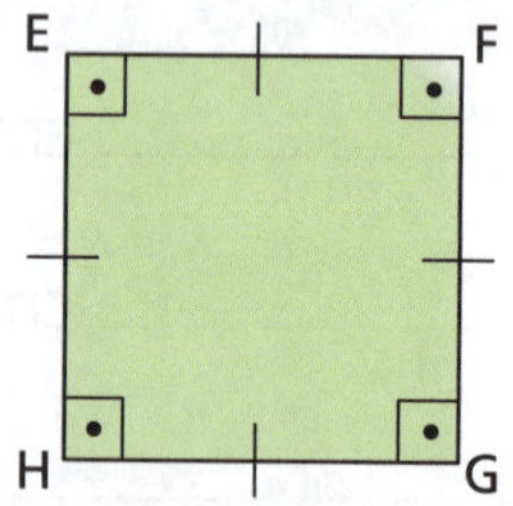

- **Losango** é o paralelogramo que tem os quatro lados com medidas iguais e os ângulos opostos iguais.

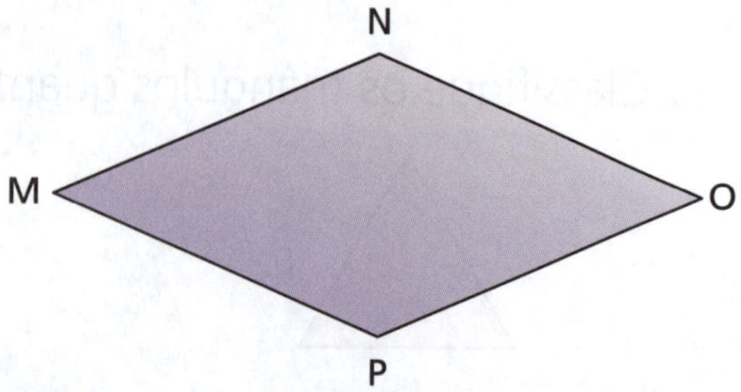

- **Trapézio** é o quadrilátero que tem apenas dois lados opostos paralelos.

O trapézio pode ser: retângulo, isósceles ou escaleno.

1. Associe cada trapézio à sua classificação.

A **Trapézio retângulo**:
tem dois ângulos retos.

$\overline{AB}$ // $\overline{CD}$

B **Trapézio isósceles**:
os lados não paralelos têm medidas iguais.

$\overline{MN}$ // $\overline{OP}$

med ($\overline{NO}$) = med ($\overline{MP}$)

C **Trapézio escaleno**:
os quatro lados são diferentes.

$\overline{EF}$ // $\overline{GH}$

( ) 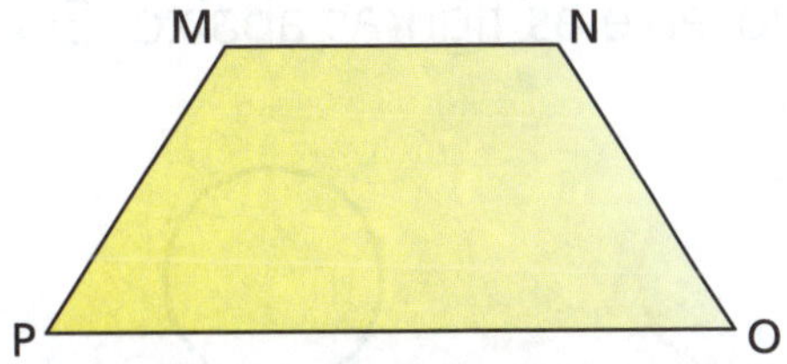

( ) 

( ) 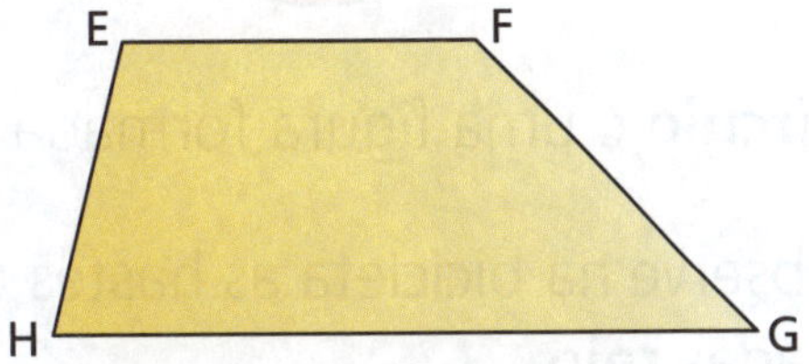

2. Escreva o nome de cada quadrilátero.

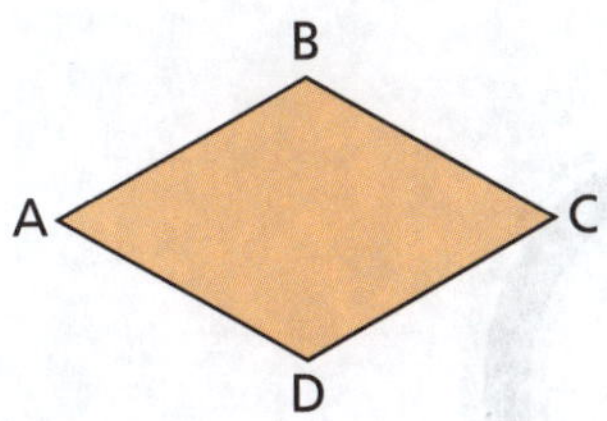

____

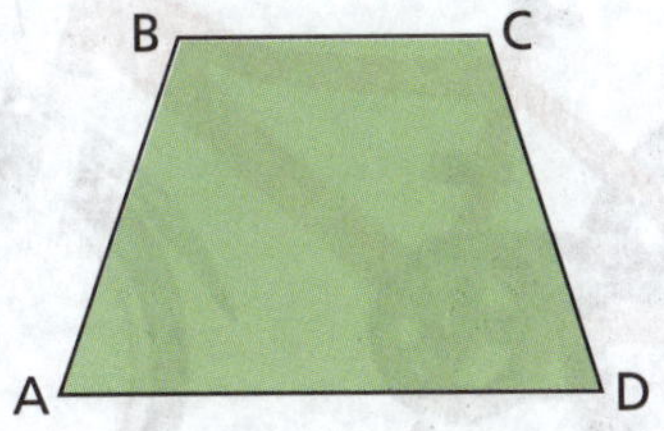

____

____

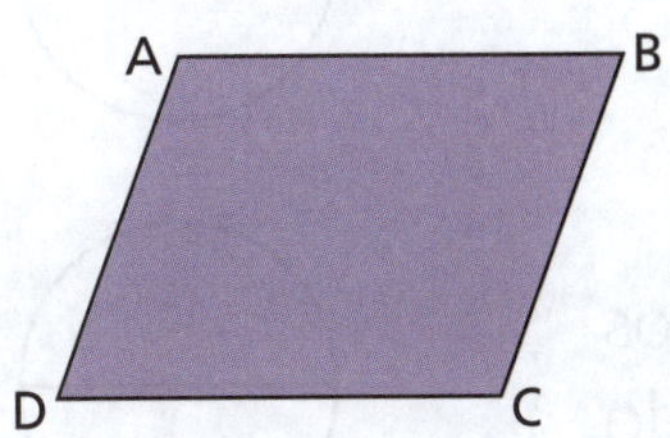

____

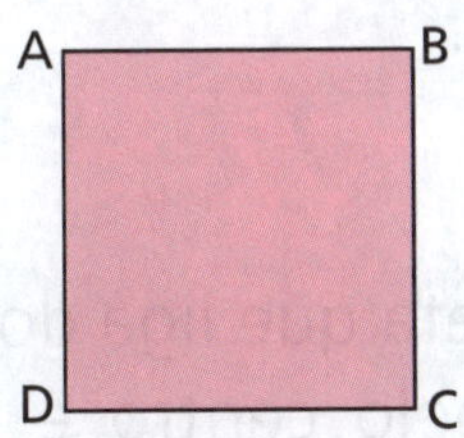

____

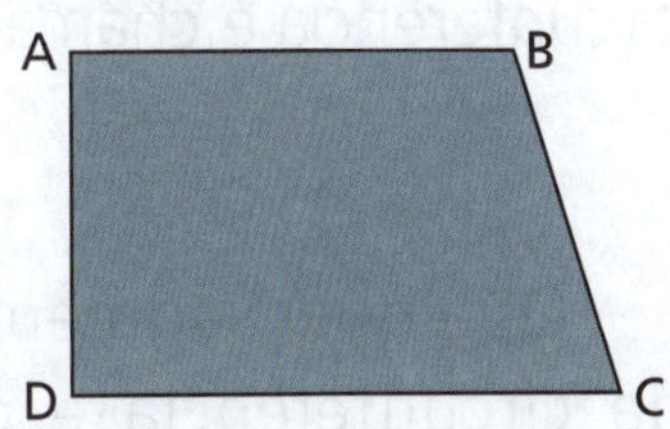

____

Circunferência e círculo

Observe as figuras abaixo. Elas são circunferências.

Circunferência é uma linha plana fechada cujos pontos estão à mesma distância de um ponto interior chamado **centro**.

Estas figuras são círculos:

Círculo é uma figura formada pela circunferência e sua região interior.

Observe na bicicleta as hastes que prendem o aro da roda ao eixo. Elas são chamadas **raio**.

Gena73/Shutterstock/Glow Images

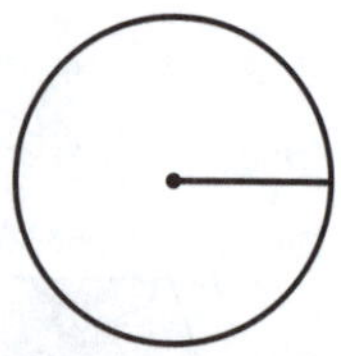

Qualquer segmento de reta que vai do centro até a circunferência é chamado **raio**.

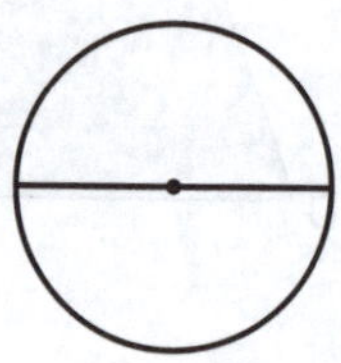

Qualquer segmento de reta que liga dois pontos da circunferência e passa pelo centro é chamado **diâmetro**.

1. Que ideia nos dão as figuras: de circunferência ou de círculo?

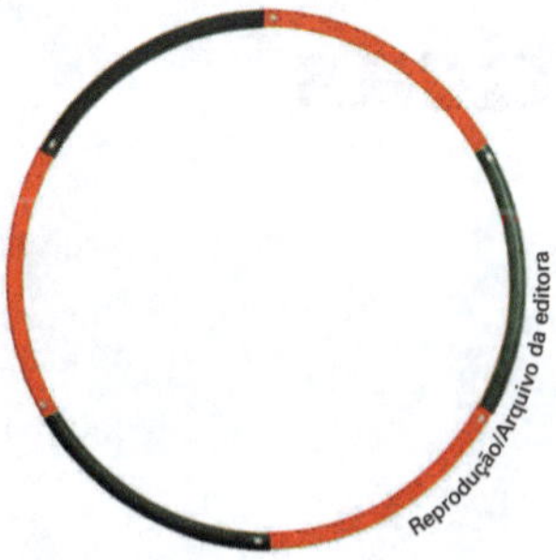

Reprodução/Arquivo da editora

Boykung/Shutterstock/Glow Images

Reprodução/Casa da Moeda do Brasil/Ministério da Fazenda

____________ ____________ ____________

2. Observe os elementos assinalados na circunferência e ligue corretamente as colunas.

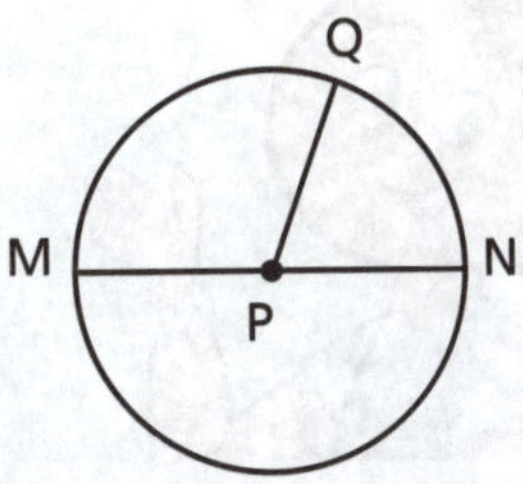

P	diâmetro
PQ	centro
MN	raio

3. Para traçar uma circunferência, marque um ponto no espaço abaixo.

- Abra o compasso com raio igual a 2 cm.
- Apoie a ponta-seca no ponto marcado.
- Gire o compasso devagar até fechar a curva.

Sentenças matemáticas

Expressão com valor desconhecido

Veja como Daniel resolveu o problema a seguir.

Qual é o número que somado a 8 é igual a 12?

- Ele leu o problema com atenção e passou os dados para a linguagem matemática, isto é, montou a sentença matemática.

Cláudio Chiyo/Arquivo da editora

- Em seguida, ele aplicou a operação inversa:

■ = 12 − 8 → ■ = 4

Resposta: O número é 4.

Expressão com mais de um valor desconhecido

A soma de dois números é 72. O número maior é o dobro do menor. Quais são esses números?

número menor — ■ 2 × ■ — número maior

Sentença matemática:

■ + 2 × ■ = 72

■ + 2 ■ = 72

3 ■ = 72

■ = 72 ÷ 3

■ = 24 — número menor

2 × ■ → 2 × 24 = 48 — número maior

Resposta: Esses números são 24 e 48.

1. Encontre o valor do termo desconhecido nas sentenças matemáticas.

a) $3 \times \blacksquare = 39$

b) $\blacksquare - 36 = 90$

2. Resolva empregando sentenças matemáticas.

a) O produto de dois números é 144. Um deles é 18. Qual é o outro?

b) Um número dividido por 6 é igual a 23. Que número é esse?

c) O triplo da quantia que Marcos possui é R$ 72,00. Quanto ele possui?

d) Em uma adição, a soma é 536 e uma das parcelas é 328. Qual é o valor da outra parcela?

e) Em uma subtração, o resto é 457 e o subtraendo é 72. Qual é o valor do minuendo?

f) Um número dividido por 7 é igual a 95. Que número é esse?

De olho na resolução de problemas

Faça em seu caderno

1. Para a formatura dos alunos do 5º ano, a diretora da escola está organizando uma viagem. São 116 alunos e 4 professores, que irão em ônibus com capacidade para 40 pessoas sentadas. Quantos ônibus serão necessários para transportar todos os alunos e professores?

2. Júlia recortou de um jornal o seguinte anúncio:

Cláudio Chiyo/Arquivo da editora

a) Qual o valor do desconto?

b) Júlia economizou R$ 160,00 do seu salário durante 8 meses. Quanto ela economizou ao todo?

c) Júlia já pode comprar o *notebook* ou precisa continuar economizando? Por quê?

3. Em um pacote de balas contendo 15 unidades, o peso líquido é 55 gramas. Quantos gramas teremos em 5 pacotes?

4. Cinco agentes sanitários receberam a tarefa de visitar 100 casas para combater os criadouros de mosquitos da dengue. Sabendo-se que cada agente sanitário deverá visitar a mesma quantidade de casas, quantas casas cada um vai visitar?

Unidade

3

Frações e números decimais

Valter Ferrari/Arquivo da editora

O QUE VOU ESTUDAR?

- Frações
- Números decimais

9

Frações

Representação e leitura de um número fracionário

Dividindo uma *pizza* em quatro partes iguais, cada pedaço representa **um quarto**.

Para escrever uma fração, usamos dois números naturais separados por um traço horizontal.

MW Editora Ilustrações Ltda./ Arquivo da editora

O **numerador** e o **denominador** são os termos da fração.

Para ler uma fração, primeiro lemos o número que representa o numerador: um, dois, três, quatro, cinco, seis, e assim por diante. Em seguida, lemos o número que representa o denominador. Deste modo:

denominador	2	3	4	5	6	7	8	9
lê-se:	meio	terço	quarto	quinto	sexto	sétimo	oitavo	nono

denominador	10	100	1 000
lê-se:	décimo	centésimo	milésimo

$\frac{1}{2}$ um meio $\frac{5}{7}$ cinco sétimos $\frac{1}{100}$ um centésimo $\frac{13}{1\,000}$ treze milésimos

Nas frações com outros denominadores, lê-se o número do denominador acompanhado da palavra **avos**. Veja os exemplos:

$\frac{5}{15}$ cinco quinze avos $\frac{4}{20}$ quatro vinte avos

1. Indique a fração correspondente à parte pintada de cada figura.

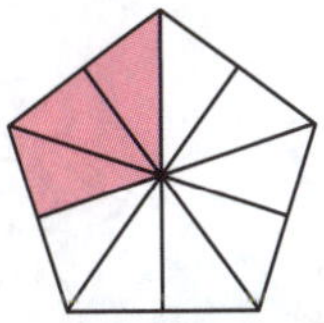 ☐ 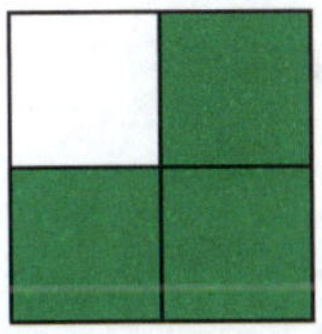 ☐ 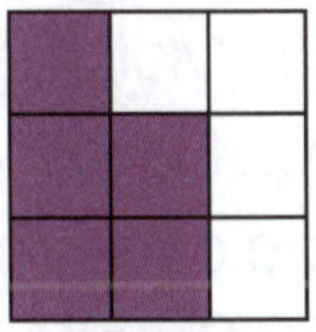 ☐

2. Se um mês do ano é representado pela fração $\frac{1}{12}$, escreva a fração que representa:

a) 3 meses → ☐ b) 10 meses → ☐ c) 9 meses → ☐

3. Se uma hora do dia é representada pela fração $\frac{1}{24}$, escreva a fração que representa:

a) 6 horas → ☐ b) 9 horas → ☐ c) 20 horas → ☐

4. Se um dia da semana é representado por $\frac{1}{7}$, escreva a fração que representa:

a) 2 dias → ☐ b) 4 dias → ☐ c) 6 dias → ☐

5. Escreva como se leem as frações:

a) $\frac{5}{9}$ → ______________________ c) $\frac{2}{3}$ → ______________________

b) $\frac{3}{5}$ → ______________________ d) $\frac{6}{14}$ → ______________________

6. Observe as frações e complete:

a) $\frac{13}{21}$ → Lê-se: ____.

O inteiro foi dividido em ______ partes e foram tomadas ______ partes.

b) $\frac{19}{100}$ → Lê-se: ____.

O inteiro foi dividido em ______ partes e foram tomadas ______ partes.

Fração de quantidades

Dona Marta recebeu de presente 12 flores. Ela as arrumou em 3 vasos, colocando o mesmo número de flores em cada um. Ou seja, Dona Marta colocou um terço das flores em cada vaso.

Ilustrações: Ilustra Cartoon/

Dona Marta formou 3 grupos de 4 flores cada um, isto é, 3 grupos de um terço das 12 flores.

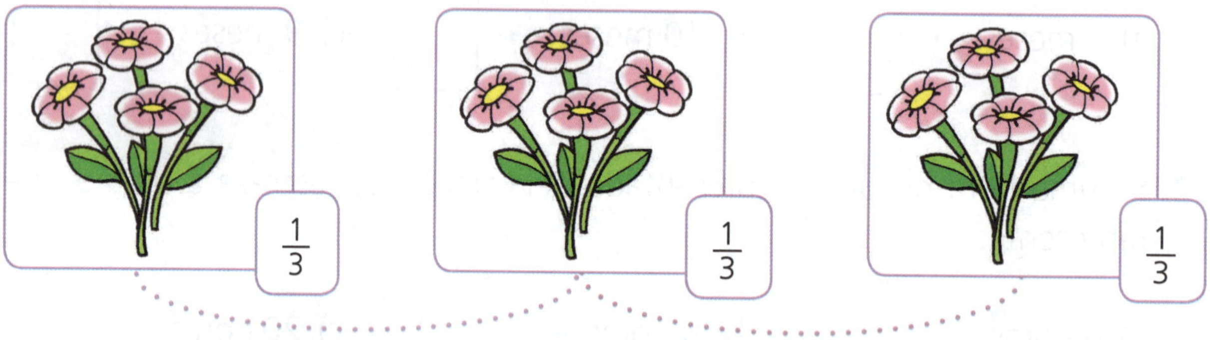

$\frac{1}{3}$ de 12 flores corresponde a **4 flores**.

$\frac{2}{3}$ de 12 flores correspondem a **8 flores**.

$\frac{3}{3}$ de 12 flores correspondem a **12 flores**.

Veja outro exemplo:

Com $\frac{2}{3}$ de R$ 126,00 posso comprar uma blusa. Qual é o preço da blusa?

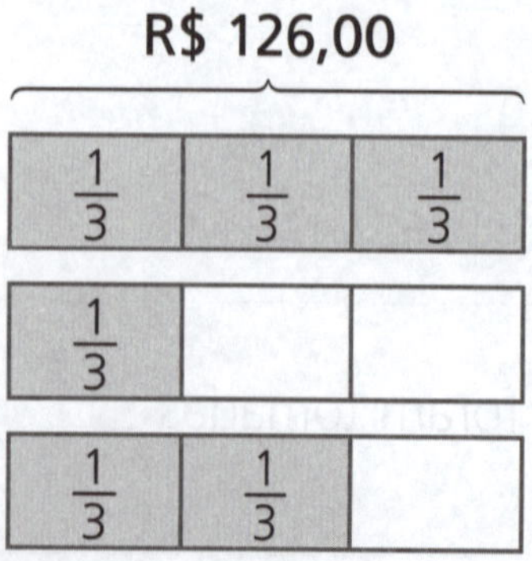

$\frac{3}{3}$ → R$ 126,00

$\frac{1}{3}$ → R$ 126,00 ÷ 3 = R$ 42,00

$\frac{2}{3}$ → R$ 42,00 × 2 = R$ 84,00

Resposta: O preço da blusa é R$ 84,00.

1. Observe o exemplo e calcule:

$\frac{2}{5}$ de 120

$\frac{5}{5} \rightarrow 120$

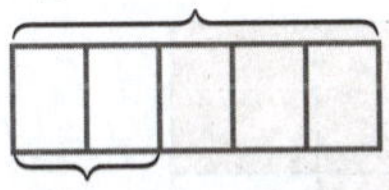

$\frac{2}{5} \rightarrow$ ■

$\frac{5}{5} \rightarrow 120$

$\frac{1}{5} \rightarrow 120 \div 5 = 24$

$\frac{2}{5} \rightarrow 24 \times 2 = 48$

$\frac{1}{3}$ de 72

2. Calcule em seu caderno e escreva a resposta:

a) $\frac{1}{4}$ de R$ 420,00 → ______________________

b) $\frac{3}{8}$ de 64 crianças → ______________________

c) $\frac{2}{3}$ de 345 figurinhas → ______________________

d) $\frac{6}{7}$ de 630 árvores → ______________________

3. Calcule a metade e a terça parte de:

a) 90 quilogramas → ______________________

b) 360 reais → ______________________

c) 9600 metros → ______________________

Tipos de fração

Observe as figuras abaixo e depois leia os textos.

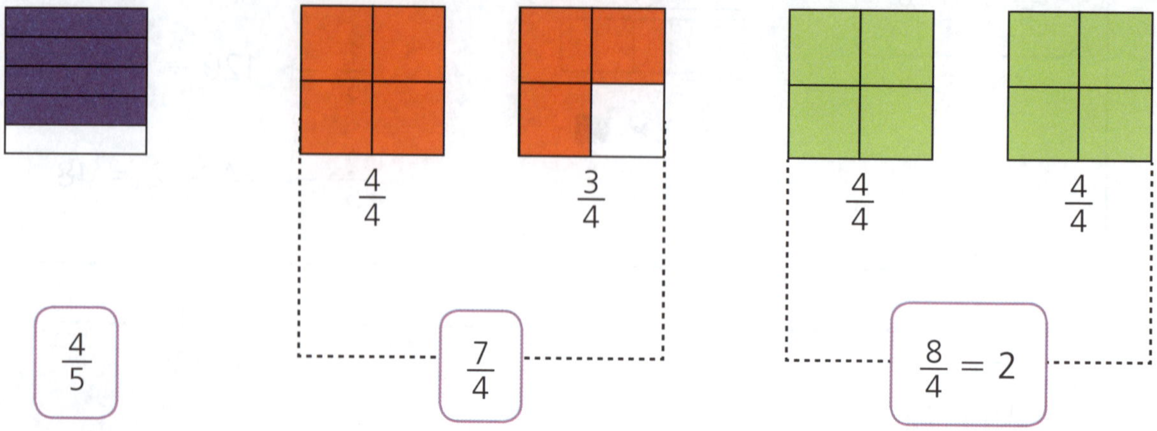

fração própria   fração imprópria   fração aparente

Frações próprias

Veja que as partes coloridas representam frações menores que o inteiro.

Frações próprias são aquelas que representam números menores que 1, ou seja, que têm o numerador menor que o denominador.

Frações impróprias

As partes coloridas representam frações maiores que uma unidade.

Frações impróprias são aquelas que representam números maiores que 1, ou seja, que têm o numerador maior que o denominador.

Frações aparentes

Observe que as partes coloridas representam unidades inteiras.

Frações aparentes são aquelas cujo numerador é múltiplo do denominador. Elas representam números naturais.

1. Identifique se as frases são verdadeiras ou falsas. Marque **V** ou **F**:

a) ☐ $\frac{7}{1}$ pode ser considerada uma fração.

b) ☐ $\frac{8}{0}$ pode ser considerada uma fração.

c) ☐ $\frac{0}{5}$ é uma fração cujo valor é zero.

2. Escreva estas frações nos quadros correspondentes:

$\frac{3}{8}, \frac{4}{5}, \frac{9}{4}, \frac{12}{12}, \frac{5}{10}, \frac{9}{3}, \frac{2}{2}, \frac{8}{5}, \frac{11}{6}$

próprias

impróprias

aparentes

3. Escreva que fração representa cada figura e classifique-a em própria, imprópria ou aparente:

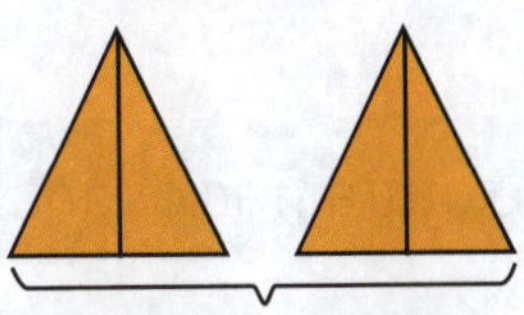

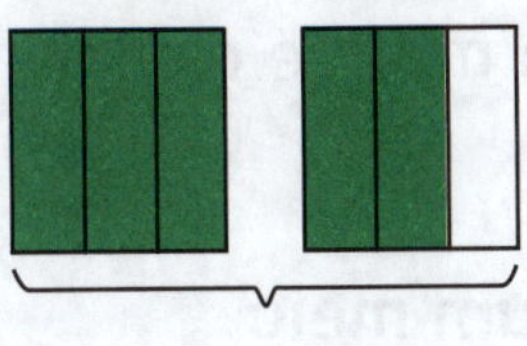

Números mistos

Rodrigo ganhou 5 barras de chocolate e resolveu reparti-las igualmente entre seus 2 irmãos menores.

Cada um recebeu 2 barras. Sobrou 1 barra, que Rodrigo então dividiu na metade.

Cláudio Chiyo/Arquivo da editora

Cada um ganhou 2 barras mais metade da barra que foi dividida. Ou seja, cada um recebeu $2 + \frac{1}{2}$ barras de chocolate.

parte inteira — $2 + \frac{1}{2}$ — parte fracionária

Como essa representação tem uma parte inteira e outra fracionária, ela é chamada **número misto**.

Número misto é aquele que possui uma parte inteira e outra fracionária.

Um modo mais simples de representar um número misto é eliminando-se o sinal **+**.

$2 + \frac{1}{2} = 2\frac{1}{2}$ → Lê-se: **dois inteiros e um meio**.

1. Escreva como se leem estes números mistos:

a) $3\frac{1}{3}$ → ____________________

b) $1\frac{1}{7}$ → ____________________

c) $2\frac{1}{13}$ → ____________________

d) $1\frac{2}{9}$ → ____________________

2. Represente com frações os seguintes números mistos:

a) cinco inteiros e um meio → __________

b) um inteiro e dois oitavos → __________

c) dois inteiros e três décimos → __________

d) três inteiros e um terço → __________

3. Escreva o número misto que representa cada grupo de figuras.

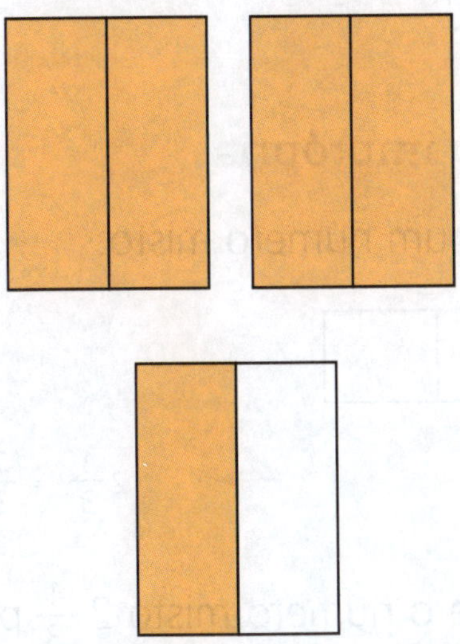

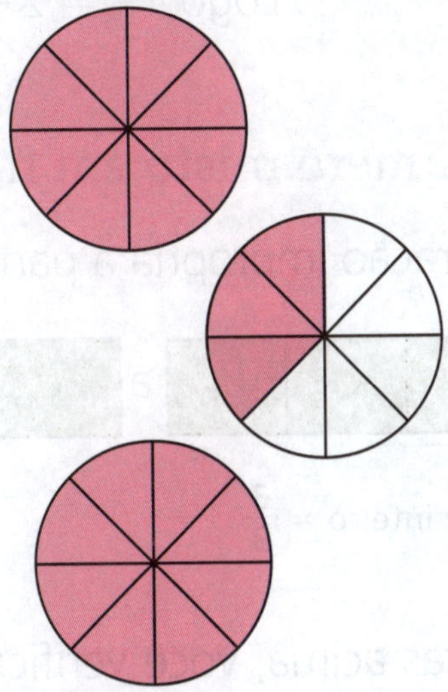

Transformação de fração imprópria em número misto

Quando queremos saber quantos inteiros há em uma fração imprópria, nós a transformamos em número misto.

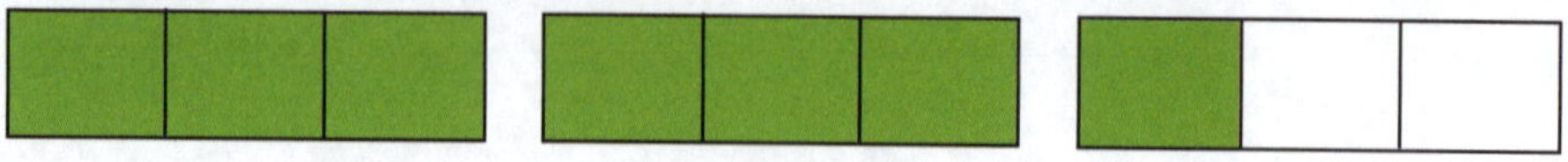

$\frac{3}{3}$ = inteiro $\quad$ $\frac{3}{3}$ = inteiro $\quad$ $\frac{1}{3}$ $\quad \longrightarrow \quad$ $\frac{7}{3} = 2\frac{1}{3}$

Transformar uma fração imprópria em número misto é o mesmo que extrair dela os inteiros.

Existe uma maneira prática de extrair os inteiros de uma fração imprópria. Basta fazer a divisão indicada na fração, ou seja, dividir o numerador pelo denominador.

Por exemplo, para extrair os inteiros de $\frac{7}{3}$:

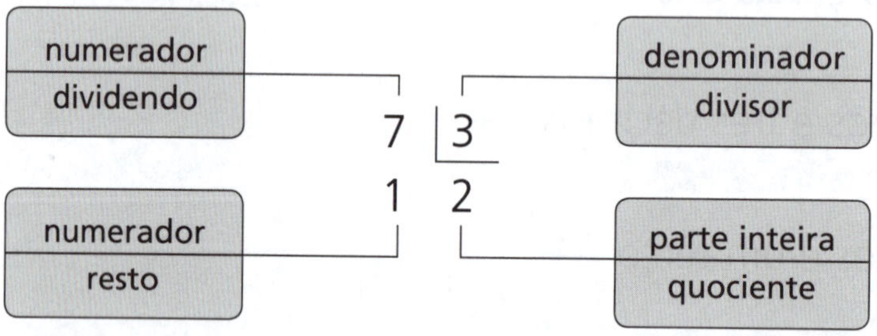

Logo: $\frac{7}{3} = 2\frac{1}{3}$

Transformação de número misto em fração imprópria

Veja como obter a fração imprópria a partir de um número misto:

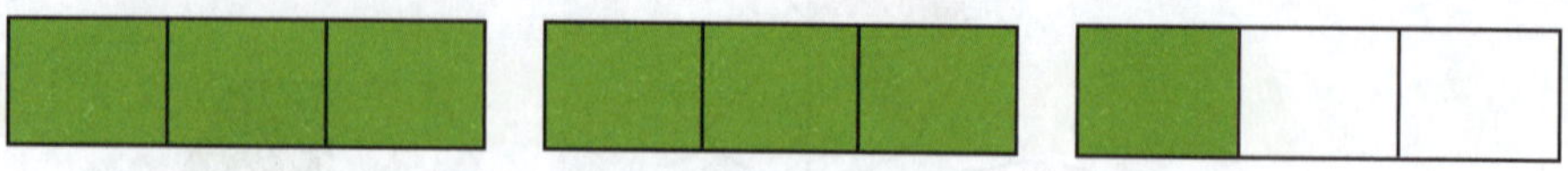

1 inteiro $= \frac{3}{3}$ $\quad$ 1 inteiro $= \frac{3}{3}$ $\quad$ $\frac{1}{3}$ $\quad \longrightarrow \quad$ $2\frac{1}{3} = \frac{7}{3}$

Observando as figuras acima, você verifica que o número misto $2\frac{1}{3}$ pode ser escrito na forma de fração imprópria, ou seja, na prática, fazemos:

$2\frac{1}{3} = \frac{7}{3} \longrightarrow 2\frac{1}{3} = \frac{2 \times 3 + 1}{3} = \frac{7}{3}$

1. Transforme as frações impróprias em números mistos. Depois escreva como se lê o resultado.

a) $\frac{8}{5}$ = ☐ ______________________

b) $\frac{23}{5}$ = ☐ ______________________

c) $\frac{9}{2}$ = ☐ ______________________

d) $\frac{70}{9}$ = ☐ ______________________

e) $\frac{11}{9}$ = ☐ ______________________

f) $\frac{33}{8}$ = ☐ ______________________

g) $\frac{15}{4}$ = ☐ ______________________

2. Observe as figuras, escreva o número misto que elas representam e depois transforme-o em fração imprópria.

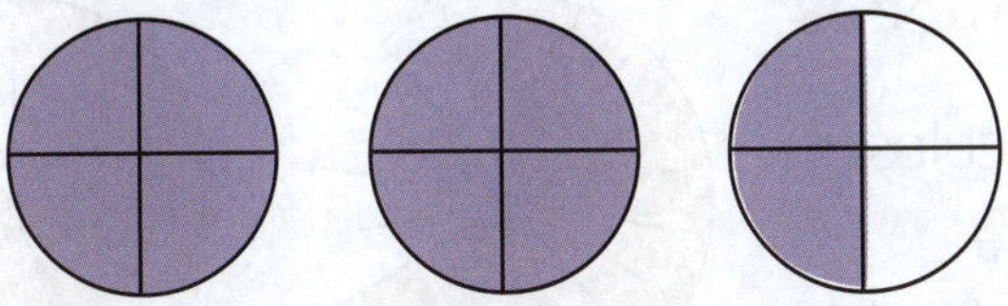

☐

3. Escreva os números mistos em forma de fração imprópria.

a) $3\frac{1}{6}$ = ☐

c) $2\frac{3}{5}$ = ☐

e) $4\frac{1}{7}$ = ☐

b) $1\frac{2}{8}$ = ☐

d) $3\frac{1}{13}$ = ☐

f) $9\frac{2}{9}$ = ☐

Frações equivalentes

Célia comprou 3 barras iguais de chocolate para seus sobrinhos Edu e Simone. Ela observou que os dois comeram a mesma porção de chocolate.

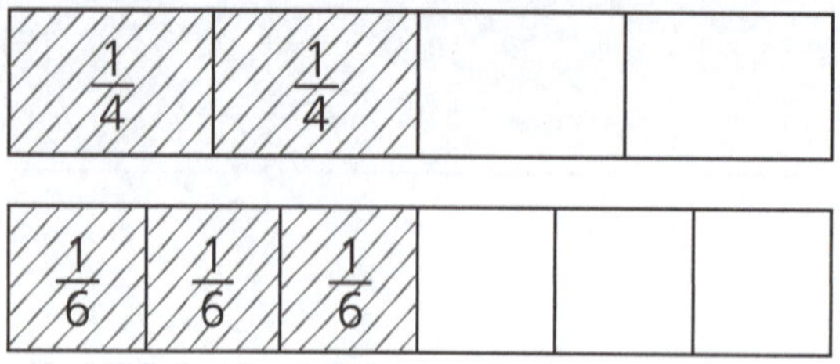

$\frac{2}{4}$ → Edu

$\frac{3}{6}$ → Simone

As frações diferentes que representam a mesma parte do inteiro são chamadas **frações equivalentes**.

Veja agora como determinar, na prática, frações equivalentes a certa fração:

- por multiplicação

$$\frac{1}{3} = \frac{2}{6} \quad (\times 2) \qquad \frac{1}{3} = \frac{3}{9} \quad (\times 3) \qquad \frac{1}{3} = \frac{4}{12} \quad (\times 4)$$

- por divisão

$$\frac{4}{12} = \frac{2}{6} \quad (\div 2) \qquad \frac{4}{12} = \frac{1}{3} \quad (\div 4)$$

e assim por diante.

Para encontrar uma fração equivalente a outra, multiplicamos ou dividimos o numerador e o denominador por um mesmo número natural diferente de zero.

Simplificação de frações

Para facilitar os cálculos e as comparações entre frações, podemos simplificá-las.

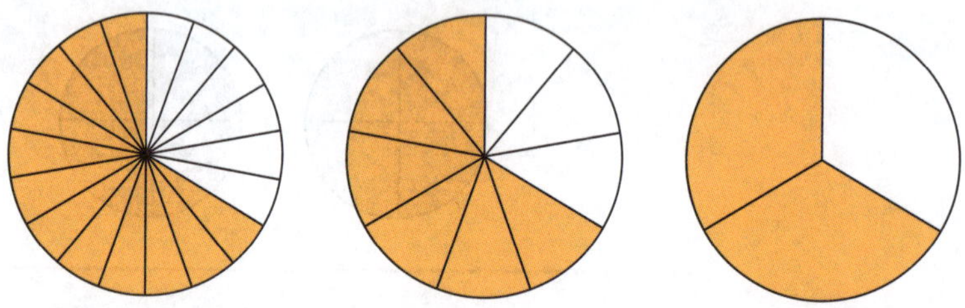

$$\frac{12 \div 2}{18 \div 2} = \frac{6 \div 3}{9 \div 3} = \frac{2}{3}$$

A fração $\frac{2}{3}$, que é a fração equivalente a $\frac{12}{18}$ com os menores termos possíveis, é chamada **irredutível**: seus termos não podem mais ser divididos por um mesmo número.

Para simplificar uma fração, dividimos o numerador e o denominador por um mesmo número natural diferente de zero, sucessivamente, até encontrarmos uma fração irredutível.

1. Observe que as partes coloridas das figuras representam a mesma parte do inteiro. Portanto, as frações são equivalentes. Escreva quais são essas frações.

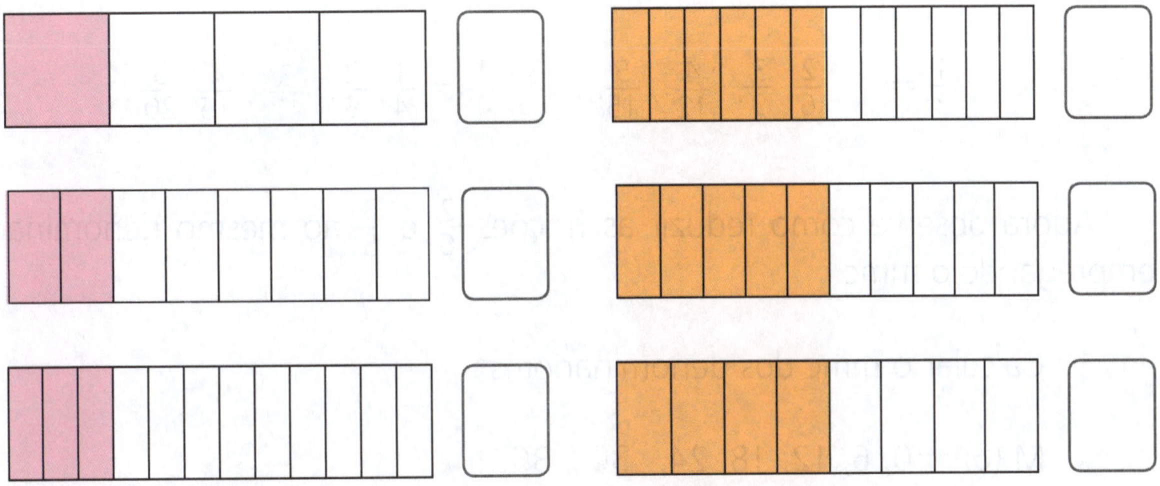

2. Escreva os termos que faltam nas frações para que elas se tornem equivalentes.

a) $\frac{2}{5} = \frac{6}{}$

b) $\frac{1}{8} = \frac{}{40}$

c) $\frac{2}{6} = \frac{}{24}$

d) $\frac{5}{4} = \frac{35}{}$

e) $\frac{3}{7} = \frac{6}{}$

f) $\frac{9}{2} = \frac{}{12}$

3. Simplifique as frações fazendo divisões sucessivas. Veja o exemplo:

$$\frac{180}{360}\begin{matrix}\div 2\\ \div 2\end{matrix} = \frac{90}{180}\begin{matrix}\div 2\\ \div 2\end{matrix} = \frac{45}{90}\begin{matrix}\div 3\\ \div 3\end{matrix} = \frac{15}{30}\begin{matrix}\div 3\\ \div 3\end{matrix} = \frac{5}{10}\begin{matrix}\div 5\\ \div 5\end{matrix} = \frac{1}{2}$$

a) $\frac{36}{104}$

b) $\frac{160}{70}$

c) $\frac{81}{99}$

Cláudio Chiyo/Arquivo da editora

4. Risque as frações irredutíveis.

$\frac{2}{5}$ $\frac{8}{12}$ $\frac{9}{7}$ $\frac{21}{14}$ $\frac{10}{16}$ $\frac{4}{5}$ $\frac{17}{8}$ $\frac{15}{3}$

Redução de frações ao mesmo denominador

Vamos reduzir as frações $\frac{1}{3}$ e $\frac{1}{4}$ ao mesmo denominador procurando as frações equivalentes que tenham denominadores iguais.

$$\frac{1}{3} = \frac{1}{3}, \frac{2}{6}, \frac{3}{9}, \boxed{\frac{4}{12}}, \frac{5}{15}... \qquad \frac{1}{4} = \frac{1}{4}, \frac{2}{8}, \boxed{\frac{3}{12}}, \frac{4}{16}, \frac{5}{20}...$$

Agora observe como reduzir as frações $\frac{2}{6}$ e $\frac{3}{5}$ ao mesmo denominador, empregando o mmc.

1º Calcular o mmc dos denominadores:

M (6) = 0, 6, 12, 18, 24, **30**, 36...

M (5) = 0, 5, 10, 15, 20, 25, **30**, 35...

mmc (6, 5) = 30 → denominador comum das duas frações

2º Dividir o novo denominador pelo denominador antigo de cada fração:

denominador antigo: 30 ÷ (6) = 5

30 ÷ (5) = 6 :denominador antigo

3º Multiplicar o resultado pelo numerador e pelo denominador de cada fração:

$$\frac{2 \times 5}{6 \times 5} = \frac{10}{30} \qquad \frac{3 \times 6}{5 \times 6} = \frac{18}{30}$$

MÉTODO PRÁTICO

Vamos reduzir ao menor denominador comum as frações $\frac{2}{5}$ e $\frac{3}{8}$.

5	8	2
5	4	2
5	2	2
5	1	5
1		

mmc (5,8) = 2 × 2 × 2 × 5 = 40

$$\frac{2}{5} = \frac{40 \div 5 \times 2}{40} = \frac{16}{40}$$

$$\frac{3}{8} = \frac{40 \div 8 \times 3}{40} = \frac{15}{40}$$

1. Reduza as frações ao mesmo denominador comum, determinando as frações equivalentes.

a) $\frac{1}{2}$ e $\frac{1}{3}$

b) $\frac{3}{4}$ e $\frac{2}{6}$

2. Reduza as frações ao menor denominador comum, encontrando o mmc.

a) $\frac{5}{6}$ e $\frac{7}{9}$

b) $\frac{1}{5}$, $\frac{1}{10}$ e $\frac{2}{15}$

Comparação de frações

Frações com o mesmo denominador

Vitória fez uma torta de morango e ficou com $\frac{3}{5}$ dela. Sua amiga Jane ganhou $\frac{2}{5}$. Quem ficou com a maior parte da torta?

$\frac{3}{5} > \frac{2}{5}$

MW Editora Ilustrações Ltda./Arquivo da editora

Vitória ficou com a maior parte da torta.

Quando duas ou mais frações têm o mesmo denominador, a maior delas é a que tem o maior numerador.

Frações com o mesmo numerador

A professora distribuiu duas folhas de cartolina iguais para que Mário e Caio fizessem um trabalho. Caio usou $\frac{2}{4}$ de sua folha, e Mário usou $\frac{2}{3}$ da dele. Quem usou um pedaço maior de cartolina?

Vamos representar o problema graficamente:

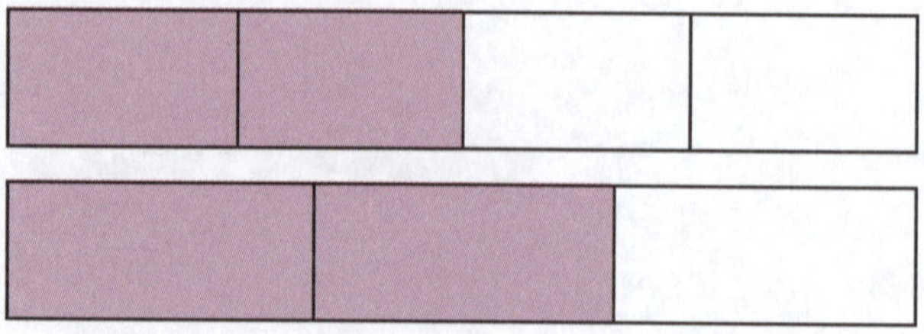

$\frac{2}{4}$ → Caio

$\frac{2}{3}$ → Mário

$\frac{2}{3} > \frac{2}{4}$

Mário usou um pedaço maior de cartolina.

Quando duas ou mais frações têm o mesmo numerador, a maior delas é a que tem o menor denominador.

Frações com numeradores e denominadores diferentes

Qual é a maior fração?

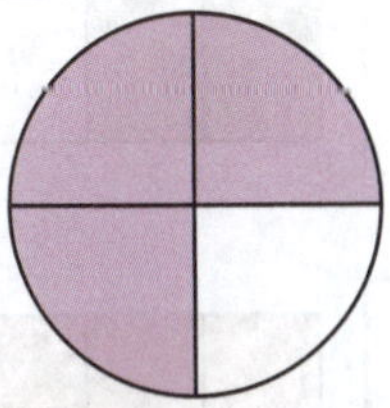

$\frac{3}{4}$

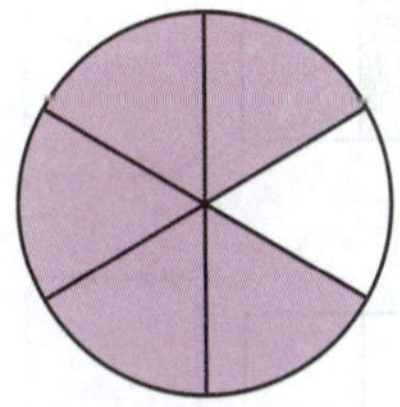

$\frac{5}{6}$

Cláudio Chiyo/Arquivo da editora

As frações $\frac{3}{4}$ e $\frac{5}{6}$ têm numeradores e denominadores diferentes.

Para que possamos compará-las, primeiro é preciso reduzi-las ao menor denominador comum.

4	6	2
2	3	2
1	3	3
1	1	

$$\frac{3}{4} = \frac{12 \div 4 \times 3}{12} = \frac{9}{12}$$

$$\frac{5}{6} = \frac{12 \div 6 \times 5}{12} = \frac{10}{12}$$

mmc $(4,6) = 2 \times 2 \times 3 = 12$

$$\frac{3}{4} = \frac{9}{12} \quad \text{e} \quad \frac{5}{6} = \frac{10}{12}$$

Como $\frac{10}{12} > \frac{9}{12}$, logo $\frac{5}{6} > \frac{3}{4}$.

Quando duas ou mais frações têm numeradores e denominadores diferentes, devemos reduzi-las ao mesmo denominador para poder compará-las.

1. Observe as figuras, escreva as frações correspondentes e compare-as, empregando os sinais > e <.

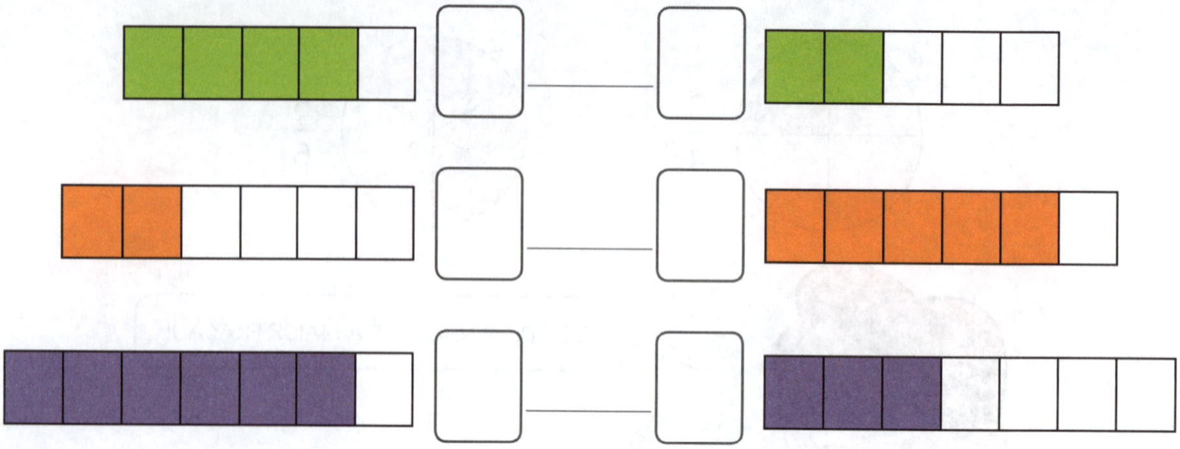

2. Risque a maior fração e circule a menor.

a) $\frac{11}{7}, \frac{15}{7}, \frac{21}{7}, \frac{18}{7}, \frac{13}{7}$

b) $\frac{5}{12}, \frac{5}{8}, \frac{5}{4}, \frac{5}{9}, \frac{5}{11}$

c) $\frac{6}{10}, \frac{6}{21}, \frac{6}{7}, \frac{6}{6}, \frac{6}{4}$

d) $\frac{15}{13}, \frac{10}{13}, \frac{8}{13}, \frac{20}{13}, \frac{14}{13}$

3. Escreva as frações em ordem crescente.

a) $\frac{1}{4}, \frac{7}{4}, \frac{5}{4}, \frac{12}{4}$

b) $\frac{9}{9}, \frac{3}{9}, \frac{14}{9}, \frac{12}{9}$

c) $\frac{3}{8}, \frac{3}{4}, \frac{3}{13}, \frac{3}{2}$

d) $\frac{7}{3}, \frac{7}{12}, \frac{7}{6}, \frac{7}{9}$

4. Complete com > ou <.

a) $\frac{5}{8}$ ______ $\frac{9}{8}$

b) $\frac{3}{9}$ ______ $\frac{6}{9}$

c) $\frac{8}{15}$ ______ $\frac{7}{15}$

d) $\frac{3}{10}$ ______ $\frac{5}{10}$

e) $\frac{5}{12}$ ______ $\frac{4}{12}$

f) $\frac{32}{52}$ ______ $\frac{31}{52}$

5. Escreva as frações nas ordens indicadas, utilizando os sinais > e <.

$\frac{5}{3}, \frac{8}{3}, \frac{14}{3}, \frac{2}{3}, \frac{10}{3}, \frac{11}{3}$

- ordem crescente

$\frac{4}{5}, \frac{4}{8}, \frac{4}{4}, \frac{4}{12}, \frac{4}{9}, \frac{4}{7}$

- ordem decrescente

6. Reduza as frações ao menor denominador e compare-as.

$\frac{3}{4}$ e $\frac{2}{5}$

$\frac{3}{5}$ e $\frac{5}{7}$

Operações com frações

Adição e subtração de frações com denominadores iguais

Pedro dividiu um pão caseiro em cinco partes do mesmo tamanho. Ele vai comer $\frac{3}{5}$ do pão e seu primo vai comer $\frac{1}{5}$. Que fração do pão será consumida?

$$\frac{3}{5} + \frac{1}{5} = \frac{3+1}{5} = \frac{4}{5}$$ — $\frac{4}{5}$ do pão serão consumidos.

Que fração do pão Pedro vai comer a mais que seu primo?

$$\frac{3}{5} - \frac{1}{5} = \frac{3-1}{5} = \frac{2}{5}$$ — Pedro vai comer $\frac{2}{5}$ a mais que seu primo.

Para adicionar ou subtrair frações com o mesmo denominador, somam-se ou subtraem-se os numeradores e conserva-se o denominador.

Adição e subtração de frações com denominadores diferentes

Lucas e Adriana estão pintando a parede da garagem.

Lucas pintou $\frac{1}{5}$ da parede, e Adriana já pintou $\frac{1}{2}$.

Para verificar que fração representa a parte da parede que os dois pintaram juntos é preciso transformar $\frac{1}{2}$ e $\frac{1}{5}$ em frações equivalentes (com o mesmo denominador) e efetuar a adição.

$$\frac{1}{2} + \frac{1}{5}$$

$$\downarrow \qquad \downarrow$$

$$\frac{5}{10} + \frac{2}{10} = \frac{7}{10}$$

2	5	2
1	5	5
	1	

mmc (2,5) = 10

$$\frac{1}{2} + \frac{1}{5} = \frac{5}{10} + \frac{2}{10} = \frac{7}{10}$$ — A fração que representa a parte que os dois pintaram juntos é $\frac{7}{10}$.

Para adicionar ou subtrair frações com denominadores diferentes, é preciso primeiro reduzi-las ao mesmo denominador e depois efetuar a operação.

1. Joana dividiu um bolo em 6 partes iguais. Comeu $\frac{2}{6}$ e vai dar $\frac{2}{6}$ para Pedro e $\frac{1}{6}$ para Carlos.

a) Que fração representa o bolo todo? ☐

b) Que fração do bolo será consumida? ☐

c) Que fração do bolo restará? ☐

2. Efetue e simplifique o resultado quando possível.

a) $\frac{30}{15} + \frac{25}{15} =$

b) $\frac{9}{4} + \frac{14}{4} =$

3. Calcule o valor de cada expressão:

a) $\frac{9}{6} + \frac{5}{6} - \frac{4}{6} =$

b) $\frac{3}{4} - \frac{1}{4} + \frac{6}{4} =$

4. Efetue e simplifique ou extraia os inteiros quando possível.

a) $\frac{4}{5} + \frac{2}{3} =$

b) $\frac{1}{3} + \frac{2}{12} + \frac{5}{6} =$

c) $1\,\frac{3}{4} + \frac{5}{8} =$

d) $2\,\frac{1}{5} + 3\,\frac{1}{7} =$

e) $\frac{3}{4} - \frac{7}{10} =$

f) $3\,\frac{3}{8} - 2\,\frac{3}{4} =$

Adição e subtração com números inteiros, frações e números mistos

Leia e observe:

- Dalva gastou uma caixa de sabão em pó e mais $\frac{1}{4}$ de outra caixa para lavar toda a roupa durante um mês. Que quantidade de sabão ela usou?

$$1 + \frac{1}{4} = 1\frac{1}{4}$$

A quantidade de sabão que Dalva usou corresponde a $1\frac{1}{4}$.

- De uma caixa de bombons, Gil retirou $\frac{3}{6}$. Que fração dos bombons restou na caixa?

$$1 - \frac{3}{6} = \frac{6}{6} - \frac{3}{6} = \frac{3}{6} = \frac{1}{2}$$

simplificando

Transformamos o número inteiro em fração.

Restou $\frac{1}{2}$ dos bombons na caixa.

- Luciana tem 2 tabletes de chocolate e mais $\frac{2}{5}$ de outro. Mauro tem somente $\frac{2}{5}$ de um tablete. Que número misto representa o total de tabletes das duas crianças?

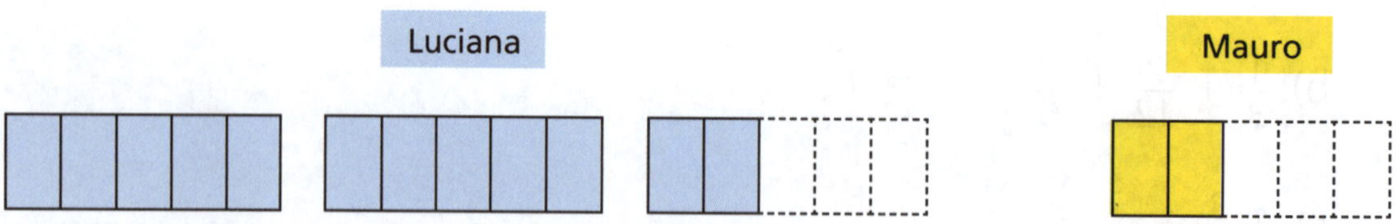

$$2 + \frac{2}{5} = \frac{12}{5} \rightarrow \frac{12}{5} + \frac{2}{5} = \frac{14}{5} = 2\frac{4}{5}$$

Transformamos a fração imprópria em número misto.

O total de tabletes das duas crianças é representado por $2\frac{4}{5}$.

1. Efetue e simplifique quando possível.

a) $5\frac{1}{3} + 5\frac{2}{3} =$

b) $8\frac{1}{4} - 6\frac{2}{4} =$

c) $9\frac{1}{5} + 10\frac{4}{5} =$

d) $3\frac{5}{12} - 2\frac{1}{12} =$

e) $4\frac{5}{6} - 3\frac{2}{6} =$

Ilustrações: Cláudio Chiyo/Arquivo da editora

2. Efetue e escreva o resultado na forma mais simples.

a) $5\frac{2}{3} + \frac{1}{3} =$

b) $4\frac{1}{9} + \frac{6}{9} =$

c) $8\frac{1}{5} - 7\frac{2}{5} =$

d) $1\frac{3}{8} + \frac{7}{8} =$

e) $3\frac{1}{9} - \frac{4}{9} =$

3. A classe de Lúcia juntou pacotes de ração para doar a três abrigos de animais. A primeira instituição recebeu $\frac{4}{10}$ da doação e a segunda, $\frac{3}{10}$. Que fração recebeu a terceira instituição?

Multiplicação de frações

Observe as seguintes situações que envolvem multiplicação:

- Marta comprou uma torta dividida em 8 partes iguais. Ela comeu 3 partes e sua irmã, Juliana, comeu outras 3. Que fração da torta elas comeram ao todo?

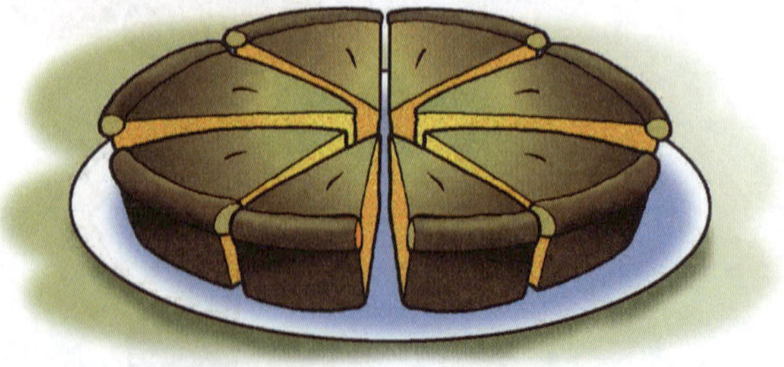

Ilustra Cartoon/Arquivo da editora

Marta → $\frac{3}{8}$ Juliana → $\frac{3}{8}$

$\frac{3}{8} + \frac{3}{8} = \frac{6}{8}$ ou $2 \times \frac{3}{8} = \frac{6}{8}$

Lembre-se: $2 = \frac{2}{1}$

As duas comeram $\frac{6}{8}$ da torta.

- Paulo comeu $\frac{1}{3}$ de $\frac{1}{2}$ de uma barra de chocolate. Que fração da barra de chocolate ele comeu?

Observe:

A parte colorida da figura representa $\frac{1}{2}$ da barra de chocolate.

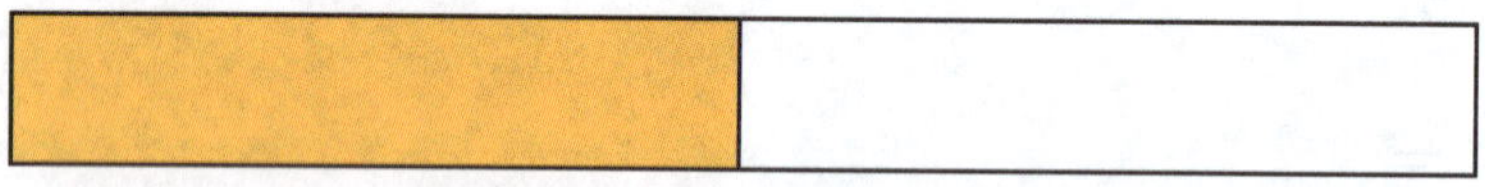

Agora vamos achar $\frac{1}{3}$ da parte colorida, ou seja, $\frac{1}{3}$ de $\frac{1}{2}$.

$\frac{1}{3}$ de $\frac{1}{2}$ representa a metade dividida em 3 partes iguais.

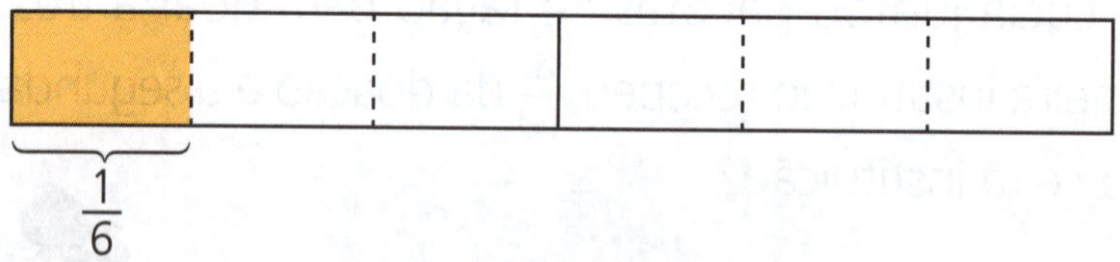

$\frac{1}{3}$ de $\frac{1}{2}$ é igual a $\frac{1}{6}$.

Isso significa que: $\frac{1}{3} \times \frac{1}{2} = \frac{1}{6}$.

Paulo comeu $\frac{1}{6}$ da barra de chocolate.

> Na multiplicação de frações, multiplicam-se os numeradores e também os denominadores entre si.

1. Efetue as multiplicações, simplifique os resultados e extraia os inteiros quando possível.

a) $\frac{3}{8} \times \frac{1}{6} =$

b) $2\frac{1}{3} \times 1\frac{4}{5} =$

2. Encontre a fração correspondente.

a) $\frac{1}{5}$ de $\frac{1}{4}$ →

b) $\frac{2}{3}$ de $\frac{1}{2}$ →

3. Calcule:

a) $\frac{1}{3}$ de 15 →

b) $\frac{3}{8}$ de 40 →

4. A figura **A** representa $\frac{2}{6}$ e a figura **B**, a metade de $\frac{2}{6}$.

Com elas Márcio fez uma multiplicação de frações. A figura **A** representa um dos fatores e a figura **B**, o produto.

A

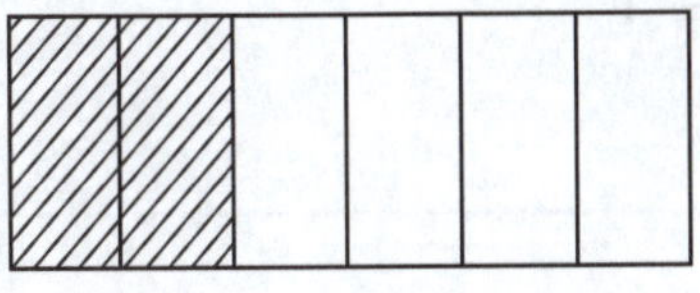

a) Qual foi a multiplicação feita?

B

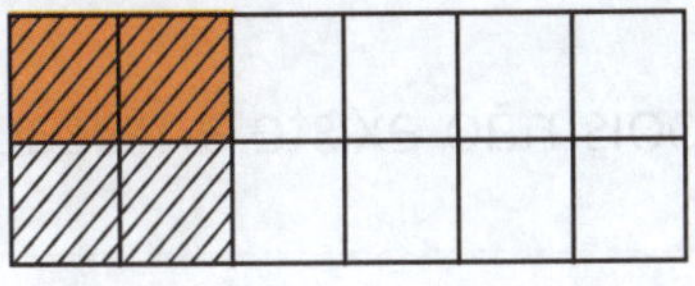

b) Qual é o resultado?

Frações inversas

Cláudio Chiyo/Arquivo da editora

Duas frações são inversas quando o numerador de uma é igual ao denominador da outra e vice-versa.

Toda fração, exceto a que tem numerador zero, tem seu inverso. Para achar o inverso de um número inteiro, é preciso transformá-lo em fração e fazer a troca do numerador pelo denominador.

O inverso de 2 é $\frac{1}{2}$, pois $2 = \frac{2}{1}$. Ao trocarmos os termos de $\frac{2}{1}$, temos $\frac{1}{2}$.

O produto da multiplicação entre dois números inversos é sempre a unidade.

$$8 \times \frac{1}{8} = \frac{8}{1} \times \frac{1}{8} = \frac{8}{8} = 1$$

$$\frac{4}{5} \times \frac{5}{4} = \frac{20}{20} = 1$$

Não existe o inverso do número 0, isto é, não existe o inverso de uma fração com numerador zero.

Exemplo: Não há fração inversa de $\frac{0}{5}$, pois não existe a fração $\frac{5}{0}$.

1. Escreva o inverso de:

a) 6 → ☐

b) $\frac{2}{5}$ → ☐

c) $\frac{1}{25}$ → ☐

d) $\frac{31}{8}$ → ☐

2. Escreva como se leem as frações e também suas inversas.

a) $\frac{3}{4}$ → ______ $\frac{4}{3}$ → ______

b) $\frac{3}{13}$ → ______ $\frac{13}{3}$ → ______

3. Multiplique $\frac{2}{4}$ pela inversa de:

a) $\frac{1}{5}$ → ☐

b) $\frac{3}{7}$ → ☐

c) $\frac{2}{8}$ → ☐

d) $\frac{1}{6}$ → ☐

4. Escreva **V**, se for verdadeiro, ou **F**, se for falso.

a) ☐ $\frac{1}{8}$ é a fração inversa de 81.

b) ☐ O inverso de $\frac{30}{12}$ é $\frac{21}{30}$.

c) ☐ O inverso de 50 é $\frac{1}{50}$.

d) ☐ $\frac{1}{3}$ é a fração inversa de 3.

5. Calcule o produto entre os números abaixo e seu respectivo inverso.

a) 5 →

b) $\frac{1}{12}$ →

c) $\frac{7}{3}$ →

d) 9 →

Divisão de frações

Cláudio Chiyo/Arquivo da editora

Eduardo ganhou $\frac{1}{3}$ de um bolo grande e vai dividi-lo igualmente com Ronaldo. Que fração do bolo cada um receberá?

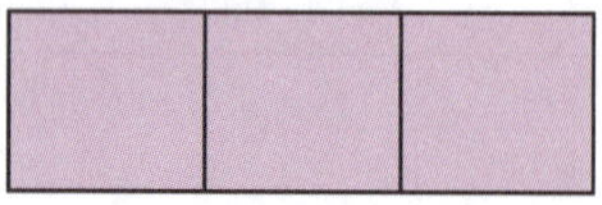

Esta figura, que representa um inteiro, foi dividida em 3 partes iguais. Ou seja, cada parte representa $\frac{1}{3}$.

Veja o que acontece quando se divide cada parte em 2:

É como se tivéssemos dividido a figura em 6 partes iguais. Cada uma dessas partes representa $\frac{1}{6}$ do inteiro.

Assim, $\frac{1}{3} \div 2 = \frac{1}{6}$. Portanto, cada um receberá $\frac{1}{6}$ do bolo inicial.

Agora vamos representar também a expressão $\frac{1}{3} \times \frac{1}{2}$.

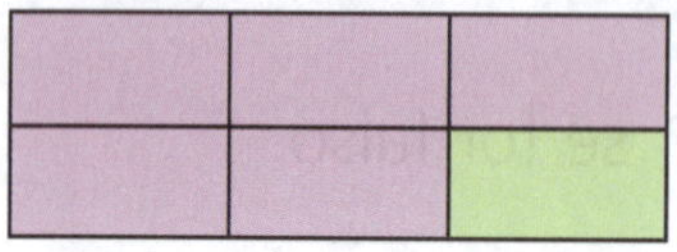

$$\frac{1}{3} \times \frac{1}{2} = \frac{1}{6}$$

Como se vê, $\frac{1}{3} \div 2$ e $\frac{1}{3} \times \frac{1}{2}$ representam a mesma parte do inteiro.

Logo, $\frac{1}{3} \div 2 = \frac{1}{3} \times \frac{1}{2}$ — inversa de 2

> Para dividir uma fração por outra, basta multiplicar a primeira pela inversa da segunda.

Exemplos:

$$\frac{2}{5} \div \frac{3}{5} = \frac{2}{5} \times \frac{5}{3} = \frac{10}{15} = \frac{2}{3}$$

($\frac{5}{3}$: inversa)

$$4 \div \frac{3}{2} = \frac{4}{1} \times \frac{2}{3} = \frac{8}{3}$$

($\frac{2}{3}$: inversa)

1. Efetue as divisões. Se possível, simplifique e extraia os inteiros.

a) $\frac{8}{3} \div \frac{1}{8} =$

b) $\frac{2}{5} \div \frac{4}{7} =$

c) $\frac{15}{4} \div \frac{10}{3} =$

d) $\frac{3}{2} \div \frac{6}{5} =$

e) $\frac{1}{9} \div \frac{3}{5} =$

2. Transforme os números mistos em frações impróprias e efetue as divisões.

a) $1\frac{1}{3} \div 2\frac{1}{5} =$

b) $4\frac{1}{2} \div 1\frac{1}{4} =$

c) $2\frac{1}{6} \div 3\frac{1}{3} =$

d) $1\frac{1}{5} \div 2\frac{2}{3} =$

e) $3\frac{3}{2} \div 5\frac{4}{6} =$

f) $2\frac{7}{3} \div 7\frac{1}{2} =$

10

Números decimais

Décimos, centésimos e milésimos

Observe as representações nas figuras a seguir.

1 inteiro

1 décimo $\frac{1}{10} = 0,1$

1 centésimo $\frac{1}{100} = 0,01$

1 milésimo $\frac{1}{1\,000} = 0,001$

Dividindo-se o inteiro em 10 partes iguais, cada uma é a décima parte da unidade. Dividindo-se o inteiro em 100 partes iguais, cada uma é a centésima parte da unidade. Dividindo-se o inteiro em 1 000 partes iguais, cada uma é a milésima parte da unidade.

Representação e leitura

Veja como representar os números decimais no quadro de ordens.

dezenas	unidades	décimos	centésimos	milésimos	leitura
	0,	1			um décimo
	0,	0	1		um centésimo
	0,	0	0	1	um milésimo

Nos números decimais, a vírgula separa a parte inteira da parte decimal.

Os **décimos** são escritos logo após a vírgula. Eles ocupam a primeira "casa decimal" depois da vírgula. Os **centésimos** ocupam a segunda "casa decimal" depois da vírgula e os **milésimos**, a terceira "casa decimal".

fração decimal	número decimal	leitura
$\frac{2}{10}$	parte inteira — 0,2 — parte decimal	dois décimos
$\frac{142}{100}$	parte inteira — 1,42 — parte decimal	um inteiro e quarenta e dois centésimos

1. Observe as seguintes representações:

 → unidade  → décimo  → centésimo

Agora escreva os números decimais como no exemplo:

a)  → 1,23 → um inteiro e vinte e três centésimos

b)  → _______ → _______________________

c)  → _______ → _______________________

d)  → _______ → _______________________

e)  → _______ → _______________________

2. Observe as figuras:

 → $\frac{5}{10}$ ou 0,5

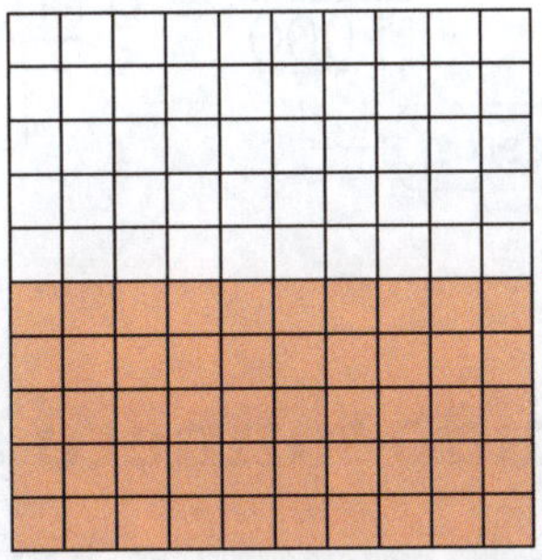 → $\frac{50}{100}$ ou 0,50

As frações $\frac{5}{10}$ e $\frac{50}{100}$ são **equivalentes**, ou seja, representam a mesma quantidade.

- Agora compare os números. Use = ou ≠.

a) 2,1 _______ 2,10

b) 1,5 _______ 1,05

c) 27,20 _______ 27,02

d) 8 _______ 8,00

e) 15,80 _______ 15,8

f) 6,7 _______ 6,007

g) 3,25 _______ 3,250

Cláudio Chiyo/Arquivo da editora

Transformando fração decimal em número decimal

Para transformar uma fração decimal em um número decimal, é necessário verificar a quantidade de zeros que aparece no denominador. Em seguida, basta escrever o numerador da fração, contar da direita para a esquerda tantos algarismos quantos sejam os zeros do denominador e colocar, nesse lugar, uma vírgula. Observe:

$$\frac{35}{1\underline{0}} = 3,\underline{5}$$

1 zero — 1 algarismo após a vírgula

$$\frac{138}{1\underline{00}} = 1,\underline{38}$$

2 zeros — 2 algarismos após a vírgula

$$\frac{5}{1\,\underline{000}} = 0,\underline{005}$$

3 zeros — 3 algarismos após a vírgula

Transformando número decimal em fração decimal

Para transformar um número decimal em uma fração decimal, é necessário verificar a quantidade de algarismos que aparece após a vírgula.

No numerador, escrevemos o número dado, porém sem a vírgula, e no denominador escrevemos o algarismo 1 seguido de tantos zeros quantas forem as casas decimais do número dado.

$$4,\underline{8} = \frac{48}{1\underline{0}}$$

1 algarismo após a vírgula — 1 zero

$$4,\underline{81} = \frac{481}{1\underline{00}}$$

2 algarismos após a vírgula — 2 zeros

$$4,\underline{813} = \frac{4\,813}{1\,\underline{000}}$$

3 algarismos após a vírgula — 3 zeros

1. Transforme as frações decimais em números decimais.

a) $\frac{53}{100}$ → ____________

b) $\frac{12}{10}$ → ____________

c) $\frac{7}{10}$ → ____________

d) $\frac{5}{100}$ → ____________

e) $\frac{2\,436}{100}$ → ____________

f) $\frac{1\,786}{1\,000}$ → ____________

g) $\frac{189}{100}$ → ____________

h) $\frac{7}{1\,000}$ → ____________

Cláudio Chiyo/Arquivo da editora

2. Transforme os números decimais em frações decimais.

a) 0,6 → ☐

b) 0,03 → ☐

c) 0,38 → ☐

d) 0,571 → ☐

e) 0,8 → ☐

f) 0,601 → ☐

g) 0,73 → ☐

h) 0,1 → ☐

Comparação de números decimais

Observe os números decimais e descubra qual é o maior.

MW Editora Ilustrações Ltda./Arquivo da editora

Para saber qual é o maior, comparamos as partes inteiras. O maior dos números é o que tem a parte inteira maior. Logo, **5,7** é o maior.

Se a parte inteira dos números for igual, comparamos os algarismos que aparecem após a vírgula. Veja:

6,8 e 6,9

Como 8 é menor que 9, então $6{,}8 < 6{,}9$.

2,47 e 2,45

Como 7 é maior que 5, então $2{,}47 > 2{,}45$.

2,9 e 2,87 é o mesmo que 2,90 e 2,87.

90 é maior que 87, então $2{,}9 > 2{,}87$.

Ilustrações: Cláudio Chiyo/Arquivo da editora

1. Escreva os números em ordem crescente usando o sinal <.

5,2 • 1,22 • 1,5
2,3 • 0,15 • 0,015

____

2. Observe no gráfico o número de3turistas que entraram no Brasil entre os anos 2000 e 2012:

Entrada de turistas no Brasil (em milhões)

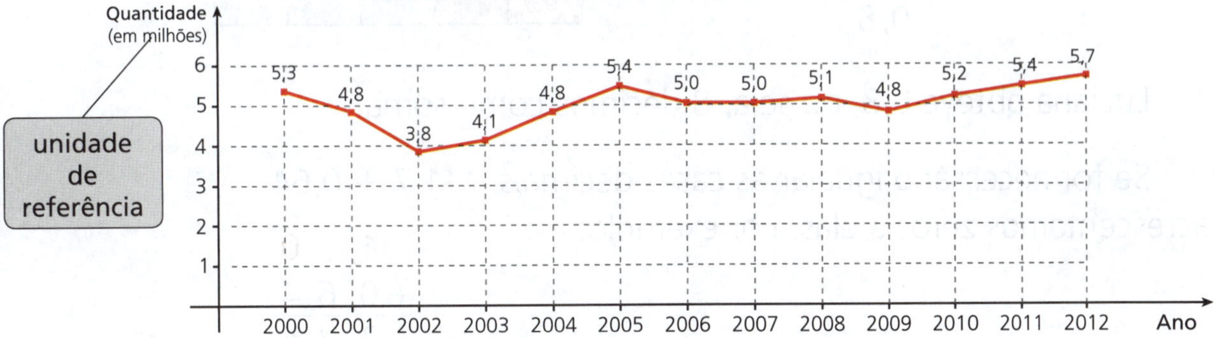

Fonte: Ministério do Turismo, 2013. Disponível em: <www.dadosefatos.turismo.gov.br/export/sites/default/dadosefatos/anuario/downloads_anuario/Anuaxrio_Estatistico_de_Turismo_-_2013_-_Ano_base_2012_-_V_12_jun.pdf>. Acesso em: 6 set. 2013.

Nos gráficos, os números decimais são usados para abreviar os números naturais e facilitar a leitura. A vírgula indica a unidade de referência e as casas depois da vírgula indicam décimos, centésimos, milésimos, e assim por diante. No gráfico acima, a unidade de referência é o milhão.

Em 2008 entraram no Brasil 5,1 milhões de turistas.

5,1 milhões = 5 milhões + 1 décimo de milhão = 5 100 000

- Responda às questões sem usar números decimais.

a) Em que ano entraram mais turistas no Brasil? Quantos?

____

b) Quantos turistas entraram no Brasil em 2001 a mais que em 2002?

____

c) Em 2002, o Brasil recebeu 3,8 milhões de turistas. Quantos turistas recebeu a mais 10 anos depois?

____

Operações com números decimais

Adição

Luciana adicionou 5 décimos a 3 décimos. Que soma ela obteve?

$0{,}5 + 0{,}3$

$$\begin{array}{r} 0{,}5 \\ +\ 0{,}3 \\ \hline 0{,}8 \end{array}$$

Luciana obteve 0,8, ou seja, 8 décimos como soma.

Se for necessário igualar as casas decimais, acrescentamos zeros a elas. Por exemplo:

$1{,}7 + 0{,}64$

$$\begin{array}{r} 1{,}70 \\ +\ 0{,}64 \\ \hline 2{,}34 \end{array}$$

Subtração

Depois da festa, sobrou 0,7 de um pudim. Em seguida, Guto ainda comeu 0,3 desse pudim. Quanto restou?

$0{,}7 - 0{,}3$

$$\begin{array}{r} 0{,}7 \\ -\ 0{,}3 \\ \hline 0{,}4 \end{array}$$

Ilustra Cartoon/Arquivo da editora

Restou 0,4 do pudim.

Para adicionar ou subtrair números decimais, escrevemos os números colocando vírgula embaixo de vírgula. Então efetuamos a operação e, no resultado, mantemos a vírgula na mesma posição.

Se for necessário igualar as casas decimais, acrescentamos zeros a elas. Veja:

$4 - 0{,}7$

$$\begin{array}{r} 4{,}0 \\ -\ 0{,}7 \\ \hline 3{,}3 \end{array}$$

1. Efetue as operações a seguir.

a) $\begin{array}{r} 0{,}2 \\ +\,0{,}07 \\ \hline \end{array}$

e) $\begin{array}{r} 0{,}237 \\ +\,0{,}120 \\ \hline \end{array}$

i) $\begin{array}{r} 64 \\ -\;\;7{,}125 \\ \hline \end{array}$

b) $\begin{array}{r} 9 \\ +\,0{,}28 \\ \hline \end{array}$

f) $\begin{array}{r} 0{,}9 \\ -\,0{,}34 \\ \hline \end{array}$

j) $\begin{array}{r} 12{,}1 \\ -\;\;7{,}45 \\ \hline \end{array}$

c) $\begin{array}{r} 4{,}5 \\ +\,1{,}15 \\ \hline \end{array}$

g) $\begin{array}{r} 27{,}36 \\ -\;\;3{,}36 \\ \hline \end{array}$

d) $\begin{array}{r} 12 \\ +\;\;2{,}8 \\ \hline \end{array}$

h) $\begin{array}{r} 4 \\ -\,1{,}5 \\ \hline \end{array}$

Cláudio Chiyo/Arquivo da editora

2. Arme e efetue as adições e as subtrações no caderno e escreva os resultados.

a) 3,7 + 0,3 = ____________

b) 0,5 + 2,42 = ____________

c) 13,29 − 9,470 = ____________

d) 12,15 − 0,1 = ____________

e) 2 + 0,578 = ____________

f) 4,02 − 0,38 = ____________

g) 12 + 4,3 = ____________

h) 0,8 − 0,19 = ____________

Desafio

Responda rapidamente:

Se 0,7 da superfície da Terra são cobertos por água, quantos décimos dessa superfície não são cobertos por água?

____

Multiplicação

Para multiplicar números decimais, procedemos assim:

1º Multiplicamos os números como se fossem inteiros.

2º Contamos quantas casas decimais existem nos dois fatores (multiplicando e multiplicador) e as somamos.

3º No produto, contamos da direita para a esquerda esse número de casas decimais e incluímos nesse local uma vírgula. No produto deve haver o mesmo número de casas decimais que há nos dois fatores.

Veja os exemplos:

$$\begin{array}{r} 4{,}5 \\ \times\quad 3 \\ \hline 13{,}5 \end{array}$$

4,5 → 1 casa decimal; 13,5 → 1 casa decimal

$$\begin{array}{r} 3{,}62 \\ \times\quad 0{,}3 \\ \hline 1{,}086 \end{array}$$

3,62 → 3 casas decimais; 1,086 → 3 casas decimais

$$\begin{array}{r} 115{,}45 \\ \times\quad 0{,}02 \\ \hline 2{,}3090 \end{array}$$

115,45 → 4 casas decimais; 2,3090 → 4 casas decimais

Multiplicação por 10, 100 e 1 000

Observe estas três multiplicações:

- $2{,}35 \times 10$
- $1{,}235 \times 100$
- $1{,}235 \times 1\,000$

$$\begin{array}{r} 2{,}35 \\ \times\quad 10 \\ \hline 23{,}5\not{0} \end{array}$$

2,35 → 2 casas decimais; 23,50 → 2 casas decimais

$$\begin{array}{r} 1{,}235 \\ \times\quad 100 \\ \hline 123{,}5\not{0}\not{0} \end{array}$$

1,235 → 3 casas decimais; 123,500 → 3 casas decimais

$$\begin{array}{r} 1{,}235 \\ \times\quad 1000 \\ \hline 1235{,}\not{0}\not{0}\not{0} \end{array}$$

1,235 → 3 casas decimais; 1235,000 → 3 casas decimais

$10 \times 2{,}35 = 23{,}5$ $\quad$ $100 \times 1{,}235 = 123{,}5$ $\quad$ $1\,000 \times 1{,}235 = 1\,235$

Observando as multiplicações, podemos concluir que:

> Para multiplicar um número decimal por 10, 100 ou 1 000, basta deslocar a vírgula uma, duas ou três casas para a direita, respectivamente. Não é preciso armar a conta.

1. Calcule.

a)
$$\begin{array}{r} 525{,}43 \\ \times \quad 5 \\ \hline \end{array}$$

b)
$$\begin{array}{r} 65 \\ \times 0{,}2 \\ \hline \end{array}$$

c)
$$\begin{array}{r} 4{,}25 \\ \times \quad 9 \\ \hline \end{array}$$

d)
$$\begin{array}{r} 22{,}5 \\ \times \quad 6 \\ \hline \end{array}$$

2. Calcule aplicando a regra prática.

a) $10 \times 3{,}18 =$ ______________

e) $1\,000 \times 8{,}1 =$ ______________

b) $100 \times 5{,}06 =$ ______________

f) $10 \times 0{,}43 =$ ______________

c) $1\,000 \times 0{,}34 =$ ______________

g) $10 \times 1{,}12 =$ ______________

d) $100 \times 2{,}968 =$ ______________

h) $100 \times 0{,}05 =$ ______________

3. Responda.

- Marli é cozinheira e utiliza 3,5 xícaras de açúcar em cada bolo que faz. Quantas xícaras de açúcar ela terá usado ao fazer o centésimo bolo?

____

____

____

____

Cláudio Chiyo/Arquivo da editora

- Uma pista de corrida tem 105,2 metros. Se eu der 10 voltas na pista, quantos metros terei corrido?

____

____

____

Divisão

Divisão de decimal por inteiro

```
75,25 |25
0025   3,01
  00
```

Para dividir um número decimal por um número inteiro, efetua-se a divisão como se ambos fossem inteiros.

Depois, inclui-se no quociente uma vírgula separando a parte inteira e a parte decimal de forma que haja o mesmo número de casas decimais do dividendo.

Divisão de inteiro por decimal

```
333,00 |0,09
 63     3700
  000
```

Para dividir um número inteiro por um número decimal, igualam-se as casas decimais do dividendo e do divisor acrescentando-se tantos zeros quantos forem necessários. Em seguida, cortam-se as vírgulas e resolve-se a divisão.

Divisão de decimal por decimal

```
4,80 |0,20
080   24
  00
```

Para dividir um número decimal por outro, deve-se igualar as casas decimais do dividendo e do divisor e proceder da mesma maneira que na divisão de inteiro por decimal, como no segundo exemplo.

Divisão de inteiro por inteiro com aproximação no quociente

- Aproximação de décimos

```
8,0 |5
30   1,6
 0
```

- Aproximação de centésimos

```
2,00 |50
  00  0,04
```

- Aproximação de milésimos

```
1,000 |8
  20   0,125
   40
    0
```

Para obter um quociente com aproximação de décimos, centésimos ou milésimos, acrescentamos uma, duas ou três casas decimais, respectivamente, ao dividendo.

1. Efetue as divisões abaixo.

a) 6, 4 | 2

c) 2, 8 | 7

e) 4 5 | 0,9

b) 9, 6 | 3

d) 2 7 | 0, 9

f) 9 | 0, 1 8

2. Arme e efetue as divisões a seguir.

a) 2 | 4

b) 4 | 2 5

c) 2 1 | 8

3. Efetue as divisões.

a) 7, 4 | 1, 8 5

c) 9, 6 | 1, 6

e) 4 4, 5 | 8, 9

b) 0, 8 4 | 0, 2 1

d) 5 8, 3 8 | 9, 7 3

f) 1 6, 5 | 2, 7 5

4. Leia o texto e calcule.

Para dividir um número decimal por 10, 100 ou 1 000, deslocamos a vírgula do produto para a esquerda tantas casas quantos forem os zeros do divisor.

a) 75,4 ÷ 10 = ____________

d) 2 ÷ 10 = ____________

b) 302,2 ÷ 1 000 = ____________

e) 330 ÷ 100 = ____________

c) 45,8 ÷ 100 = ____________

f) 228 ÷ 100 = ____________

De olho na resolução de problemas

Faça em seu caderno

1. A distância entre Rio de Janeiro e São Paulo é de, aproximadamente, 400 quilômetros. Um ônibus já rodou $\frac{3}{8}$ dessa distância. Quantos quilômetros o ônibus percorreu?

2. Um caminhoneiro fez uma viagem de 675 quilômetros em 3 dias. Sabendo-se que ele percorreu $\frac{1}{3}$ da viagem no primeiro dia, responda:

a) Quantos quilômetros foram percorridos no primeiro dia?

b) Quantos quilômetros restaram para percorrer nos outros dois dias?

3. Em um salto triplo, Lígia pulou 3,02 metros, depois mais 3,7 metros e, por último, 2,715 metros. Qual é a distância do salto de Lígia?

4. A piscina do clube onde Bianca pratica natação tem 22,5 metros de comprimento. Um dia ela cruzou a piscina 6 vezes. Quantos metros Bianca nadou?

5. Flávio e Ana vão de bicicleta para o trabalho. Flávio mora a 18,6 quilômetros do trabalho e Ana, a metade dessa distância. Quantos quilômetros Ana tem de pedalar para ir trabalhar?

Unidade

4

Porcentagem e sistemas de medidas

Valter Ferrari/Arquivo da editora

O QUE VOU ESTUDAR?

- Porcentagem
- Medidas de tempo
- Medidas de temperatura
- Medidas de comprimento
- Medidas de superfície
- Medidas de massa
- Medidas de volume
- Medidas de capacidade

Porcentagem

Noção de porcentagem

A comparação com 100, ou porcentagem, é usada em muitas situações. Veja este exemplo: dona Ana vende em sua loja muitos lápis coloridos. Ontem ela vendeu 100 lápis. Dos 100 lápis vendidos, **40 por cento** eram vermelhos.

Sérgio Cântara/Arquivo da editora

A fração que representa os lápis vermelhos pode ser indicada por:

$\frac{40}{100} = 0{,}40 = 40\%$ Lê-se: quarenta por cento.

% quer dizer **por cento**. Significa que o inteiro foi dividido em 100 partes iguais.

Cálculo de porcentagem

Você já aprendeu que 40%, $\frac{40}{100}$ e 0,40 são equivalentes.

Por isso, para calcular uma porcentagem, podemos transformá-la em um de seus equivalentes: fração decimal ou número decimal. Veja as duas maneiras:

40% de 100

$\frac{40}{100} \times \frac{100}{1} = \frac{4000}{100} = 40$

Para calcular a porcentagem de um número qualquer, pode-se transformá-la em fração decimal e multiplicá-la por esse número.

40% de 100

$0{,}40 \times 100 = 40$

Para calcular a porcentagem de um número qualquer, pode-se transformá-la em número decimal e multiplicá-la por esse número.

1. Qual é a porcentagem representada pela parte colorida em cada figura?

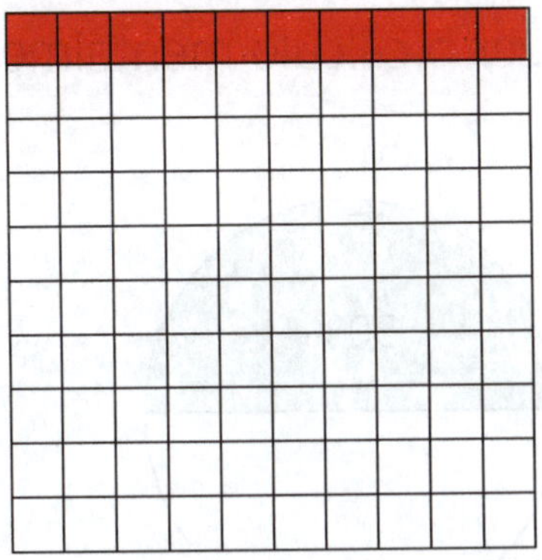

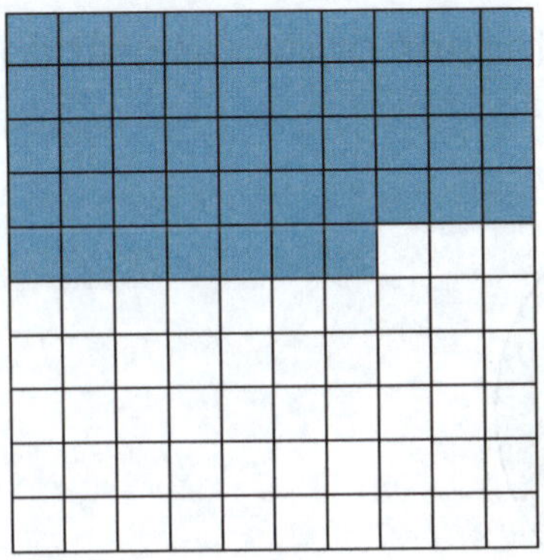

2. Calcule:

a) 20% de 500 figurinhas

d) 38% de R$ 500,00

b) 35% de 400 laranjas

e) 5% de R$ 600,00

c) 60% de R$ 800,00

f) 75% de 800 atletas

Cálculo mental de porcentagem

Com algumas porcentagens pode ser prático fazer o cálculo mentalmente. Veja:

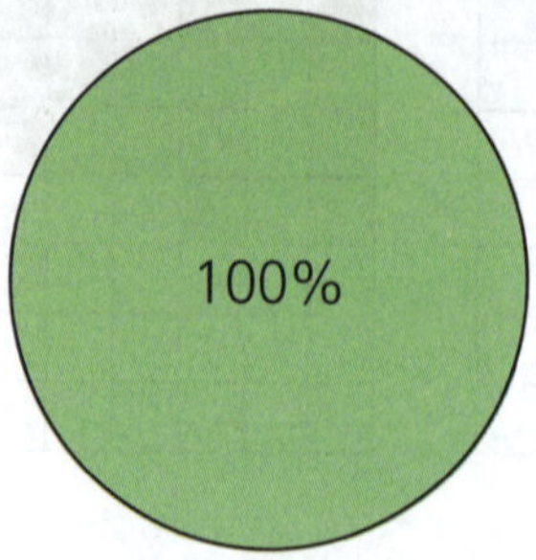

100% do círculo é o círculo todo.

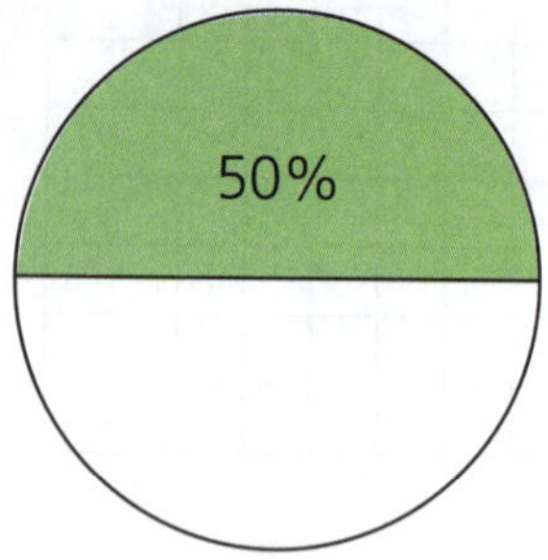

A metade de 100% é 50%.

Por isso, para calcular 50% de um total, basta dividi-lo por 2.

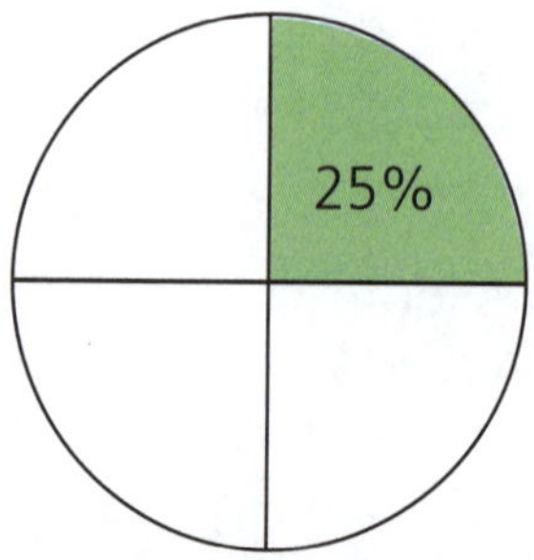

A quarta parte de 100% é 25%. Assim, para calcular 25% de um total, basta dividi-lo por 4.

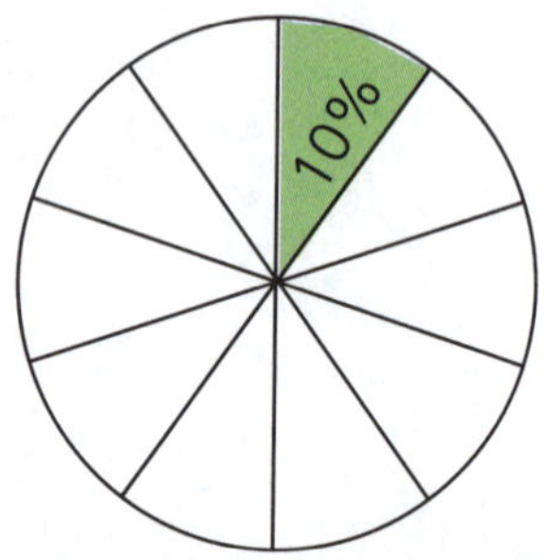

A décima parte de 100% é 10%. Para calcular 10% de um total, basta dividi-lo por 10.

Então, calculamos assim:

Cláudio Chiyo/Arquivo da editora

1. Pinte cada figura para representar as porcentagens indicadas.

50%

25%

2. Represente as frações como porcentagens.

a) $\frac{36}{100}$ = ______

b) $\frac{9}{100}$ = ______

c) $\frac{52}{100}$ = ______

d) $\frac{98}{100}$ = ______

e) $\frac{1}{100}$ = ______

f) $\frac{73}{100}$ = ______

3. Calcule mentalmente e complete.

15% de 400

10% de 400 = ______

5% de 400 = ______

15% de 400 = ______

35% de 900

30% de 900 = ______

5% de 900 = ______

35% de 900 = ______

12

Medidas de tempo

Unidade fundamental: o segundo

O relógio mede o tempo em **horas**, **minutos** e **segundos**.

O segundo é a unidade fundamental das medidas de tempo.

1 hora tem 60 minutos. 1h ⟶ 60min

1 minuto tem 60 segundos. 1min ⟶ 60s

Francesco Ridolfi/Shutterstock/Glow Images

Como as unidades de tempo não pertencem ao sistema decimal, não se usa vírgula para escrever as horas, os minutos e os segundos.

5h20min40s   7h45min

Outras medidas de tempo

A Terra demora 24 horas, ou 1 **dia**, para dar uma volta completa em torno de si mesma.

24h ⟶ 1 dia

A Terra também gira ao redor do Sol. Uma volta completa demora 365 dias e 6 horas.

365 dias e 6 horas ⟶ 1 ano

Na contagem dos dias do ano, as 6 horas não são consideradas. Portanto, diz-se que o ano tem 365 dias. Chamamos esse período de **ano civil**.

O ano civil é dividido em 12 **meses**.

Para compensar as 6 horas desconsideradas, de 4 em 4 anos elas são reunidas e o mês de fevereiro ganha 1 dia a mais. É o chamado **ano bissexto**, que tem 366 dias.

Então: 1 ano ⟶ 12 meses ⟶ 365 ou 366 dias

No comércio, considera-se o mês com 30 dias e o ano com 360 dias. Eles correspondem ao **mês comercial** e ao **ano comercial**.

Há também outras unidades de medida de tempo, como **semana**, **bimestre**, **século** e **milênio**.

1. Faça a conversão das unidades de tempo.

a) 15min → ____________ segundos

b) 3h → ____________ minutos

c) 1h10min → ____________ segundos

2. Os relógios indicam as horas de início e de término da aula de futebol de Lívia. Quanto tempo dura essa aula?

início   término

Johann Helgason/Shutterstock/Glow Images

____

____

____

3. Complete a tabela abaixo.

número de horas	12			
fração do dia		$\frac{1}{3}$	$\frac{2}{3}$	$\frac{3}{4}$

4. Pense em sua rotina. O que você costuma fazer de manhã, à tarde e à noite? Escolha algumas de suas atividades diárias e preencha a tabela a seguir.

hora de início	hora de término	atividade

13

Medidas de temperatura

Nelson Antoine/Fotoarena

O termômetro marca –2 °C em São Joaquim (SC).

Cláudio Chiyo/Arquivo da editora

O instrumento usado para medir a temperatura é o **termômetro**.

Unidade fundamental: o grau centesimal

A unidade de medida de temperatura é o **grau centesimal** ou **grau Celsius**.

Essa medida é representada assim: °C.

Diariamente, os jornais, os *sites* e os programas de rádio e televisão mostram a previsão do tempo e as temperaturas máximas e mínimas para o Brasil e o mundo.

- Observe no mapa as temperaturas previstas para as capitais dos estados brasileiros no dia 9 de setembro de 2013.

Temperaturas previstas para as capitais brasileiras

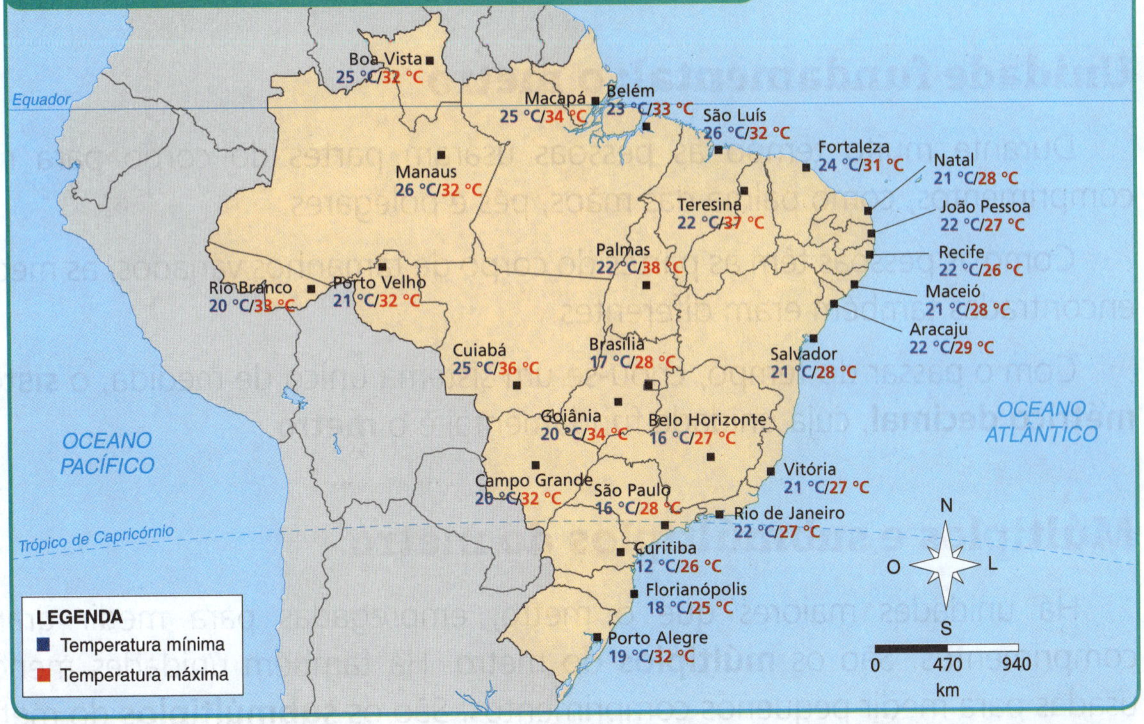

Mário Yoshida/Arquivo da editora

Fonte: Centro de Previsão de Tempo e Estudos Climáticos (CPTEC). Disponível em: <www.cptec.inpe.br>. Acesso em: 9 set. 2013.

a) Quais foram as temperaturas máxima e mínima previstas para a capital do Brasil?

____

b) Qual a temperatura máxima prevista para Manaus? _______________

c) Em que capital a temperatura máxima prevista foi a maior?

____

d) Qual a diferença entre as temperaturas máxima e mínima previstas para esse dia em Recife?

____

e) Quais foram as temperaturas máxima e mínima previstas para a capital do estado onde você mora?

____

14

Medidas de comprimento

Unidade fundamental: o metro

Durante muito tempo as pessoas usaram partes do corpo para medir comprimentos, como palma das mãos, pés e polegares.

Como as pessoas têm as partes do corpo de tamanhos variados, as medidas encontradas também eram diferentes.

Com o passar do tempo, criou-se um sistema único de medida, o **sistema métrico decimal**, cuja unidade fundamental é o **metro**.

Múltiplos e submúltiplos do metro

Há unidades maiores que o metro, empregadas para medir grandes comprimentos. São os **múltiplos** do metro. Há também unidades menores, usadas para medir pequenos comprimentos. São os **submúltiplos** do metro.

múltiplos do metro			unidade fundamental	submúltiplos do metro		
quilômetro (km)	hectômetro (hm)	decâmetro (dam)	metro (m)	decímetro (dm)	centímetro (cm)	milímetro (mm)
1 000 m	100 m	10 m	1 m	0,1 m	0,01 m	0,001 m

Representação e leitura

Usamos números decimais na representação das medidas de comprimento. A parte inteira representa a medida indicada. A parte decimal representa unidades menores e recebe o nome da unidade ocupada pelo último algarismo. Veja:

medida de comprimento	unidades							como se lê
	km	hm	dam	m	dm	cm	mm	
6,45 m				6,	4	5		seis metros e quarenta e cinco centímetros

1. Escreva a unidade de medida mais adequada para medir:

a) a largura da sala de aula: ______________________________.

b) o comprimento de seu braço: ______________________________.

c) a distância entre duas cidades: ______________________________.

2. Complete as frases com os valores apresentados no quadro.

15 mm	12 500 km	2 m	80 cm

a) A porta da sala de aula tem largura de ______________.

b) Uma abelha mede cerca de ______________.

c) A maioria dos jogadores de basquete ultrapassa ______________ de altura.

d) O diâmetro da Terra é de mais de ______________.

3. Com a régua, meça os segmentos e depois complete.

a) $\overline{AB}$ mede ________ cm ou ________ mm.

b) $\overline{CD}$ mede ________ cm ou ________ m.

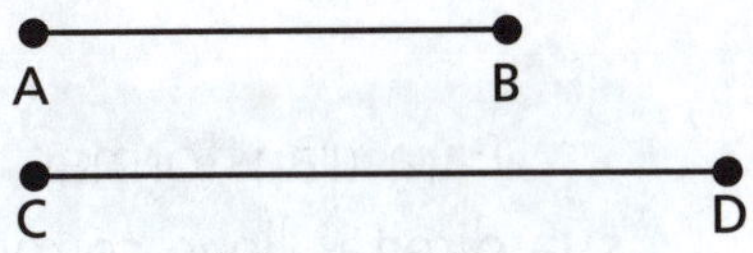

4. Escreva no quadro as medidas em números decimais. Não se esqueça da vírgula.

	km	hm	dam	m	dm	cm	mm
quarenta e três metros e oito centímetros							
duzentos e oito metros e cinco decímetros							
quinze metros e vinte e um milímetros							
nove quilômetros e dezoito metros							

Mudanças de unidade

As unidades de medida de comprimento variam de 10 em 10. Para transformar as unidades de medida, usamos uma regra prática. Observe o esquema a seguir:

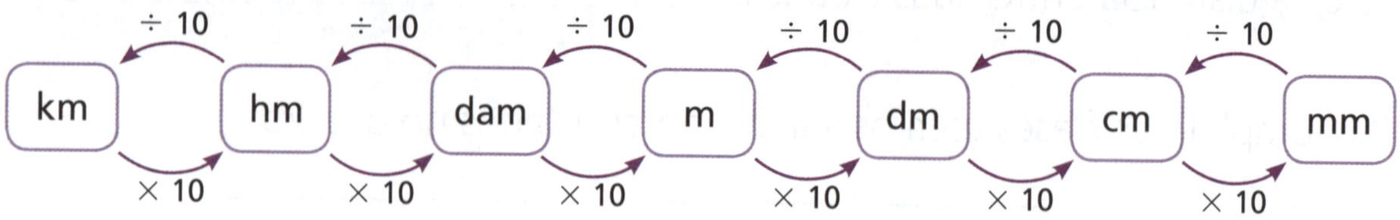

Veja como transformar centímetros em milímetros (cm ⟶ mm):

$1 \text{ cm} = 10 \times 1 \text{ mm}$

$1 \text{ cm} = 10 \text{ mm}$

1×10

- Transformar 1,39 cm em mm:

$1{,}39 \text{ cm} = \blacksquare \text{ mm}$

$1{,}39 \times 10$ — $1{,}39 \times 10 = 13{,}9$

$1{,}39 \text{ cm} = 13{,}9 \text{ mm}$

Para transformar uma unidade de medida na unidade imediatamente à sua direita, deve-se multiplicar seu valor por 10.

Veja outro exemplo, agora com mm ⟶ cm:

$10 \text{ mm} = 1 \text{ cm}$

$1 \text{ mm} = 1 \text{ cm} \div 10$

$1 \text{ mm} = \frac{1}{10} \text{ cm}$

$1 \div 10$

- Transformar 5 mm em cm:

$5 \text{ mm} = \blacksquare \text{ cm}$

$5 \div 10$ — $5 \div 10 = \frac{5}{10} = 0{,}5$

$5 \text{ mm} = 0{,}5 \text{ cm}$

Para transformar uma unidade de medida na unidade imediatamente à sua esquerda, deve-se dividir seu valor por 10.

1. Transforme as medidas nas unidades indicadas.

a) 4,1 m = ______________________ = ______________ mm

b) 10,3 km = ______________________ = ______________ m

c) 1,021 km = ______________________ = ______________ cm

d) 13 dm = ______________________ = ______________ cm

e) 300 mm = ______________________ = ______________ cm

f) 8 300 m = ______________________ = ______________ km

g) 660 cm = ______________________ = ______________ m

2. Este mapa está desenhado na escala 1:160. Isso significa que cada 1 cm corresponde a 160 km da medida real.

Mário Yoshida/Arquivo da editora

Com a régua, meça as distâncias entre as capitais. Depois, com base nas medidas, calcule, em quilômetros, a distância aproximada entre elas:

a) Fortaleza-Natal → ______________________

b) João Pessoa-Recife → ______________________

c) Teresina-Fortaleza → ______________________

d) Aracaju-Maceió → ______________________

e) João Pessoa-Maceió → ______________________

Ideia de perímetro

Para colocar uma moldura em um quadro, é preciso saber a medida de seu contorno.

A medida de um contorno chama-se **perímetro** (P).

Perímetro é a soma das medidas dos lados de um polígono.

Como você pode ver na figura acima, se o quadro de Danilo tem o formato de um quadrado, ou seja, os quatro lados têm a mesma medida, cada lado deve medir 24 cm.

Assim, 24 cm × 4 lados = 96 cm. Portanto, serão necessários 96 cm de moldura para o quadro.

1. Calcule o perímetro dos polígonos.

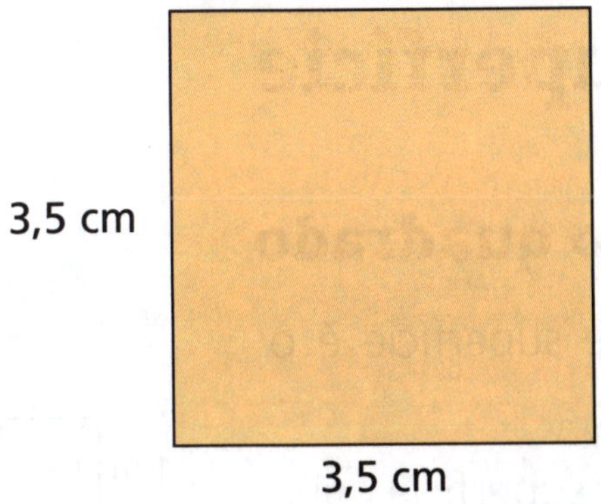

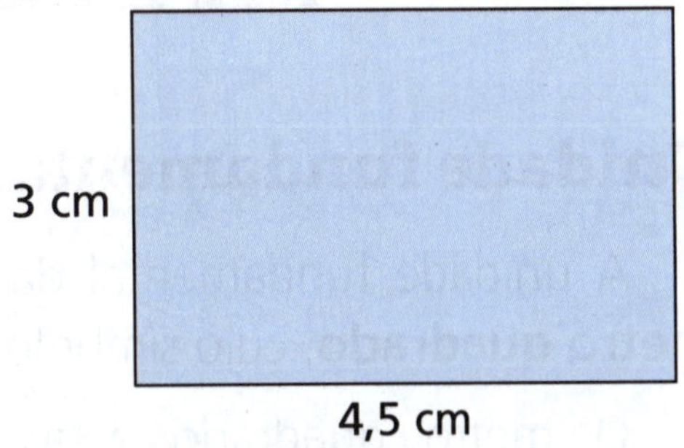

2. Meça com a régua os lados dos polígonos e calcule o perímetro.

3. Leia e calcule.

a) Qual é o perímetro de uma quadra de vôlei que tem 18 m de comprimento e cuja largura corresponde a $\frac{3}{6}$ do comprimento?

b) Quanto mede cada lado de um quarto quadrado cujo perímetro é de 6 m?

15

Medidas de superfície

Unidade fundamental: o metro quadrado

A unidade fundamental das medidas de superfície é o **metro quadrado**, cujo símbolo é m^2.

O metro quadrado é a medida de superfície que corresponde à área de um quadrado de 1 metro de lado.

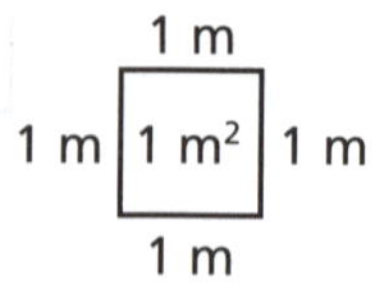

Múltiplos e submúltiplos do metro quadrado

Dependendo da superfície a ser medida, podemos usar múltiplos e submúltiplos do metro quadrado.

Para medir grandes superfícies, o mais usado é o quilômetro quadrado, que representa uma região determinada por um quadrado com lados de 1 quilômetro. Ele é empregado para medir a superfície de um município, de um estado ou de um país, por exemplo.

Para superfícies pequenas, a medida mais usada é o centímetro quadrado, que representa uma região determinada por um quadrado com lados de 1 centímetro.

Veja no quadro os múltiplos e submúltiplos do metro quadrado:

	unidade	símbolo	valor em metro
múltiplos	quilômetro quadrado	km^2	1 000 000 m^2
	hectômetro quadrado	hm^2	10 000 m^2
	decâmetro quadrado	dam^2	100 m^2
unidade fundamental	metro quadrado	m^2	1 m^2
submúltiplos	decímetro quadrado	dm^2	0,01 m^2
	centímetro quadrado	cm^2	0,0001 m^2
	milímetro quadrado	mm^2	0,000001 m^2

1. Observe a ilustração e complete o texto com as palavras abaixo:

medida	superfície	área	superfície

Helena está colocando quadradinhos de papel colorido sobre a ________________ da capa de seu livro. A ________________ total dessa ________________ chama-se ________________.

2. Observe a superfície aproximada de alguns dos maiores países do mundo:

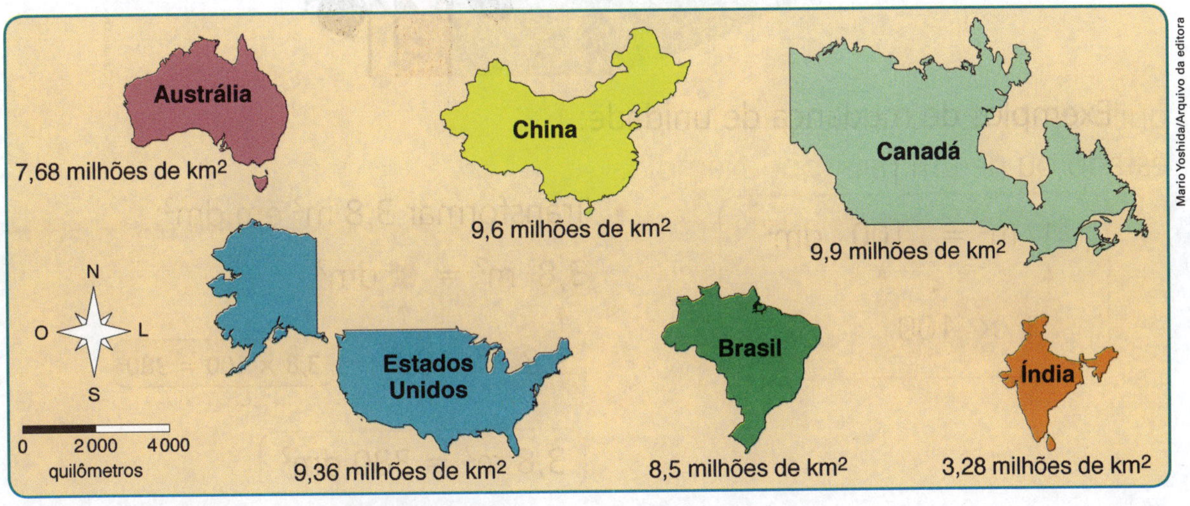

- Agora responda às questões:

a) Qual dos países tem a maior área? De quanto é essa área?

____

b) Qual dos países tem a menor área? De quanto é essa área?

____

c) Em qual dos países você mora? Qual é a área dele?

____

Mudanças de unidade

As unidades de superfície variam de 100 em 100. Cada unidade é 100 vezes maior que a unidade imediatamente inferior da lista.

km^2	hm^2	dam^2	m^2	dm^2	cm^2	mm^2
$1\ km^2 = 100\ hm^2$	$1\ hm^2 = 100\ dam^2$	$1\ dam^2 = 100\ m^2$	$1\ m^2 = 100\ dm^2$	$1\ dm^2 = 100\ cm^2$	$1\ cm^2 = 100\ mm^2$	

Cláudio Chiyo/Arquivo da editora

Exemplos de mudança de unidade:

$1\ m^2 = 100\ dm^2$

1×100

- Transformar $3,8\ m^2$ em dm^2:

$3,8\ m^2 = ■\ dm^2$

$3,8 \times 100$ — $3,8 \times 100 = 380$

$3,8\ m^2 = 380\ dm^2$

$100\ m^2 = 1\ dam^2$

$1\ m^2 = \frac{1}{100}\ dam^2$

$1 \div 100$

- Transformar $119,4\ m^2$ em dam^2:

$199,4\ m^2 = ■\ dam^2$

$119,4 \div 100$ — $119,4 \div 100 = 1,194$

$119,4\ m^2 = 1,194\ dam^2$

Veja outros exemplos:

$6\ km^2 = 6\,000\,000\ m^2$ ($\times 100$ $\times 100$ $\times 100$)

$45\ cm^2 = 0,0045\ m^2$ ($\div 100$ $\div 100$)

1. Transforme as medidas em metros quadrados.

a) $530{,}08\ dm^2 =$ ____________________

b) $7{,}21\ km^2 =$ ____________________

c) $531\,000\ mm^2 =$ ____________________

d) $71\,400\,000\ mm^2 =$ ____________________

2. Faça as transformações pedidas.

a) $400\ mm^2$ → ____________ cm^2

b) $66{,}15\ m^2$ → ____________ cm^2

c) $553\,200\ mm^2$ → ____________ dm^2

d) $128\ dm^2$ → ____________ dam^2

e) $500\ cm^2$ → ____________ m^2

f) $1{,}15\ cm^2$ → ____________ mm^2

3. Escreva por extenso.

a) $18\ dm^2$ → ________________________________

____

b) $402\ m^2$ → ________________________________

____

c) $83\ km^2$ → ________________________________

____

d) $120\ mm^2$ → ________________________________

____

e) $750\ cm^2$ → ________________________________

____

Áreas de figuras planas

Área do quadrado

Vamos calcular a área deste quadrado.

Observe que ele está dividido em 9 quadradinhos iguais, cada um deles com lado de 1 cm. Cada quadradinho tem, portanto, 1 cm^2 de área.

Como são 9 quadradinhos, a área do quadrado é:

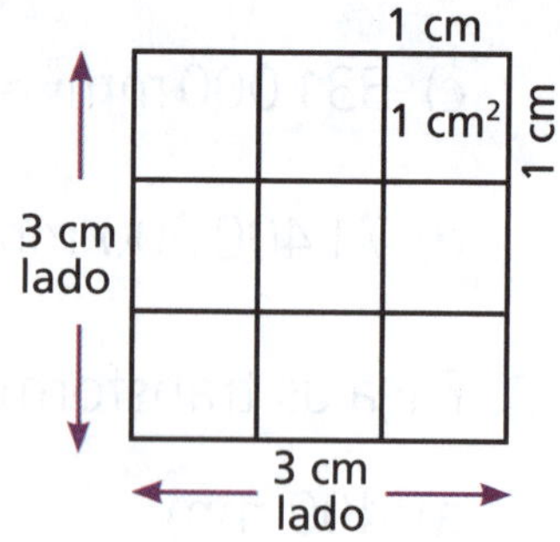

$$9 \times 1\ cm^2 = 9\ cm^2$$

Veja que o quadrado tem 3 cm de lado. Multiplicando-se a medida de um lado pela medida do outro, temos:

$$3\ cm \times 3\ cm = 9\ cm^2$$

Assim, para calcular a área de um quadrado, multiplica-se a medida de um lado pela medida do outro.

$$\text{Área } \square = \text{lado} \times \text{lado} \quad \text{ou} \quad \mathbf{A\ \square = l \times l}$$

Área do retângulo

Vamos calcular a área deste retângulo.

Cláudio Chiyo/Arquivo da editora

Veja que ele está dividido em 8 quadradinhos, cada um deles com lado de 1 cm, ou seja, com 1 cm^2 de área.

Como são 8 quadradinhos, a área do retângulo é:

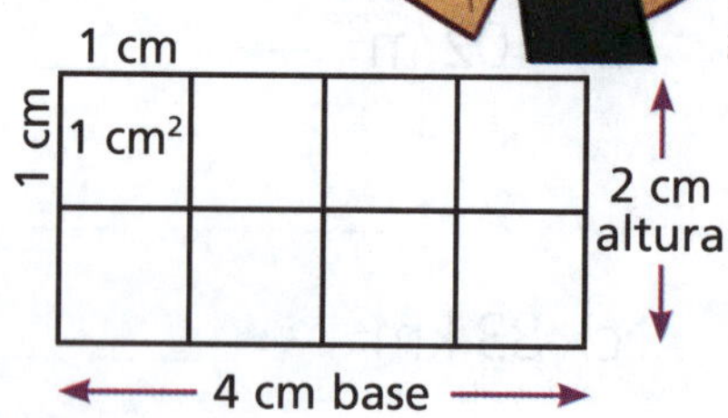

$$8 \times 1\ cm^2 = 8\ cm^2$$

Observe que o retângulo tem 4 cm de comprimento (base) e 2 cm de largura (altura). Multiplicando-se a medida da base pela medida da altura, temos:

$$4\ cm \times 2\ cm = 8\ cm^2$$

Assim, para calcular a área de um retângulo, multiplica-se a medida da base pela medida da altura.

$$\text{Área } ▭ = \text{base} \times \text{altura} \quad \text{ou} \quad \mathbf{A\ ▭ = b \times h}$$

1. Calcule a área das figuras.

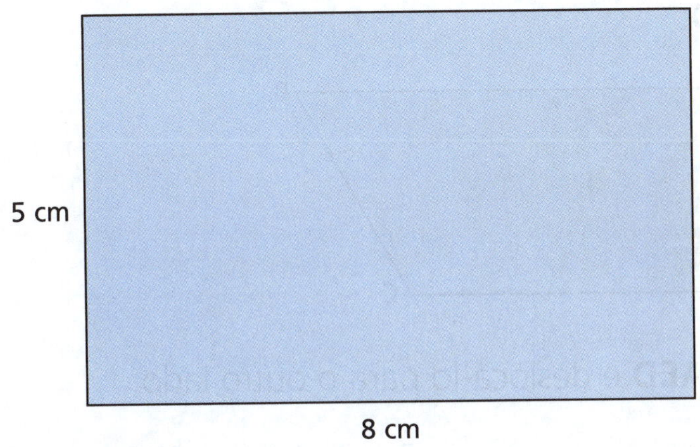

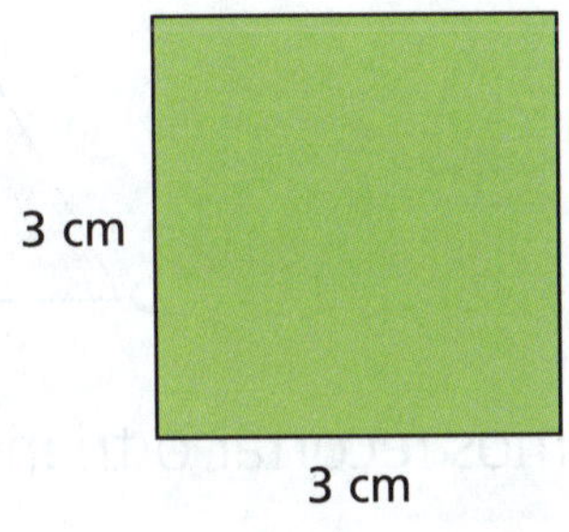

Área → ____________ Área → ____________

2. Observe a figura e responda às questões.

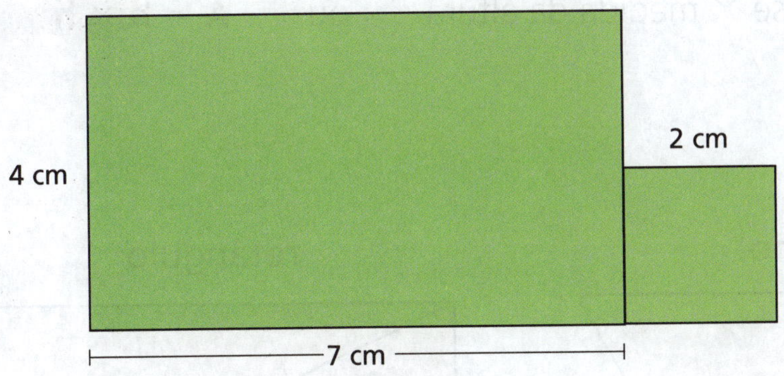

Cláudio Chiyo/Arquivo da editora

a) Qual é a área do retângulo?

____

b) Qual é a área do quadrado?

____

c) Qual é a área da figura toda?

____

Área do paralelogramo

Veja o paralelogramo **ABCD**:

Vamos recortar o triângulo **AED** e deslocá-lo para o outro lado:

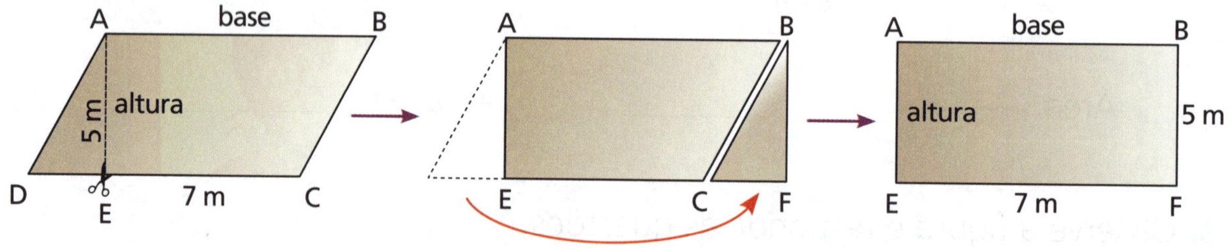

Obtemos, então, o retângulo **ABFE**, que tem a mesma área do paralelogramo.

área do retângulo = área do paralelogramo

A = medida da base × medida da altura ou **A = b × h**

Área do triângulo

Observe as figuras:

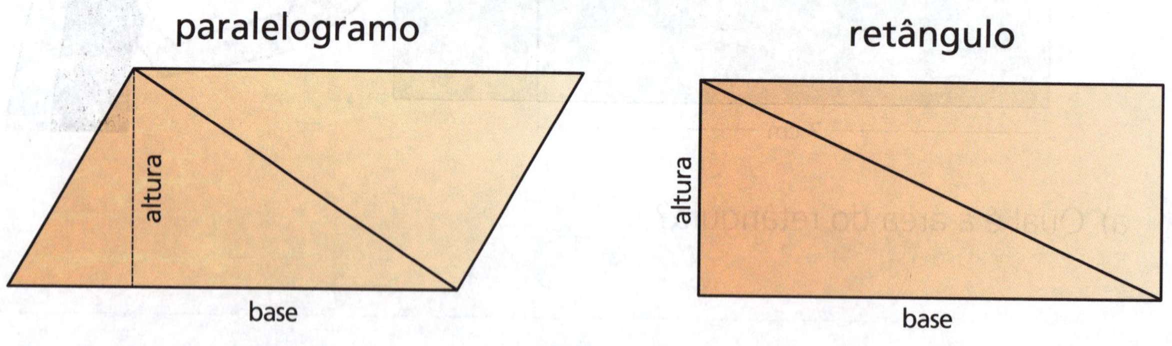

Note que a metade de um paralelogramo ou a metade de um retângulo formam um triângulo.

Assim, a área do triângulo é igual à área do retângulo dividida por 2. Ou seja, é o produto da medida da base pela medida da altura dividido por 2.

$$\mathbf{A} = \frac{\text{medida da base} \times \text{medida da altura}}{2} \quad \text{ou} \quad \mathbf{A} = \frac{\mathbf{b} \times \mathbf{h}}{2}$$

1. O quarto de Rosa tem o formato de um quadrado de 4,5 m de lado. Qual é a área do quarto?

Resposta: ___

2. A empresa de Antônio vai colaborar com o reflorestamento. Ele doou árvores para serem plantadas em um terreno retangular de 1 km de comprimento e 450 m de largura. Qual é a área desse terreno, em metros quadrados?

Resposta: ___

3. Seu José é jardineiro. Ele preparou um canteiro triangular de 2 m de base e 1,5 m de altura para plantar rosas. Qual é a área desse canteiro?

Cláudio Chiyo/Arquivo da editora

Resposta: ___

4. Uma quadra de vôlei tem 162 m^2 de área e 9 m de largura. Qual é o comprimento dessa quadra?

Resposta: ___

16

Medidas de massa

Unidade fundamental: o grama

Quando pesamos alguma coisa, estamos medindo sua massa, ou seja, a quantidade de matéria existente.

O instrumento usado para fazer essa medição é a balança.

A unidade fundamental para medir a massa de um corpo é o **grama**.

Múltiplos e submúltiplos do grama

múltiplos			unidade fundamental	submúltiplos		
quilograma (kg)	hectograma (hg)	decagrama (dag)	grama (g)	decigrama (dg)	centigrama (cg)	miligrama (mg)
1 000 g	100 g	10 g	1 g	0,1 g	0,01 g	0,001 g

O **quilograma**, ou simplesmente **quilo**, é o múltiplo do grama mais usado no dia a dia. O **miligrama** é o submúltiplo mais empregado, principalmente pelas indústrias química e farmacêutica.

Mudanças de unidade

Observe as unidades usadas para medir massa:

kg	hg	dag	g	dg	cg	mg
1 kg = 10 hg	1 hg = 10 dag	1 dag = 10 g	1 g = 10 dg	1 dg = 10 cg	1 cg = 10 mg	

- Para transformar 5 kg em g: 5 kg = $5 \times 1\,000 = 5\,000$ g
- Para transformar 350 g em kg: 350 g = $350 \div 1\,000 = 0{,}350$ kg

1. Complete usando os símbolos **kg**, **g** ou **mg**.

a) Renato pesa 58 ________.

b) Um passarinho pesa aproximadamente 25 ________.

c) Uma galinha pesa aproximadamente 3 ________.

d) Um comprimido pesa aproximadamente 2 ________.

2. Escreva por extenso.

a) 3,641 kg → ____

____

b) 4,227 g → ____

____

3. Pesquise o preço dos seguintes produtos:

Sérgio Cântara/Arquivo da editora

1 kg de arroz	1 kg de farinha	1 kg de açúcar

R$	R$	R$

4. Agora, assinale V se for verdadeiro ou F se for falso.

a) ☐ 1 kg = 1 000 g

b) ☐ 400 kg = 40 g

c) ☐ 0,52 kg = 520 g

d) ☐ 7 kg ≠ 70 g

e) ☐ 1 kg = 4 × 250 g

f) ☐ 2,8 kg ≠ 28 g

g) ☐ 3,5 kg = 350 g

h) ☐ 200 g = 2000 kg

17

Medidas de volume

Unidade fundamental: o metro cúbico

Volume de um objeto é a medida do espaço que ele ocupa. Para calcular o espaço ocupado, precisamos de uma unidade de medida.

A unidade fundamental das medidas de volume é o **metro cúbico**, que se abrevia $\mathbf{m^3}$.

Metro cúbico é o volume de um cubo que tem 1 metro de aresta.

$$1\text{ m} \times 1\text{ m} \times 1\text{ m} = 1\text{ m}^3$$

↑

1 metro cúbico

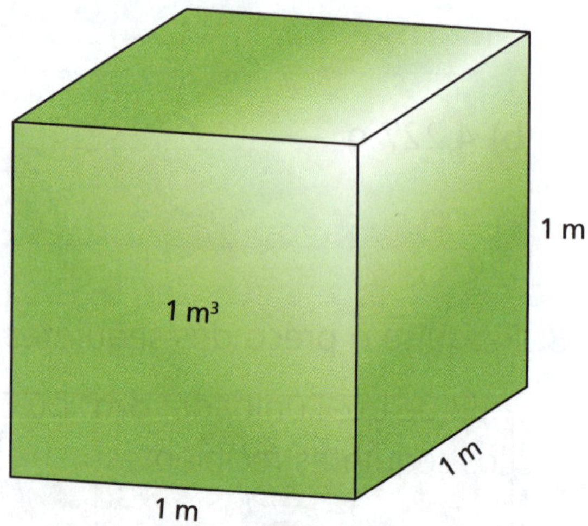

Múltiplos e submúltiplos do metro cúbico

Há outras unidades de medida de volume. São os múltiplos e os submúltiplos do metro cúbico.

	unidade	símbolo	valor em metro
múltiplos	quilômetro cúbico	km^3	1 000 000 000 m^3
	hectômetro cúbico	hm^3	1 000 000 m^3
	decâmetro cúbico	dam^3	1 000 m^3
unidade fundamental	metro cúbico	m^3	1 m^3
submúltiplos	decímetro cúbico	dm^3	0,001 m^3
	centímetro cúbico	cm^3	0,000 001 m^3
	milímetro cúbico	mm^3	0,000 000 001 m^3

Mudanças de unidade

As unidades das medidas de volume variam de 1 000 em 1 000, isto é, cada unidade é 1 000 vezes maior que a unidade imediatamente inferior.

km^3	hm^3	dam^3	m^3	dm^3	cm^3	mm^3

$1\ km^3 = 1000\ hm^3$	$1\ hm^3 = 1000\ dam^3$	$1\ dam^3 = 1000\ m^3$	$1\ m^3 = 1000\ dm^3$	$1\ dm^3 = 1000\ cm^3$	$1\ cm^3 = 1000\ mm^3$

- Para transformar 15 m^3 em dm^3: $15\ m^3 = 15 \times 1\,000 = 15\,000\ dm^3$
- Para transformar 1 214 dm^3 em m^3: $1\,214\ dm^3 = 1\,214 \div 1\,000 = 1{,}214\ m^3$

1. Escreva por extenso.

a) 1 500 km^3 → ____________________

b) 91 m^3 → ____________________

c) 11 dm^3 → ____________________

d) 56 mm^3 → ____________________

2. Indique qual unidade, **dm^3** ou **cm^3**, é a mais adequada para medir o volume dos seguintes recipientes:

Andriano/Shutterstock/Glow Images

Sérgio Dotta Jr./Arquivo da editora

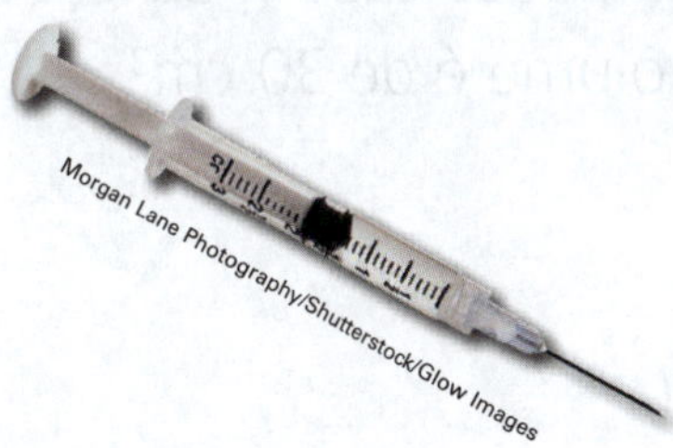

Morgan Lane Photography/Shutterstock/Glow Images

______________ ______________ ______________

3. Transforme as medidas para as unidades indicadas.

a) 4 dam^3 = ______________ = ______________ m^3

b) 11 cm^3 = ______________ = ______________ m^3

c) 1,5 km^3 = ______________ = ______________ m^3

d) 6 dm^3 = ______________ = ______________ m^3

Volume de figuras espaciais

Quantos cubos de 1 cm³ são necessários para ocupar todo o espaço deste paralelepípedo?

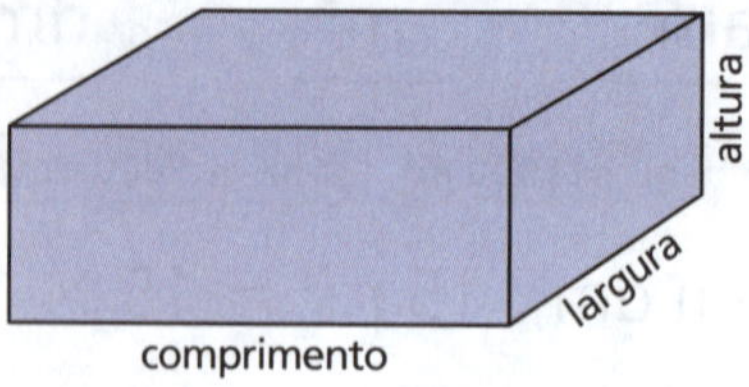

comprimento: 5 cm

largura: 3 cm

altura: 2 cm

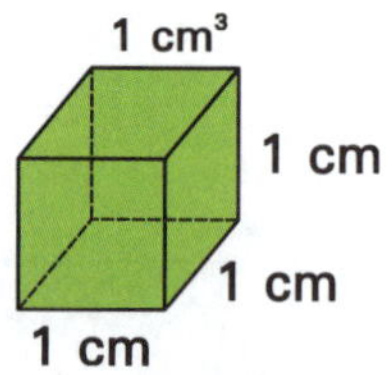

Um centímetro cúbico é o espaço ocupado por um cubo de 1 cm de aresta.

Em cada uma das camadas cabem 15 cubos de 1 cm³. Então, nas duas camadas cabem 30 cubos, ou seja, 15 cm³ + 15 cm³ = 30 cm³. Portanto, seu volume é de 30 cm³.

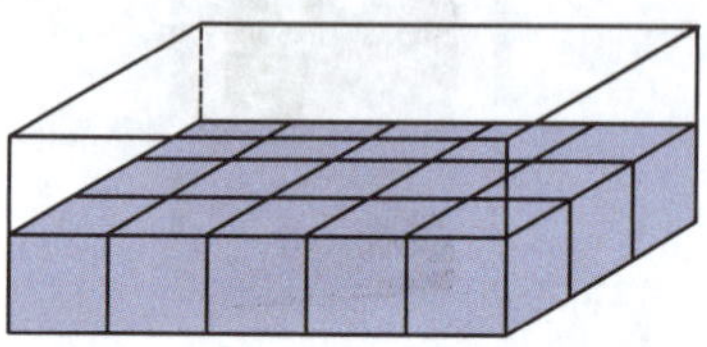

Essa medida também pode ser obtida efetuando-se:

$$\mathbf{V} = 5 \text{ cm} \times 3 \text{ cm} \times 2 \text{ cm} = 30 \text{ cm}^3$$

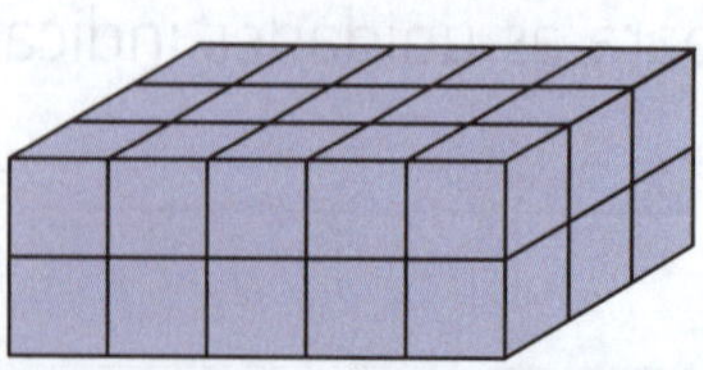

volume do paralelepípedo = medida do comprimento × medida da largura × medida da altura

1. Veja as medidas do cubo e calcule seu volume em centímetros cúbicos.

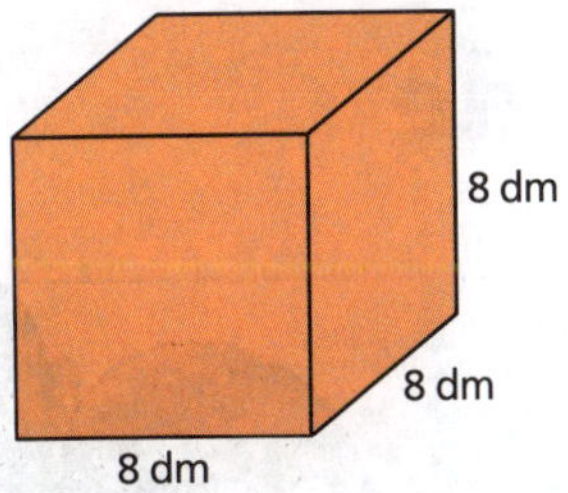

2. Calcule o volume destes paralelepípedos.

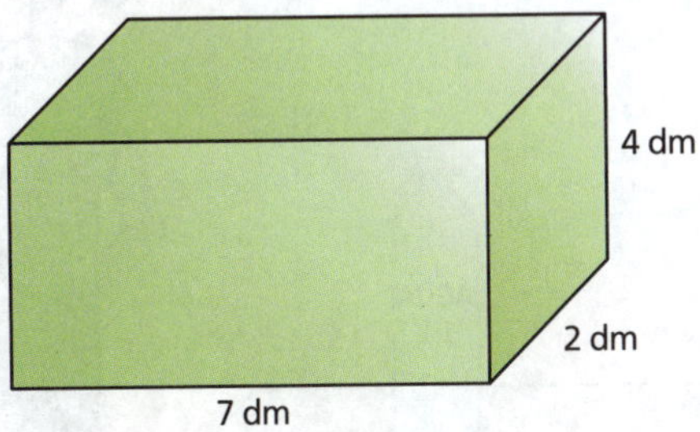

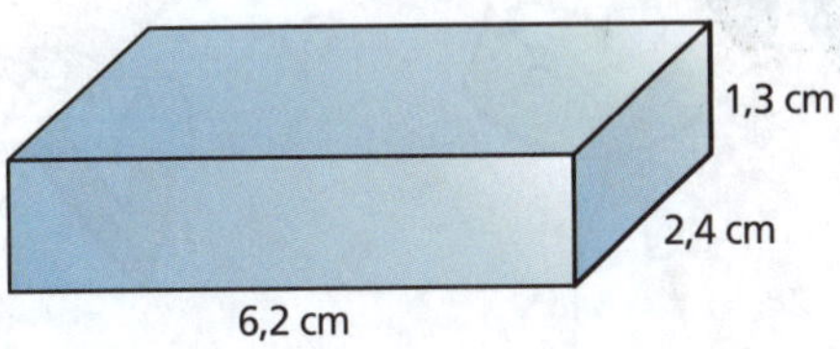

3. Observe as dimensões do aquário. Calcule o volume, em decímetros cúbicos, de água contido em $\frac{2}{3}$ desse aquário.

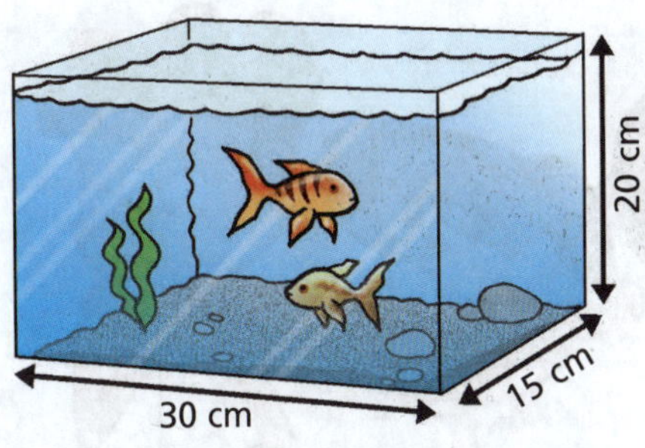

Ilustrações: Ilustra Cartoon/Arquivo da editora

4. Observe as dimensões do vaso e calcule o volume de terra que ele comporta em metros cúbicos.

18

Medidas de capacidade

Cláudio Chiyo/Arquivo da editora

Unidade fundamental: o litro

A quantidade de líquido que cabe em um recipiente determina sua **capacidade**. Portanto, o volume de água que cabe em uma garrafa é a sua capacidade.

Para medir a capacidade de um recipiente, usamos o **litro**.

O litro é a unidade fundamental das medidas de capacidade e é simbolizado pela letra L (maiúscula).

Múltiplos e submúltiplos do litro

Existem outras unidades de medida de capacidade. São os múltiplos e os submúltiplos do litro:

	unidade	símbolo	valor em litros
múltiplos	quilolitro	kL	1 000 L
	hectolitro	hL	100 L
	decalitro	daL	10 L
unidade fundamental	litro	L	1 L
submúltiplos	decilitro	dL	0,1 L
	centilitro	cL	0,01 L
	mililitro	mL	0,001 L

Além do litro, o **mililitro** também é uma unidade de medida bastante usada.

Mudanças de unidade

As unidades de medida de capacidade variam de 10 em 10, isto é, cada unidade é 10 vezes maior que a unidade imediatamente inferior.

kL	hL	daL	L	dL	cL	mL

1 kL = 10 hL	1 hL = 10 daL	1 daL = 10 L	1 L = 10 dL	1 dL = 10 cL	1 cL = 10 mL

- Para transformar 5,385 L em mL:

$$5{,}385 \text{ L} = 5{,}385 \times 1\,000 = 5\,385 \text{ mL}$$

- Para transformar 47,5 mL em L:

$$47{,}5 \text{ mL} = 47{,}5 \div 1\,000 = 0{,}0475 \text{ L}$$

1. Siga o exemplo.

a) dois mililitros → 2 mL

b) cento e quinze centilitros → ______________

c) vinte e cinco litros → ______________

d) novecentos e dois mililitros → ______________

2. Escreva por extenso a capacidade de cada recipiente.

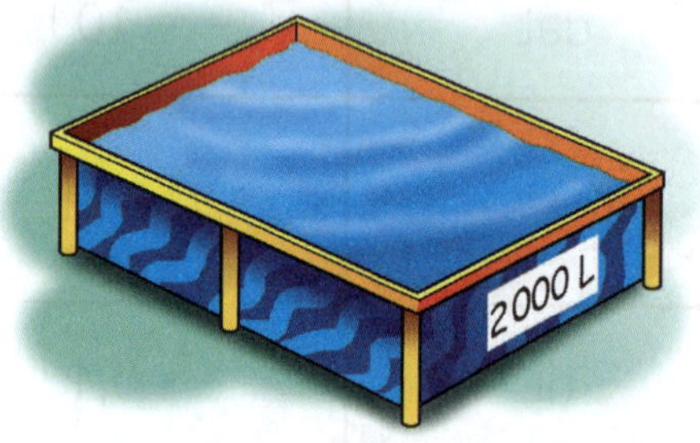

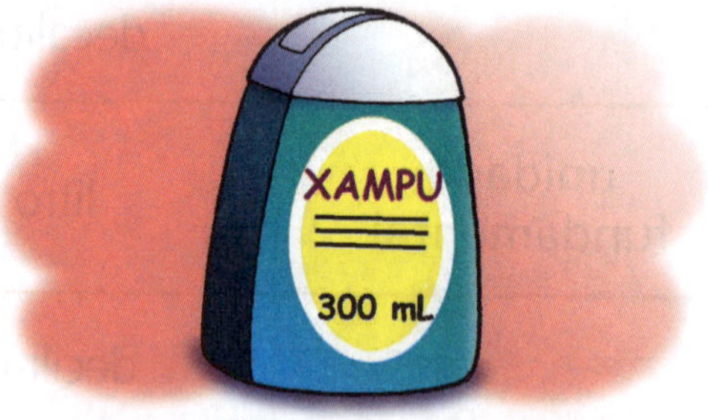

Ilustrações: Ilustra Cartoon/Arquivo da editora

______________ ______________

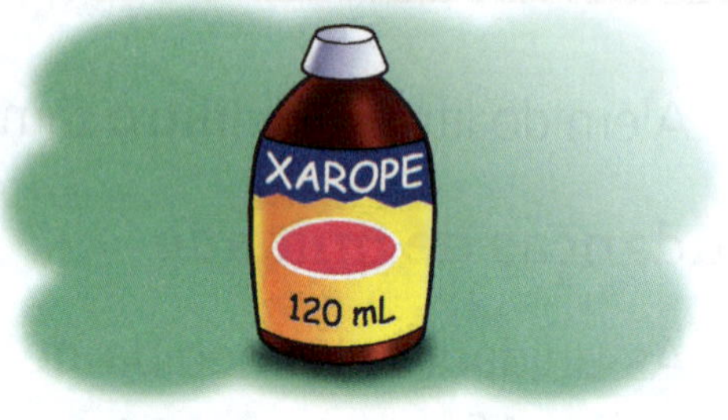

______________ ______________

3. Passe as medidas para as unidades indicadas.

a) 0,02 L → ______________ mL

e) 0,195 L → ______________ mL

b) 15,1 mL → ______________ L

f) 135,6 cL → ______________ L

c) 325 mL → ______________ L

g) 30 mL → ______________ L

d) 4,5 L → ______________ dL

h) 1,3 L → ______________ mL

4. Leia o texto.

A relação entre as medidas de capacidade e de volume pode ser resumida assim:

Ilustrações: Ilustra Cartoon/Arquivo da editora

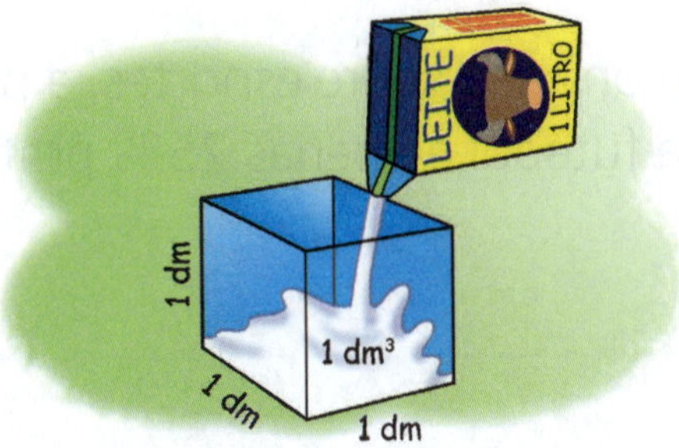

1 L ocupa 1 dm³ de volume

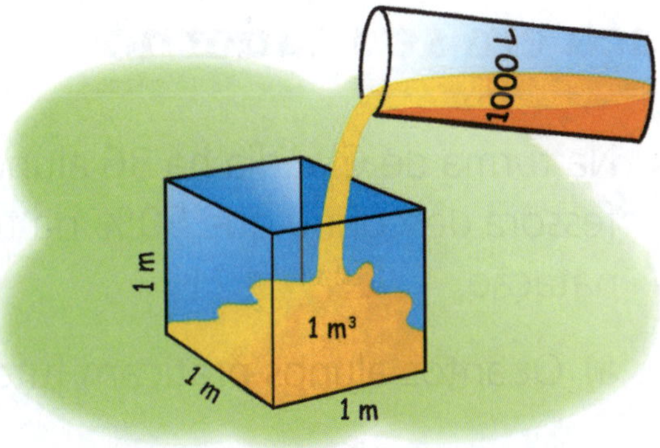

1 000 L ocupam 1 m³ de volume

Como você aprendeu, 1 m = 10 dm.

$1\ m^3 = 1\ m \times 1\ m \times 1\ m$ ou $1\ m^3 = 10\ dm \times 10\ dm \times 10\ dm$

Então, $1\ m^3 = 1\,000\ m^3$

$$1\ m^3 = 1\,000\ L$$

- Agora transforme as medidas abaixo em litros.

Cláudio Chiyo/Arquivo da editora

a) $8{,}7\ dm^3$ = ____________________

b) $6\ m^3$ = ____________________

c) $15{,}7\ m^3$ = ____________________

d) $5{,}91\ m^3$ = ____________________

e) $0{,}8\ m^3$ = ____________________

f) $10\ dm^3$ = ____________________

De olho na resolução de problemas

Faça em seu caderno

1. Na turma de Cláudia há 36 alunos. Em uma conversa sobre esportes, a professora descobriu que 50% da turma pratica futebol e apenas 25% pratica natação.

a) Quantos alunos praticam futebol? ______________________

b) Quantos alunos praticam natação? ______________________

2. Um ciclista treina diariamente dando 12 voltas em um circuito de 1,87 km. No último domingo, ele deu $\frac{1}{3}$ do número de voltas a mais.

a) Quantos quilômetros o ciclista costuma percorrer diariamente?

____

b) Quantos metros ele pedalou no último domingo?

____

3. Qual a área de um paralelogramo de 8 m de base e 6 m de altura?

____

4. Um quilograma de queijo custa R$14,00. Marcos comprou 250 g desse queijo. Quanto Marcos pagou?

____

5. Em um banho de 15 minutos são gastos, aproximadamente, 144 dm^3 de água. Quantos litros serão economizados se o tempo do banho for de 10 minutos?

____

Livros

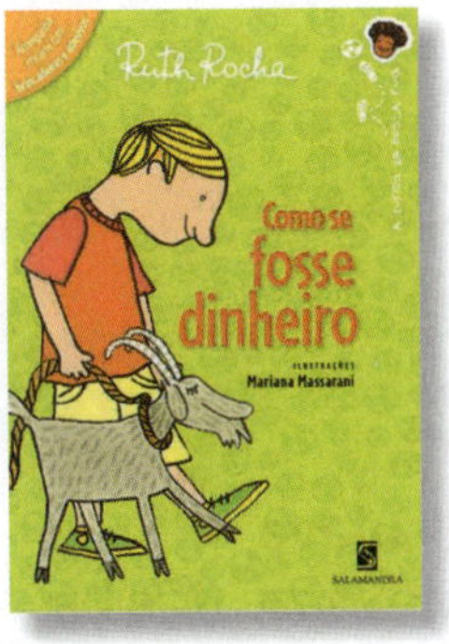
Reprodução/Editora Salamandra

Como se fosse dinheiro, de Ruth Rocha. São Paulo: FTD.

Você gosta quando algum vendedor oferece o troco em balas? Se você pudesse comprar coisas com essas balas, o que o vendedor acharia?

Reprodução/Editora Ática

Doces frações, de Luzia Faraco Ramos Faifi. São Paulo: Ática.

Adelaide, Binha e Caio foram ajudar a avó a cortar as tortas que ela iria vender. Mas eles acabaram cortando pedaços de tamanhos diferentes. E agora, como saber quanto cada pedaço vai custar?

Reprodução/Editora Record

Matemática divertida e curiosa, de Júlio César de M. Souza (Malba Tahan). Rio de Janeiro: Record.

Você acha que aprender Matemática é chato demais? O autor desse livro mostra que não. Existem muitas maneiras de estudar Matemática de forma muito divertida e sem complicações.

Reprodução/Editora Melhoramentos

Matemática mortífera, de Kjartan Poskitt. São Paulo: Melhoramentos.

Com seus personagens gângsteres, esse livro mostra de que maneira a Matemática pode ser divertida e interessante e de que modo ela pode ajudar quem está em situação difícil, além de contar a história de alguns matemáticos muito durões.

No planeta anão tem inflação?, de Lilian Sypriano. São Paulo: Formato.

A cidade está tendo problemas com inflação quando Vovô se torna sócio de Mário Apolinário, cujo negócio é vender passagens para Plutão, onde, segundo ele, não existe inflação.

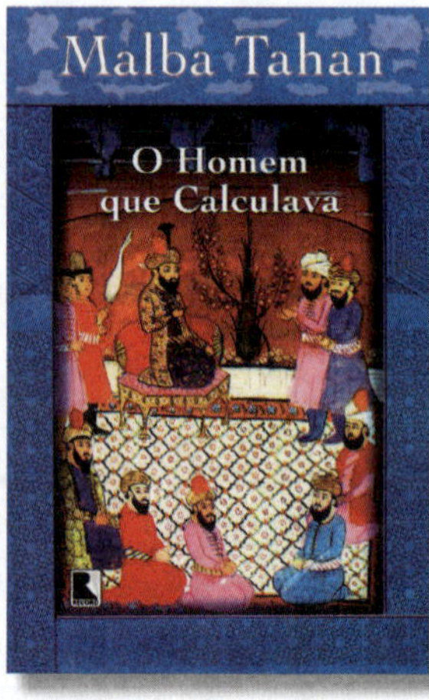

O homem que calculava, de Júlio César de M. Souza (Malba Tahan). Rio de Janeiro: Record.

Beremiz Samir era um calculista da antiga Arábia. Ele encantou reis, intelectuais e artistas com as incríveis soluções matemáticas que dava para problemas que pareciam não ter solução.

O homem que roubava horas, de Daniel Munduruku. São Paulo: Brinque-Book.

A história de um homem sem nome que mudou o modo de as pessoas se relacionarem com o tempo. O leitor vai refletir sobre o valor que dá ao seu próprio tempo.

O menino que quebrou o tempo, de José Maviael Monteiro. São Paulo: Scipione.

Na casa de um relojoeiro havia uma ampulheta mágica que controlava todos os relógios da cidade. Um dia, um menino entrou escondido na casa do relojoeiro e mexeu em tudo, inclusive na ampulheta, até quebrá-la. Então todos os relógios da cidade pararam. Descubra o que ele fez para resolver esse problema.

MARIA TERESA • MARIA ELISABETE • ARMANDO COELHO

MARCHA CRIANÇA 5º ANO

INTEGRADO

LÍNGUA PORTUGUESA • MATEMÁTICA • HISTÓRIA
GEOGRAFIA • CIÊNCIAS • INGLÊS • ARTE

Caderno de atividades

Este caderno de atividades é parte integrante da Coleção *Marcha Criança Integrado*, 5 volumes.
São Paulo: Editora Scipione, 2014. Não pode ser vendido separadamente.

editora scipione

MARCHA CRIANÇA
INTEGRADO

Caderno de atividades

Sumário

LÍNGUA PORTUGUESA 3

MATEMÁTICA 15

HISTÓRIA 28

GEOGRAFIA 38

CIÊNCIAS 48

INGLÊS 58

ARTE 62

Língua Portuguesa

1. Leia o poema.

Teresinha de Jesus

Teresinha de Jesus
é uma menina bacana,
mas, um dia, sem querer,
pisou na casca de banana.
Foi aquele estardalhaço!
De repente, tchibum!
Ela caiu no chão
e machucou o bumbum.
Teresinha se pôs a chorar:
— Alguém, por favor, me ajude!
Foi um deus nos acuda!
Era tamanho o berreiro,
que se ouvia no bairro inteiro.
O primeiro a chegar foi o pai:
— O que foi dessa vez, Teresinha?
Escorregou? Caiu no chão?
Só pode ter sido, na certa,
muita falta de atenção!
Vamos lá, se levante!
Me dê aqui a sua mão!
— Não — ela respondeu —,
você nem perguntou se doeu!
Depois, chegou o irmão
e caiu na gargalhada.

Ilustrações: Camila de Godoy/Arquivo da editora

Disse logo: — Teresinha,
menina é mesmo atrapalhada!
Me dê a mão que eu lhe ajudo,
porque assim esparramada,
de saia levantada...
Tá aparecendo tudo!
— Não! — ela disse assim.
— Você fica o tempo todo
só zombando de mim!
Aí, apareceu o Ricardo,
com um jeito encabulado,
de quem vivia sonhando
em ser o seu namorado.
Sem dizer palavra,
estendeu sua mãozinha
e, com muito cuidado,
levantou a Teresinha.
Daquele dia em diante,
pelas ruas e calçadas,
sempre se viam os dois juntos,
passeando de mãos dadas.
Talvez foi assim que um poeta,
vendo tal situação,
inspirou-se pra escrever
esta linda canção:
"Teresinha de Jesus
numa queda foi ao chão,
acudiram três cavalheiros,
todos três chapéu na mão..."

Ilustrações: Camila de Godoy/Arquivo da editora

Na corda bamba, de Hardy Guedes Alcoforado Filho. São Paulo: Scipione, 2007.

a) Releia os versos indicados abaixo e circule os sinais de pontuação empregados. Depois, escreva o nome deles nas linhas.

2º verso	4º verso
________________	________________
________________	________________
9º verso	10º verso
________________	________________
________________	________________
15º verso	29º verso
________________	________________
________________	________________

b) Releia o sétimo, o oitavo e o nono versos e copie as palavras que apresentam:

vogais juntas: ________________________________

____

consoantes juntas: ____________________________

____

c) Releia os três últimos versos do poema e copie as palavras com:

til: ______________________________________

acento gráfico: ______________________________

- Dessas palavras, pinte de **amarelo** a que tem acento agudo e de **verde** aquela que tem acento circunflexo.

2. Separe as sílabas das palavras abaixo. Dica: observe os hífens e as letras impressas.

cair ________a-________ pai ________i

primeiro ________-m________-________ ouvir ________-v________

cuidado ________-d________-________ jeito ________i-________

chão ________ã________ saia ________-a

3. Observe os encontros vocálicos das palavras da atividade anterior.

a) Copie as palavras que têm ditongo.

____

b) Copie as palavras que têm hiato.

____

c) Por que as palavras **chão** e **pai** não foram separadas?

____

____

4. Indique a quantidade de letras e fonemas das palavras do quadro abaixo.

		Letras		**Fonemas**
passear	→	______	→	______
Ricardo	→	______	→	______
bairro	→	______	→	______
querer	→	______	→	______
Teresinha	→	______	→	______
atrapalhada	→	______	→	______

O conjunto de duas letras que representam um só som é chamado **dígrafo**.

5. Leia o poema.

A corujinha

Corujinha, corujinha
Que peninha de você
Fica toda encolhidinha
Sempre olhando, não sei quê.

O seu canto de repente
Faz a gente estremecer
Corujinha, pobrezinha
Todo mundo que te vê
Diz assim, ah! coitadinha
Que feinha que é você.

Quando a noite vem chegando
Chega o teu amanhecer
E se o sol vem despontando
Vais voando te esconder.

Hoje em dia andas vaidosa
Orgulhosa como quê
Toda noite tua carinha
Aparece na TV.

Corujinha, coitadinha
Que feinha que é você!

A arca de Noé, de Vinicius de Moraes. São Paulo: Companhia das Letras, 1997.

6. Na palavra **corujinha** há um encontro de consoantes. Qual é esse encontro e como ele é classificado?

____

7. Releia a segunda estrofe do poema e copie as características que todos dão à corujinha.

____

- Agora, separe as sílabas das palavras que você copiou, indique os encontros vocálicos e classifique-os em **ditongo** ou **hiato**.

____

____

8. Leia as palavras abaixo em voz alta e preste atenção no som das vogais que formam o ditongo.

n	ã	o

s	e	u

n	o	i	t	e

s	e	i

q	u	a	n	d	o

v	a	i	s

- Agora, pinte de **verde** a vogal pronunciada com mais força e de **amarelo** a vogal pronunciada de maneira mais branda.

9. Observe a legenda e pinte os quadrinhos de acordo com ela. Dica: Observe as letras destacadas nas palavras.

encontro consonantal · hiato · ditongo · dígrafo

Substituir parênteses por quadradinho.

( ) v**oo** ( ) r**oe**dores ( ) **fr**a**gm**entos ( ) int**ei**ro

( ) silenc**io**so ( ) **ou**tros ( ) o**ss**os ( ) pe**qu**enos

10. O texto a seguir apresenta algumas palavras sem o acento gráfico necessário. Observe as letras destacadas e coloque o acento correto.

O que aconteceria com a Terra se a Lua não existisse?

E dificil saber com certeza. Se a Lua não existisse, os dias teriam um pouco menos de 24 horas. Isso porque ela causa um efeito de mares, puxando a agua dos oceanos, e assim produziria um lentissimo freamento na rotação do planeta. A ausencia da Lua e das mares poderia mudar outros fenomenos e ate o modo de vida de alguns seres do planeta, mas não se pode prever exatamente que mudanças aconteceriam. Aos poucos, a Lua e a Terra estão se afastando e os cientistas acreditam que, em 30 bilhões de anos, a Terra perdera seu satelite.

Livro curiosidades Recreio. Fernando Santos (Org.). São Paulo: Abril, 2011.

a) Separe as sílabas das palavras em que você empregou acento gráfico e circule as sílabas tônicas.

b) Agora, escreva as palavras do item anterior no lugar correto do quadro.

monossílabos	dissílabos
__________ __________	__________ __________
trissílabos	**polissílabos**
__________ __________	__________ __________

11. Escreva as palavras da atividade anterior no lugar correto do quadro abaixo.

monossílabos tônicos terminados em **a(s), e(s), o(s)**	paroxítonas terminadas em ditongo crescente e terminadas em **r, x, n, l, i(s), um(uns), us, ã(s), ps**
__________ __________	__________ __________
todas as proparoxítonas são acentuadas graficamente	**oxítonas terminadas em a(s), e(s), o(s) ou em (ens)**
__________ __________	__________ __________

Se a sílaba mais forte for a última, a palavra é **oxítona**.
Se a sílaba mais forte for a penúltima, a palavra é **paroxítona**.
Se a sílaba mais forte for a antepenúltima, a palavra é **proparoxítona**.

12. Leia o texto.

A Iara e a poluição das águas

[...]

Ao ver o amiguinho [o Curupira], a Iara explicou, queixosa:

— Não sei o que me aconteceu, Curupira! Não estou conseguindo respirar direito dentro do rio, como estou acostumada. Há alguma coisa na água que está me provocando espirros e soluços. Veja os coitados dos peixinhos: estão todos ficando muito doentes!

O Curupira fungou um pouco e disse:

— É... há um cheiro meio estranho por aqui... vai ver que esse rio está ficando poluído!

A Iara arregalou os olhos e foi logo perguntando, curiosa:

— Poluído? Que quer dizer isso? Eu nunca ouvi essa palavra!

— Poluído quer dizer sujo — explicou o Curupira.

— Sujo? Não pode ser. O meu rio não é sujo. Ele só fica um pouco turvo quando chove, porque a chuva traz um pouco de terra dos barrancos. Mas isso não faz mal nem a mim nem aos peixinhos.

O Curupira explicou:

— Não é disso que estou falando. A poluição é causada por coisa podre... ou então por venenos.

— Coisa podre? Venenos? Do que é que você está falando? — perguntou a Iara, assustada. — Eu acho que você só quer me fazer medo!

Camila de Godoy/Arquivo da editora

O Curupira ficou um pouco triste e preocupado:

— Não, Iara, eu não estou querendo assustar você. Infelizmente não estou brincando. Acho, mesmo, que alguém está jogando coisas que apodrecem no rio: esgoto, lixo e coisas assim... Sem contar os venenos que são jogados pelas fábricas!

— Mas quem iria fazer uma malvadeza dessas? Os nossos amiguinhos índios sempre fizeram suas casas perto do rio, mas não jogavam lixo nele.

Camila de Godoy/Arquivo da editora

— É que os índios não constroem cidades! Nem fábricas! São elas que acabam poluindo os rios.

— Cidades?! Fábricas?! — exclamou a Iara, muito espantada. — Eu nunca pensei que existisse isso por aqui!

— Elas brotam em toda parte e sempre na beira dos rios — explicou o Curupira.

A Iara mostrou-se um pouco preocupada:

— Será que alguma delas brotou por aqui?

— É bem possível — respondeu o Curupira. — Um lugar como este, com um rio tão bonito, é sempre procurado pelos homens quando se quer construir uma cidade. As pessoas chegam, derrubam toda a mata, afugentam os animais e logo constroem casas, prédios e fábricas. Em pouco tempo, em vez de árvores, só vemos chaminés; e o rio, que era limpo e cristalino, logo vira esgoto e depósito de sujeira.

— Mas... será que não existe um jeito de construir a cidade sem destruir tudo o que a natureza demorou tanto para fazer?

O Curupira sorriu:

— Existe, sim. Há cidades que não poluem. Mas, infelizmente, parece que algumas pessoas gostam de viver na sujeira!

[...]

A Iara e a poluição das águas, de Samuel Murgel Branco. São Paulo: Moderna, 2002.

13. Releia o vigésimo parágrafo do texto e observe as palavras dentro dos quadros. Depois, pinte-as de acordo com a legenda para classificá-las.

substantivo artigo adjetivo

14. No texto **A Iara e a poluição das águas**, foram empregados os substantivos abaixo:

amiguinhos peixinhos

- Escreva esses substantivos na coluna que indica o grau em que eles estão. Depois, complete o quadro com as outras formas dessas palavras.

grau neutro	grau aumentativo	grau diminutivo

15. Releia os parágrafos indicados do texto e copie os advérbios e as locuções adverbiais.

a) segundo parágrafo: ______

b) terceiro parágrafo: ______

c) quarto parágrafo: ______

d) sexto parágrafo: ______

e) décimo terceiro parágrafo: ______

f) décimo quarto parágrafo: ______

g) décimo sétimo parágrafo: ______

16. Compare estas palavras.

☐ doença	☐ adoecer
☐ poluição	☐ poluir
☐ tristeza	☐ entristecer
☐ preocupação	☐ preocupar-se

a) Escreva **S** nas palavras classificadas como **substantivo** e **V** nas que são classificadas como **verbo**.

b) Leia as formas verbais das tarjas a seguir e escolha a adequada para completar os espaços. Depois, leia as frases.

poluo – polui – poluindo

Esta fábrica ainda ______ a cidade e o rio.

adoeceram – adoecemos – adoeci

Os peixes ______________por causa do veneno no rio.

preocupou-se – preocupando – preocupam-se

Nesta cidade, os habitantes ____________ com o meio ambiente.

c) Observe o exemplo, complete os espaços e leia as sequências.

limpeza	limpar	limpando	limpo
poluição	______	______	poluído
______	adoecer	______	doente
preocupação	______	preocupando-se	______

Matemática

Números naturais

1. Escreva no sistema de numeração romano a data de seu nascimento:

dia: ____________ mês: ______________ ano: ______________

2. Os números naturais formados por dois algarismos vão do número ________ ao número ________.

3. Escreva, por extenso, o antecessor dos números:

90: ____________________________ 41: ____________________________

100: ____________________________ 23: ____________________________

Sistema de numeração decimal

1. Complete com o que falta: números no quadro ou por extenso.

a) Quarenta e nove milhões e quatrocentos mil.

b) ____

c) Trinta e sete milhões e setecentos mil.

d) ____

	4ª classe			3ª classe			2ª classe			1ª classe		
	bilhões			milhões			milhares			unidades simples		
	C	D	U	C	D	U	C	D	U	C	D	U
a)												
b)				4	0	6	2	0	0	0	0	0
c)												
d)			1	2	2	8	8	0	0	0	0	0

Geometria

1. Complete as frases.

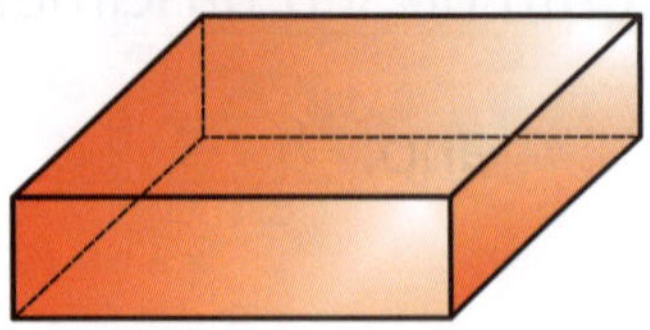

O ______________________

tem ______ faces, ______

arestas e ______ vértices.

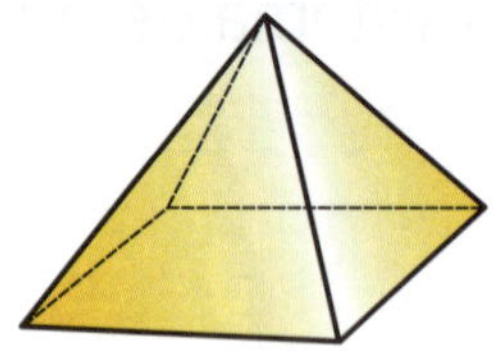

A ______________________

tem ____ faces, ____ vértices, ____ face

quadrada e ____ faces triangulares.

2. Assinale a resposta certa:

a) Por um único ponto podem passar:

☐ infinitas retas ☐ algumas retas

b) Por dois pontos pode(m) passar ao mesmo tempo:

☐ duas retas ☐ apenas uma reta

3. Assinale com o número 1 as semirretas e com o número 2 os segmentos de reta:

☐

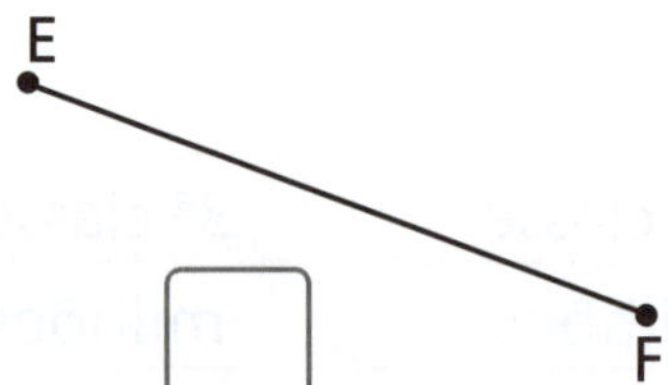

☐

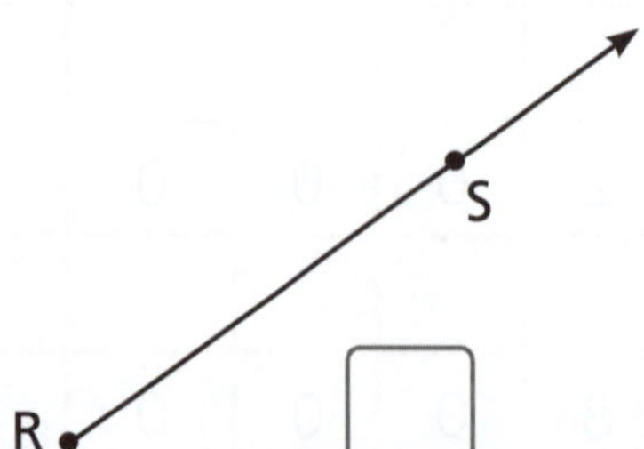

☐

☐

Sistema monetário brasileiro

1. Vera fez uma compra de R$ 579,00. Preencha o cheque com esse valor.

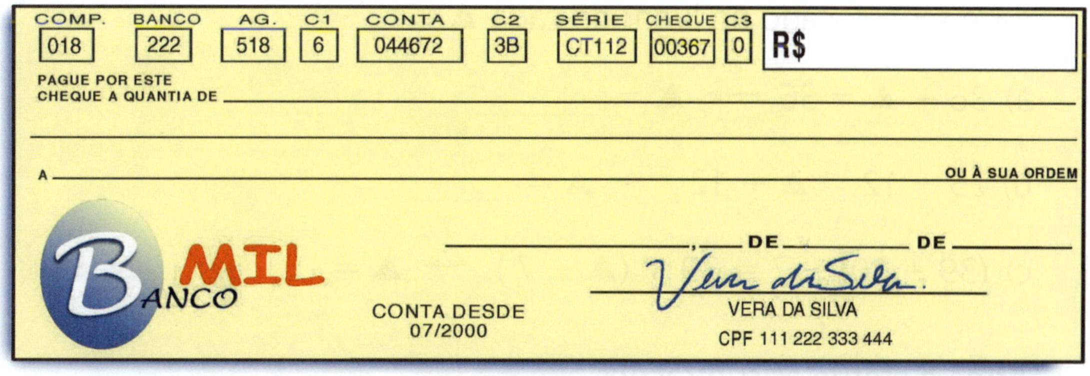

2. Observe a tabela e determine o valor total da seguinte compra feita por um restaurante: 9 kg de carne, 6 kg de frango e 4 kg de batata.

	preço por kg
carne	R$ 18,00
frango	R$ 9,00
batata	R$ 2,30

3. O *notebook* que Francisco vai comprar custa R$1 800,00. Para ter um desconto na loja, ele precisa ir ao banco trocar um cheque já preenchido com esse valor por cédulas. Por quantas cédulas de R$50,00 esse cheque poderá ser trocado? E por quantas de R$100,00?

Operações com números naturais

1. Aplique as propriedades da adição e descubra qual número natural deve ser colocado no lugar de cada ▲.

a) 36 + ▲ = 36 → ▲ = ______

b) 25 + 12 = ▲ + 12 → ▲ = ______

c) (39 + 10) + 7 = 39 + (▲ + 7) → ▲ = ______

2. Arme e efetue as subtrações.

a) 328 − 213 =

b) 2981 − 1371 =

c) 35 584 − 24 563 =

3. Resolva as expressões numéricas.

a) 35 + {52 − [(21 + 4) + (12 − 8)]} =

b) {81 − [35 + (20 − 2) − (13 + 2)]} =

c) 79 + {42 − [23 − (79 − 58) + (17 + 14)]} =

4. A boneca de Andreia tem 4 saias e 5 blusas. Combinando as saias com as blusas, com quantos trajes diferentes ela poderá vestir sua boneca?

Ilustra Cartoon/Arquivo da editora

5. Efetue as multiplicações.

a) $\begin{array}{r} 371 \\ \times \quad 25 \\ \hline \end{array}$

b) $\begin{array}{r} 524 \\ \times \quad 37 \\ \hline \end{array}$

c) $\begin{array}{r} 768 \\ \times 213 \\ \hline \end{array}$

6. Observe a divisão no quadro e complete:

$\begin{array}{r|l} 54 & 9 \\ \cline{2-2} 0 & 6 \end{array}$

a) O dividendo é ________

b) o divisor é ________

c) o quociente é ________

d) o resto é ________

7. Circule os números divisíveis:

a) por 6 ⟶ 83, 104, 138, 336, 529, 772, 882

b) por 9 ⟶ 81, 107, 306, 443, 606, 702, 905

Figuras geométricas

1. Observe o ponteiro grande (minutos) do relógio e responda:

MW Editora Ilustrações Ltda./ Arquivo da editora

a) Qual o giro (ângulo) que ele dá em 15 minutos?

____

b) E em meia hora, qual é o giro?

____

c) Qual é o giro que ele dá em 1 hora?

____

2. Observe os polígonos e complete:

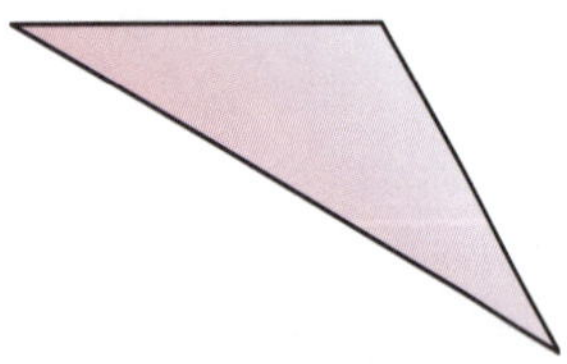

_____ lados

_____ ângulos

_____ vértices

____

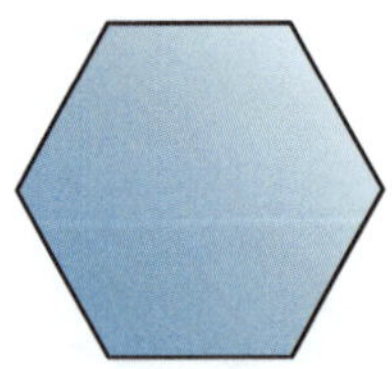

_____ lados

_____ ângulos

_____ vértices

____

_____ lados

_____ ângulos

_____ vértices

____

3. Escreva o nome de cada elemento da circunferência.

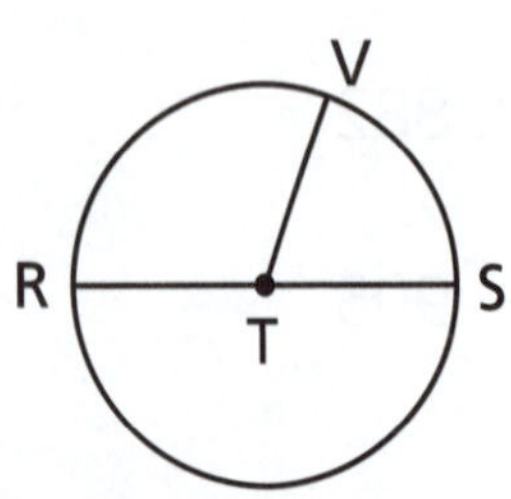

T: _______________

$\overline{RS}$: _______________

$\overline{TV}$: _______________

Sentenças matemáticas

- Resolva as sentenças e descubra o número escondido em cada figura, sabendo que figuras iguais representam números iguais. Veja o exemplo.

Ilustra Cartoon/Arquivo da editora

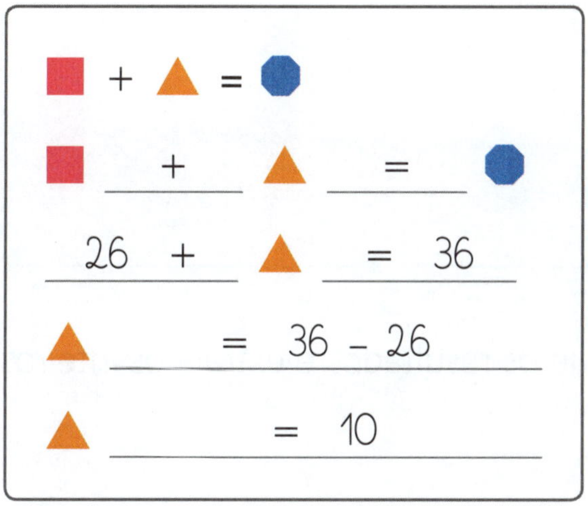

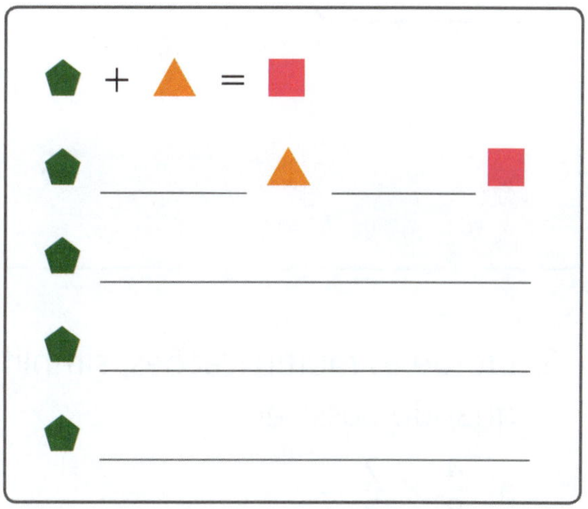

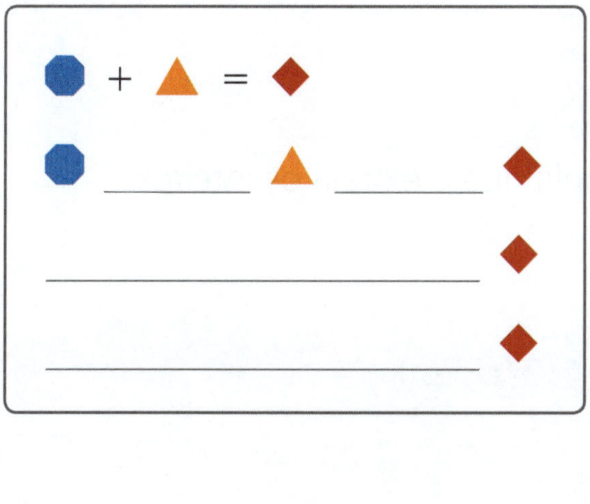

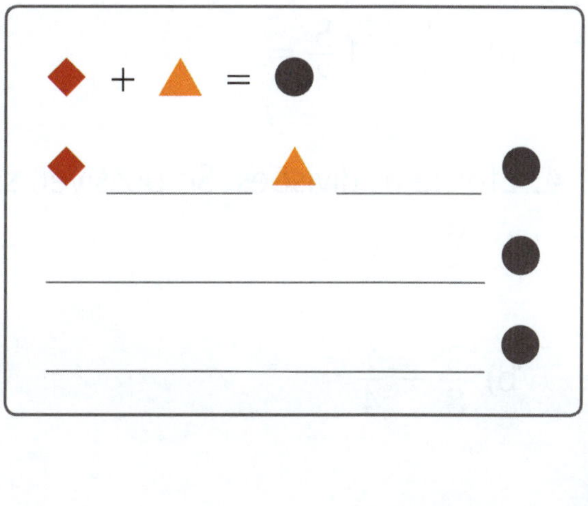

Frações

1. Complete o quadro:

expressões	número fracionário
um quarto de queijo	
metade da *pizza*	
três oitavos da *pizza*	

2. Calcule.

$\frac{3}{8}$ de 40

3. Efetue as multiplicações, simplifique os resultados e extraia os inteiros quando possível:

a) $\frac{4}{8} \times \frac{2}{3} =$

b) $2\frac{1}{4} \times 1\frac{5}{3} =$

4. Efetue as divisões. Se possível, simplifique e extraia os inteiros.

a) $\frac{9}{7} \div \frac{2}{6} =$

b) $\frac{3}{8} \div \frac{1}{4} =$

Números decimais

1. Quantos décimos faltam para completar um inteiro?

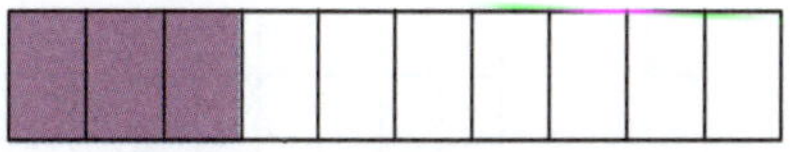

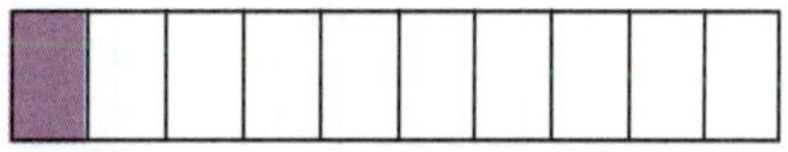

0,3 + _______ = 1 0,1 + _______ = 1

2. Transforme as frações decimais em números decimais:

a) $\frac{21}{100} \rightarrow$ _______ b) $\frac{37}{10} \rightarrow$ _______ c) $\frac{521}{1\,000} \rightarrow$ _______

3. Transforme os números decimais em frações decimais:

a) 0,07 → b) 0,2 → c) 0,981 →

4. Efetue as operações a seguir.

a) $\begin{array}{r} 1,3 \\ +\,0,04 \\ \hline \end{array}$ b) $\begin{array}{r} 0,487 \\ +\,2,7 \\ \hline \end{array}$ c) $\begin{array}{r} 38 \\ -\;\;6,31 \\ \hline \end{array}$ d) $\begin{array}{r} 97,0 \\ -\;\;6,349 \\ \hline \end{array}$

5. Calcule:

a) $\begin{array}{r} 410,9 \\ \times\;\;\;\;\;3 \\ \hline \end{array}$ b) $\begin{array}{r} 38 \\ \times\,0,7 \\ \hline \end{array}$ c) $\begin{array}{r} 2,18 \\ \times\;\;\;\;4 \\ \hline \end{array}$ d) $\begin{array}{r} 34,8 \\ \times\;\;\;\;2 \\ \hline \end{array}$

6. Efetue as divisões a seguir:

a) 16 |5__ b) 14 |8__ c) 75 |16__

Porcentagem

1. Qual é a porcentagem representada pela parte colorida em cada figura?

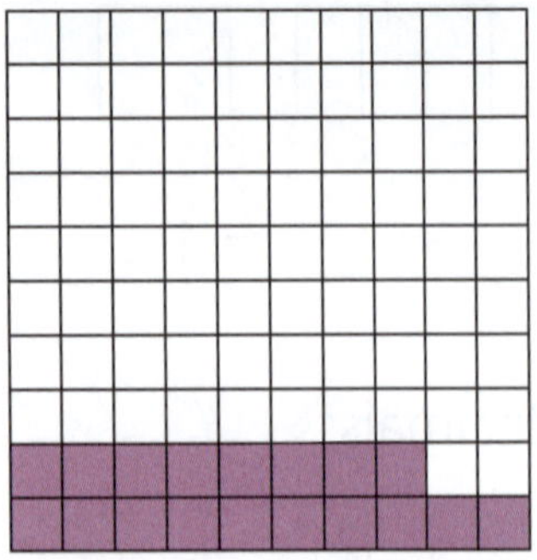
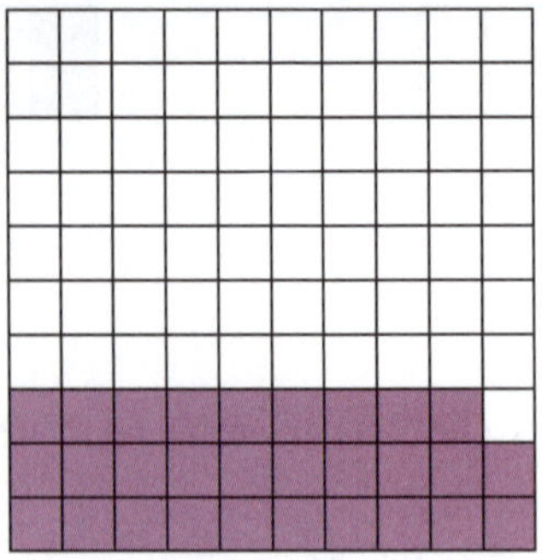
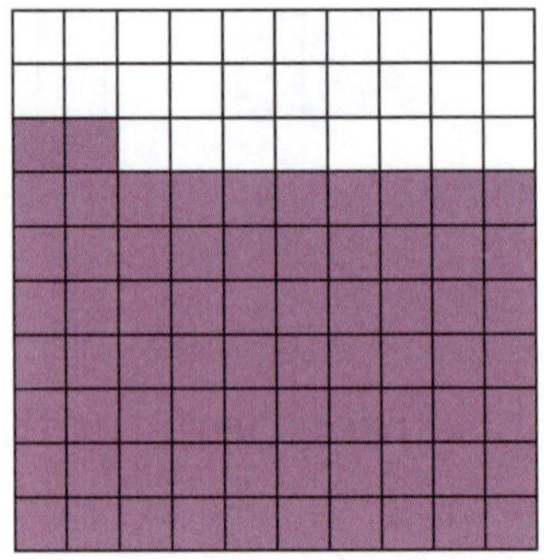

2. Calcule:

a) 25% de 300 adesivos

b) 40% de 920 alunos

3. Calcule a porcentagem de cada valor em reais.

a) 45% de R$ 90,00 →

b) 80% de R$ 120,00 →

c) 50% de R$ 250,00 →

d) 20% de R$ 120,00 →

Medidas

1. Faça a conversão das unidades de tempo:

a) 1800 segundos → _______ minutos

b) 35 minutos → _______ segundos

c) 240 minutos → _______ horas

2. Observe na tabela a seguir as temperaturas mínimas e máximas, em graus Celsius, previstas para as cidades de Belo Horizonte, Campo Grande e Fortaleza, no período de 11 a 15 de fevereiro de 2014.

	temperatura em °C				
previsão	**11 fev**	**12 fev**	**13 fev**	**14 fev**	**15 fev**
Belo Horizonte	33/20	33/20	33/20	32/21	31/22
Campo Grande	34/20	33/21	35/21	35/20	32/20
Fortaleza	31/23	31/25	31/25	32/23	32/25

Fonte: Climatempo. Disponível em <http://www.climatempo.com.br>. Acesso em: 11 fev. 2014.

- Com base na tabela acima, responda:

a) Qual a temperatura mínima prevista para o dia 11 de fevereiro em Fortaleza? E a máxima?

____

b) Segundo a previsão, que cidade teria a menor temperatura no dia 12 de fevereiro?

____

c) De acordo com a previsão, que cidade teria a maior temperatura no dia 13 de fevereiro?

____

3. Transforme as medidas nas unidades indicadas:

km	hm	dam	m	dm	cm	mm

a) 54 300 m → ________ km

b) 71 dm → ________ cm

c) 210,53 km → ________ m

d) 5,4 m → ________ mm

e) 800 mm → ________ cm

f) 710 cm → ________ m

4. Faça as transformações pedidas consultando o quadro de unidades.

km^2	hm^2	dam^2	m^2	dm^2	cm^2	mm^2

a) 589 700 mm^2 → ________ dm^2

b) 900 cm^2 → ________ m^2

c) 300 mm^2 → ________ cm^2

d) 32,16 m^2 → ________ cm^2

e) 6,05 cm^2 → ________ mm^2

f) 351 dm^2 → ________ dm^2

5. Calcule a área das figuras:

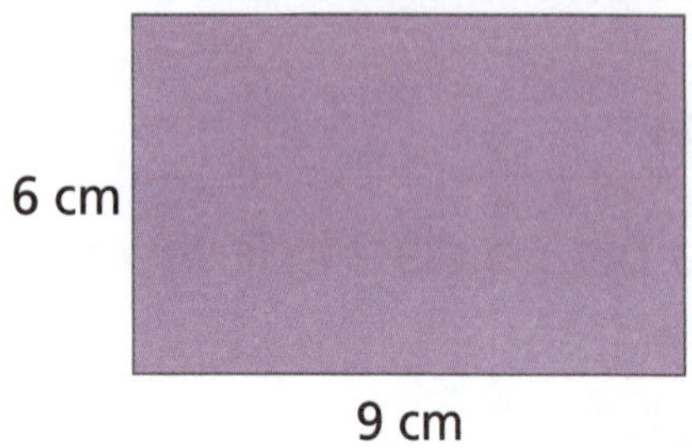

Área → ____________

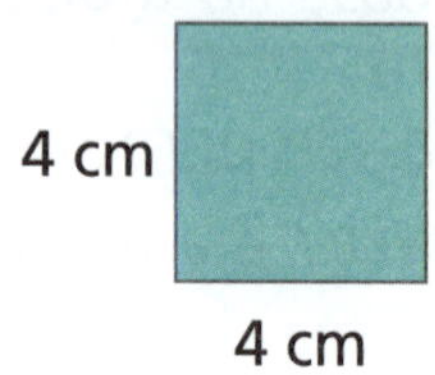

Área → ____________

6. Efetue as transformações a seguir:

kg	hg	dag	g	dg	cg	mg

a) 2 kg → ________ g

b) 0,71 kg → ________ kg

c) 6100 g → ________ kg

d) 8 000 g → ________ kg

7. Transforme:

km³	hm³	dam³	m³	dm³	cm³	mm³

a) 7 dm^3 → __________ m^3

b) 4,1 km^3 → __________ m^3

c) 2 dam^3 → __________ m^3

d) 15 cm^3 → __________ m^3

8. Calcule o volume destes sólidos:

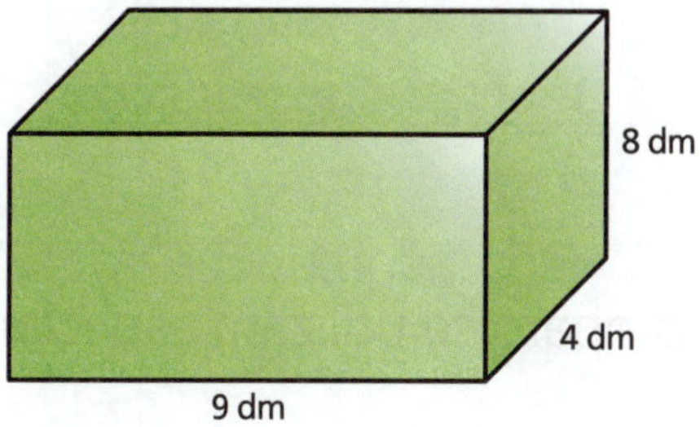

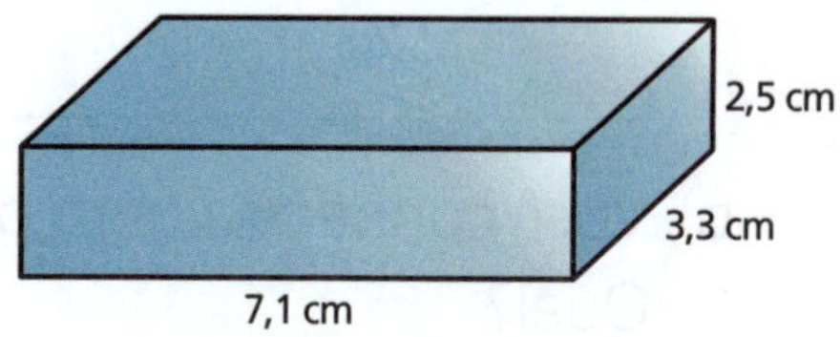

____

____

9. Efetue as seguintes transformações:

kL	hL	daL	L	dL	cL	mL

a) 253 mL → __________ L

b) 128,7 cL → __________ L

c) 2,4 L → __________ mL

d) 0,07 L → __________ mL

e) 3,7 L → __________ dL

f) 0,892 L → __________ mL

g) 60 mL → __________ L

h) 25,2 mL → __________ L

10. Escreva por extenso as seguintes medidas de capacidade:

a) 280 mL → ______________________________

b) 54 cL → ______________________________

c) 32 L → ______________________________

História

1. As **especiarias** eram produtos muito valorizados pelos comerciantes europeus na época das Grandes Navegações. Converse com seus colegas sobre o comércio desses produtos e responda:

a) Na época das Grandes Navegações, onde podiam ser obtidas as especiarias e outros produtos, como seda, tapetes, porcelanas e perfumes?

____

____

b) Você conhece algum prato em cujo preparo se utilizam especiarias? Qual?

____

____

2. Pinte o mapa abaixo de acordo com a legenda.

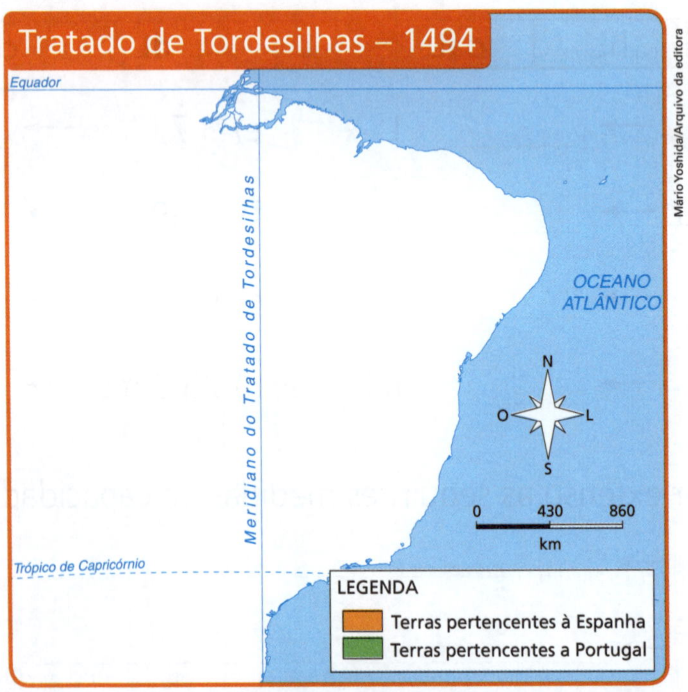

Adaptado de: **Atlas histórico básico**, de José Jobson de A. Arruda. São Paulo: Ática, 2001. p. 20.

3. Assinale as afirmações corretas sobre os **povos indígenas**.

- [ ] A população indígena cresceu muito no Brasil após a chegada dos portugueses.
- [ ] Os povos indígenas não eram todos iguais. Havia diferentes línguas, crenças e costumes entre eles.
- [ ] Quando os portugueses chegaram, a maior parte do litoral era habitada por indígenas do grupo tupi-guarani.

4. Sobre as **capitanias hereditárias**, assinale **V** para as frases verdadeiras e **F** para as falsas.

- [ ] Eram lotes de terra concedidos pelo governo português a pessoas conhecidas como donatários.
- [ ] Eram chamadas hereditárias por que passavam de pai para filho.
- [ ] Os donatários não podiam explorar as terras concedidas nem cobrar impostos, mas podiam vendê-las.
- [ ] A maioria das capitanias obteve sucesso graças à exploração do pau-brasil.
- [ ] As poucas capitanias que obtiveram sucesso praticaram o cultivo da cana-de-açúcar.

5. Utilize as palavras do quadro para completar o texto sobre os **engenhos coloniais** no Brasil.

Europa	açúcar	casa-grande	senzala	África

No engenho colonial havia várias construções, como a __________, moradia do senhor de engenho, e a ______________, habitação dos escravos. Era comum que grande parte do ______________ produzido fosse exportado para a ______________. Além desse produto, muitos engenhos produziam a aguardente (cachaça), utilizada como moeda de troca para a aquisição de escravizados vindos da ______________.

6. Sobre a **expansão do território brasileiro**, responda:

a) De que forma a mineração contribuiu para o aumento do povoamento do interior?

b) Por que a criação de gado contribuiu para o aumento do povoamento do interior?

c) O que eram as missões? Qual era o objetivo delas?

d) Por que a capital da Colônia foi transferida de Salvador para o Rio de Janeiro?

7. As imagens a seguir representam um processo bastante comum no Brasil até o fim do século XIX.

51,3 cm X 35,5 cm. Coleção particular

Negros no fundo do porão, litografia colorida à mão de Johann Moritz Rugendas, 1835.

Biblioteca Nacional, Rio de Janeiro, RJ.

Pequena moenda portátil de açúcar, litografia de Jean-Baptiste Debret, 1835.

Biblioteca Nacional, Rio de Janeiro, RJ.

Mercado na Rua do Valongo, litografia de Jean-Baptiste Debret, 1835.

- Observe as figuras e leia as legendas com atenção. Depois descreva, com suas palavras, o que ocorria com os africanos que eram escravizados.

____

____

____

____

____

8. Sobre as **revoltas do período colonial**, assinale as afirmativas verdadeiras.

- [ ] A Conjuração baiana e a Inconfidência Mineira são exemplos do descontentamento com o governo.
- [ ] A cobrança de altos impostos foi um dos principais motivos de algumas dessas revoltas, como a Inconfidência Mineira.
- [ ] Todas as revoltas tiveram fim com acordos de paz entre os revoltosos e o governo.

9. Utilize as palavras do quadro para completar as frases sobre a mudança da **família real portuguesa para o Brasil**.

Portugal	Brasil	França	Inglaterra
francesa	português	ingleses	colônia

a) No início do século XIX os portugueses foram proibidos de fazer comércio com a _______________, sob a ameaça de ter seu território invadido pelo exército da _______________.

b) O governo português não conseguia cortar suas relações com os _______________, pois devia muito dinheiro a eles.

c) Sob o risco de uma invasão _______________, a solução encontrada pelo governo _______________ foi transferir a família real para o Brasil, principal colônia de _______________.

d) Ao chegar ao _______________, o príncipe regente português decretou a "abertura dos portos às nações amigas", autorizando a _______________ a fazer comércio com outras nações além de Portugal, o que antes era proibido.

10. Observe as imagens a seguir e depois responda às perguntas.

Museu Paulista da USP, São Paulo

Independência ou morte, óleo sobre tela de Pedro Américo, 1888.

Museu Imperial, Petrópolis, RJ.

Proclamação da Independência, óleo sobre tela de François Moreau, 1844.

a) O que as imagens retratam?

____

____

b) Quais diferenças você observa entre as duas imagens?

____

____

____

____

c) Na sua opinião, por que as cenas retratadas apresentam diferenças?

____

____

____

11. Complete a linha do tempo do **Brasil Imperial** com os eventos a seguir.

- Primeira Constituição do Brasil
- D. Pedro II foi coroado imperador do Brasil
- Proclamação da Independência do Brasil
- Abdicação de D. Pedro I

1822	
1824	
1831	
1840	

12. Ligue as definições da coluna da direita aos termos Monarquia ou República.

	Forma de governo em que há um rei ou um imperador como chefe.
	Forma de governo em que o governante do país é eleito pelo povo.
Monarquia	Forma de governo vigente no Brasil durante a maior parte do século XIX.
República	Forma de governo em que há um presidente dirigindo o país.
	Forma de governo adotada hoje no Brasil.
	Forma de governo estabelecida no Brasil após a Independência.

13. Assinale as afirmações verdadeiras sobre a Primeira República (1891 a 1930).

☐ O esquema de governo ficou conhecido como política do café com leite, pois paulistas e mineiros se alternavam no poder.

☐ O açúcar foi o principal produto econômico do Brasil durante esse período.

☐ Durante esse período, os homens conhecidos como coronéis exerciam muita influência nos povoados e nas pequenas cidades, onde distribuíam favores e indicavam em quem as pessoas deveriam votar.

☐ A Primeira República teve fim com a eleição de Juscelino Kubitschek à presidência da República.

14. Responda às perguntas a seguir.

a) O governo de Getúlio Vargas foi marcado por períodos diferentes. Qual o nome do período em que houve ditadura?

____

b) Explique, com suas palavras, o significado do lema "50 anos em 5".

____

____

____

c) De que forma o presidente João Goulart deixou a presidência da República? O que aconteceu depois?

____

____

____

____

15. Leia o texto abaixo.

O fim das manifestações públicas

Cerca de meio milhão de pessoas saíram às ruas em 19 de março de 1964, em São Paulo para clamar pela derrubada do governo constitucional de Jango [João Goulart]. Uma das faixas dizia "Nossa Senhora Aparecida, iluminai os reacionários".

A Marcha da Família com Deus pela Liberdade foi o sinal definitivo de que grande parte das classes média e alta do Brasil – representadas pela burguesia paulista – era favorável ao golpe [que daria início à ditadura militar]. [...]

Essa foi uma das últimas vezes que as pessoas puderam sair livremente às ruas. As manifestações que vieram a seguir – todas contrárias ao novo governo – foram duramente reprimidas. Ainda assim, duas saíram às ruas – ambas em 1968, o mais rebelde dos anos. Em 29 de março, 50 mil pessoas acompanharam o enterro do estudante Édson Luís, morto pela polícia, no Rio de Janeiro. Em 26 de junho, ainda em consequência da morte do estudante, houve a Passeata dos Cem Mil, no Rio. Mas, ao contrário do governo Goulart, o regime militar já havia se solidificado o suficiente para não ser derrubado por uma passeata.

Sérgio Rocha/O Cruzeiro/EM/D.A. Press

A Passeata dos Cem Mil, nas ruas do Rio de Janeiro, em 26 de junho de 1968, reuniu religiosos, estudantes, artistas e intelectuais contra o governo militar.

Brasil: uma História – a incrível saga de um país, de Eduardo Bueno. São Paulo: Ática, 2002. Texto adaptado.

a) Converse com os colegas e o professor sobre a opressão a que foram submetidas as pessoas na época da ditadura militar e compare os acontecimentos da época citada com os atuais.

b) Na sua opinião, as pessoas devem ter o direito de se manifestar contra o governo? Por quê? Escreva no caderno.

16. Observe a imagem e a legenda com atenção.

Jorge Araújo/Folhapress

Brasília (DF), 1984.

- Agora responda no caderno:

a) Em que época essa foto foi produzida? Quem governava o Brasil?

b) Você consegue ler o que está escrito nas faixas? O que elas dizem?

c) Essas pessoas faziam parte de uma grande campanha política. Que campanha era essa? O que elas pediam?

17. Complete as questões com as palavras e expressões do quadro abaixo:

volta da democracia	Colégio Eleitoral	1984
Diretas Já	eleições diretas	Congresso Nacional

a) A lei que o ____________________ votaria em ______________ para restabelecer as __________________ para presidente não foi aprovada.

b) As manifestações de 1984 ficaram conhecidas como ____________________ e visavam à ______________________.

c) O primeiro presidente civil brasileiro, depois dos governos militares, foi Tancredo Neves, que foi eleito pelo ______________________.

Geografia

Linhas imaginárias

1. Observe o planisfério da página 396 do livro-texto e preencha a tabela abaixo com o nome dos oceanos que banham cada continente.

continente	oceanos
Antártida	
África	
América	
Ásia	
Europa	
Oceania	

2. Complete as cruzadinhas:

a) Meridiano que divide a Terra em dois hemisférios: o ocidental e o oriental.

b) Círculo imaginário traçado sobre a Terra e que a divide em dois hemisférios: o norte e o sul.

c) Linhas imaginárias paralelas ao equador.

d) Linhas imaginárias que circundam a Terra ligando dois polos.

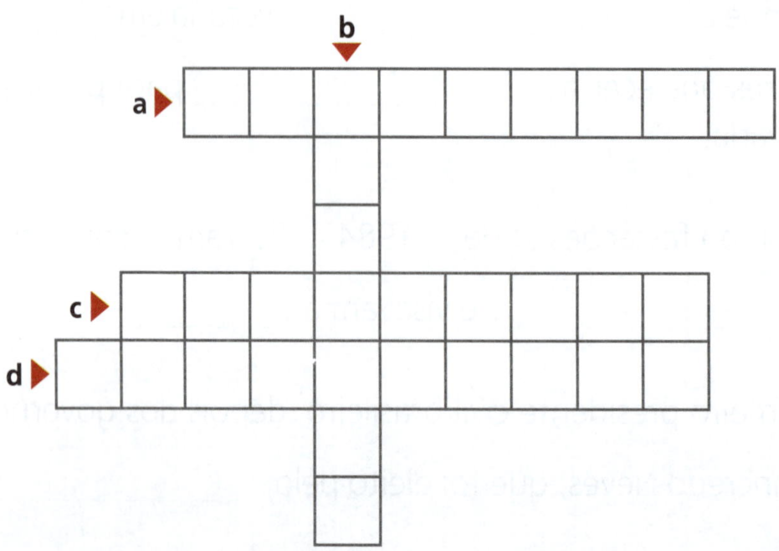

Escala e legenda

1. Vamos representar sua sala de aula?

a) Com a ajuda dos colegas e do professor, meça o comprimento e a largura da sala de aula. Marquem a posição das portas, das janelas, da lousa e dos outros elementos da sala.

b) Em uma folha à parte, representem a sala de aula obedecendo à escala para todos os elementos (carteiras, armários, mesa do professor, portas, janelas, lousa).

c) Cada membro do grupo criará uma legenda para representar os elementos.

Lembre-se: cada metro equivale a 1 centímetro, ou seja, 1 m equivale a 1 cm.

2. Agora, complete as questões abaixo com base na representação que seu grupo fez da sala de aula na atividade 1.

a) O desenho da sala de aula reproduz o tamanho real dela?

☐ Sim

☐ Não

b) Para representar toda a sala de aula no papel foi preciso:

____

____

____

c) A ______________ indica a medida que foi usada para representar, no papel, o tamanho da sala de aula.

Localizando o Brasil

1. Observe o mapa da página 400 do livro-texto e responda às questões:

a) Quais são os paralelos que cortam o Brasil?

____

____

b) Entre quais linhas imaginárias está situada a maior parte do território brasileiro?

____

____

c) Qual é o oceano que banha o Brasil?

____

d) Em qual hemisfério está situada a maior parte do território brasileiro?

____

e) O Brasil está situado na parte do continente americano chamada

____

2. Complete:

a) O Brasil fica a leste ou a oeste do meridiano de Greenwich?

____

____

b) Na América do Sul, quais são os dois únicos países com os quais o Brasil não faz fronteira?

____

____

Pesquisa e reflexão

A água como fonte de energia

A hidrografia brasileira favorece o uso da água para a geração de energia elétrica, pois o país tem muitos rios.

Essa fonte de energia é muito importante para nós. Em 2008, 36% de toda a energia que o Brasil usou foi produzida em usinas hidrelétricas, porém nosso país ainda precisa usar fontes de energia não renováveis, ou seja, que não são repostas pela natureza e que um dia vão acabar. Por isso, apesar do potencial hidrelétrico brasileiro, o petróleo ainda é a principal fonte de energia explorada.

As hidrelétricas alteram o ambiente, porque modificam paisagens naturais. Para construir uma usina, é preciso inundar uma grande área, onde depois é construída a represa, e isso pode prejudicar a fauna e a flora da região, assim como os habitantes, que precisam migrar para outros lugares.

O grande número de usinas hidrelétricas existentes no país não conseguiu impedir a crise no abastecimento de energia pela qual o Brasil passou em 2001. Essa crise gerou a necessidade de racionamento, principalmente nas regiões Sudeste, Nordeste e Centro-Oeste.

Por causa do risco de novos problemas de abastecimento, o governo brasileiro está buscando novas fontes de energia, principalmente as renováveis, como a solar e a eólica, que podem ser repostas pela natureza com o passar dos anos e gerar menos danos ou perigos ao meio ambiente.

Romiana Lee/Shutterstock/Glow Images

Fonte de energia eólica.

- Com base nas informações do texto, faça uma pesquisa sobre outras fontes de energia renováveis que são ou poderiam ser usadas no Brasil. Em seguida, monte cartazes expondo as vantagens e desvantagens de seu uso.

Atividades econômicas no Brasil

1. O que são atividades econômicas?

____

____

____

____

____

2. Que características do Brasil permitem a exploração econômica de diferentes tipos de produtos agrícolas?

____

____

____

3. Quais são os principais produtos agrícolas brasileiros atualmente?

____

____

____

4. Complete:

a) Pecuária é o trabalho de ______________________________.

b) O maior rebanho brasileiro é o ______________________________.

c) Na criação ______________, o gado é criado em estábulos, recebendo cuidados especiais; na criação ______________, o gado é criado solto em pastagens, sem receber tantos cuidados.

5. Responda às questões:

a) O que é comércio?

______

______

______

______

b) O que é comércio externo? Em que tipos pode ser dividida essa forma de comércio?

______

______

______

______

6. Complete:

a) alguns produtos exportados pelo Brasil:

______

______

b) nome do comércio em que um país vende produtos para outro:

______

c) nome do comércio em que um país compra produtos de outro:

______

d) alguns produtos importados pelo Brasil:

______

______

Pesquisa e reflexão

O campo também é foco de emissão de gases prejudiciais à atmosfera

smereka/Shutterstock/Glow Images
Criação de gado bovino.

No dia a dia, dificilmente conseguimos imaginar o impacto de nossas atitudes nos problemas ambientais. O aumento dos rebanhos, que traz problemas ao ambiente, ocorre em razão da grande demanda por produtos derivados desses animais, como couro, carne e laticínios. Por isso, precisamos ter consciência da responsabilidade de cada um sobre esse impacto.

Algumas organizações não governamentais e ativistas ambientais acreditam que uma maneira de tentar diminuir esse problema seria evitar a compra de produtos de couro natural, por exemplo. Ou reduzir o consumo de carnes vermelhas, incluindo na alimentação alimentos cuja produção prejudique menos o meio ambiente. Mas há pessoas que defendem que apenas a redução do consumo de carne e de outros derivados não alteraria a situação ambiental, pois outros produtos também demandariam o mesmo montante de recursos naturais.

- Discuta com os colegas e o professor:

  a) Você sabe o que são alimentos orgânicos?

  b) Você já ouviu falar em alimentos certificados? Faça uma pesquisa sobre certificação dos alimentos.

  c) Você sabe o que é vegetarianismo? Conhece alguém que é vegetariano?

  d) No Brasil há mais cabeças de gado que habitantes. Pesquise quais estados brasileiros têm os maiores rebanhos bovinos.

As regiões brasileiras

1. Quantos estados formam a região Norte e quais são eles?

____

____

____

2. Quantos estados formam a região Nordeste e quais são eles?

____

____

____

3. Quantos estados formam a região Centro-Oeste e quais são eles?

____

____

4. Quantos estados formam a região Sudeste e quais são eles?

____

____

5. Quantos estados formam a região Sul e quais são eles?

____

____

6. Em qual região do Brasil está localizado o Distrito Federal?

____

____

Animais ameaçados de extinção

Em todas as regiões do Brasil existem animais ameaçados de extinção. A ação humana está prejudicando a sobrevivência de muitos seres vivos. É muito importante aprender mais sobre eles para poder preservá-los. Vamos conhecer alguns?

Ricardo Azoury/Pulsar Imagens

Tartaruga-de-pente

SA Team/Minden/Latinstock

Tartaruga-de-couro

Muitas espécies de tartarugas marinhas botam ovos em praias brasileiras. As tartarugas-de-pente, por exemplo, botam seus ovos na Bahia e no Rio Grande do Norte. Já as tartarugas-de-couro, no Espírito Santo.

As tartarugas marinhas são pescadas acidentalmente ou para servir de alimento. Elas também sofrem com a caça para a produção de utensílios com o casco. Além disso, a poluição dos mares também as prejudica: muitas delas engolem sacolas plásticas pensando se tratar de águas-vivas e acabam morrendo asfixiadas.

Claus Meyer/Tyba

Cuxiú-preto

O macaco cuxiú-preto pode ser encontrado na Floresta Amazônica do Pará e do Maranhão. Ele vive em uma área muito pequena, entre os rios Tocantins e Grajaú. O número desses animais vem diminuindo ao longo dos anos por causa da destruição do seu *habitat* para agricultura e criação de gado.

Luiz Cláudio Marigo/Tyba

Mero

O mero é um peixe marinho muito grande que pode ser encontrado em várias partes de nosso litoral. No Sul e no Sudeste, ele aparece em costões rochosos; já no Norte e no Nordeste, pode ser visto em áreas de recifes de corais. Eles também vivem em áreas de mangue.

Os meros são grandes e lentos, por isso são caçados facilmente. A destruição de áreas de recifes de corais, manguezais e ambientes rochosos, assim como a pesca predatória, vem fazendo diminuir o número desses peixes.

O tatu-bola pode ser encontrado em vários estados: Bahia, Ceará, Pernambuco, Alagoas, Sergipe, Piauí, Mato Grosso, Goiás, Minas Gerais, Tocantins, Paraíba e Rio Grande do Norte. Ele tem esse nome porque, quando precisa se defender, se enrola completamente, formando uma bola.

Os tatus-bola correm risco de extinção porque seu *habitat* está sendo destruído para dar espaço a plantações de açúcar e soja. Além disso, eles também são caçados em regiões pobres, nas quais há escassez de alimentos.

Ricardo Azoury/Tyba

Tatu-bola

1. Escreva em que regiões podemos encontrar:

a) a tartaruga-de-pente: ______________________.

b) a tartaruga-de-couro: ______________________.

c) o cuxiú-preto: ______________________.

d) o mero: ______________________.

e) o tatu-bola: ______________________.

2. Pesquise sobre os animais ameaçados de extinção na região onde você vive e monte um painel com as informações que descobrir, incluindo fotos ou desenhos. Pesquise também sobre o projeto Tamar e o projeto Meros do Brasil.

Ciências

1. Por meio da montagem de um modelo, é possível compreender melhor como se movem os planetas e seus satélites, em torno de si mesmos e ao redor da estrela da qual recebem luz e calor. Que tal montar um?

Planetário

Material necessário

- 2 pregos;
- 1 lanterna;
- 2 bolas de isopor (1 grande e 1 pequena);
- caderno ou livro;
- retângulo de isopor com 30 cm de comprimento e 5 cm de largura;
- quadrado de isopor com 15 cm de lado.

Como fazer

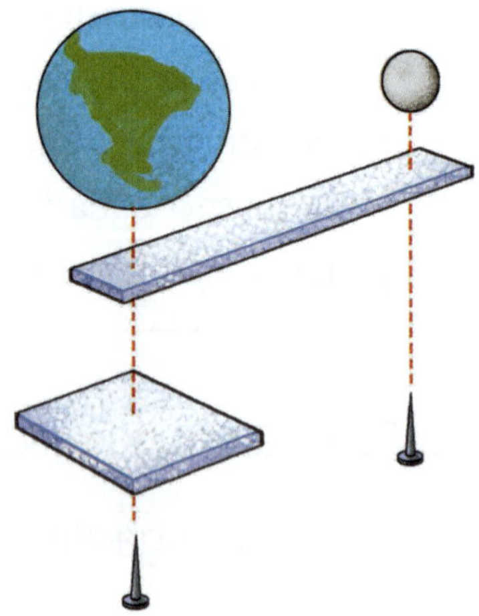

Ilustrações: Ilustra Cartoon/Arquivo da editora

1. Posicione a ponta do retângulo de isopor sobre o centro do quadrado. Com a ajuda de um adulto, fixe aí a bola de isopor maior, que representa a Terra, usando um prego. Na outra ponta do retângulo, prenda, com o outro prego, a bola menor, que representa a Lua.
2. Verifique se há mobilidade – o retângulo deve poder se mover na base, para que a Lua possa girar em torno da Terra.

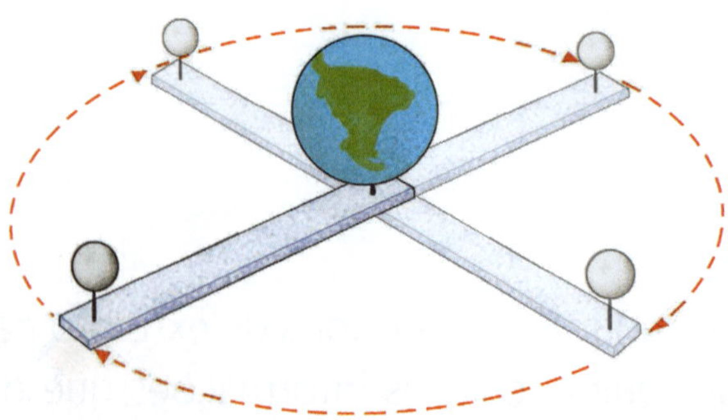

Não brinque com os pregos. Peça sempre a ajuda de um adulto!

• Agora, vamos entender como funcionam as fases da Lua e os eclipses?

Fases da Lua

Como fazer

1. Em uma sala escura, ilumine o planetário com a lanterna. Ela representa o Sol.

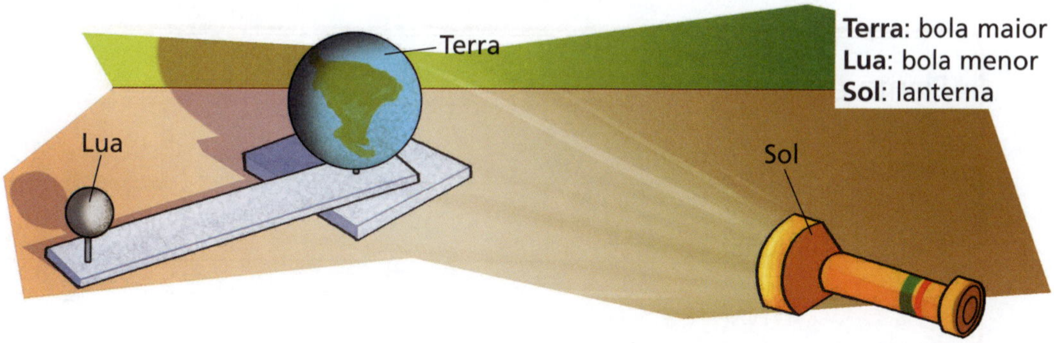

Ilustrações: Ilustra Cartoon/Arquivo da editora

2. Agora, gire a Lua em torno da Terra. As diferentes posições representam as fases da Lua, vistas por um observador na Terra.

Eclipses

Como fazer

1. Utilizando um caderno ou um livro, incline ligeiramente todo o planetário.

2. Para simular um eclipse solar, posicione a Lua de forma que ela faça uma sombra na Terra.

3. Para simular um eclipse lunar, posicione a Lua de forma que ela fique inteiramente na sombra da Terra.

Disponível em: <www.mamutemidia.com.br/alua/themoon/3_4_conteudo/arq_cont/experiencia/exp3431.asp>. Acesso em: 4 maio 2011. Texto adaptado.

2. **Biopirataria** é a apropriação indevida de recursos da natureza, feita por pessoas ou empresas, com o objetivo de controlar e obter lucro sobre esses recursos.

- Faça uma pesquisa sobre esse tema em livros ou na internet e crie uma ficha de algum animal ou planta que corre perigo de sofrer biopirataria. Escreva as razões pelas quais pessoas ou empresas estão interessados nessa espécie.

Planta ou animal: ______________________________

Nome: ______________________________

Características: ______________________________

____

Por que estão interessados nessa espécie? ______________________________

____

- Depois, faça um desenho desse ser vivo e dê um título que passe uma mensagem contra a biopirataria.

____

3. Complete a cruzadinha.

a) Os menores seres vivos da Terra.

b) Instrumento para observação de objetos ou seres muito pequenos.

c) Os menores microrganismos.

d) Remédio feito de um fungo que vive no ar.

e) Bactérias usadas para fazer queijo.

f) Causam a doença de Chagas e a malária.

g) Tipo de fungo que não é tóxico, por isso pode ser comestível.

h) Microrganismos que podem ser usados na fabricação de pães.

i) Parte do corpo humano em que as bactérias têm função benéfica.

Ilustrações: Ilustra Cartoon/Arquivo da editora

4. Que tal montar uma orelha gigante e conferir de perto como ela funciona?

Superorelha

Material necessário

- elástico;
- tesoura;
- fita adesiva dupla face;
- cola;
- bolinha de pingue-pongue;
- canudo dobrável;
- régua;
- cartolina;
- tigela de vidro;
- água;
- forma de torta (sem fundo);
- filme plástico (de cobrir comida);
- papel quadriculado;
- papelão.

Como fazer

1. Desenhe quatro retângulos, dois maiores e dois menores, em um pedaço de papelão. Corte-os. Depois, pegue os retângulos maiores e coloque um sobre o outro. Coloque a forma de torta sobre eles e desenhe um semicírculo, contornando a forma. Recorte a linha de contorno.

2. Faça cortes nos retângulos de acordo com as ilustrações. Em seguida, os dois retângulos menores devem ser colocados nas extremidades dos retângulos maiores, criando o suporte do ouvido de brincadeira.

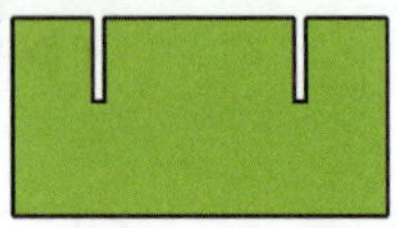

3. Coloque o filme plástico sobre a forma de torta. Para que fique no lugar, prenda-o com elástico. O plástico deve ficar bem esticado.

Ilustrações: Ilustra Cartoon/Arquivo da editora

4. Corte um triângulo com uma aba na cartolina e faça uma dobra, conforme a figura. Em seguida, passe cola na aba e dobre o triângulo ao meio.

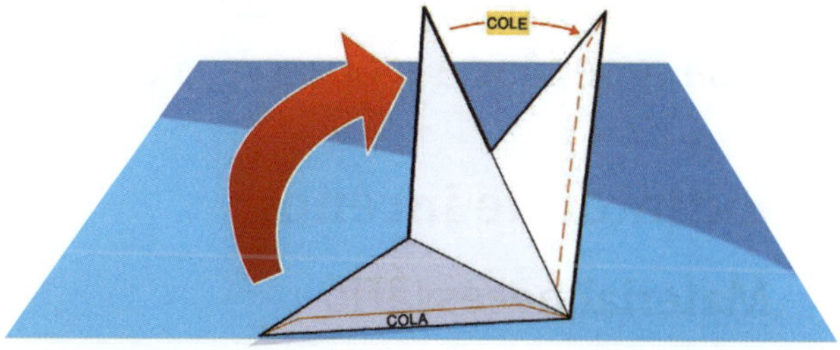

5. Cole uma das pontas do canudo no triângulo. Na outra, faça dois pequenos cortes com a tesoura e fixe aí a bola de pingue-pongue com a fita adesiva dupla face. Também com a fita, prenda o triângulo na forma, no centro do círculo de plástico.

6. Coloque a forma no suporte de papelão e posicione-a em frente à tigela cheia de água, que deve ficar em cima do papel quadriculado. A bola de pingue-pongue tem de tocar levemente a superfície da água.

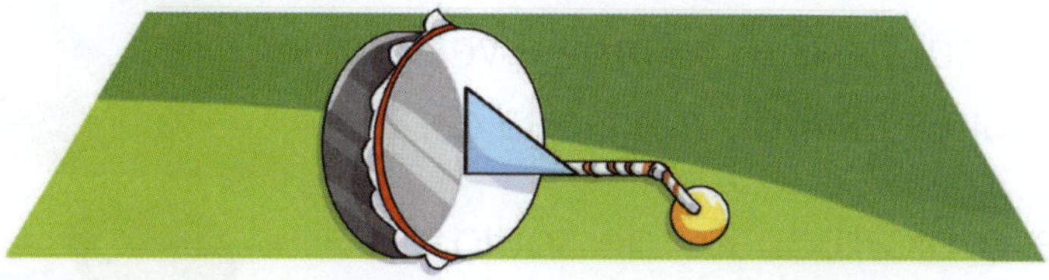

7. Posicione-se atrás da forma e faça barulho (estale os dedos, bata palmas ou grite) e observe.

8. Escreva o que aconteceu na experiência.

____

____

____

____

Ciência hoje na escola: corpo humano & saúde. São Paulo: SBPC, 2003. p. 36. Texto adaptado.

5. Você já se perguntou como funciona um extintor de incêndio? Faça essa experiência e observe o que acontece.

Extintor de incêndio

Material necessário

- 1 colher (de sobremesa) de bicarbonato de sódio;
- 1 vela;
- 1 pires;
- 1 copo;
- ½ copo de vinagre.

Como fazer

1. Peça a um adulto que acenda a vela e fixe-a no pires usando a própria cera.

2. Coloque o bicarbonato de sódio no copo e despeje o vinagre até a altura de aproximadamente 5 centímetros. Essa reação química vai liberar uma quantidade de gás carbônico.

Ilustrações: Ilustra Cartoon/Arquivo da editora

3. Aproxime o copo – que vai conter gás carbônico – da vela, tendo o cuidado de não deixar o líquido cair.
4. O que você observou? Por que isso aconteceu?

6. As pilhas são pequenos geradores de energia. Você sabia que é possível montar uma pilha caseira? Siga as instruções e conte com a ajuda de um adulto.

Improvisando uma pilha

Material necessário

- 3 pedaços de fio elétrico com as pontas desencapadas;
- 2 pedacinhos de cobre;
- 2 pedacinhos de zinco;
- 2 limões;
- tesoura sem ponta;
- fita isolante.

Como fazer

1. Com o auxílio de um adulto, espete, em cada um dos limões, um pedacinho de cobre e um de zinco, de modo que, dentro do limão, eles não se toquem.

2. Enrole a ponta do fio no pedacinho de cobre de um limão. No outro limão, enrole a ponta de outro fio no pedacinho de zinco e prenda-as com fita isolante.

Ilustrações: Ilustra Cartoon/Arquivo da editora

3. Com o terceiro fio elétrico, ligue o pedaço de cobre que está sobrando em um limão com o pedaço de zinco que está sobrando no outro (passe também fita isolante).
4. Escolha um aparelho que precise de pilha (rádio, calculadora, entre outros). Com a fita isolante, prenda no polo positivo do aparelho o fio que está ligado ao pedaço de cobre de um dos limões. No polo negativo, prenda o fio que está ligado ao pedaço de zinco do outro limão. Em seguida, ligue o aparelho.
5. Anote o que aconteceu ao ligar o aparelho.

____

____

7. Você já sabe que, para que a corrente elétrica flua num circuito, é necessário que ele esteja fechado. A abertura do circuito interrompe a corrente.

Em grupos e auxiliados pelo professor, vocês irão verificar isso na prática montando um circuito elétrico com interruptor.

Circuito elétrico

Material necessário

- 1 pilha (1,5 volt);
- 1 lâmpada pequena (1,5 volt) com suporte;
- 3 pedaços de fio elétrico com as pontas desencapadas;
- 2 tachinhas de metal;
- 1 clipe de metal;
- 1 pedaço de madeira;
- 1 rolo de fita isolante.

1. Fixem as tachinhas no pedaço de madeira, de modo que fiquem um pouco separadas.
2. Peguem dois pedaços de fio e prendam um fio debaixo de cada tachinha. Liguem a ponta de um dos fios na pilha e a do outro no suporte da lâmpada. Vocês podem utilizar a fita isolante para fixar o fio na pilha.
3. Peguem o terceiro fio e prendam uma de suas pontas na pilha e a outra no suporte da lâmpada.
4. Abram o clipe e prendam uma das pontas debaixo de uma tachinha, conforme a ilustração.
5. Encostem a outra ponta do clipe em cima da outra tachinha, como se fosse um interruptor.

Em caso de dúvida, observe a ilustração.

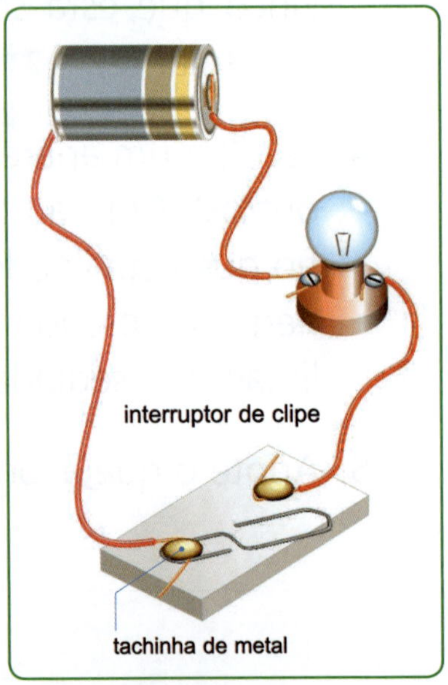

Cassiano Röda/Arquivo da editora

6. Responda:

a) O que aconteceu?

____

b) Agora, afaste o clipe de cima da tachinha. O que aconteceu?

____

8. Reúna sobre uma mesa os seguintes objetos: alfinete, grampo de cabelo, rolha, moeda, copo plástico e folha de papel. Consiga um ímã e aproxime-o de cada objeto, um por vez. Verifique quais são os que ele atrai e marque na tabela.

objeto testado	não foi atraído	foi atraído
rolha  Evgeny Karandaev/Shutterstock/Glow Images		
moeda  Aperture/Shutterstock/Glow Images		
plástico  Sashkin/Shutterstock/Glow Images		
alfinete  Cogipix/Shutterstock/Glow Images		
grampo de cabelo  Aaron Amat/Shutterstock/Glow Images		
papel  Ints Vikmanis/Shutterstock/Glow Images		

- Agora, complete a frase:

  O ímã atraiu os seguintes objetos: _______________________________

  ____

Inglês

1. Find the answer.

a. What is the first month of the year? ______________________

b. What has to be broken before you can use it? ______________

c. What is the season of flowers? ________________________

d. If I am from Brazil, who I am? ________________________

e. I need an umbrella now. How is the weather today? ________

2. Word search.

Q	A	M	H	B	R	A	Z	I	L	I	A	N	X
S	W	R	F	G	P	I	O	Q	U	A	S	C	B
M	D	E	R	A	S	A	L	B	V	Y	K	T	H
V	J	A	N	U	A	R	Y	N	C	X	Z	Q	Z
C	F	G	H	T	G	U	F	D	S	A	N	T	M
A	R	F	J	K	Y	D	I	O	H	P	A	R	W
P	A	P	O	F	L	D	Z	S	I	T	S	U	O
A	I	H	A	G	V	C	X	R	T	Y	P	I	T
S	N	D	J	Z	E	G	G	L	B	Q	R	V	X
X	Y	C	V	B	K	N	L	Z	T	Y	I	E	U
B	R	N	A	D	F	G	X	G	H	P	N	W	I
M	Z	X	C	A	V	S	B	D	N	M	G	Q	O

3. Find and circle.

cg-art/Shutterstock/Glow Images

How many pencils are there?

one three twenty

five forty

Willyam Bradberry/Shutterstock/Glow Images

What color is it?

red green white

black blue

aa3/Shutterstock/Glow Images

What is it?

a pair of shoes a shirt

a coat a hat a dress

Konrad Mostert/Shutterstock/Glow Images

What animal is it?

a dog a chicken a cat

a whale a bird

Linn Currie/Shutterstock/Glow Images

Where are the cats?

on the sofa

between the sofa and the table

under the sofa in the sofa

4. Match.

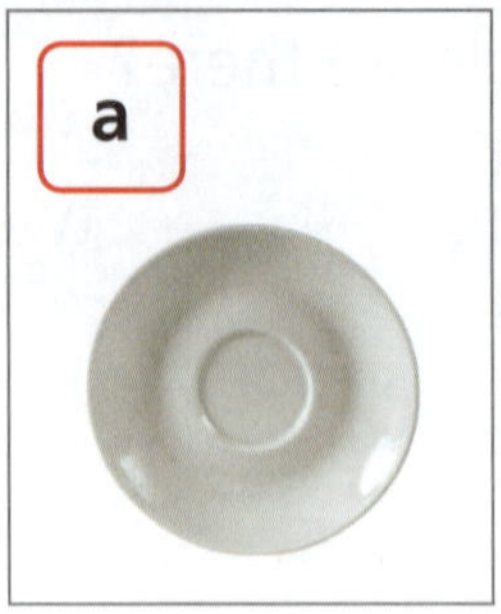

Andrey_Kuzmin/Shutterstock/Glow Images

MRS.Siwaporn/Shutterstock/Glow Images

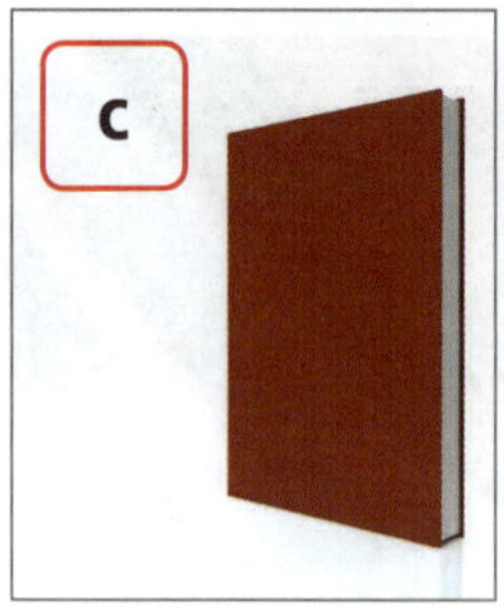

Rakic/Shutterstock/Glow Images

Olga Popova/Shutterstock/Glow Images

☐ a thin book

☐ a thick slice of bread

☐ a big ball

☐ a small plate

5. Look at the pictures and match the sentences.

mrcmos/Shutterstock/Glow Images

tomer turjeman/Shutterstock/Glow Images

Ilya Shapovalov/Shutterstock/Glow Images

Tatyana Vyc/Shutterstock/Glow Images

☐ Those are flowers.

☐ This is an ice cream.

☐ That is a towel.

☐ These are coats.

6. Crossword

Ozerov Alexander/Shutterstock/Glow Images

nito/Shutterstock/Glow Images

Kharlanov Evgeny/Shutterstock/Glow Images

leungchopan/Shutterstock/Glow Images

Iryna1/Shutterstock/Glow Images

Felix Mizioznikov/Shutterstock/Glow Images

Pakhnyushcha/Shutterstock/Glow Images

Joop Hoek/Shutterstock/Glow Images

Wuttichok Painichiwarapun/Shutterstock/Glow Images

Sergei Gorin/Shutterstock/Glow Images

Arte

Para estimular as ideias, os surrealistas faziam um jogo que se chama *Brainstorm* (tormenta de ideias). Vamos experimentar? Faça uma lista, anotando uma palavra embaixo da outra, sem parar, até preencher todas as linhas.

Leia a lista que você escreveu e faça um desenho para juntar as palavras soltas. Antes de desenhar, pense em um sentido que você pode dar às palavras, ligando um pensamento ao outro.

História

SUMÁRIO

UNIDADE 1: Brasil: período pré-colonial

1. O tempo na História 322
Décadas, séculos e milênios 323
2. Os períodos da história do Brasil 324
A história do Brasil antes da chegada dos portugueses em 1500 324
A história do Brasil depois da chegada dos portugueses em 1500 324
3. O povoamento das Américas 326
Os ameríndios 326
4. Os europeus e a busca de novos caminhos 328
O início das Grandes Navegações 329
5. As Grandes Navegações 330
As navegações portuguesas 330
As navegações espanholas 331
O Tratado de Tordesilhas 331
A chegada dos portugueses às terras que hoje são o Brasil 332
6. Os povos indígenas 334
Onde viviam os diferentes povos indígenas ... 334
O dia a dia dos povos indígenas 335
De olho na História: o encontro entre os colonizadores e os grupos indígenas 336

UNIDADE 2: Brasil: período colonial

7. O início da colonização 338
Expedições exploradoras 338
Expedições guarda-costas 338
Expedições colonizadoras 339
8. As capitanias hereditárias e os Governos-Gerais 340
Capitanias hereditárias 340
Governos-Gerais 342
9. Os engenhos e a produção de açúcar 344
10. A presença francesa e a holandesa 346
Franceses no Rio de Janeiro e no Maranhão .. 346
Holandeses no Nordeste 346
11. A expansão do território brasileiro 348
Entradas e bandeiras 348
Mineração 350
Missões religiosas 351
Criação de gado 351
12. As revoltas do Brasil colonial 352
Inconfidência Mineira 353
Conjuração Baiana 353
13. A família real no Brasil 354
14. A Independência do Brasil 356
De olho na História: os quilombos 358

UNIDADE 3: Brasil: período imperial

15. Primeiro Reinado (de 1822 a 1831) 360
16. Período regencial (de 1831 a 1840) 362
Conflitos e revoltas 362
17. Segundo Reinado (de 1840 a 1889) 364
A Guerra do Paraguai 364
18. O desenvolvimento do Brasil no Segundo Reinado 366
O café no Brasil 366
19. A escravidão no Brasil 368
A abolição 369
20. Os imigrantes no século XIX 370
21. A Proclamação da República 372
O fim da monarquia 372
De olho na História: as tradições africanas no Brasil 374

UNIDADE 4: Brasil: período republicano

22. Governo Provisório (de 1889 a 1891) 376
23. Primeira República (de 1891 a 1930) 378
Economia e política na Primeira República .. 378
Revoltas e conflitos 379
24. Era Vargas (de 1930 a 1945) 381
O governo de Getúlio Vargas 381
25. República Populista (de 1946 a 1964) 383
O retorno de Getúlio Vargas à Presidência ... 383
Juscelino Kubitschek: "50 anos em 5" 383
Jânio Quadros e João Goulart 384
26. Governos militares (de 1964 a 1985) 385
O "milagre econômico" 385
A repressão política 386
27. Nova República (de 1985 aos dias atuais) 387
Governo José Sarney 387
Governo Fernando Collor de Mello 387
Governo Itamar Franco 388
Governo Fernando Henrique Cardoso 388
Governo Luiz Inácio Lula da Silva 388
Governo Dilma Rousseff 389
De olho na História: a liberdade de expressão 390
Sugestões para o aluno 391

Unidade

1

Brasil: período pré-colonial

Valter Ferrari/Arquivo da editora

O QUE VOU ESTUDAR?

- O tempo na História
- Os períodos da história do Brasil
- O povoamento das Américas
- Os europeus e a busca de novos caminhos
- As Grandes Navegações
- A chegada dos portugueses às terras que hoje são o Brasil
- Os povos indígenas

1

O tempo na História

Ao pesquisar o modo de vida, os costumes e os acontecimentos de outras épocas, você está estudando História.

Estudar História é importante para que possamos conhecer o passado e, assim, entender melhor o presente.

Observe as figuras e leia a legendas abaixo para descobrir o que cada imagem retrata.

Pequena moenda portátil de açúcar, litografia de Jean-Baptiste Debret, 1835. Esta obra retrata o trabalho nos engenhos de cana-de-açúcar no Brasil do século XIX.

Jogos infantis, de Pieter Brueghel, 1560. Esta obra retrata algumas brincadeiras praticadas no século XVI.

Décadas, séculos e milênios

Ao narrar algum fato histórico, podemos citar o ano em que ele se passou. Sabendo o ano, é possível determinar a que século o fato pertence. Por exemplo: todos os acontecimentos ocorridos entre os anos 1 e 100 pertencem ao século I.

Para escrever os séculos, geralmente utilizamos algarismos romanos.

fato histórico: ação humana que pode ser estudada pela História.

Para melhor situar os fatos no tempo, além do **dia**, do **mês** e do **ano**, que aparecem nos calendários, podemos utilizar outras medidas de tempo. Veja:

período	quantos anos	exemplo
década	10 anos	A década de 1990 corresponde aos anos de 1991 a 2000.
século	100 anos	O século XXI começou em 2001 e terminará em 2100.
milênio	1 000 anos	Estamos vivendo o terceiro milênio, que começou em 2001 e terminará no ano 3000.

Para saber a que século um ano pertence, utilize as seguintes regras:

- Se o ano **terminar em 00**, basta tirar os dois zeros e tem-se o século.
  Exemplos:
  15~~00~~ ⟶ século XV   18~~00~~ ⟶ século XVIII
- Se o ano **não terminar em 00**, basta tirar os dois últimos algarismos e somar 1 ao número que resta.
  Exemplos:
  7~~58~~ ⟶ 7 + 1 = 8 ⟶ século VIII
  19~~93~~ ⟶ 19 + 1 = 20 ⟶ século XX

Ilustra Cartoon/Arquivo da editora

1. Agora, complete as frases:

a) Eu nasci no ano de ________________________.

b) Meu nascimento ocorreu no século ____________________.

2. A que século pertencem os anos da tabela abaixo?

ano	1900	1850	1950	1715	1300	768	400	1655
século								

2

Os períodos da história do Brasil

Alguns estudiosos costumam dividir a história do Brasil em períodos, para facilitar seu estudo. Vamos conhecer esses períodos.

A história do Brasil antes da chegada dos portugueses em 1500

Neste período se estuda a história dos primeiros grupos humanos, que, há mais de 10 mil anos, povoaram as terras que hoje são o Brasil. Também se investiga a história dos povos indígenas que os portugueses encontraram, em 1500, nas terras que atualmente formam o nosso país.

A história do Brasil depois da chegada dos portugueses em 1500

Este período costuma ser dividido em:

- **Brasil colônia** ou **Brasil colonial** (1500-1822)

  Do período colonial, estudamos os primeiros contatos entre os indígenas e os portugueses, a relação entre europeus e indígenas, a exploração comercial do pau-brasil, da cana-de-açúcar e da mineração, além da transferência da família real portuguesa para o Brasil.

Descobrimento do Brasil (detalhe), óleo sobre tela de Aurélio de Figueiredo, de cerca de 1899. Essa obra representa a chegada dos portugueses ao litoral das terras que hoje formam o Brasil. Esse fato marca o início do período do Brasil colônia.

- **Brasil Império** (1822-1889)

  Neste período estudamos o Primeiro Reinado (de dom Pedro I), o período regencial, o Segundo Reinado (de dom Pedro II), as atividades econômicas (como o plantio de café) e a abolição da escravatura.

Independência ou Morte (detalhe), óleo sobre tela de Pedro Américo, 1888. Essa obra representa a Proclamação da Independência do Brasil, que marca o início do período do Brasil Império.

- **Brasil República** (de 1889 aos dias atuais)

  No Brasil República conhecemos fatos como a queda da monarquia no Brasil, a instauração de duas ditaduras, a redemocratização do país, além de acontecimentos mais recentes, como a eleição de um presidente vindo das camadas populares da sociedade e de uma presidente mulher.

Proclamação da República, óleo sobre tela de Henrique Bernardelli, cerca de 1900. Essa obra retrata a Proclamação da República no Brasil, que marca o início do período do Brasil República. Na imagem, o primeiro presidente do Brasil, o marechal Deodoro da Fonseca.

3

O povoamento das Américas

Muito antes da chegada dos europeus à América, o continente já era habitado por diversos povos, cada um com características sociais e culturais próprias.

Esses povos são chamados de ameríndios e estima-se que passaram a habitar o continente há pelo menos 20 mil anos.

Os ameríndios

Alguns pesquisadores acreditam que a ocupação da América se deveu aos povos nômades, que chegaram ao continente pelo estreito de Bering (entre as terras que hoje são a Rússia e o Alasca); outros acreditam que os primeiros humanos da América vieram da Ásia, atravessando o oceano Pacífico.

nômades: grupos de pessoas que migram constantemente, sem residir em um local fixo.

Allmaps/Arquivo da editora

Adaptado de: **Atlas histórico escolar**, de Manoel Maurício de Albuquerque et al. Rio de Janeiro: MEC/Fename, 1983. p. 50.

Os primeiros ameríndios continuaram migrando ao longo de gerações e gerações.

Durante as migrações, houve a formação de diversos grupos de pessoas, cada um com características próprias. Desse modo foram surgindo diferentes culturas por todo o continente.

Estima-se que só no território brasileiro, antes da chegada dos portugueses, viviam mais de 5 milhões de pessoas.

Allmaps/Arquivo da editora

América: Povos ameríndios

APACHES (América do Norte)
Os apaches eram um dos muitos povos que habitavam as terras que hoje são os Estados Unidos. Caçadores e nômades ficaram famosos por resistir à dominação imposta pelos soldados dos Estados Unidos.

Ben Wittick/National Archives, EUA

O chefe dos apaches, Gerônimo (1829-1909).

ASTECAS (México)
Os astecas ocuparam boa parte das terras que hoje são o México. Dominavam técnicas de Engenharia e Medicina, além de possuir um calendário muito desenvolvido. Também aprimoraram interessantes técnicas de agricultura, que incluíam a construção de ilhas artificiais e o uso de fertilizantes.

jejim/Shutterstock/Glow Images

A escultura conhecida como Pedra do Sol é um dos mais famosos vestígios dos astecas.

MAIAS (América Central)
Os maias viveram onde hoje são Guatemala, El Salvador, Honduras, Belize e México. Acreditavam em muitos deuses e tinham conhecimentos de Matemática, Astronomia e Arquitetura. Ainda hoje há muitos descendentes dos maias vivendo na América Central.

Philippe Psaila/SPL/Latinstock

Estátua atribuída aos maias. Nela é possível observar um cesto carregado de milho, alimento muito valorizado na cultura do povo maia.

INDÍGENAS DAS FLORESTAS (América do Sul)
Ao ocuparem as áreas de floresta, os indígenas foram se adaptando ao clima e à vegetação da região. Dividiam-se em vários grupos, que caçavam, pescavam e cultivavam alimentos, como o milho e a mandioca, para sobreviver.

Edson Sato/Pulsar Imagens

Cesto feito com palha, material utilizado por muitos povos indígenas das florestas.

INCAS (oeste da América do Sul)
Os incas viviam em uma região montanhosa da América do Sul chamada cordilheira dos Andes. Eles possuíam uma sociedade bastante organizada e administravam muitas cidades, que eram interligadas por estradas. Sua capital, Cusco, estava localizada onde hoje é o Peru.

ocphoto/Shutterstock/Glow Images

Machu Picchu, no Peru, possui construções muito antigas atribuídas aos incas.

Adaptado de: **Atlas geográfico escolar**. Rio de Janeiro: IBGE, 2009. p. 34.

- Dos povos ameríndios aqui citados, escolha dois e analise as informações. Depois escreva uma semelhança e uma diferença entre eles.

4

Os europeus e a busca de novos caminhos

A chegada dos portugueses às terras que hoje são o Brasil, em 1500, é parte de um processo que começou bem antes dessa data.

No século XV, o comércio de especiarias e outros produtos (como seda, porcelanas, tapetes e perfumes) com o Oriente era muito lucrativo para os europeus.

Esse comércio era dominado pelos habitantes das cidades de Gênova e Veneza, que percorriam uma longa rota, de difícil acesso por mar e por terra, para comprar esses produtos no Oriente e vendê-los a preços muito altos na Europa, onde essas cidades estavam localizadas.

especiarias: produtos usados para temperar alimentos ou com finalidade medicinal (como remédios) ou aromática (como perfumes). Algumas especiarias usadas desde os tempos antigos são canela, cânfora, cravo, gengibre, pimenta e noz-moscada.

Oriente: no texto, refere-se às regiões da Ásia e do norte da África.

Allmaps/Arquivo da editora

O mundo conhecido pelos europeus no século XV

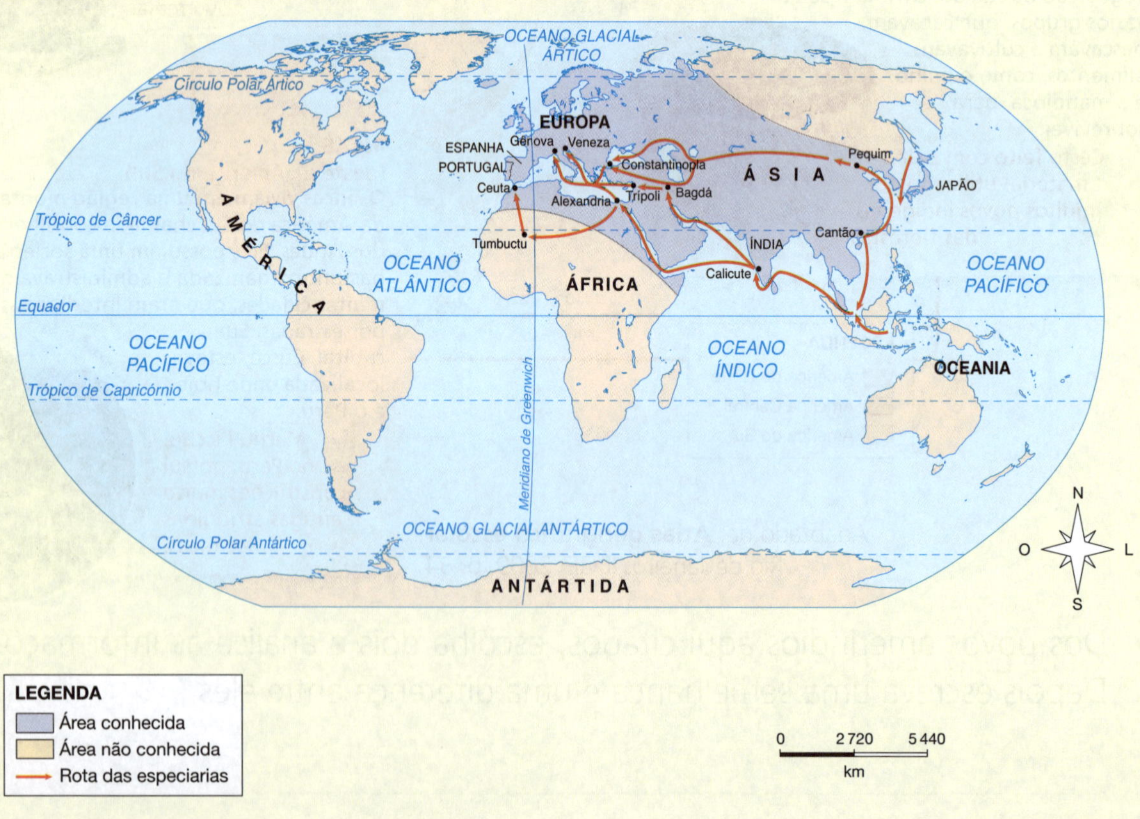

Adaptado de: **Atlas História do Brasil**, de Flávio de Campos e Miriam Dolhnikoff. São Paulo: Scipione, 2000. p. 5.

O início das Grandes Navegações

Os governantes portugueses tinham muito interesse no comércio com o Oriente, mas as rotas marítimas e terrestres entre a Europa e as "Índias" (como era chamado o Oriente) já eram controladas por genoveses e venezianos.

A alternativa encontrada pelos portugueses, experientes navegantes, foi procurar uma nova forma de fazer comércio fora da Europa.

Dessa maneira, favorecidos por sua posição geográfica, com saída para o oceano Atlântico, os portugueses deram início a uma série de viagens marítimas em busca de riquezas, como o ouro e a seda, além das especiarias. A intenção era encontrar novas rotas para as Índias, onde seria possível comprar as mercadorias diretamente dos produtores a preços bem mais baixos.

Assim como em Portugal, o governo da Espanha também resolveu patrocinar viagens marítimas em busca de riquezas em outras terras. Essas viagens ficaram conhecidas como **Grandes Navegações**.

- Observe o mapa a seguir.

British Library-Images/Latinstock

Mapa-múndi em pergaminho de Henricus Martellus, cerca de 1489.

Como você viu, apenas a Europa e partes da Ásia e da África eram conhecidas pelos europeus. Em sua opinião, como as navegações contribuíram para a alteração dos mapas daquele período?

5

As Grandes Navegações

Ao longo do século XV, os governantes de Portugal e da Espanha organizaram diversas expedições marítimas com o intuito de encontrar um caminho para chegar às Índias pelo oceano Atlântico e participar do lucrativo comércio que se podia fazer nessa região.

Essas expedições foram facilitadas pela utilização de invenções como a bússola, que permitia uma orientação mais segura, e as caravelas, embarcações mais leves e rápidas que as até então usadas.

As navegações portuguesas

Os portugueses começaram suas viagens contornando a costa da África, por onde pretendiam chegar ao Oriente atravessando os oceanos.

Bartolomeu Dias tornou-se importante para a história das Grandes Navegações porque foi o primeiro europeu a navegar pelo extremo sul da África, chegando ao oceano Índico. Vasco da Gama deu continuidade à viagem, abrindo caminho marítimo para as Índias. Mais tarde, Cabral chegou às terras que hoje são o Brasil, marcando o início da presença portuguesa na América.

Allmaps/Arquivo da editora

As principais viagens portuguesas e espanholas no século XV

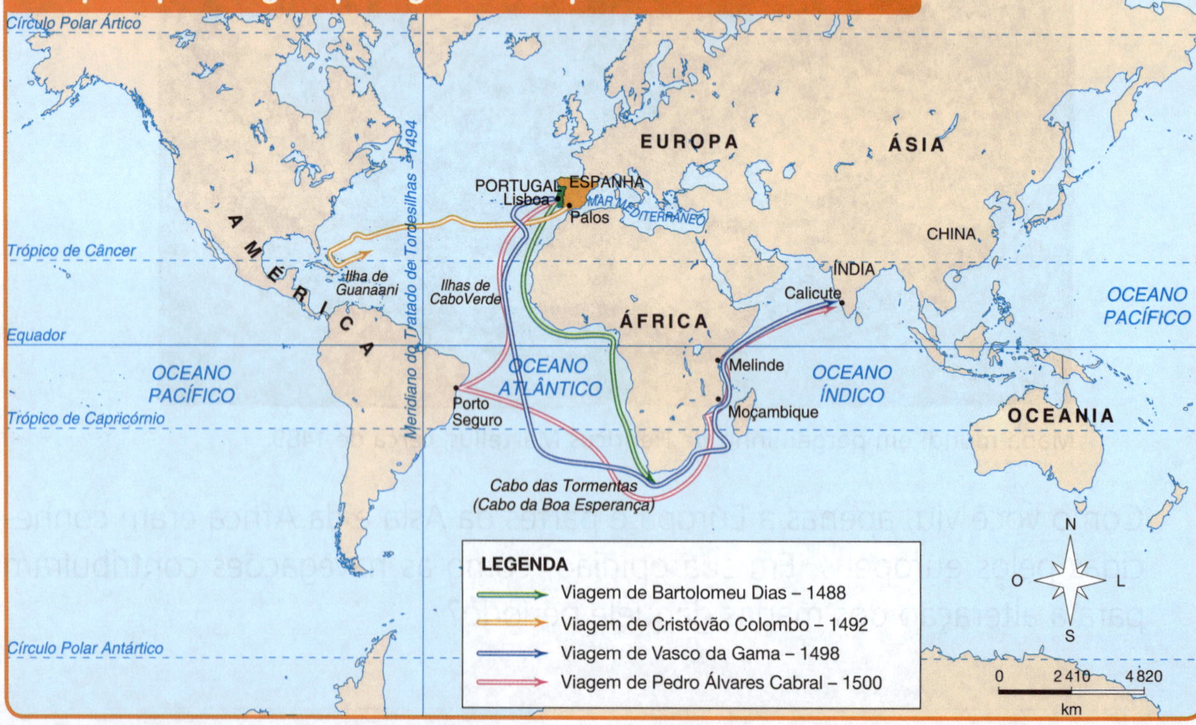

Adaptado de: **Atlas História do Brasil**, de Flávio de Campos e Miriam Dolhnikoff. São Paulo: Scipione, 2000. p. 5.

As navegações espanholas

O governo espanhol também estava à procura de um caminho marítimo para as Índias. Assim, no ano de 1492, o navegador Cristóvão Colombo comandou uma expedição em busca desse caminho. Ele acreditava que a Terra era redonda e que, se navegasse sempre em direção ao Ocidente, chegaria ao Oriente.

Colombo atravessou o oceano Atlântico com três caravelas. Ao fim da viagem, chegou ao continente americano acreditando ter chegado às Índias.

Anos mais tarde, o navegador Américo Vespúcio, viajando ao lugar onde Colombo estivera, percebeu que ele não havia chegado às Índias, e, sim, a um continente até então desconhecido pelos europeus. Por isso os europeus chamaram a nova terra de América, em homenagem a Américo Vespúcio.

O Tratado de Tordesilhas

Como já navegavam pelo oceano Atlântico bem antes dos espanhóis, os portugueses acreditavam que as terras a que Colombo chegou pertenciam a eles. Então, para resolver essa questão e evitar um conflito entre os dois reinos, foi assinado um acordo que recebeu o nome de **Tratado de Tordesilhas**.

O documento foi assinado em 1494 e estabelecia uma linha imaginária que passava a 370 léguas a oeste das ilhas de Cabo Verde. As terras que ficassem a leste desse meridiano seriam de Portugal e as que ficassem a oeste seriam da Espanha.

légua: antiga unidade de medida equivalente a 6600 metros.

Adaptado de: **Atlas histórico básico**, de José Jobson de A. Arruda. São Paulo: Ática, 2001. p. 20.

A chegada dos portugueses às terras que hoje são o Brasil

Em 1500, o rei de Portugal, dom Manuel, organizou uma esquadra composta de 13 navios e cerca de 1 200 homens com o objetivo de repetir o caminho que Vasco da Gama havia feito até as Índias. Para comandá-la, foi escolhido Pedro Álvares Cabral.

Durante a viagem, a frota de Cabral desviou-se da rota original. Esse fato era entendido por alguns historiadores como "engano" ou "acidente". Atualmente, entretanto, a maioria dos estudiosos acredita que isso não ocorreu por acaso, pois há muitos indícios de que Portugal já suspeitava da existência das terras que hoje são o Brasil desde antes da assinatura do Tratado de Tordesilhas em 1494.

Por isso, hoje podemos dizer que é bem provável que um dos objetivos da viagem de Cabral tenha sido confirmar a existência dessas terras e garantir sua posse.

Veja a seguir como foi a chegada de Pedro Álvares Cabral ao litoral das terras que hoje formam o Brasil.

esquadra: agrupamento de navios.

Cícero Soares/Arquivo da editora

- **21 de abril** — Foram vistos sinais de terra próxima: ervas marinhas e pássaros.
- **22 de abril** — Avistou-se um monte, ao qual foi dado o nome de monte Pascoal.
- **23 de abril** — A esquadra aproximou-se da terra e avistou seus habitantes, que foram chamados pelos europeus de "índios".
- **24 de abril** — A esquadra encontrou um bom porto para abrigar os navios. Esse porto recebeu o nome de Porto Seguro, no litoral do atual estado da Bahia.
- **26 de abril** — O frei Henrique Soares de Coimbra rezou a primeira missa em uma pequena ilha, cujo nome atual é Ilhéu da Coroa Vermelha.
- **1º de maio** — Os portugueses ergueram uma grande cruz de madeira no solo encontrado para indicar que tomavam posse da terra em nome do rei de Portugal.
- **2 de maio** — A esquadra seguiu para as Índias. Apenas um navio, comandado por Gaspar de Lemos, voltou para Portugal a fim de levar a dom Manuel a carta de Pero Vaz de Caminha, a qual noticiava a "descoberta" da terra.

Desembarque de Pedro Álvares Cabral em Porto Seguro, em 1500, óleo sobre tela de Oscar Pereira da Silva, 1922. Essa obra apresenta a visão do pintor sobre o encontro entre portugueses e indígenas.

O primeiro nome dado pelos portugueses à terra encontrada foi **Ilha de Vera Cruz**, pois eles pensavam que se tratava de uma grande ilha. Depois, vendo o engano, mudaram o nome para **Terra de Santa Cruz** e, finalmente, em razão da grande quantidade de uma árvore conhecida como pau-brasil, o nome foi mudado definitivamente para **Brasil**.

Os povos indígenas que viviam no litoral dessa terra a chamavam de **Pindorama**, que quer dizer "a terra das palmeiras" em tupi-guarani.

Observe, no mapa, a rota da viagem de Cabral até chegar às terras que hoje formam o Brasil.

A viagem de Pedro Álvares Cabral em 1500

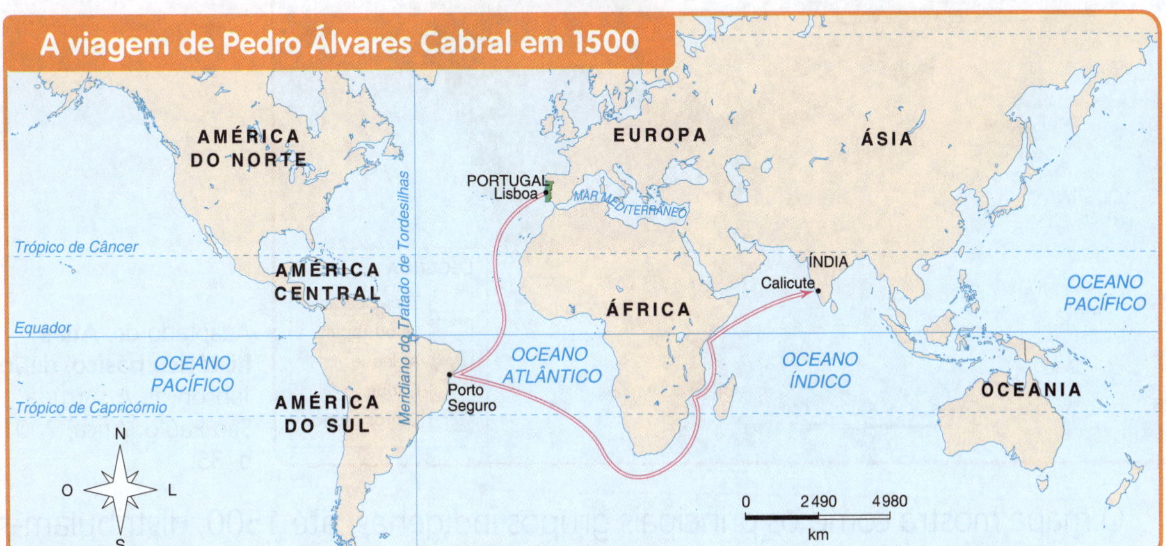

Adaptado de: **Atlas histórico básico**, de José Jobson de A. Arruda. São Paulo: Ática, 2001. p. 19.

- Em sua opinião, qual era o objetivo da viagem de Cabral? Responda no caderno.

6

Os povos indígenas

Ao chegar às terras que hoje formam o Brasil, em 1500, os portugueses fizeram contatos com povos indígenas que habitavam o litoral. Um dos primeiros contatos ocorreu com o povo tupi.

Naquela época, estima-se que havia cerca de 5 milhões de indígenas nessas terras. Atualmente, a população indígena do Brasil está em torno de 460 mil indivíduos.

Onde viviam os diferentes povos indígenas

Os povos indígenas possuíam quatro grandes grupos linguísticos: os Tupi-Guarani, os Jê ou Tapuia, os Aruaque e os Caribe.

Cada grande grupo estava dividido em grupos menores, com costumes, línguas e hábitos muito variados. Calcula-se que havia cerca de 1 300 línguas diferentes!

Veja este mapa:

Allmaps/Arquivo da editora

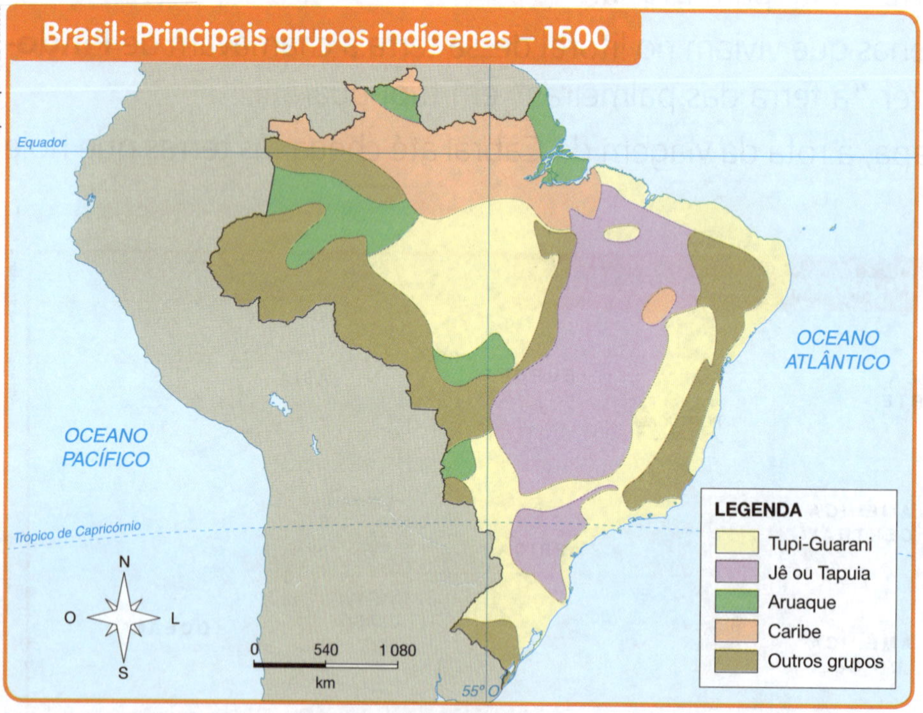

Adaptado de: **Atlas histórico básico**, de José Jobson de A. Arruda. São Paulo: Ática, 2001. p. 35.

grupos linguísticos: grupos que compartilham o mesmo idioma ou idiomas de origem comum.

O mapa mostra como os principais grupos indígenas, até 1500, distribuíam-se pelo território que hoje corresponde ao Brasil.

Como você pôde perceber, quase todo o litoral era habitado por povos do grupo Tupi-Guarani. Por essa razão foi com eles que os portugueses tiveram mais contato ao chegar à América.

As aldeias tupis eram chamadas de **tabas**, e as casas das aldeias chamavam-se **ocas**.

As ocas eram construídas ao redor de uma praça central, denominada **ocara**, onde se faziam reuniões, jogos e festas.

Ao redor da taba havia uma cerca de troncos, a **caiçara**.

Reprodução/Serviço Histórico da Marinha, Vincennes, França.

Aldeia tupinambá, gravura de Theodore de Bry, 1592.

O dia a dia dos povos indígenas

Entre os diferentes povos indígenas era comum a divisão das tarefas de acordo com o sexo e a idade. Os homens caçavam, pescavam, fabricavam ferramentas e construíam as ocas e as canoas. As mulheres cuidavam das crianças, cozinhavam, plantavam, faziam cestos, redes e peças de cerâmica. Os meninos aprendiam a caçar e a pescar e as meninas ajudavam nos serviços de casa e na lavoura.

Nas festas indígenas, cantava-se e dançava-se muito. Havia músicas, danças e rituais para ocasiões como o plantio, a colheita, a caça, o nascimento, o casamento e a morte.

Os diferentes povos indígenas acreditavam em muitos deuses. Adoravam o Sol, a Lua, o relâmpago e o trovão. Acreditavam também na existência de espíritos bons e maus.

- Muitos hábitos indígenas antigos fazem parte da cultura brasileira atual. Pesquise sobre isso em livros e na internet e escreva um exemplo da influência indígena:

  a) na alimentação:

  ____

  ____

  b) nos costumes:

  ____

  ____

De olho na História

O encontro entre os colonizadores e os grupos indígenas

O primeiro contato entre os portugueses e os povos indígenas foi relatado, com detalhes, na carta de Pero Vaz de Caminha ao rei de Portugal, dom Manuel, datada de 1º de maio de 1500, uma sexta-feira.

O respeito de ambas as partes, com trocas de sinais e presentes, levaria a crer numa relação amistosa. Logo, porém, os portugueses perceberam tratar-se de um povo ingênuo e passaram a explorá-lo. Em troca do trabalho na exploração do pau-brasil, presenteavam os nativos com ornamentos (apitos, colares, chocalhos e outras peças que despertavam a curiosidade dos indígenas). Não demorou para os portugueses escravizarem e usarem a violência contra eles, o que levou ao extermínio da maioria dos povos que habitavam o litoral, região da mata Atlântica, território de onde era originário o pau-brasil, e a uma grande devastação da mata primitiva.

Disponível em: <http://mapas.sosma.org.br>. Acesso em: 19 mar. 2014.

- Agora, responda oralmente:

  a) Você concorda com a atitude dos portugueses? Por quê?

  b) Como você se sentiria se fosse um dos habitantes das terras brasileiras naquela época?

Unidade

2

Brasil: período colonial

Valter Ferrari/Arquivo da editora

O QUE VOU ESTUDAR?

- O início da colonização
- As capitanias hereditárias e os Governos-Gerais
- Os engenhos e a produção de açúcar
- As presenças francesa e holandesa
- A expansão do território brasileiro
- As revoltas do Brasil colonial
- A família real no Brasil
- A Independência do Brasil

7

O início da colonização

O rei de Portugal, logo após a chegada de Cabral, não manifestou grande interesse pela nova terra, mas achou que deveria conhecê-la para verificar se nela existiam riquezas. Por isso, foram enviadas as primeiras **expedições**.

Expedições exploradoras

A **expedição exploradora de 1501** verificou que a nova terra não era uma ilha. Foi então que seu nome passou a ser Terra de Santa Cruz.

Nessa primeira expedição foi descoberta a existência de árvores de pau-brasil nas matas do litoral, o que deu início a um processo de extração dessa madeira. O pau-brasil era muito valorizado na Europa porque dele se extraía uma tinta vermelha usada para tingir tecidos.

Expedição exploradora de Gaspar de Lemos – 1501

Organizado pelos autores.

A **expedição exploradora de 1503** teve a participação de Américo Vespúcio, que fundou, em Cabo Frio, uma feitoria, isto é, um posto de armazenamento usado para guardar mercadorias, sobretudo o pau-brasil.

Expedições guarda-costas

O pau-brasil atraiu o interesse de piratas. Para policiar o litoral e evitar o contrabando (comércio proibido) de pau-brasil, os portugueses organizaram expedições guarda-costas. No entanto, por causa da grande extensão do litoral, essas expedições não conseguiram afastar os piratas da região.

Expedições colonizadoras

O objetivo das expedições colonizadoras era ocupar as terras. Os governantes portugueses enviavam pessoas para viver aqui, construir casas, plantar, explorar e defender o território.

A **expedição colonizadora de 1530** foi a primeira a chegar à América portuguesa. Chefiada por Martim Afonso de Sousa, tinha vários objetivos: evitar a presença dos franceses, procurar novas riquezas e iniciar a ocupação portuguesa do território. Além de trazer muitas pessoas para as novas terras, ela trazia também sementes de plantas, instrumentos agrícolas e animais domésticos.

Em 1532 Martim Afonso de Sousa fundou a primeira vila da colônia portuguesa: São Vicente (atual cidade de São Vicente, no litoral do estado de São Paulo). Esse momento é considerado o marco inicial da colonização portuguesa.

Fundação de São Vicente, óleo sobre tela de Benedito Calixto, 1900.

1. Analise a imagem acima e responda às questões no caderno.

a) Quem é representado na obra?

b) Quem chama mais a sua atenção na imagem? Por quê?

2. Qual era o objetivo da extração do pau-brasil?

8

As capitanias hereditárias e os Governos-Gerais

Capitanias hereditárias

Colonizar o território das "novas terras" não era tarefa simples. A Coroa portuguesa tinha poucos recursos financeiros para continuar a ocupação. Por isso, em 1534, dom João III, rei de Portugal, decidiu dividir as terras em quinze lotes, que iam do litoral até o limite criado pelo Tratado de Tordesilhas.

Esses lotes foram chamados **capitanias hereditárias** (porque passavam de pai para filho) e foram doados aos homens que se dispuseram a investir recursos na colônia, chamados **donatários**.

Os donatários recebiam a posse da terra, mas não eram os donos das capitanias. Eles podiam explorá-las, passar a seus filhos, porém não podiam vendê-las. Tinham direitos, mas também deveres a cumprir.

Os donatários podiam cobrar impostos das pessoas que viviam em sua capitania, doar terras (denominadas sesmarias) a colonos que as cultivassem, escravizar os indígenas e exercer a justiça estabelecida pelo rei. Contudo, tinham de colonizar e defender as terras, estimulando seu progresso com recursos próprios. Também não podiam comercializar com outros países e tinham de pagar impostos à Coroa portuguesa (por exemplo, se fossem descobertos metais e pedras preciosas, 20% seriam da Coroa).

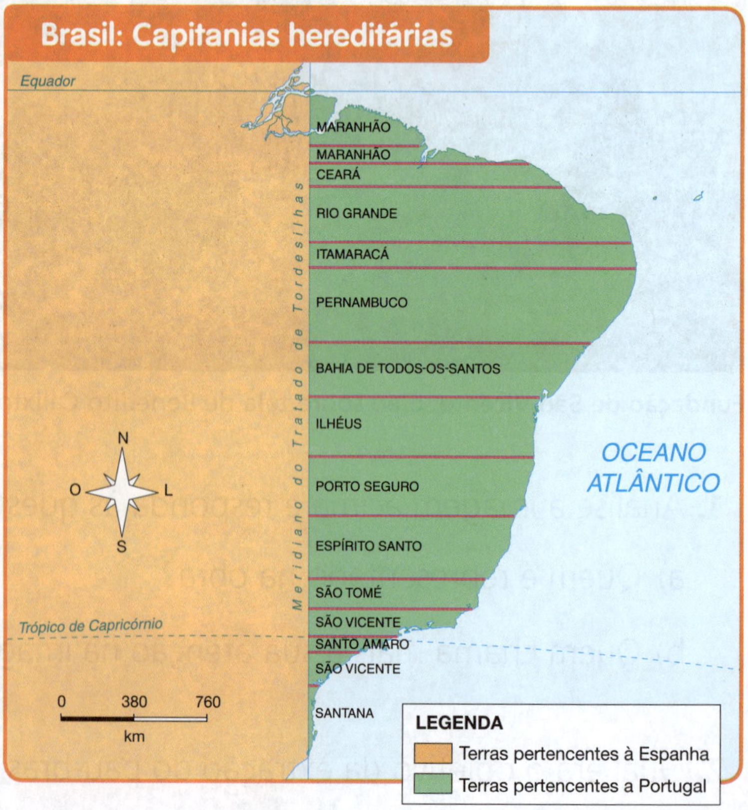

Adaptado de: **Atlas História do Brasil**, de Flávio de Campos e Miriam Dolhnikoff. São Paulo: Scipione, 2000. p. 7.

Apesar dos esforços do rei de Portugal, muitas capitanias fracassaram em razão da dificuldade dos donatários em administrá-las, dos frequentes ataques dos indígenas e da falta de dinheiro e de comunicação entre uma capitania e outra. Assim, alguns donatários nem chegaram a tomar posse das terras, deixando-as abandonadas.

Diante de tantas dificuldades, apenas as capitanias de **São Vicente** e **Pernambuco** obtiveram algum sucesso. A lavoura de cana-de-açúcar e a criação de gado foram os fatores responsáveis pelo desenvolvimento observado em São Vicente. Pernambuco também prosperou graças à cana-de-açúcar, pois a região favorecia o plantio por causa de seu clima quente e úmido e do solo de massapé (terra escura e muito fértil, perfeita para o cultivo da cana).

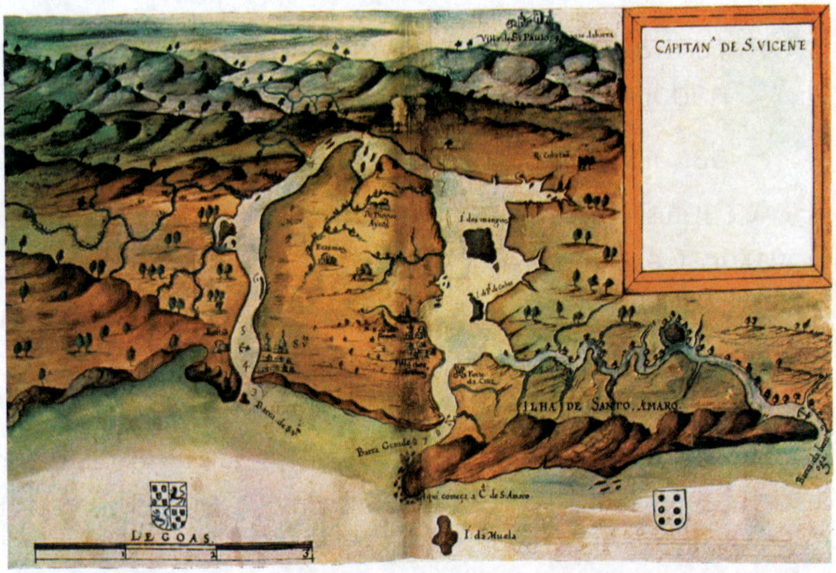

Mapa da capitania de São Vicente, de João Teixeira Albemas, 1631.

1. Responda às questões:

a) Por que colonizar as "novas terras" era uma tarefa difícil para os portugueses?

____

____

b) De acordo com o Tratado de Tordesilhas, o local onde você vive pertenceria a Portugal ou à Espanha?

____

____

2. Quais foram os fatores que motivaram a colonização do Brasil? Explique oralmente com suas palavras.

Governos-Gerais

A divisão do território brasileiro em capitanias foi importante para Portugal, pois permitiu o início da ocupação portuguesa e o cultivo da cana-de-açúcar, além de impedir o ataque constante dos franceses à costa brasileira.

No entanto, esse sistema não deu os resultados que o rei esperava. Por isso, sem acabar com as capitanias, ele resolveu implantar, em 1548, os Governos-Gerais, que tinham como objetivos:

- centralizar o poder governamental nas mãos de uma pessoa só (o governador-geral);
- dar assistência às capitanias que necessitassem de auxílio.

A capitania da Bahia de Todos-os-Santos foi escolhida para ser a sede do Governo-Geral.

Tomé de Sousa

Em 1549, chegou ao Brasil Tomé de Sousa, o **primeiro governador-geral**.

Auxiliado pelos colonos, por alguns indígenas e pelos padres jesuítas, Tomé de Sousa participou da fundação da cidade de Salvador, que se tornou a primeira capital da colônia.

Em seu governo, Tomé de Sousa desenvolveu a cultura da cana-de-açúcar.

Reprodução/Coleção particular, Salvador, BA.

jesuítas: membros da Companhia de Jesus, organização religiosa cristã que pretendia expandir o catolicismo no mundo.

Gravura de cerca de 1625 que representa a cidade de Salvador, primeira capital do Brasil colônia.

Duarte da Costa

Em 1553, Tomé de Sousa foi substituído por Duarte da Costa, o segundo governador-geral. Com ele vieram ao Brasil vários jesuítas, incluindo José de Anchieta, que ficou conhecido como o "Apóstolo do Brasil".

Um dos acontecimentos mais marcantes do governo de Duarte da Costa foi a fundação do Colégio de São Paulo, em 25 de janeiro de 1554, que mais tarde deu origem à cidade de São Paulo. Em 1557, Duarte da Costa voltou para Portugal.

Delfim Martins/Pulsar Imagens

Vista do Pátio do Colégio, local que deu origem à cidade de São Paulo. Foto de 2012.

Mem de Sá

Em 1558, assumiu o terceiro governador-geral, Mem de Sá. Durante seu governo, que durou quatorze anos, foi fundada a cidade de São Sebastião do Rio de Janeiro (atual Rio de Janeiro), em 1565, por Estácio de Sá, seu sobrinho.

Mem de Sá também participou da expulsão dos franceses do Rio de Janeiro, em 1567, com a ajuda de Estácio de Sá e de parte dos tamoios (indígenas que habitavam a região).

- Leia as frases abaixo e assinale **V** para indicar a verdadeira e **F** para a falsa.

☐ Com a implantação dos Governos-Gerais, a administração da colônia foi centralizada nas mãos de um governador-geral.

☐ Os Governos-Gerais não obtiveram sucesso, por isso foram substituídos pelas capitanias hereditárias.

☐ O principal produto explorado durante os Governos-Gerais foi a cana-de-açúcar.

9

Os engenhos e a produção de açúcar

Com a chegada dos colonos, a produção de açúcar desenvolveu-se no Brasil. O açúcar era um produto muito consumido na Europa, e o clima do litoral brasileiro era ideal para plantar a cana-de-açúcar, utilizada na fabricação do produto. Em 1628, havia cerca de 235 engenhos instalados no Nordeste brasileiro.

O **engenho** — a grande propriedade produtora de açúcar — era formado basicamente pelo setor agrícola, onde a cana-de-açúcar era plantada, e pelo setor de beneficiamento, onde ela era transformada em açúcar e aguardente.

Quase todo o trabalho no engenho colonial era feito por africanos de várias etnias, que eram trazidos de seu continente para serem escravizados. Os bantos e os sudaneses foram as principais etnias africanas trazidas para a América.

Veja no mapa a seguir as mais importantes rotas do tráfico de africanos escravizados.

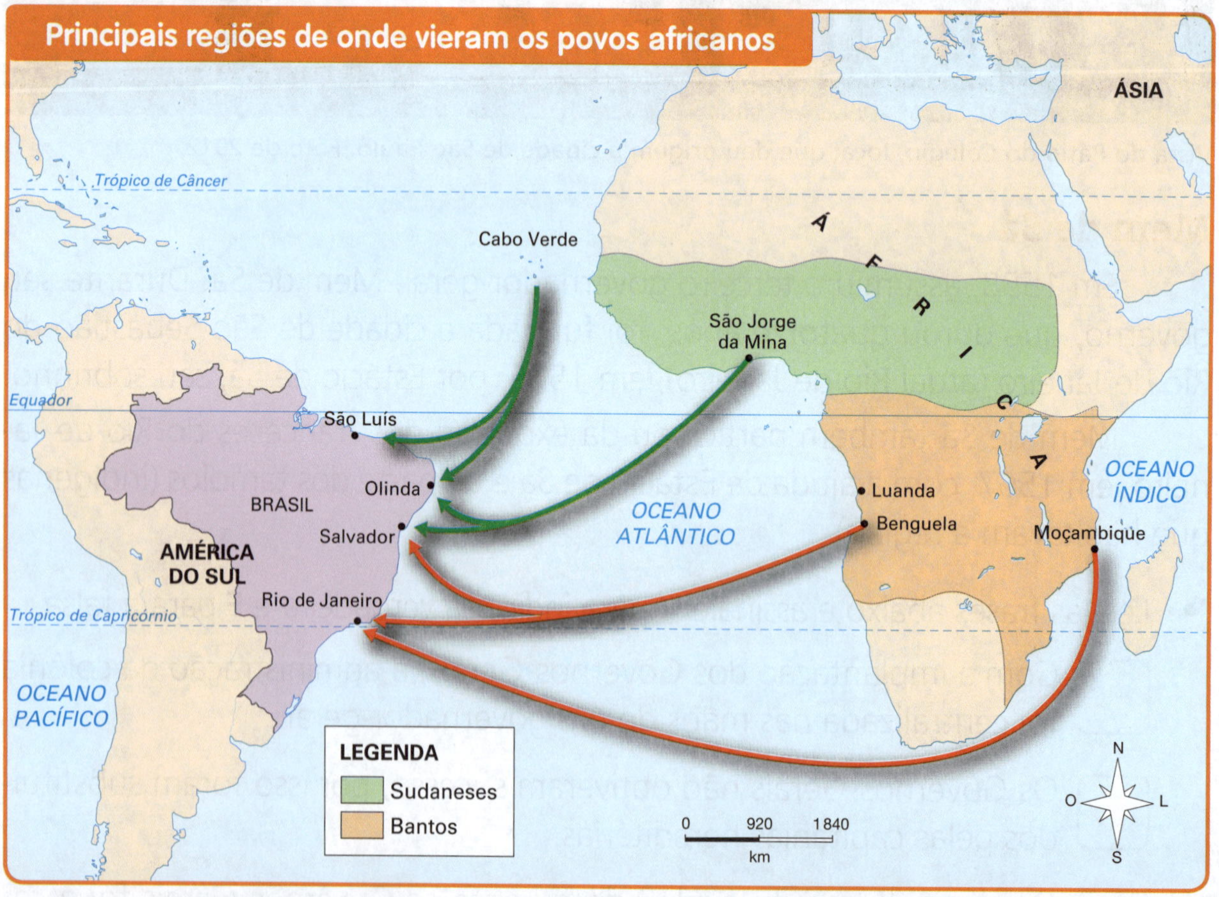

Adaptado de: **Atlas História do Brasil**, de Flávio de Campos e Miriam Dolhnikoff. São Paulo: Scipione, 2000. p. 9.

Você sabe quais eram as etapas da produção do açúcar? E como eram divididas as terras de um engenho? Veja a ilustração a seguir.

Ilustra Cartoon/Arquivo da editora

1. Casa-grande: moradia do senhor e de sua família. Nela trabalhavam vários negros escravizados, especialmente mulheres, que cuidavam das tarefas domésticas.

2. Senzala: habitação dos negros escravizados. Era uma construção muito simples e pouco arejada, onde todos dormiam no chão ou em redes.

3. Capela: o Brasil era, naquela época, uma sociedade muito ligada ao catolicismo. Por isso, geralmente, havia uma capela nas propriedades do engenho. Nela um padre acompanhava o cotidiano da fazenda, rezando missas, ouvindo confissões e pregando a fé católica para todos.

4. Canaviais: a parte das terras do engenho destinada ao cultivo da cana. Essa terra era dividida em partidos, que eram explorados ou não pelo proprietário. As terras não exploradas eram cedidas a lavradores, que eram obrigados a entregar ao dono da fazenda a metade de sua produção.

5. Lavouras: na lavoura se destacava o cultivo da mandioca, do milho, do arroz e do feijão. Tais produtos eram cultivados para servir de alimento, mas sua produção nem sempre atendia às necessidades da população do engenho.

6. Casa de engenho: abrigava todas as instalações destinadas ao preparo do açúcar.

7. Moenda: local onde se moía a cana para a extração do caldo (garapa).

8. Fornalhas: onde o caldo de cana era fervido e purificado em tachos de cobre.

9. Casa de purgar: lugar onde o açúcar era branqueado e seco. Nela se separava o açúcar mascavo (escuro) do açúcar de melhor qualidade.

Ilustração e legendas baseadas no texto disponível em: <www.multirio.rj.gov.br/historia/modulo01/eng_colonial.html>. Acesso em: 19 mar. 2014.

- Converse com seus colegas e o professor sobre o assunto deste capítulo e depois complete as frases a seguir.

a) O açúcar, produto muito consumido na Europa, era produzido nos ________________________.

b) A principal mão de obra utilizada nos engenhos foi a dos negros ____________________, que eram trazidos à força da ____________________.

A presença francesa e a holandesa

Franceses no Rio de Janeiro e no Maranhão

Após a chegada dos portugueses, os franceses desembarcaram no litoral brasileiro em busca do pau-brasil, interessados em apoderar-se de parte das terras.

Em 1555, eles fundaram uma colônia à qual deram o nome de **França Antártica**, mas foram expulsos da região em 1567.

Fortaleza de Santa Cruz, construída em 1555 pelos franceses chefiados por Nicolau de Villegaignon, na baía de Guanabara, no Rio de Janeiro, em foto de 2008.

Em 1612, os franceses voltaram a invadir a América portuguesa. Dessa vez, estabeleceram-se no Maranhão, onde fundaram uma colônia conhecida como **França Equinocial**.

Em uma ilha eles construíram o forte de São Luís, que deu origem à cidade de mesmo nome, atual capital do Maranhão.

Em 1615, os franceses foram novamente expulsos pelos portugueses.

Holandeses no Nordeste

Outro país interessado nas terras brasileiras era a Holanda, que tentou conquistar Salvador em 1624, mas não obteve sucesso.

Em 1630, os holandeses conseguiram tomar Pernambuco, uma das regiões mais prósperas da colônia, cujo atrativo era a grande produção de cana-de-açúcar. Maurício de Nassau assumiu o governo de Pernambuco e realizou diversas obras, como o calçamento de ruas e a construção de um jardim botânico.

Após a saída de Nassau, os holandeses passaram por problemas financeiros e tiveram muitas dificuldades em governar o território pernambucano. Isso permitiu que os colonos se voltassem contra os holandeses em uma luta que durou cerca de dez anos e ficou conhecida como **Insurreição Pernambucana**.

Os holandeses foram expulsos definitivamente em 1654, mas levaram com eles mudas de cana-de-açúcar, que posteriormente foram plantadas nas Antilhas (América Central), o que gerou uma forte concorrência, que acarretou grandes prejuízos para o comércio do açúcar no Brasil.

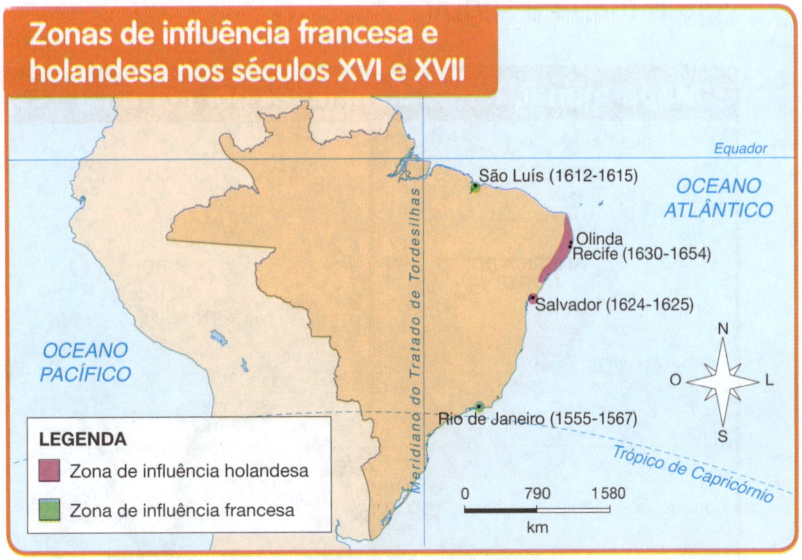

Adaptado de: **Atlas histórico escolar**, de Manoel Maurício de Albuquerque e outros. Rio de Janeiro: MEC/Fename, 1996. p. 30.

- Compare as imagens a seguir e depois responda às questões no caderno.

Rubens Chaves/Pulsar Imagens

Construções no Recife, 2013.

Travelwide/Alamy/Other Images

Amsterdã (Holanda), 2010.

a) O que as imagens têm em comum? Você consegue relacionar essas semelhanças com o que aprendeu neste capítulo?

b) Nas construções, nos costumes ou nos sobrenomes de pessoas da região onde você mora é possível perceber a influência de algum outro país?

A expansão do território brasileiro

Veja o mapa a seguir.

Mapa-múndi: Terras dominadas por Portugal e Espanha até 1580

Adaptado de: **Atlas histórico básico**, de José de A. Arruda. São Paulo: Ática, 2001. p. 20.

De acordo com o Tratado de Tordesilhas, boa parte das terras que hoje formam o Brasil pertencia à Espanha. Contudo, o interior dessas terras passou a ser cada vez mais explorado pelos colonos de origem portuguesa. Esses exploradores ficaram conhecidos como bandeirantes.

Entradas e bandeiras

As **entradas** eram expedições organizadas pelo governo português para penetrar no sertão e reconhecê-lo, aprisionar indígenas para serem escravizados e procurar riquezas minerais.

As **bandeiras** eram expedições que não estavam diretamente ligadas ao governo. Nelas, colonos partiam geralmente da região das vilas de São Paulo e São Vicente com o objetivo de aprisionar indígenas e procurar riquezas minerais, além de perseguir escravizados foragidos.

Ao contrário das entradas, as bandeiras não respeitaram a linha do Tratado de Tordesilhas e, assim, seguiram rumo ao interior, chegando a atingir terras anteriormente destinadas ao domínio espanhol. Com isso, as bandeiras colaboraram para a ampliação do território português.

Observe o mapa com as principais bandeiras dos séculos XVII e XVIII.

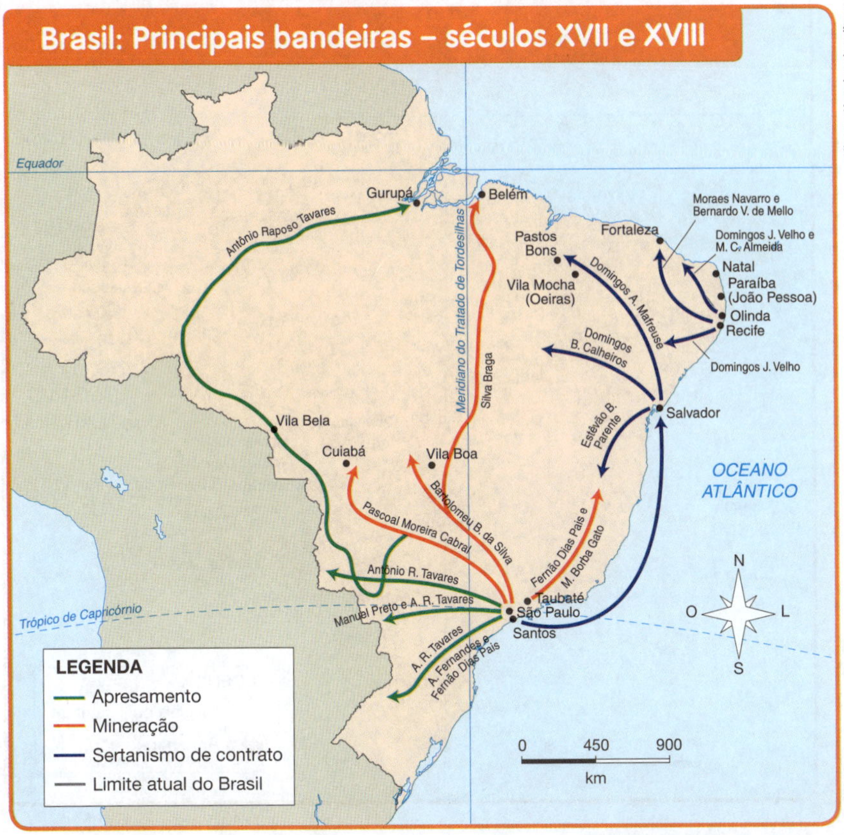

Allmaps/Arquivo da editora

Adaptado de: **Atlas histórico escolar**, de Manoel Maurício de Albuquerque e outros. Rio de Janeiro: MEC/Fename, 1996. p. 24.

Saiba mais

[...] Desde o século XVI até as primeiras décadas do XVIII, expedições partiram em busca de metais preciosos e de índios para serem vendidos como escravos nas plantações que abasteciam a colônia. Essas incursões ganharam o nome de "bandeiras" — possivelmente por causa do costume tupiniquim de levantar uma bandeira em sinal de guerra. [...]

Reprodução/Coleção particular

Mamelucos conduzindo prisioneiros índios, gravura de Jean-Baptiste Debret, 1834.

Disponível em: <www.revistadehistoria.com.br/secao/capa/no-mato-sem-cachorro>. Acesso em: 19 mar. 2014.

- A imagem acima representa uma situação comentada no texto. Que situação é essa?

Mineração

Com a descoberta das minas pelos bandeirantes, ocorreu o que se chamou "febre do ouro": um grande número de pessoas mudou-se para as regiões de mineração e formaram-se muitas vilas e cidades, como Ouro Preto, Diamantina, Sabará e Cuiabá.

Zona de mineração no século XVIII

Adaptado de: **Atlas histórico escolar**, de Manoel Maurício de Albuquerque e outros. Rio de Janeiro: MEC/ Fename, 1996. p. 34.

A mineração levou o povoamento para o interior da colônia porque promovia a abertura de caminhos ligando a região das minas a outras áreas e ainda porque incentivava o crescimento dos vilarejos onde o ouro era explorado.

A exploração do ouro e dos diamantes era feita não só por pessoas escravizadas, mas também por homens livres que trabalhavam por conta própria.

Os exploradores não ficavam com todo o ouro que extraíam, pois a Coroa portuguesa havia criado as **casas de fundição**, onde o imposto sobre o ouro era cobrado.

A mineração ganhou tanta importância econômica que, no ano de 1763, a capital da colônia foi transferida de Salvador para o Rio de Janeiro, que ficava mais próximo da região das minas.

Escravos na extração de diamantes, aquarela sobre papel de Carlos Julião, século XVIII.

Missões religiosas

Gerson Gerloff/Pulsar Imagens

Igreja de São Miguel das Missões, no Rio Grande do Sul. Ali viveram jesuítas e indígenas guaranis durante o século XVII. Foto de 2012.

Muitos jesuítas adentraram o interior do território colonial e fundaram aldeamentos com o objetivo de catequizar os indígenas, ensinando-lhes a religião católica e explorando a força de trabalho desses povos.

Na região sul do continente, que hoje corresponde à Argentina, ao Uruguai e ao Paraguai, foram fundados grandes aldeamentos conhecidos como missões. No Brasil, as missões ficavam onde hoje estão Paraná e Rio Grande do Sul.

O trabalho dos missionários foi importante para a expansão do território dominado pelos portugueses, pois gerou focos de povoamento na colônia.

Criação de gado

A criação de gado contribuiu bastante para a expansão territorial da colônia portuguesa. Os bois eram utilizados para movimentar engenhos, puxar carroças no transporte de cana e fornecer carne para a alimentação.

Muitas vilas e cidades foram originadas de abrigos para tropeiros — pessoas que transportavam gado e vendiam alimentos, ferramentas e artigos de couro.

Saiba mais

O território brasileiro continuou a crescer

Em 1750 foi assinado o Tratado de Madri, que acabou com a divisão estabelecida pelo Tratado de Tordesilhas. Como a mineração, as missões, a pecuária e as bandeiras já haviam ocupado grande parte do interior do continente, esses territórios passaram ao domínio português.

- Leia o texto abaixo e complete as lacunas.

A primeira capital do Brasil foi ________________, localizada no Nordeste, onde se plantava muita ________________. Após a descoberta de ________________ na colônia, a capital passou a ser o ________________, que ficava mais próximo da região das minas.

12

As revoltas do Brasil colonial

No período colonial, os portugueses exigiam que parte das riquezas brasileiras fosse levada para Portugal. Isso aconteceu com o pau-brasil, o açúcar e o ouro.

No início havia bom entendimento entre os colonos e o governo português; mas, com o passar do tempo, os brasileiros começaram a não aceitar o tratamento que o governo português dava à colônia. Por essa razão, várias revoltas ocorreram em diferentes lugares.

Veja, no mapa, quais foram e onde ocorreram algumas das principais revoltas populares na América portuguesa durante o período colonial.

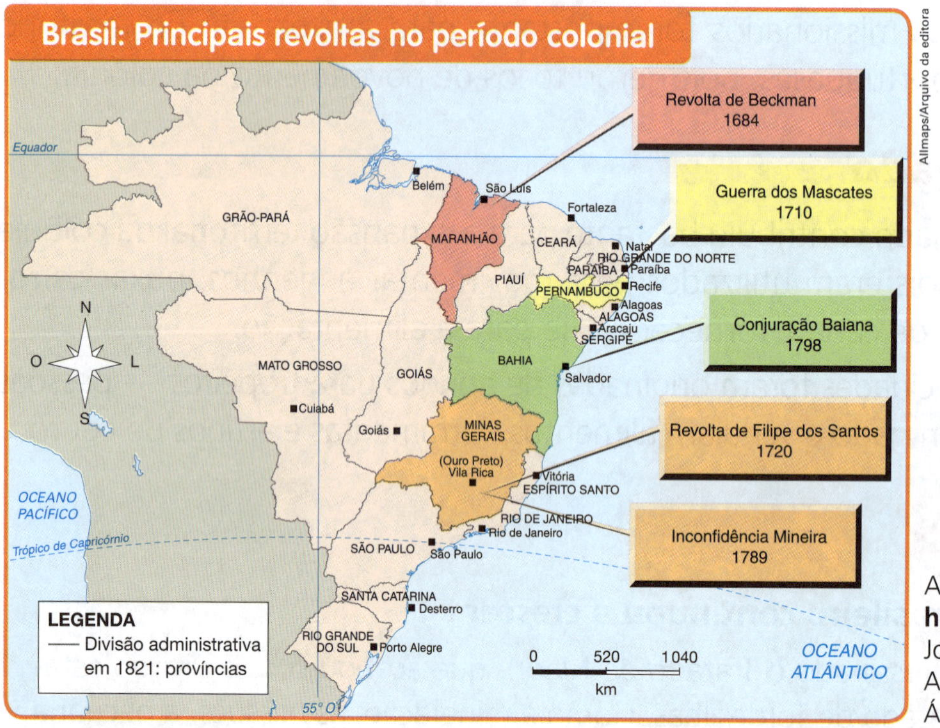

Adaptado de: **Atlas histórico básico**, de José Jobson de A. Arruda. São Paulo: Ática, 2001. p. 40.

Os comerciantes portugueses instalados no Brasil, que levavam vantagens por terem nascido na metrópole colonial, exerciam práticas abusivas, como cobrança excessiva de impostos e compra de produtos por preços inferiores.

Esses abusos deixavam os brasileiros bastante descontentes. Foi por esse motivo que, em muitos lugares da colônia, a população tentou acabar com o poder dos comerciantes portugueses. Porém, o governo de Portugal combateu as revoltas com violência, prendendo e matando vários de seus participantes.

A Revolta de Beckman, a Guerra dos Mascates e a Revolta de Filipe dos Santos são exemplos desses movimentos populares.

Inconfidência Mineira

No fim do século XVIII, o governo de Portugal aumentou os impostos cobrados sobre o ouro arrecadado na colônia. Descontentes com essa situação, fazendeiros ricos, mineradores e militares resolveram agir e tramaram assumir o controle de Minas Gerais.

A revolta deveria ocorrer no dia da derrama, nome dado à cobrança dos impostos atrasados, mas um traidor entre os revoltosos denunciou o que o grupo pretendia fazer.

Quase todos os inconfidentes foram julgados e condenados a viver longe da colônia. Joaquim José da Silva Xavier, o Tiradentes, era um dos poucos integrantes do movimento que não possuíam riquezas e foi considerado um de seus principais líderes. Condenado à morte, foi enforcado e esquartejado no dia 21 de abril de 1792.

Martírio de Tiradentes, óleo sobre tela de Aurélio de Figueiredo, 1893. A imagem de Tiradentes foi bastante utilizada para simbolizar o descontentamento com o governo português.

Conjuração Baiana

A Conjuração Baiana ocorreu em 1798 e foi motivada pela insatisfação com as más condições de vida da população do local.

Um dos principais objetivos do movimento era libertar a colônia de Portugal e transformá-la em uma república. Além disso, muitos pretendiam acabar com a escravidão.

Contudo, os planos fracassaram depois que os revoltosos foram denunciados. Entre eles, muitos conseguiram fugir, outros foram expulsos do país e quatro foram condenados à morte.

- O que há de semelhante entre a Inconfidência Mineira e a Conjuração Baiana?

____

____

____

13

A família real no Brasil

No início do século XIX, o imperador francês Napoleão Bonaparte dominava quase todos os países da Europa. Como a França e a Inglaterra estavam em conflito, ele decretou que nenhum país europeu podia vender seus produtos para a Inglaterra nem comprar produtos de origem inglesa. Essa medida foi chamada **Bloqueio Continental**.

Os portugueses, porém, não obedeceram ao decreto, porque deviam muito dinheiro aos ingleses. Então Napoleão Bonaparte determinou a invasão de Portugal.

Antes, porém, que as tropas francesas entrassem em Lisboa, dom João, o príncipe regente, decidiu se mudar para o Brasil com toda a corte. Em janeiro de 1808, a família real chegou a Salvador, transferindo-se depois para o Rio de Janeiro, a capital da colônia naquela época.

Chegada do príncipe dom João à igreja do Rosário, óleo sobre tela de Armando Martins Viana, 1937.

Logo depois de sua chegada, ainda em Salvador, dom João assinou um documento em que decretava a "abertura dos portos brasileiros às nações amigas". Esse ato autorizava o Brasil a comercializar livremente com os outros países. Até então, por imposição dos colonizadores, o comércio só podia ser feito com Portugal.

Ao chegar à cidade do Rio de Janeiro, a corte portuguesa encontrou uma cidade sem grande planejamento e com problemas de saneamento. Esses nobres desejavam ter uma rotina semelhante à que tinham na Europa. Por isso, durante o período em que permaneceu no Rio de Janeiro, o regente português criou museus, bibliotecas, teatros e escolas.

Com a família real instalada na colônia, o Brasil passou a ser a sede do governo português. Isso fez com que muitas medidas modernizadoras fossem adotadas no Rio de Janeiro, como:

- a instalação de fábricas, o que antes era proibido;
- a criação da Imprensa Régia, que publicou o primeiro jornal do Brasil chamado *A Gazeta do Rio de Janeiro*;
- a criação do Banco do Brasil, da Casa da Moeda, do Jardim Botânico, da Biblioteca Nacional e do Teatro Real.

Em 1815, depois de sofrer muitas derrotas, Napoleão Bonaparte perdeu seu poder sobre a Europa. No mesmo ano, o Brasil foi integrado ao Reino Unido de Portugal, deixando oficialmente de ser colônia. Daí em diante, as capitanias passaram a ser chamadas **províncias**.

Mais tarde, com a morte da rainha dona Maria I, dom João voltou a seu país de origem e foi coroado rei de Portugal com o título de dom João VI.

Ismar Ingber/Pulsar Imagens

A Biblioteca Nacional, no centro do Rio de Janeiro (RJ), foi criada durante o governo de dom João. Foto de 2010.

Saiba mais

Revolução Pernambucana

Enquanto a família real esteve no Brasil, muitas medidas de modernização foram tomadas. Contudo, o povo revoltava-se contra os abusos do governo português, que aumentava os impostos frequentemente.

Em 1817, um grupo organizou-se para tomar o poder e estabelecer um novo modo de governo em Pernambuco. Eles conseguiram depor o governador, mas acabaram vencidos pelas tropas de dom João.

Fonte: IBGE

A bandeira adotada na Revolução Pernambucana representa, hoje, o estado de Pernambuco.

- Em sua opinião, a mudança da família real portuguesa para a América foi boa ou ruim para o Brasil? Por quê? Responda no caderno.

A Independência do Brasil

Ao partir para Portugal, dom João VI deixou seu filho, o príncipe dom Pedro, governando em seu lugar. Dessa forma, ele garantia que um membro da família real portuguesa governaria o Brasil.

Dom Pedro I, óleo sobre tela de Simplício Rodrigues R. de Sá, s.d.

Os portugueses, porém, não gostaram da permanência de dom Pedro, pois queriam transformar o Brasil novamente em colônia. A corte portuguesa exigiu, então, que o príncipe voltasse para Lisboa, mas ele resolveu ficar no Brasil.

Assim, contrariando boa parte da nobreza portuguesa, dom Pedro proclamou a independência do Brasil em 7 de setembro de 1822. Logo a seguir, foi aclamado imperador do Brasil, com o título de dom Pedro I.

Proclamação da Independência, óleo sobre tela de François Moreau, 1844. Esta imagem retrata a Proclamação da Independência do Brasil na visão do pintor francês.

- Assinale a(s) afirmativa(s) correta(s) sobre a Proclamação da Independência do Brasil.

  ☐ Mudou a forma de governo, pois o Brasil passou a ter um presidente.

  ☐ Aconteceu depois de muitos conflitos, como a Revolução Pernambucana.

  ☐ Encerrou a influência da família real portuguesa sobre o Brasil.

Saiba mais

A Independência do Brasil na visão do artista

Você já tinha visto o quadro abaixo, do artista plástico Pedro Américo?

Segundo historiadores, essa obra foi produzida para exaltar o "grito do Ipiranga", momento em que dom Pedro proclamou a independência do Brasil, próximo ao riacho do Ipiranga, em 1822.

O quadro de Pedro Américo foi concluído em 1888, ou seja, 66 anos depois da Proclamação da Independência. O artista precisou fazer uma grande pesquisa sobre roupas e objetos dessa época, consultando historiadores e visitando o lugar que pretendia retratar. No entanto, ao pintar o quadro, não retratou o fato exatamente como ele aconteceu.

Para tornar o fato grandioso, o artista retratou dom Pedro e sua comitiva em trajes elegantes (trajes de gala), montados em cavalos de raça. Na verdade, apenas as mulas aguentavam viagens tão longas como a que esses homens estavam fazendo. Provavelmente eles deviam estar, no momento retratado, sujos, malvestidos e cansados por causa da viagem.

Pedro Américo introduziu na cena uma casa que provavelmente não existia na época da Proclamação da Independência do Brasil.

Independência ou morte,
óleo sobre tela de Pedro Américo, 1888.
O dia 7 de setembro de 1822 foi o marco inicial do chamado período imperial, no qual a forma de governo continuou a ser a monarquia.

Na tela há algumas pessoas comuns, mas o fato é que a independência não alterou a vida da população pobre.

De olho na História

Os quilombos

Os negros foram escravizados no Brasil por mais de trezentos anos. Durante esse período, eles lutaram contra a escravidão. Muitos fugiram das fazendas e organizaram esconderijos chamados quilombos.

O nome quilombo é originário do idioma banto e significa "acampamento", "local escondido". Existiram quilombos em vários lugares do Brasil e, ainda hoje, há remanescentes dessas povoações.

Nas terras dos atuais estados de Pernambuco e Alagoas, foi formado o maior dos quilombos, o Quilombo dos Palmares. Seu principal líder foi Zumbi, que lutou contra os senhores de engenho e as autoridades que por mais de cinquenta anos tentaram destruí-lo.

Guerra dos Palmares, de Manuel Victor.

Os quilombos foram combatidos sobretudo pelos bandeirantes enviados pelo governador de Pernambuco.

Em 20 de novembro de 1695, após ser traído por Antônio Soares, um quilombola aprisionado, Zumbi foi morto, e Palmares, destruído. Nesse dia é comemorado em todo o Brasil o Dia Nacional da Consciência Negra.

- Agora responda:

a) De que modo os negros reagiam contra a escravidão?

____

b) O que eram os quilombos?

____

c) Onde se localizava o Quilombo dos Palmares? E quem foi Zumbi?

____

____

Unidade

3

Brasil: período imperial

Valter Ferrari/Arquivo da editora

O QUE VOU ESTUDAR?

- Primeiro Reinado
- Período regencial
- Segundo Reinado
- A escravidão no Brasil
- Os imigrantes no século XIX
- A Proclamação da República

Primeiro Reinado (de 1822 a 1831)

No Primeiro Reinado, dom Pedro I governou como imperador do Brasil. Foi uma época agitada, com muitos conflitos, pois nem todas as províncias eram favoráveis à independência do Brasil, especialmente aquelas com grande presença de tropas portuguesas, como Bahia, Piauí, Maranhão e Pará.

Como o Brasil ainda não tinha um exército formado, dom Pedro I contratou serviços de oficiais estrangeiros para auxiliá-lo no combate às tropas portuguesas, que foram vencidas.

Cerimônia de Sagração de D. Pedro I no Rio de Janeiro, litografia colorida à mão de Jean-Baptiste Debret, 1839.

Saiba mais

Guerra da Cisplatina

Dom Pedro I teve de enfrentar muitos problemas na região da província Cisplatina. Foram três anos de guerra entre os exércitos do Brasil e da Argentina pela disputa da região. O conflito acabou somente após a região se tornar independente, nomeada República Oriental do Uruguai, em 1828.

Em 1823, a primeira Constituição do Brasil estava sendo elaborada por um grupo de políticos brasileiros que formavam a Assembleia Constituinte.

Insatisfeito com as ideias desse grupo — que limitavam as ações do imperador —, dom Pedro I ordenou ao exército que dissolvesse a Assembleia e, com alguns homens de sua confiança, redigiu a primeira Constituição do Brasil em março de 1824. Contudo, em nenhum dos grupos havia a participação de um representante do povo.

Assim entrou em vigor a primeira Constituição de nosso país, que dava ao imperador poderes para decidir sozinho o destino do Brasil.

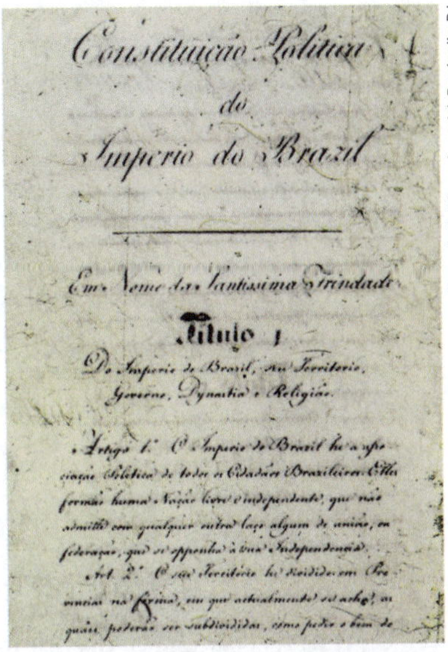

Página da primeira Constituição do Brasil, estabelecida em 1824.

Saiba mais

A primeira Constituição brasileira foi imposta

Quando uma Constituição é elaborada por uma Assembleia Constituinte, dizemos que ela foi promulgada. Quando uma Constituição é imposta pelos governantes sem nenhum tipo de consulta ao povo, dizemos que ela foi outorgada. Foi esse segundo caso que aconteceu no Brasil após dom Pedro I ter dissolvido a Constituinte que se reuniu em 1823.

Nossa Constituição, de Álvaro de Vita. São Paulo: Ática. Texto adaptado.

- Com base no que você aprendeu sobre o Primeiro Reinado, responda:

  a) Por que a independência do Brasil não foi aceita em algumas províncias?

  ____

  ____

  b) Por que dom Pedro I não aceitou a Constituição que os políticos brasileiros estavam elaborando?

  ____

  ____

16

Período regencial (de 1831 a 1840)

A oposição contra o governo autoritário de dom Pedro I cresceu após a elaboração da Constituição. Em 1831, com a popularidade cada vez menor, dom Pedro I foi obrigado a abdicar o trono, deixando o lugar para seu filho dom Pedro de Alcântara, então com 5 anos de idade.

Reprodução/Museu Imperial, Petrópolis, RJ.

Dom Pedro aos doze anos, óleo sobre tela de Félix Émile Taunay, 1837.

Como era muito novo, dom Pedro de Alcântara não podia governar o país. Adotou-se, assim, o sistema de regências para administrar temporariamente o Brasil até que dom Pedro de Alcântara atingisse a maioridade, ou seja, completasse 18 anos de idade.

abdicar: abandonar, renunciar, desistir.
maioridade: de acordo com a lei, idade mínima para exercer determinado direito ou função.

Conflitos e revoltas

O período regencial foi um dos mais conturbados da história do Brasil. Durante esse período houve muita insatisfação popular, o que gerou várias revoltas em diferentes lugares, como a Guerra dos Farrapos, no Rio Grande do Sul (1835-1845), e a Cabanagem, no Grão-Pará (1835-1840).

Saiba mais

Revolução Farroupilha

A Guerra dos Farrapos, ou Revolução Farroupilha (1835-1845), foi o maior dos conflitos internos enfrentados pelo governo imperial. Durante dez anos, uma parcela da elite pecuarista rio-grandense, motivada por fatores políticos e econômicos, sustentou uma revolta contra o poder imperial, chegando a proclamar, em 1836, a República Rio-Grandense.

Adaptado de: <www.revistadehistoria.com.br/secao/artigos/traicao-farroupilha>. Acesso em: 19 mar. 2014.

Dionísio Codama/Arquivo da editora

A bandeira adotada na Revolução Farroupilha hoje simboliza o estado do Rio Grande do Sul.

Os governos regenciais não conseguiam conter os movimentos de insatisfação espalhados por diversas partes do país. Em julho de 1840, na tentativa de acabar com esses movimentos, os governantes brasileiros resolveram antecipar a maioridade de dom Pedro de Alcântara. Assim, com apenas 14 anos, ele se tornou imperador do Brasil, com o título de dom Pedro II.

O ato de Coroação de dom Pedro II, óleo sobre tela de François-René Moreaux, 1824.

1. Converse sobre o assunto aqui tratado com o professor e os colegas e depois responda:

a) Por que o Brasil foi governado por regentes?

____

____

b) O que foram as regências?

____

____

2. Escreva, com suas palavras, um pequeno texto explicando o fim do período regencial.

____

____

____

____

____

17

Segundo Reinado (de 1840 a 1889)

O período em que dom Pedro II governou o Brasil é chamado **Segundo Reinado** e foi marcado por muitas transformações no país.

Ao iniciar seu governo, dom Pedro II teve de conter as revoltas que vinham ocorrendo desde o período regencial. Além disso, enfrentou outras manifestações contrárias ao governo monárquico, como a Revolução Praieira (1848-1850), em Pernambuco.

Durante seu governo, dom Pedro II também enfrentou guerras. A maior delas foi a **Guerra do Paraguai**.

A Guerra do Paraguai

A Guerra do Paraguai ocorreu durante a segunda metade do século XIX.

Nessa época, a região das fronteiras entre Brasil, Argentina, Uruguai e Paraguai era bastante tensa, pois ainda havia muitas disputas por território.

O Paraguai era um dos países mais desenvolvidos da América do Sul. Solano López, presidente do país, queria conquistar terras do Brasil, da Argentina e do Uruguai, pois seu objetivo era aumentar o território de seu país, dando-lhe uma saída para o mar a fim de facilitar o comércio com o exterior.

Assim, em 1864, começou a Guerra do Paraguai. Para combater os paraguaios, o Brasil, a Argentina e o Uruguai resolveram se unir e formaram a **Tríplice Aliança**, auxiliados financeiramente pela Inglaterra.

O Brasil e seus aliados venceram muitas batalhas, como a Batalha Naval do Riachuelo e a Batalha do Tuiuti. No final, em 1870, os brasileiros invadiram Assunção, capital do Paraguai, e saíram vitoriosos do conflito.

Adaptado de: **Atlas histórico escolar**, de Manoel Maurício de Albuquerque et al. Rio de Janeiro: MEC/Fename, 1996. p. 68-69 e 74.

Batalha do Avaí, óleo sobre tela de Pedro Américo, 1872-1877.

A Guerra do Paraguai trouxe importantes consequências para o Brasil: o Exército brasileiro saiu da guerra fortalecido e valorizado. Por esse motivo, muitos militares passaram a acreditar que o país deveria deixar de ser governado por uma monarquia, pois os próprios militares poderiam governar o país.

Os países que participaram da guerra tiveram grandes prejuízos: o Paraguai saiu arrasado do conflito e até hoje passa por dificuldades econômicas; o Brasil ficou economicamente enfraquecido, pois foi obrigado a pedir empréstimos a outros países, em especial à Inglaterra, aumentando sua dívida externa.

Apesar de o Brasil ter sido considerado vitorioso, foram quase seis anos de uma guerra cruel, com enorme perda de vidas.

1. Cite alguns dos principais problemas enfrentados pelo governo imperial no início do segundo reinado.

____

____

2. Em sua opinião, é possível afirmar que o Brasil saiu fortalecido da Guerra do Paraguai? Por quê?

____

____

____

18

O desenvolvimento do Brasil no Segundo Reinado

Durante o Segundo Reinado, o Brasil passou por várias transformações. O país se modernizou: os meios de transporte e comunicação se desenvolveram, enquanto as primeiras indústrias foram instaladas. Além disso, ampliou-se a campanha abolicionista, os imigrantes começaram a chegar e, em 1888, finalmente foi abolida a escravidão.

O café no Brasil

Uma das causas do progresso brasileiro no século XIX foi a expansão e o sucesso do cultivo do café, principal produto comercial do Segundo Reinado.

Reprodução/Coleção do Instituto de Estudos Brasileiros da USP, São Paulo, SP.

Comboio de café, litografia colorida à mão de Jean-Baptiste Debret, 1834.

O café era vendido para outros países com muito lucro. A exportação do produto trouxe grande desenvolvimento para o Brasil, e a economia cresceu. Embora o café fosse o produto brasileiro mais vendido na época, exportava-se também grande quantidade de açúcar, algodão, cacau e fumo.

Os fazendeiros que plantavam café ficaram tão ricos que passaram a ser chamados de "barões do café".

No início do século XIX, o cultivo de café concentrava-se entre os litorais do Rio de Janeiro e de São Paulo. Depois houve uma expansão desse cultivo em direção ao interior de São Paulo.

Adaptado de: **Atlas História do Brasil**, de Flávio de Campos e Miriam Dolhnikoff. São Paulo: Scipione, 2000. p. 24.

O número de pessoas que trabalhavam nas fazendas de café era grande. Durante boa parte do Segundo Reinado, esse trabalho foi feito sobretudo por africanos escravizados. As lavouras de café contaram ainda com a participação de trabalhadores imigrantes, que começaram a chegar ao Brasil em maior número após 1850, quando foi proibido o tráfico negreiro.

- Atente ao mapa ao lado e depois responda às questões no caderno.

Adaptado de: **Atlas histórico**, de Claudio Vicentino. São Paulo: Scipione, 2011. p. 129.

a) Em que direção foram construídas as ferrovias?

b) Agora, faça uma comparação entre esse mapa e o mapa "A expansão cafeeira do século XIX" no alto, à direita, e responda: Que semelhança você percebe entre ambos?

19

A escravidão no Brasil

Durante todo o período colonial e quase todo o período imperial, a economia do Brasil desenvolveu-se à custa do trabalho escravo.

Os colonos portugueses aprisionaram os indígenas para explorar o trabalho deles e depois começaram a traficar africanos para trabalhar nas lavouras de cana-de-açúcar.

Os africanos eram trazidos de seu continente em navios negreiros, como mostra a imagem ao lado.

Negros no fundo do porão, litografia colorida à mão de Johann Moritz Rugendas, 1835.

O transporte dos negros africanos era feito de forma desumana. Amontoados e com pouca alimentação, muitos morriam antes de chegarem ao Brasil.

Na América esses africanos eram vendidos como se fossem mercadorias. Não tinham direitos que os defendessem das injustiças que sofriam e deviam sempre obedecer para não serem duramente castigados. Ao chegarem às fazendas e às minas de ouro, trabalhavam de modo excessivo e em condições sub-humanas em troca de roupas e alimentação de péssima qualidade.

Nas fazendas viviam nas senzalas, que em geral eram barracões escuros, sem nenhum conforto nem condições mínimas de higiene.

Tanto suas tradições — festas e rituais — como sua língua e religião eram proibidas por seus senhores. Impuseram-lhes a língua portuguesa e a religião católica. No entanto, especialmente à noite, realizavam seus rituais e festas às escondidas, o que fez com que conseguissem manter vivas suas tradições.

Aplicação do castigo do açoite, litografia de Jean-Baptiste Debret, 1834.

A abolição

Com o passar do tempo, surgiram movimentos contrários à escravidão. Os brasileiros que apoiavam esses movimentos eram chamados de **abolicionistas**. Durante o Segundo Reinado, o número de abolicionistas aumentou bastante.

Graças à luta cotidiana dos africanos escravizados, às campanhas abolicionistas e às manifestações da população, foram surgindo leis que restringiam a escravidão. Em 1850 foi assinada a lei Eusébio de Queirós, que proibia o tráfico de africanos para o Brasil. Mais tarde, em 1888, foi assinada a Lei Áurea, que aboliu a escravidão no Brasil.

Logo após a abolição, os ex-escravizados tiveram de enfrentar muitos problemas; por exemplo: não tinham terras e, portanto, não podiam trabalhar por conta própria na agricultura; não conseguiam estudar, pois nas poucas escolas existentes estudavam somente os membros de famílias ricas.

- Leia o texto a seguir e responda às perguntas.

Será...
Que já raiou a liberdade
Ou se foi tudo ilusão?
Será, que a Lei Áurea tão sonhada
Há tanto tempo assinada
Não foi o fim da escravidão?
[...]
Pergunte ao criador
Quem pintou esta aquarela
Livre do açoite da senzala
Preso na miséria da favela

Hélio Turco, Jurandir e Alvinho. *Cem anos de liberdade, realidade ou ilusão*. Rio de Janeiro: Editora Musical Escola de Samba Ltda., 1988.

a) O trecho apresenta uma crítica a um momento marcante da história do Brasil. Que momento é esse?

____

____

b) Explique, com suas palavras, o significado dos dois últimos versos em destaque no texto.

____

____

____

20

Os imigrantes no século XIX

As lavouras cafeeiras dependiam da mão de obra escrava, adquirida por meio do tráfico com o continente africano.

Em 1850, o tráfico de negros escravizados foi proibido pela Lei Eusébio de Queirós. Como não podiam mais comprar cativos vindos da África, os fazendeiros de São Paulo e do Rio de Janeiro começaram a adquirir trabalhadores escravizados por meio do tráfico com outras regiões do Brasil, especialmente do Nordeste, onde a produção açucareira passou a ser menos intensa.

Contudo, sem a entrada de novos negros escravizados no país e com a exigência de muito trabalho nos cafezais, a mão de obra disponível tornou-se insuficiente. A alternativa encontrada pelos fazendeiros foi a vinda de imigrantes.

Guilherme Gaensly/Fundação Biblioteca Nacional, Rio de Janeiro, RJ.

Imigrantes trabalhando em colheita de café em Araraquara (SP), 1902.

Com a abolição da escravidão, em 1888, a vinda de imigrantes para o Brasil aumentou muito. Entre o fim do século XIX e o início do século XX, quase quatro milhões de imigrantes vieram para o Brasil, a maioria em direção ao estado de São Paulo, em razão da expansão da lavoura cafeeira na região.

Os imigrantes eram, na maioria, italianos, espanhóis, portugueses, alemães e japoneses. Também existiam grupos menores de outras nacionalidades, como sírios, chineses e poloneses.

Cada um desses povos trouxe inúmeras contribuições culturais para a sociedade brasileira.

- Veja os gráficos abaixo e responda às questões no caderno.

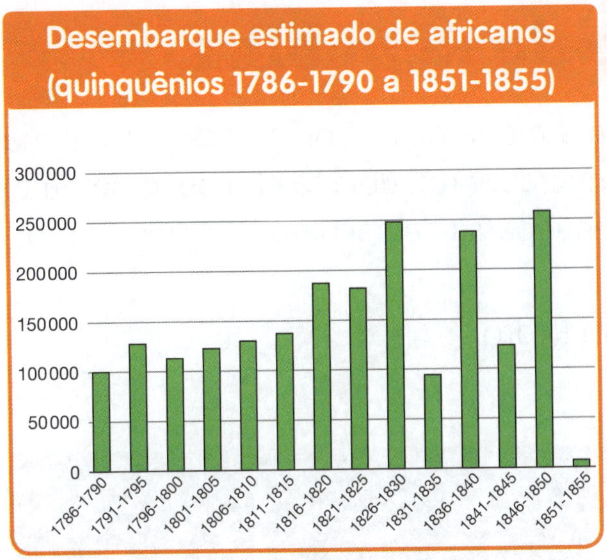

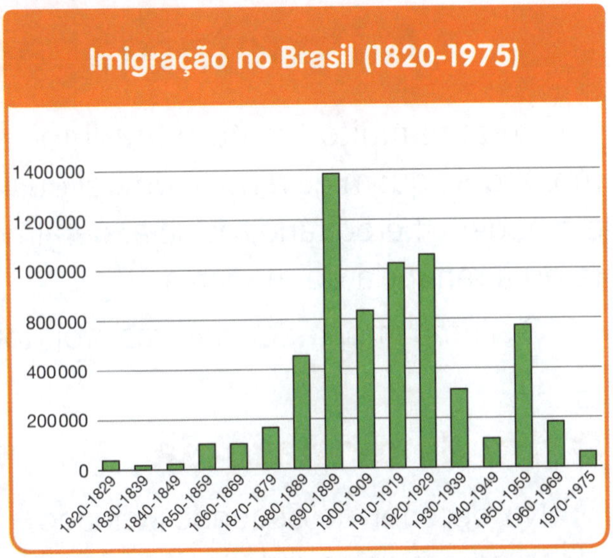

Fonte: **Brasil: 500 anos de povoamento**. Rio de Janeiro: IBGE, 2000. Apêndice: Estatísticas de 500 anos de povoamento. p. 223-25.

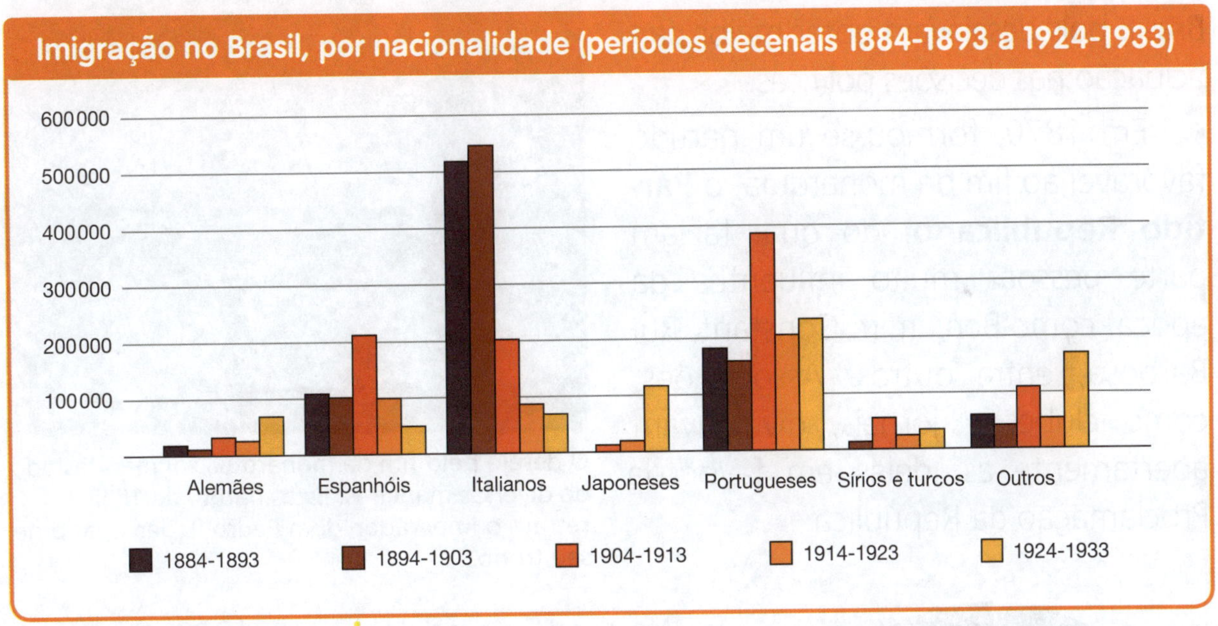

Fonte: **Brasil: 500 anos de povoamento**. Rio de Janeiro: IBGE, 2000. Apêndice: Estatísticas de 500 anos de povoamento. p. 226.

a) Em que período houve a maior diminuição no desembarque de africanos? Por que isso ocorreu?

b) Em que período os imigrantes chegaram ao Brasil em maior número? Por que isso aconteceu?

c) De onde veio a maior parte dos imigrantes que chegaram ao Brasil entre 1884 e 1903?

21

A Proclamação da República

Durante muito tempo o Brasil foi uma monarquia. Como você já sabe, na monarquia quem governa é um rei ou imperador (ou uma rainha ou imperatriz) e o poder é hereditário, ou seja, geralmente passa de pai para filho após a morte ou a renúncia do monarca.

O último imperador do Brasil foi dom Pedro II.

O fim da monarquia

No decorrer do Segundo Reinado, vários grupos da sociedade, como militares, comerciantes e fazendeiros, passaram a querer o fim da monarquia no Brasil, pois desejavam obter maior participação nas decisões políticas.

Em 1870, formou-se um partido favorável ao fim da monarquia, o **Partido Republicano**, do qual faziam parte pessoas muito influentes da época, como Benjamim Constant, Rui Barbosa, entre outros. Associações, como clubes e jornais, divulgavam abertamente as ideias em favor da Proclamação da República.

O desejo pelo fim da monarquia foi manifestado de diversas maneiras. Esta charge, de 1882, retrata o imperador, dom Pedro II, derrubado de seu trono.

No dia 15 de novembro de 1889, tropas do Exército, chefiadas pelo marechal Deodoro da Fonseca, tomaram o poder, declarando o fim da monarquia. O povo viu as tropas desfilando nas ruas, porém não sabia claramente do que se tratava, pois não havia participado de forma direta do movimento.

Retrato do marechal Deodoro da Fonseca, óleo de Autran.

Sonia Parma/Coleção Pinacoteca Municipal, São Paulo, SP.

Proclamação da República, óleo sobre tela de Benedito Calixto, 1893.

- A república é uma forma de governo em que os governantes devem ser representantes do povo. Em uma república, o mandato dos governantes costuma ocorrer por tempo determinado (geralmente quatro anos). Observe a imagem ao lado e responda às perguntas.

Reprodução/Jornal *Correio do Povo*

Rio de Janeiro – Sabbado 16 de Novembro de 1889

CORREIO DO POVO

ORGÃO REPUBLICANO

REDACTOR-CHEFE – SAMPAIO FERRAZ

VIVA A REPUBLICA BRAZILEIRA!

VIVA O EXERCITO – VIVA A ARMADA!

VIVA O POVO BRAZILEIRO!

PROCLAMAÇÃO

Primeira página do jornal **Correio do Povo**, no dia 16 de novembro de 1889.

a) O jornal destacou um fato ocorrido no dia anterior. Que fato foi esse?

____

b) Em sua opinião, o jornal era favorável ou não à república no Brasil? Explique sua resposta citando um exemplo do texto.

____

____

____

De olho na História

As tradições africanas no Brasil

Os cultos religiosos, as danças e os ritmos musicais africanos são marcantes nas áreas que receberam maiores contingentes dessa população. Eles se desenvolveram, em especial, nas grandes cidades, onde o negro gozava de um pouco de autonomia e onde seu esforço por ascender socialmente obtinha algum resultado. Isso permitiu que as danças, a música e os cultos afro-brasileiros ganhassem cada vez mais importância.

diogoppr/Shutterstock/Glow Images

feijoada

Marco Antônio Sá/Pulsar Imagens

samba

Sogno Lucido/Shutterstock/Glow Images

capoeira

A capoeira, o samba e as comidas típicas — como a feijoada, a moqueca, os guisados, entre muitas outras à base de milho, de mandioca, etc. — são exemplos da influência africana na cultura brasileira.

A religião é outro exemplo das tradições incorporadas pelo povo brasileiro ao longo dos anos de convivência. Como exemplo de culto, temos o candomblé.

Os africanos também influenciaram grande parte das religiões praticadas no Brasil, como o catolicismo e o pentecostalismo.

A riqueza da cultura africana faz parte do dia a dia do brasileiro.

- Faça uma pesquisa sobre os hábitos do povo africano (na dança, na música e na alimentação) trazidos para o Brasil. Monte com os colegas um mural com o título "As tradições africanas no Brasil".

Unidade

4

Brasil: período republicano

Valter Ferrari/Arquivo da editora

O QUE VOU ESTUDAR?

- Governo Provisório
- Primeira República
- Era Vargas
- República Populista
- Governos militares
- Nova República

22

Governo Provisório (de 1889 a 1891)

No dia 15 de novembro de 1889, depois da Proclamação da República, um grupo liderado pelo marechal Deodoro da Fonseca organizou um governo provisório que durou até 1891.

Suas principais medidas foram:

Bandeira Nacional adotada após a Proclamação da República.

Digital Vision/Arquivo da editora

- a criação da bandeira republicana (no dia 19 de novembro);
- a transformação das antigas províncias em estados;
- a separação entre o Estado e a Igreja católica;
- a criação do registro de nascimento e do casamento civil;
- a instituição do direito de todos os estrangeiros residentes no Brasil se tornarem cidadãos brasileiros, se assim desejassem;
- a criação da primeira Constituição da República brasileira, que ficou pronta em 24 de fevereiro de 1891.

A Constituição de 1891, também chamada Carta Magna ou Lei Maior, estabelecia que o primeiro presidente e seu vice seriam eleitos pelos representantes do Congresso Nacional, por meio de uma eleição indireta. Assim, no dia 25 de fevereiro de 1891, o marechal Deodoro da Fonseca foi eleito presidente e o marechal Floriano Peixoto vice-presidente.

Reprodução/Arquivo da editora

Na Constituição estão as leis que regem o Brasil. Na foto, capa da primeira Constituição brasileira após a Proclamação da República.

> Na **eleição indireta** apenas os representantes do Congresso Nacional podem votar. Já na **eleição direta** é o povo quem vota.

1. Responda às questões:

a) Quem foi o primeiro presidente do Brasil?

____

b) De que forma ele foi eleito?

____

c) Nos dias atuais, a eleição para presidente é indireta? Por quê?

____

____

d) Quem é o atual presidente da República no Brasil?

____

2. Leia o texto a seguir.

> Proclamada a República no Brasil, o marechal Deodoro da Fonseca assumiu o comando do país. Enquanto não havia eleições para presidente e para o Congresso Nacional (senadores e deputados), existia um governo provisório chefiado pelo militar.
>
> Não havia Congresso; os governadores eram nomeados pelo marechal Deodoro e a lei estabelecia que qualquer pessoa que fizesse oposição ao governo poderia ser presa imediatamente...
>
> Seria esse um bom começo de República?

a) Discuta o assunto com seus colegas e o professor.

b) Depois, responda à questão proposta no final do texto.

____

____

____

____

23

Primeira República (de 1891 a 1930)

A **Primeira República**, ou **República Velha**, começou depois do Governo Provisório e terminou em 1930. Nesse período, o Brasil foi governado basicamente por presidentes indicados pelos estados de Minas Gerais e São Paulo, que dominavam a vida política e econômica do país. Por isso, dizemos que o governo da Primeira República era **oligárquico** (governo em que poucas pessoas detêm o poder).

Durante a República Oligárquica, um presidente paulista era sucedido por um mineiro; e um mineiro, por um paulista. Esse esquema de governo era chamado **política do café com leite**, porque em São Paulo se plantava muito café e em Minas Gerais havia grande produção de leite. Foi uma época marcada pelo domínio dos **coronéis**, grandes proprietários de terras que tinham bastante influência sobre as pessoas de sua região, distribuindo favores e obrigando as pessoas a quem ajudavam a votar em candidatos determinados.

Publicada na revista **Careta**, em 1925, a charge de Alfredo Storni ironiza a política do café com leite. Nela podemos observar políticos de São Paulo e Minas Gerais em posse da cadeira da Presidência da República enquanto os políticos dos outros estados tentam, em vão, chegar à cadeira.

Economia e política na Primeira República

A Primeira República foi marcada por importantes acontecimentos políticos e econômicos. É possível destacar:

- o crescimento da produção e da exportação de café, que continuou sendo a principal riqueza produzida no Brasil;
- a instalação de novas indústrias no Rio de Janeiro e em São Paulo;
- a definição dos limites territoriais entre o Brasil e os países vizinhos.

Revoltas e conflitos

Guerra de Canudos (1896)

No sertão da Bahia havia uma comunidade chamada **Canudos**, liderada por Antônio Conselheiro, um homem muito religioso, que também era monarquista. Enquanto a população baiana sofria com a exploração promovida pelos fazendeiros e a miséria, o povoado de Canudos tinha conseguido se transformar em uma comunidade sustentável. Os fazendeiros republicanos, descontentes com essa autonomia, lideraram ataques ao arraial de Canudos, que foi completamente destruído pelas tropas do governo.

Arraial de Canudos, em um desenho de Urtiga, cerca de 1895.

Revolta da Vacina (1904)

Para combater a febre amarela e a varíola, especialmente no Rio de Janeiro, o médico Oswaldo Cruz, a mando do governo, organizou uma campanha de vacinação geral e obrigatória. As pessoas, que não sabiam o que estava acontecendo, ficaram irritadas com a abordagem agressiva durante a aplicação da vacina e revoltaram-se contra a vacinação coletiva.

Publicada na revista **O Malho**, em 1904, a charge de Leonidas Freire retrata a revolta da população contra Oswaldo Cruz e sua equipe.

Guerra do Contestado (1912-1916)

A região da fronteira entre Paraná e Santa Catarina não contava com uma regularização da posse de terras. Assim, muitas pessoas foram obrigadas a deixar as terras que ocupavam para a construção de uma estrada de ferro. Sem condições de vida adequadas, boa parte dessas pessoas passou a seguir o monge José Maria, um religioso famoso por tratar de pessoas doentes. A fama da comunidade se espalhou e vários trabalhadores pobres foram viver com o grupo do monge. Com isso, os coronéis tinham dificuldade em controlar os trabalhadores, o que provocou um longo e violento conflito entre eles.

1. Explique, com suas palavras, a expressão "política do café com leite".

2. Como era a figura do coronel durante a Primeira República?

3. Observe a imagem abaixo e responda às perguntas no caderno.

Charge de Alfredo Storni para a revista **Careta**, 1927.

a) Quem são as pessoas retratadas? O que elas estão fazendo?

b) Que característica da Primeira República é representada na charge?

24

Era Vargas (de 1930 a 1945)

Com o crescimento das cidades, a população do campo diminuía e a insatisfação com a política do café com leite aumentava. Tal situação atingiu seu ápice na eleição presidencial de 1930, quando o presidente Washington Luís apoiou outro representante dos paulistas, Júlio Prestes, que venceu as eleições.

A Aliança Liberal, que era formada pelos estados descontentes (Minas Gerais, Rio Grande do Sul e Paraíba) e que havia indicado como candidato o gaúcho Getúlio Vargas, não aceitou a vitória de Júlio Prestes e organizou uma luta armada que se espalhou pelo país. Esse fato ficou conhecido como **Revolução de 1930**.

O conflito acabou após a deposição do presidente Washington Luís, por meio de um golpe de Estado. O golpe permitiu a Getúlio Vargas tomar o poder, em 1930.

O governo de Getúlio Vargas

O governo de Getúlio Vargas costuma ser dividido em três fases: Governo Provisório (de 1930 a 1934), Governo Constitucional (de 1934 a 1937) e Estado Novo (de 1937 a 1945).

Reprodução/Museu da República, Rio de Janeiro, RJ.

Getúlio Vargas, óleo sobre tela de Armando Vianna.

No **Governo Provisório**, a produção de café passou por uma grave crise por causa da desvalorização do produto. Para tentar resolver o problema, Getúlio proibiu a plantação de café por três anos e mandou queimar os estoques em armazéns com o intuito de tornar o café um produto mais caro.

Além disso, criou o Ministério do Trabalho e o Ministério da Educação e Saúde e estabeleceu algumas leis trabalhistas.

Durante esse governo, ocorreu a Revolução Constitucionalista de 1932, revolta na qual os paulistas, insatisfeitos com a perda de poder, exigiam uma nova Constituição para o país.

No **Governo Constitucional**, Getúlio Vargas promulgou a Constituição de 1934, que estabeleceu o salário mínimo e as férias remuneradas para os trabalhadores, instituiu o voto feminino e determinou o ensino obrigatório e gratuito para as crianças.

Em 1937 Getúlio Vargas, com o apoio dos militares, impediu que houvesse uma nova eleição à Presidência e deu início a uma ditadura no Brasil. Nessa forma de governo, todas as decisões são tomadas pelo presidente ou por um grupo de pessoas e não há a participação do povo.

O país atravessou um período de falta de liberdade e de perseguições políticas. Essa fase ficou conhecida como **Estado Novo** e foi marcada pelo fim dos partidos políticos, o incentivo à industrialização e o início da exploração de petróleo no Brasil.

1. Assinale a(s) afirmativa(s) verdadeira(s).

☐ A ditadura garante a liberdade de expressão a todos.

☐ A Constituição de 1937 foi outorgada, isto é, foi imposta, para que Getúlio Vargas mandasse sozinho e com suas próprias leis.

☐ Entre as mudanças aprovadas na Constituição de 1934, estabeleceu-se o salário mínimo.

2. Responda às perguntas:

a) Por que ocorreu a Revolução de 1930?

____

____

____

b) O que fez Getúlio Vargas, em 1937, para se manter no poder?

____

____

3. Converse com os colegas e o professor sobre o significado de **ditadura** e **democracia** e responda no caderno:

a) Quais são as principais diferenças entre os dois tipos de governo?

b) Em sua opinião, qual dos dois tipos de governo é a melhor maneira de administrar um país? Por quê?

25

República Populista (de 1946 a 1964)

O envolvimento brasileiro na Segunda Guerra Mundial enfraqueceu a ditadura de Vargas, que foi forçado a abandonar o poder em 1945. No mesmo ano, Eurico Gaspar Dutra foi eleito presidente por eleições diretas, ou seja, pelo voto da população.

Reprodução/AE

Eurico Gaspar Dutra, primeiro presidente da chamada República Populista.

Com a renúncia de Getúlio Vargas e a eleição de Eurico Gaspar Dutra (em 1945), teve início, em 1946, outro momento da República brasileira. Os presidentes passaram a ser eleitos pelo povo e o país adotou uma política democrática.

O retorno de Getúlio Vargas à Presidência

Getúlio Vargas voltou ao poder, em 1951, dessa vez eleito pelo voto do povo. Mas uma crise política fez com que ele não terminasse seu mandato.

Prestes a ser novamente deposto do poder, Getúlio Vargas suicidou-se. O fato ocorreu em 24 de agosto de 1954, na sede do governo.

Juscelino Kubitschek: "50 anos em 5"

Em 1956, Juscelino Kubitschek (também chamado JK) assumiu a Presidência da República. O ponto mais marcante de seu governo foi a implantação de ações visando promover o desenvolvimento econômico do país. Ficou famoso o lema "50 anos em 5", segundo o qual o Brasil iria crescer o equivalente a 50 anos durante os 5 anos de seu mandato.

A obra mais conhecida desse período foi a construção de Brasília, planejada para ser a sede do governo federal e inaugurada em 1960.

Arquivo do jornal *Folha de S.Paulo*/Folhapress

Construção do prédio do Congresso Nacional, em Brasília (DF), 1960.

Durante o governo de Juscelino Kubitschek a economia cresceu, mas o Brasil adquiriu muitas dívidas com outros países e o povo sofreu com um grande aumento dos preços.

Jânio Quadros e João Goulart

Eleito em 1961, Jânio Quadros governou o Brasil por sete meses. Em agosto de 1961, renunciou à Presidência. O vice-presidente João Goulart assumiu seu lugar e tentou realizar reformas sociais e econômicas para resolver a difícil situação em que se encontrava o país, mas não obteve sucesso e a crise aumentou, gerando grande insatisfação popular.

1. Relacione as duas colunas.

1. Eurico Gaspar Dutra	☐	Presidente que governou por pouco tempo e renunciou ao cargo em 1961.
2. Juscelino Kubitschek	☐	Primeiro presidente do período da redemocratização; foi eleito pelo povo.
3. Jânio Quadros	☐	Presidente cujo lema de governo era atingir "50 anos de progresso em 5 anos de governo".

2. Leia o texto abaixo.

> "Deste Planalto Central, desta solidão que em breve se transformará em cérebro das mais altas decisões nacionais, lanço os olhos mais uma vez sobre o amanhã do meu país e antevejo esta alvorada, com fé inquebrantável e uma confiança sem limites no seu grande destino."
>
> Juscelino Kubitschek, em 2 de outubro de 1956.
>
> Disponível em: <http://conae.mec.gov.br/index.php?catid=99:informacoes-sobre-brasilia&id=330:historia-de-brasilia&option=com_content&view=article>. Acesso em: 20 mar. 2014.

- Agora responda: a que realização de seu governo Juscelino Kubitschek está se referindo? Como é possível perceber isso?

___

___

26

Governos militares (de 1964 a 1985)

A política de João Goulart desagradava a muitos setores da sociedade, especialmente os militares e a classe média. As reformas propostas por seu governo também incomodavam grupos econômicos internacionais.

Arquivo/Agência O Globo

Após o golpe, o desfile dos tanques exibia o poder dos militares sobre o país.

Assim, com o golpe militar de 31 de março de 1964, os militares forçaram João Goulart a sair da Presidência e passaram a governar o Brasil.

Foram 21 anos de ditadura militar, nos quais o autoritarismo determinou os rumos políticos do país.

Todos os presidentes, nessa época, foram eleitos indiretamente por um Colégio Eleitoral, que, na verdade, apenas confirmava o nome do candidato imposto pelos militares.

Os presidentes desse período foram: marechal Humberto Castelo Branco (de 1964 a 1967); marechal Artur da Costa e Silva (de 1967 a 1969); general Emílio Médici (de 1969 a 1974); general Ernesto Geisel (de 1974 a 1979); e general João Figueiredo (de 1979 a 1985).

O "milagre econômico"

Segundo membros das elites, os principais problemas do governo João Goulart eram a estagnação da economia — ou seja, a falta de crescimento — e a ameaça das classes populares, que queriam ter seus direitos atendidos.

Para "resolver" essa situação, o governo militar concentrou-se em investir no crescimento econômico a qualquer custo, incentivando o consumo e repreendendo violentamente todos os que se opusessem ao governo.

O governo norte-americano ajudou a financiar a política da ditadura militar em troca do incentivo ao consumo de seus produtos. Entre os anos de 1968 e 1973, os *shoppings centers* proliferaram em consequência de um alto nível de consumo. Esse momento foi chamado, pelo próprio governo, de "milagre econômico".

A repressão política

Reprodução/Arquivo da editora

Cartaz do período da ditadura no qual é possível observar pessoas ligadas à oposição ao regime militar.

O sistema político imposto pelos militares gerou descontentamento na população. Diante das críticas, eles lançaram Atos Institucionais — documentos que fortaleciam os poderes do presidente. Assim, o presidente podia baixar decretos sem precisar de aprovação do Congresso. Além disso, os Atos Institucionais censuravam os meios de comunicação e, de certa maneira, legalizavam a tortura (ao permitir qualquer forma de interrogatório que favorecesse a repressão aos opositores).

Um dos órgãos responsáveis pela repressão foi o Departamento de Ordem Política e Social (Dops). Para perseguir e desmoralizar aqueles que se opunham ao governo, o Dops dizia à população que os opositores ameaçavam a ordem pública e a família brasileira.

1. Escreva **V** para verdadeiro e **F** para falso.

a) ☐ Houve repressão, perseguição e prisão das pessoas que eram contra o regime militar.

b) ☐ O chamado "milagre econômico" ocorreu à base de empréstimos.

c) ☐ No regime militar, a dívida do Brasil com os outros países foi paga.

2. Responda às questões:

a) Como eram escolhidos os presidentes no período militar?

____

____

b) O que foi o "milagre econômico"?

____

____

27

Nova República (de 1985 aos dias atuais)

Juca Martins/Olhar Imagem

Manifestação pelas Diretas Já na praça da Sé, em São Paulo (SP). Foto de 1984.

Depois de longos anos sob o domínio militar, a parte da população contrária à ditadura se fortaleceu. Em 1984, começaram a acontecer manifestações em todo o país em favor de eleições livres para presidente da República. Esse movimento ficou conhecido como **Diretas Já**.

Embora a manifestação popular não tenha sido suficiente para que a lei fosse aprovada, ela acabou impulsionando um avanço rumo à democracia: em 15 de janeiro de 1985, numa eleição indireta, foi eleito um presidente civil, ou seja, não militar. O presidente escolhido foi Tancredo Neves.

Governo José Sarney

Tancredo Neves adoeceu antes de sua posse e morreu em abril de 1985. José Sarney, vice-presidente, passou então a ser o presidente da República.

Seguindo o ideal da democracia, uma nova Constituição foi elaborada e promulgada em 1988. O documento previa eleições diretas. Também foi determinado o fim da censura aos meios de comunicação e o povo passou a ter liberdade para se manifestar.

O governo de Sarney também foi marcado pelo fracasso na tentativa de combater a inflação.

inflação: aumento geral de preços, o que faz com que as pessoas consigam comprar menos produtos com o salário que recebem.

Governo Fernando Collor de Mello

Ao final do governo de José Sarney, o povo elegeu para a Presidência, em 1989, Fernando Collor de Mello.

Collor era jovem, prometia modernização econômica e recebeu bastante apoio da mídia. No entanto, não conseguiu acabar com a inflação.

Após dois anos de governo, foi afastado do cargo, acusado de corrupção. Muitos dos brasileiros que o elegeram foram às ruas pedir sua saída do governo.

Sérgio Amaral/Agência Estado

Fernando Henrique Cardoso exibindo cédulas do real. Brasília (DF), 1994.

Governo Itamar Franco

Após o *impeachment* (impedimento) de Collor ter sido votado no Congresso, ele renunciou e seu vice-presidente Itamar Franco tomou posse. No governo de Itamar, o cruzeiro foi substituído pelo **real**, moeda usada até hoje no Brasil.

A criação do Plano Real, em dezembro de 1993, instaurou uma série de medidas econômicas para tentar conter a inflação. Quem comandou esse plano foi Fernando Henrique Cardoso, na época ministro da Fazenda.

ministro da Fazenda: político responsável pela administração do dinheiro público.

Governo Fernando Henrique Cardoso

Motivado pelo sucesso do novo plano econômico, o povo brasileiro foi às urnas e escolheu o novo presidente da República: Fernando Henrique Cardoso (também conhecido como FHC), que tomou posse em 1995 e foi reeleito em 1998.

Nos dois mandatos de Fernando Henrique houve continuidade do Plano Real, que conseguiu diminuir os índices de inflação, dando estabilidade econômica ao país. Entretanto, a dívida do Brasil com outros países aumentou no período.

Fernando Henrique promoveu privatizações ao vender muitas empresas do governo, como as de telecomunicações e as dos setores ferroviário, elétrico e metalúrgico. A Vale do Rio Doce (a maior mineradora do mundo) foi vendida, e a Petrobras deixou de ser a única empresa a explorar o petróleo no Brasil.

Governo Luiz Inácio Lula da Silva

Em 2002, o Brasil elegeu como presidente Luiz Inácio Lula da Silva, que foi o primeiro presidente originário das classes populares a governar o país. Após um conturbado primeiro mandato, em que pessoas próximas ao presidente foram acusadas de corrupção, Lula manteve sua imagem praticamente inabalada, o que permitiu sua reeleição em 2006.

Com programas sociais como o Fome Zero e o Bolsa Família, o governo buscou distribuir renda à população pobre. Contudo, ainda há no Brasil muita injustiça social, muita concentração de renda e um dos mais altos impostos do mundo.

Governo Dilma Rousseff

Dilma Rousseff tornou-se a primeira mulher presidente do Brasil ao eleger-se no 2º turno das eleições de 2010.

Fortalecida pela popularidade de Lula e dos programas sociais, como o Bolsa Família, elegeu-se prometendo governar para todos.

O governo de Dilma enfrentou muitas dificuldades, pois a insatisfação popular com a política no Brasil era grande. Em 2013, milhões de brasileiros saíram às ruas de todo o país para reivindicar mudanças.

Marcello Casal Jr./ABr

Dilma Rousseff ao lado do vice-presidente Michel Temer, em 1º de janeiro de 2011, dia da posse da presidente em Brasília (DF).

1. Relacione as duas colunas.

1. Collor	☐	Primeira mulher eleita presidente do Brasil.
2. Itamar Franco	☐	Controle da inflação e privatizações.
3. FHC	☐	Lançamento do Plano Real.
4. Lula	☐	Inflação e *impeachment*.
5. Dilma Rousseff	☐	Mandato conturbado e programas sociais.

2. Em 1989, obedecendo à Constituição de outubro de 1988, o povo elegeu seu novo presidente.

a) Quem foi esse presidente? Como ele foi eleito?

____

b) Ele cumpriu seu mandato até o final? Por quê?

____

De olho na História

A liberdade de expressão

Em junho de 2013 uma série de manifestações populares levou milhões de pessoas às ruas do Brasil. A revolta foi desencadeada por diversos fatores, como a aumento das passagens de ônibus e o gasto excessivo de dinheiro público na construção de estádios para a Copa do Mundo de 2014.

Veja como a presidente Dilma Rousseff reagiu a essas manifestações:

"O Brasil hoje acordou mais forte", diz Dilma sobre protestos

A presidente Dilma Rousseff elogiou o caráter democrático das manifestações que tomam conta do país. É a primeira vez que ela se manifesta publicamente após o início dos protestos. Em cerimônia no Palácio do Planalto, a presidente disse que "o Brasil hoje acordou mais forte e a grandeza comprova a energia da democracia, a força da voz da rua e o civismo da população".

Disponível em: <http://noticias.r7.com/brasil/o-brasil-hoje-acordou-mais-forte-diz-dilma-sobre-protestos-18062013>. Acesso em: 20 mar. 2014.

- Agora, observe a imagem ao lado e responda às perguntas.

Folha de S.Paulo/Folhapress

São Paulo (SP), 1977.

a) O texto exalta um direito que não havia em 1977. Que direito é esse?

____

____

b) Em sua opinião, o presidente do Brasil em 1977 agiria da mesma maneira que Dilma? Por quê?

____

____

____

SUGESTÕES PARA O ALUNO

Livros

Reprodução/Editora Scipione

A Idade Contemporânea,
de Carme Peris. São Paulo: Scipione.
(Viajando Através da História).

A Idade Contemporânea trouxe muitos avanços tecnológicos para o mundo. Mas, ao mesmo tempo, foi nesse período que aconteceram alguns dos episódios mais violentos e cruéis da história humana. Será que o progresso científico não foi o suficiente para melhorar o mundo?

Reprodução/Editora Companhia das Letras

O guia dos curiosos: Brasil,
de Marcelo Duarte. São Paulo:
Cia. das Letras.

Um guia com muitas informações para quem é curioso e quer saber mais sobre o Brasil, desde a geografia do país até o folclore, passando pelos conflitos internos e pela questão ecológica.

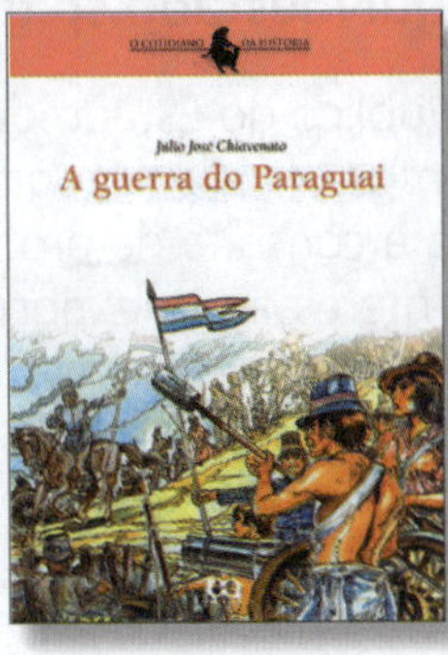

Reprodução/Editora Ática

A Guerra do Paraguai,
de Julio José Chiavenato.
São Paulo: Ática.

As especificidades históricas da Guerra do Paraguai são contextualizadas neste livro dedicado aos pequenos leitores. Tal conflito é considerado até hoje um dos mais violentos e devastadores que ocorreram na América do Sul.

Reprodução/Editora Companhia das Letras

Lá vem história,
de Heloisa Prieto. São Paulo:
Companhia das Letrinhas.

Este livro reúne histórias conhecidas (e outras nem tanto) das mais diferentes origens e de todos os tempos: desde Sherazade até os personagens do folclore japonês.

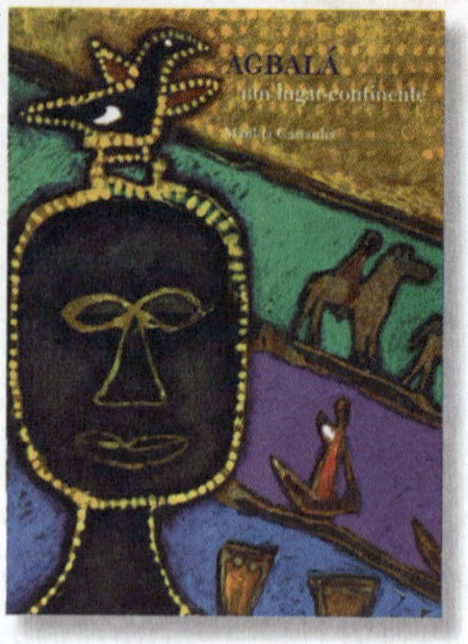

Reprodução/Editora Cosac Naify

Agbalá, um lugar-continente,
de Marilda Castanha. São Paulo: Cosac Naify.

"Para muitos povos do continente africano, há milênios, tudo tem sentido e ritmo próprios: de um grão de areia a um ser divino. Cada nação, a seu modo, registrava histórias pessoais, a convivência com o sagrado e a identidade do seu povo. Como se cada um, dentro de si, tivesse a semente e a memória do lugar. Um infinito *agbalá*." O livro traz importantes informações sobre a cultura africana, tratadas de maneira poética e acompanhadas de belíssimas imagens.

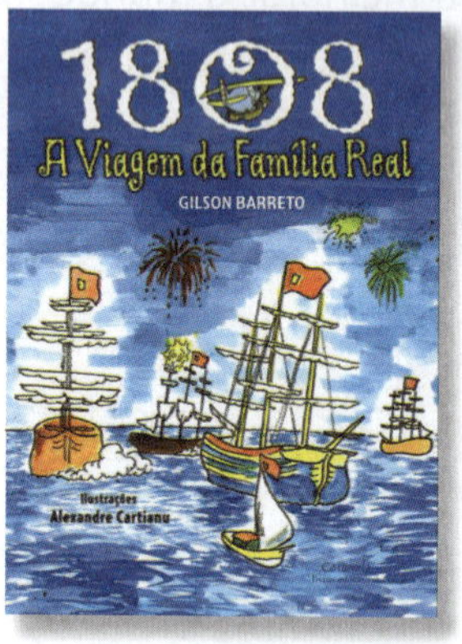

Reprodução/Editora Caramelo

1808 – A viagem da família real,
de Gilson Barreto. São Paulo: Caramelo.

Quais foram os impactos da viagem da família real ao Brasil? Este livro conta a incrível aventura de Lucas e Bimbo, que viajam a Portugal e encontram a família real portuguesa a caminho da colônia.

Sites

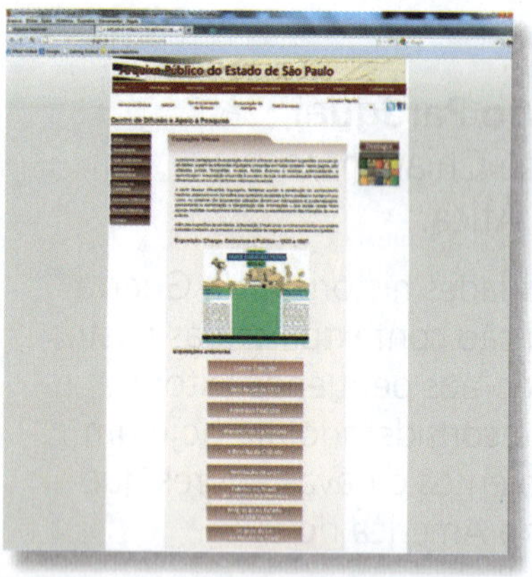

Reprodução/<www.exposicoesvirtuais.arquivonacional.gov.br>

Arquivo Público do Estado de São Paulo

<www.arquivoestado.sp.gov.br>. Acesso em: 7 abr. 2014.

O Arquivo Público do Estado de São Paulo contém vasto acervo de documentos oficiais, fotografias, jornais e mapas, entre outros, para a consulta de professores e estudantes. Além disso, conta com interessantes exposições virtuais sobre temas como a expansão das ferrovias, a imigração em São Paulo e a história do futebol no Brasil.

Reproducão/<www.arquivoestado.sp.gov.br/difusao/acao_exposicoes.php>

Exposições virtuais do Arquivo Nacional

<www.exposicoesvirtuais.arquivonacional.gov.br>. Acesso em: 7 abr. 2014.

O Arquivo Nacional disponibiliza em seu *site* uma série de exposições virtuais ricas em imagens que abordam temas interessantes para o público em geral, como a bossa nova, o Estado Novo e as Copas do Mundo de 1950 e 1970.

Geografia

SUMÁRIO

UNIDADE 1: Representação

1. Os mapas da Terra ... 394
Linhas imaginárias ... 395
A linguagem dos mapas ... 397
2. Localizando o Brasil ... 400
O Brasil no continente americano ... 400
O mapa político do Brasil ... 402
De olho na linguagem cartográfica ... 404

UNIDADE 2: Aspectos naturais do Brasil

3. O relevo ... 406
4. A hidrografia ... 409
Rios e bacias brasileiros ... 411
5. O clima ... 414
6. A vegetação ... 416
A vegetação brasileira e sua preservação ... 418
De olho na previsão do tempo ... 420

UNIDADE 3: A população e as atividades econômicas

7. A população brasileira ... 422
A população urbana e a população rural ... 423
Formação do povo brasileiro ... 424
8. Atividades econômicas no Brasil ... 426
Agricultura ... 427
Pecuária ... 428
Extrativismo ... 429
Indústria e comércio ... 430
Transporte ... 432
Turismo ... 433
De olho na distribuição da indústria brasileira ... 434

UNIDADE 4: As regiões brasileiras

9. A divisão regional do Brasil e a região Norte ... 436
Região Norte ... 437
Aspectos humanos da região Norte ... 437
Aspectos naturais da região Norte ... 438
Atividades econômicas da região Norte ... 439
10. Região Nordeste ... 442
Aspectos humanos da região Nordeste ... 442
Aspectos naturais da região Nordeste ... 443
Atividades econômicas da região Nordeste ... 444
11. Região Sudeste ... 447
Aspectos humanos da região Sudeste ... 447
Aspectos naturais da região Sudeste ... 448
Atividades econômicas da região Sudeste ... 449
12. Região Sul ... 453
Aspectos humanos da região Sul ... 453
Aspectos naturais da região Sul ... 454
Atividades econômicas da região Sul ... 455
13. Região Centro-Oeste ... 458
Aspectos humanos da região Centro-Oeste ... 458
Aspectos naturais da região Centro-Oeste ... 459
Atividades econômicas da região Centro-Oeste ... 460
De olho nas divisões estadual e regional do Brasil ... 463
Sugestões para o aluno ... 464

Unidade 1

Representação

Valter Ferrari/Arquivo da editora

O QUE VOU ESTUDAR?

- Elementos dos mapas
- Formas de representação
- O Brasil nos mapas

1

Os mapas da Terra

Existem várias formas de representar um lugar e os elementos que fazem parte da paisagem. Veja alguns exemplos:

- fotografias

Vista aérea de zona rural de município situado no vale do Rio São Francisco, em Petrolina (PE), 2012.

- mapas

Mapa de cerca de 1600, representando o continente americano.

- pinturas

Vista dos arredores de Curitiba, aquarela, 21 cm × 33 cm, de Hugo Calgan, 1881.

- plantas

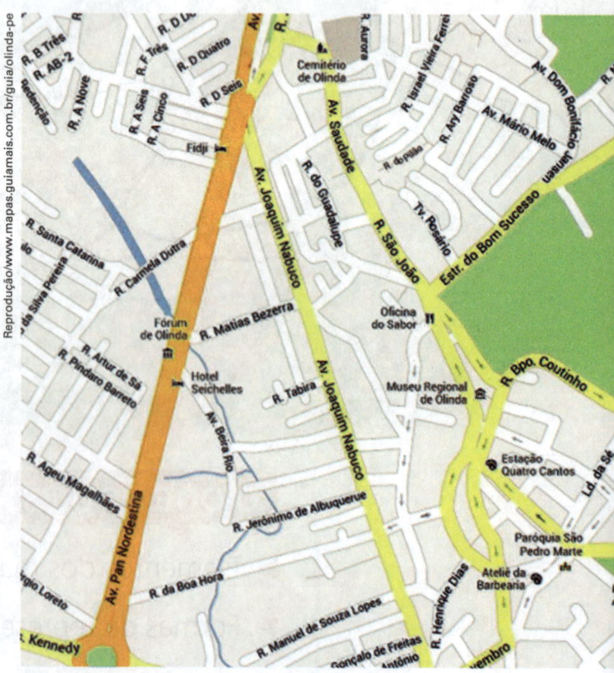

Planta parcial de Olinda (PE), 2013.

Linhas imaginárias

Para facilitar a localização dos lugares na Terra, os cientistas criaram as linhas imaginárias que aparecem nos globos terrestres e nos mapas. Essas linhas dividem a Terra em hemisférios e são chamadas **paralelos** e **meridianos**.

Os **paralelos** são linhas imaginárias horizontais que circundam a Terra.

O principal paralelo é o **equador**, que divide o planeta em dois hemisférios: o hemisfério norte e o hemisfério sul.

Há outros quatro paralelos que recebem nomes especiais: ao norte, o trópico de Câncer e o círculo polar Ártico; ao sul, o trópico de Capricórnio e o círculo polar Antártico.

Os paralelos são traçados a partir do equador, determinando a latitude norte ou sul.

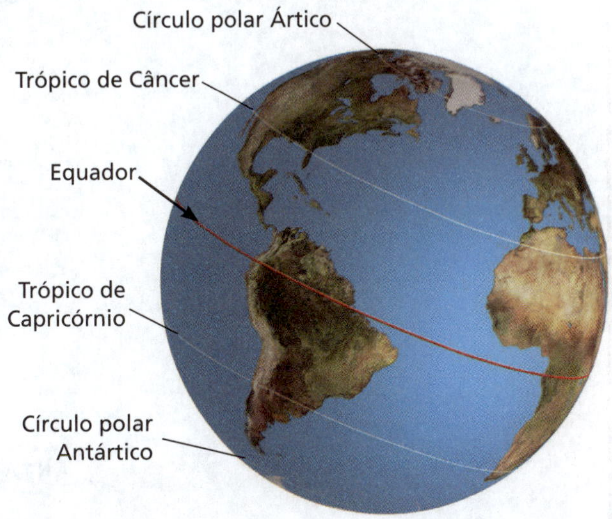

E os meridianos? Os **meridianos** são linhas imaginárias verticais que vão de um polo a outro da Terra (polo norte e polo sul).

O principal deles é o **meridiano de Greenwich**, que passa pelo observatório de Greenwich, perto da cidade de Londres, na Inglaterra. Ele divide a Terra em dois hemisférios: o hemisfério ocidental, que fica a oeste, e o hemisfério oriental, que fica a leste.

A partir do meridiano de Greenwich, podemos traçar quantos meridianos quisermos, tanto para leste como para oeste.

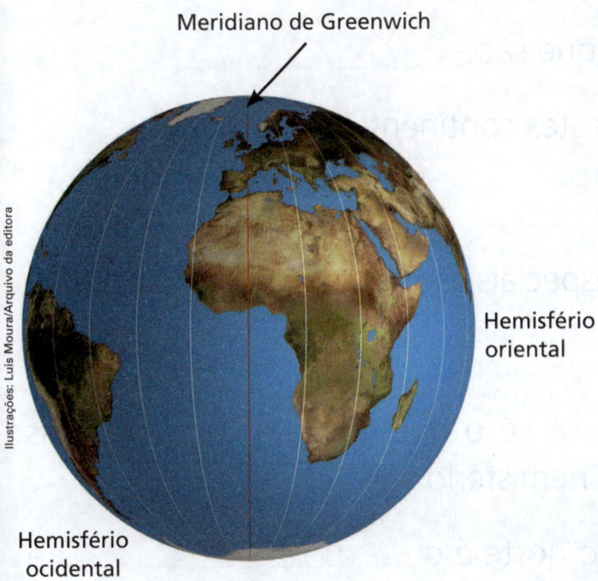

Ilustrações: Luís Moura/Arquivo da editora

hemisférios: metades de uma esfera; cada hemisfério corresponde a uma das duas metades da Terra, resultantes da divisão pela linha do equador.

latitude: a distância em graus do equador a um determinado ponto da superfície da Terra.

• Observe o mapa a seguir, leia a legenda e complete as lacunas das frases.

Planisfério: Continentes e oceanos

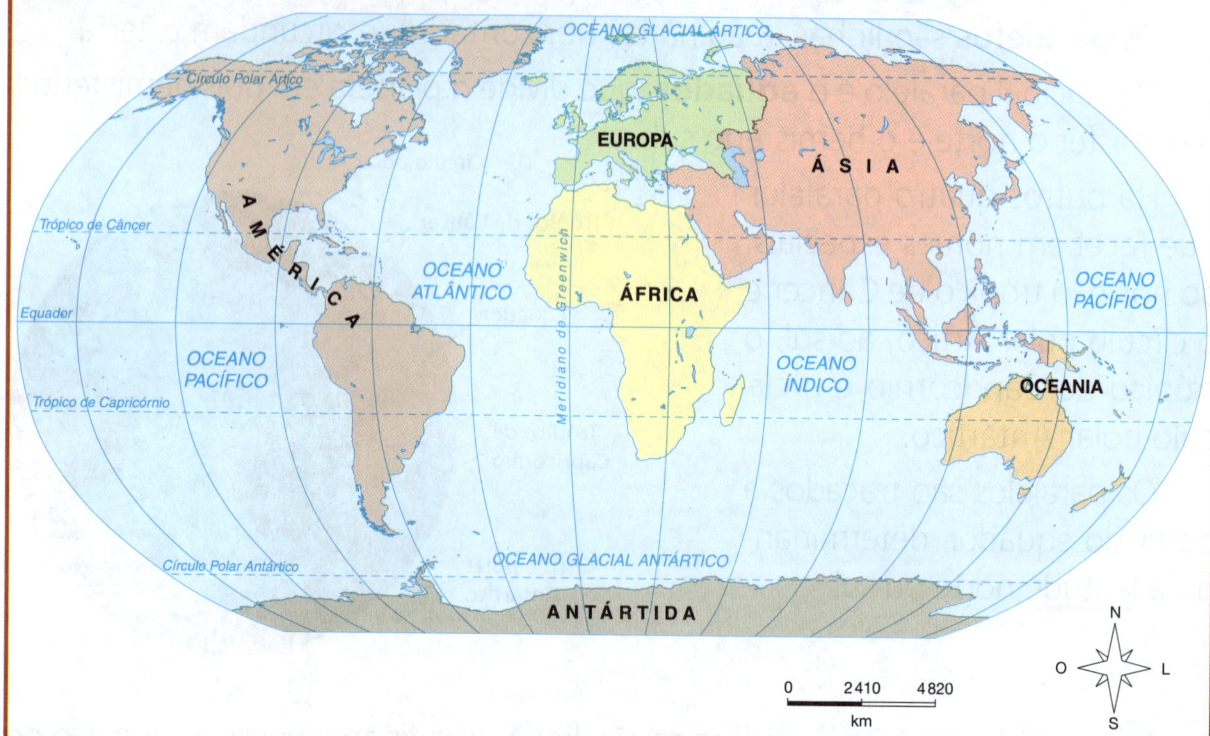

Quando um mapa representa de forma plana toda a superfície do planeta, ele é chamado planisfério.

Adaptado de: IBGE. **Atlas geográfico escolar**. 6. ed. Rio de Janeiro, 2012. p. 34.

a) Além de passar pelo continente americano, a linha do equador também passa por outros dois continentes, que são: ____________________

b) A linha do equador não passa por estes continentes: ____________________ ____________________

c) Os paralelos que recebem nomes especiais são: círculo polar Ártico, trópico de Câncer, ____________________

d) Desses paralelos, o ____________________ é o que divide a Terra em dois hemisférios: o hemisfério norte e o hemisfério sul.

e) O paralelo que fica próximo ao polo norte é o ____________________ e o que fica próximo ao polo sul é o ____________________.

A linguagem dos mapas

Quando queremos representar um espaço, podemos usar um mapa, que projeta em um plano (papel, tela do computador, etc.), de forma simplificada, os elementos que compõem a superfície terrestre. Hoje os mapas são bastante precisos, em virtude da utilização de satélites que fotografam a Terra do espaço.

Na elaboração de mapas é utilizada a **linguagem cartográfica**, constituída de sinais gráficos, ou seja, símbolos reconhecidos em todo o mundo.

Para ler, interpretar e entender um mapa, devemos verificar elementos como legenda, orientação (rosa dos ventos) e escala.

Allmaps/Arquivo da editora

Região Norte: Principais portos (2013)

Adaptado de: IBGE. **Atlas geográfico escolar**. 6. ed. Rio de Janeiro, 2012. p. 143; Ministério dos transportes, 2013.

A **legenda** reúne os símbolos e as cores do mapa e explica o significado deles. As cores utilizadas nos mapas costumam ser padronizadas: azul – hidrografia; verde – vegetação; marrom, amarelo e alaranjado – relevo.

A **rosa dos ventos** (orientação) indica as direções conhecidas como pontos cardeais (norte, sul, leste e oeste) e pontos colaterais (nordeste, sudeste, sudoeste e noroeste). Por meio dela situamos o espaço representado em relação à Terra e a outros espaços dela.

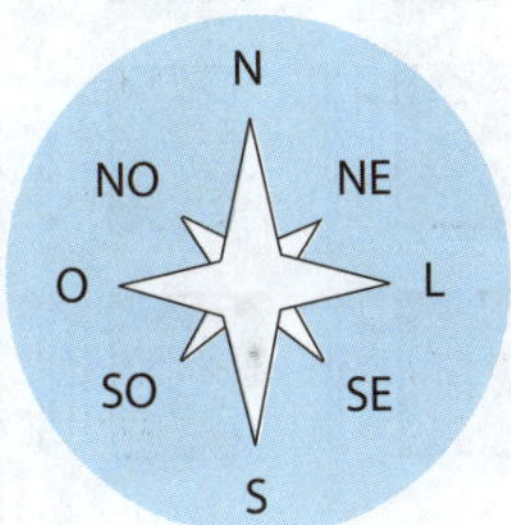

Fabio Colombini/Acervo do fotógrafo

Porto de Manaus (AM), o maior porto flutuante do mundo, 2012.

A **escala** estabelece a relação entre o tamanho de um espaço representado no mapa e o tamanho real desse espaço.

Por causa da escala, alguns centímetros do mapa podem corresponder a quilômetros. Veja o exemplo ao lado:

Adaptado de: IBGE. **Atlas geográfico escolar**. 6. ed. Rio de Janeiro, 2012. p. 94.

No mapa acima, 1 cm corresponde a 532 km. Portanto, a distância, em linha reta, entre Brasília e Belém é de aproximadamente:

$$3 \times 532 = 1596 \text{ km}$$

Tipos de escala

Existem dois tipos de escala: a escala gráfica e a escala numérica.

Escala gráfica: é expressa por um gráfico de barras horizontais.

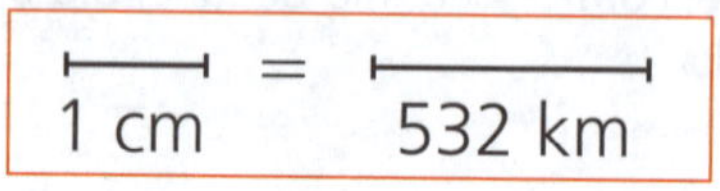

Escala numérica: é representada por uma fração, na qual o numerador é sempre a unidade (1) e o denominador indica quantas vezes as medidas reais foram reduzidas.

Vejamos, por exemplo, a escala 1:100. Ela mostra que 1 cm no papel equivale a 100 cm no espaço real, ou seja, 1 cm equivale a 1 m.

Observe a seguir a representação de uma sala de aula de 9 m de comprimento por 5 m de largura e a escala numérica correspondente: 1:100.

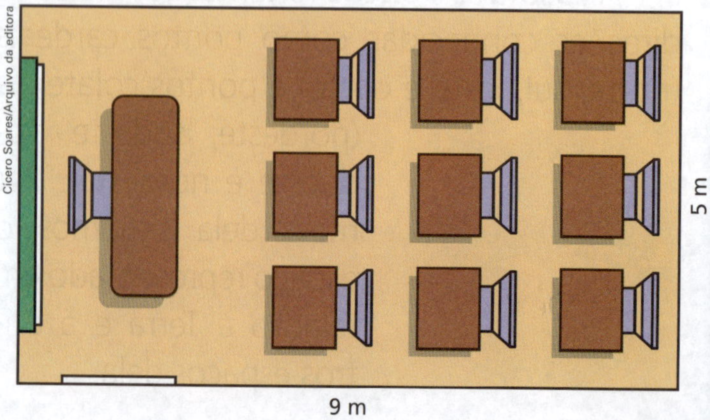

9 cm equivalem a 9 m de comprimento;
5 cm equivalem a 5 m de largura.

• Calcule, de acordo com a escala, a distância em linha reta entre os municípios apresentados abaixo. Veja o exemplo.

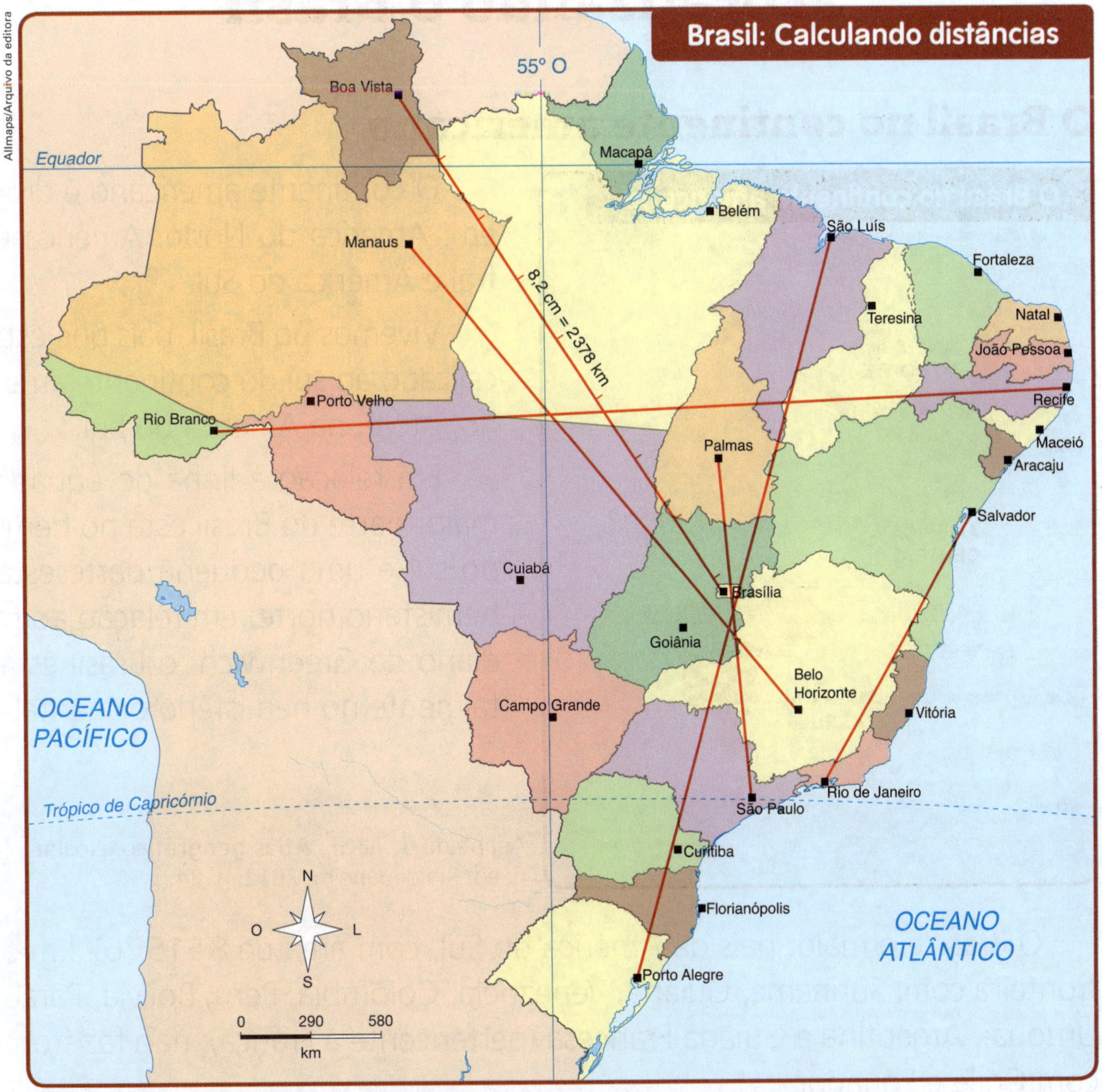

Adaptado de: IBGE. **Atlas geográfico escolar**. 6. ed. Rio de Janeiro, 2012. p. 94.

As distâncias em linha reta foram organizadas pelos autores.

a) De Boa Vista a Brasília: 8,2 × 290 = 2 378 km

b) De Manaus a Belo Horizonte: ____________________

c) De Salvador ao Rio de Janeiro: ____________________

d) De Porto Alegre a São Luís: ____________________

e) De Rio Branco ao Recife: ____________________

f) De São Paulo a Palmas: ____________________

2

Localizando o Brasil

O Brasil no continente americano

Adaptado de: IBGE. **Atlas geográfico escolar**. 6. ed. Rio de Janeiro, 2012. p. 34.

O continente americano é dividido em: América do Norte, América Central e América do Sul.

Vivemos no Brasil, país que está localizado ao sul do continente americano, isto é, na América do Sul.

Em relação à linha do equador, a maior parte do Brasil está no hemisfério sul e uma pequena parte está no hemisfério norte; em relação ao meridiano de Greenwich, o Brasil está totalmente no hemisfério ocidental.

O Brasil é o maior país da América do Sul, com área de 8 515 767 km^2. Faz fronteira com: Suriname, Guiana, Venezuela, Colômbia, Peru, Bolívia, Paraguai, Uruguai, Argentina e Guiana Francesa (pertencente à França); não faz fronteira com Chile e Equador.

Barra do Arroio Chuí, no Rio Grande do Sul, 2013.

Como vimos, o Brasil é um país de grandes dimensões. Seus **pontos extremos** são:

- ao norte – a nascente do rio Ailã, no monte Caburaí, no estado de Roraima, fronteira com a Guiana;
- ao sul – o arroio Chuí, no Rio Grande do Sul, fronteira com o Uruguai;
- a leste – a ponta do Seixas, na Paraíba;
- a oeste – a nascente do rio Moa, na serra da Contamana, no Acre, fronteira com o Peru.

arroio: curso de água de pequena extensão.

• Observe o mapa a seguir:

Adaptado de: IBGE. **Atlas geográfico escolar**. 6. ed. Rio de Janeiro, 2012. p. 41.

No mapa, localize e faça o que é solicitado.

a) Pinte de verde a parte que representa o Brasil e escreva o nome do país no mapa.

b) Escreva o nome dos oceanos.

c) Escreva o nome dos dois países da América do Sul que não fazem fronteira com o Brasil e pinte-os de rosa.

d) Escreva o nome do país de maior fronteira com o Brasil e pinte-o de amarelo.

e) Agora, escreva o nome dos demais países que fazem fronteira com o Brasil e pinte-os com outras cores.

O mapa político do Brasil

Para facilitar a administração do Brasil, o mapa do país foi dividido em 26 estados e um Distrito Federal, onde se localiza Brasília, sua capital.

Saiba mais

Distrito Federal

O Distrito Federal é onde fica a capital do Brasil, Brasília, que foi inaugurada em 1960. Não é uma cidade nem um estado, mas uma mistura dos dois. É comandado por um governador, que exerce as funções de prefeito e de governador (afinal, há apenas uma cidade no Distrito).

Ao longo do tempo, algumas cidades foram se formando em torno de Brasília, constituindo regiões administrativas. Essas cidades também são denominadas cidades-satélite.

Veja a seguir o mapa político do Brasil, que apresenta as unidades da federação (estados) e suas capitais.

Allmaps/Arquivo da editora

Adaptado de: IBGE. **Atlas geográfico escolar**. 6. ed. Rio de Janeiro, 2009. p. 90.

Além da divisão estadual, o território brasileiro foi dividido em regiões, levando em conta características semelhantes de clima, vegetação, ocupação humana, atividades econômicas, etc. Mas este é um assunto que estudaremos na Unidade 4.

- Com a ajuda do professor, complete a tabela dos estados brasileiros.

estado	sigla	capital
Acre	AC	Rio Branco
Alagoas		Maceió
Amapá		
		Manaus
Bahia	BA	
		Fortaleza
Espírito Santo		
	GO	Goiânia
	MA	
Mato Grosso	MT	
Mato Grosso do Sul		Campo Grande
	MG	
Pará		Belém
Paraíba	PB	
Paraná		
		Recife
Piauí		
Rio de Janeiro	RJ	
	RN	
Rio Grande do Sul		
Rondônia		Porto Velho
	RR	
Santa Catarina		
	SP	
Sergipe		
Tocantins		Palmas

De olho na linguagem cartográfica

- Observe o mapa a seguir e responda às questões no caderno.

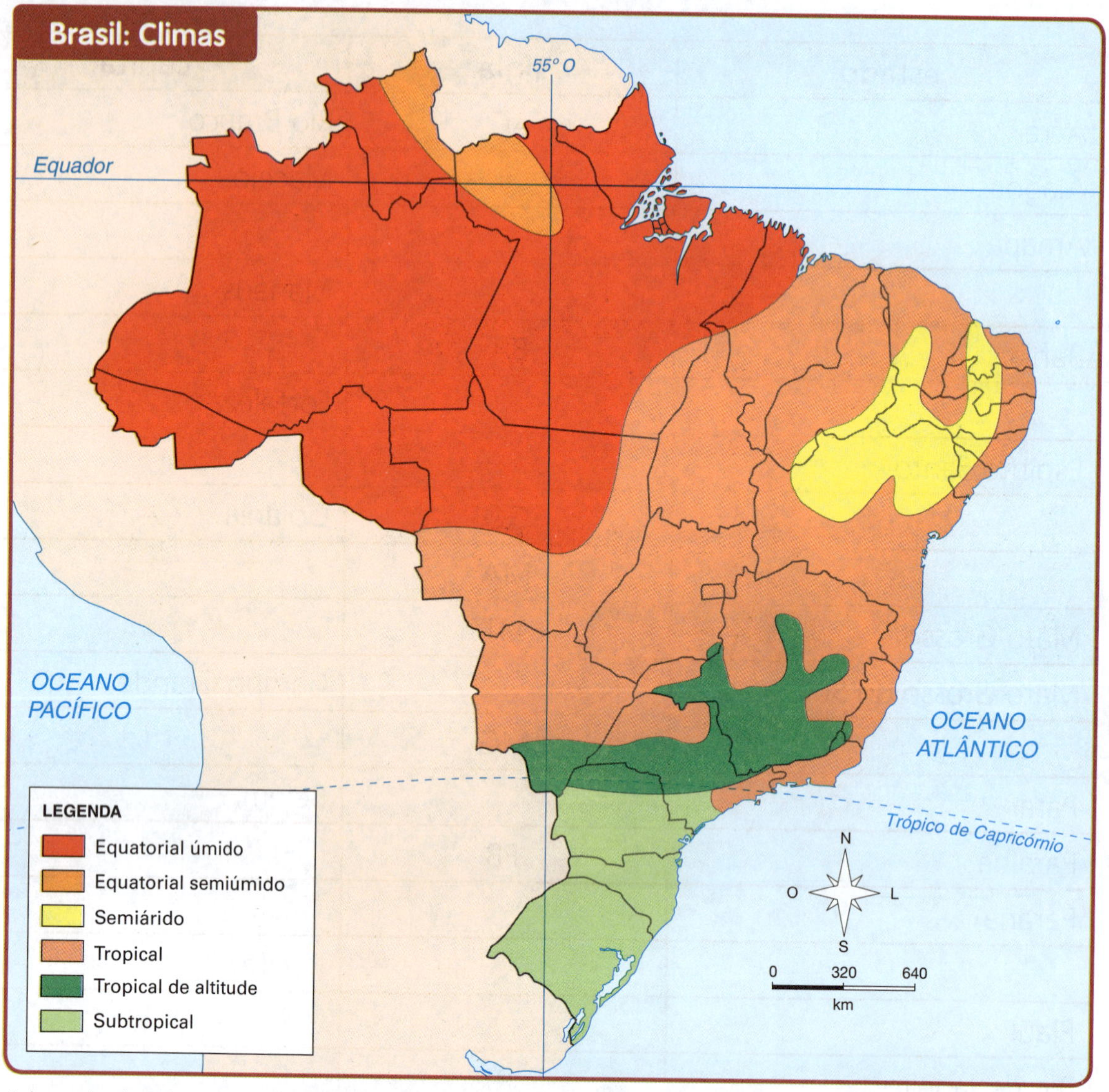

Allmaps/Arquivo da editora

Adaptado de: **Geografia do Brasil**, de Jurandyr L. Sanches Ross (Org.). São Paulo: Edusp, 2006. p. 109.

a) O que o mapa representa?

b) Como você pode afirmar isso?

c) Localize no mapa o estado onde você vive e escreva o nome do(s) clima(s) que ocorre(m) nele.

d) Você conseguiria descobrir as informações que o mapa transmite se não houvesse título e legenda?

Unidade

2

Aspectos naturais do Brasil

Valter Ferrari/Arquivo da editora

O QUE VOU ESTUDAR?

- Relevo
- Hidrografia
- Clima
- Vegetação

3

O relevo

As formas da **superfície terrestre** não são completamente planas. Ao longo dos anos elas sofreram desgastes pela ação dos ventos, das chuvas, de outros fenômenos naturais e do ser humano (por suas interferências na natureza).

O relevo de uma região é constituído por diferentes formas. Há terrenos com diversas formações e disposições: mais altos ou mais baixos, mais acidentados (irregulares) ou mais planos, etc.

Veja no mapa a seguir quais são e como estão distribuídas as formas de relevo predominantes no Brasil.

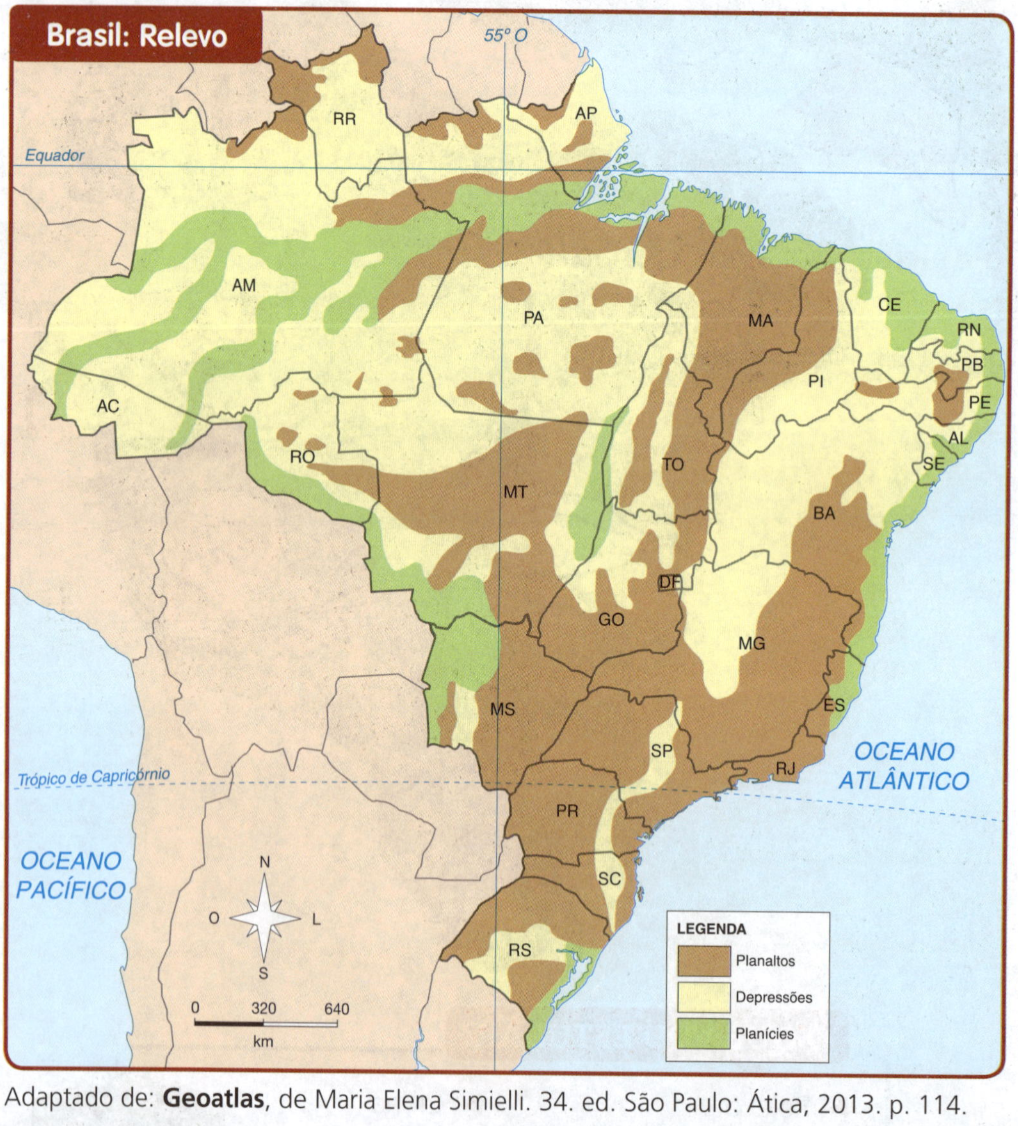

Adaptado de: **Geoatlas**, de Maria Elena Simielli. 34. ed. São Paulo: Ática, 2013. p. 114.

Como você pode ver no mapa acima, predominam no Brasil planaltos, planícies e depressões.

Parque Nacional da Chapada dos Guimarães, em Mato Grosso, 2013.

Os **planaltos** estão presentes na maior parte do Brasil. Eles são considerados formas de relevo que resistiram à erosão.

São nos planaltos que se encontram morros (elevações de pequeno ou médio porte), montanhas (elevações bastante altas), serras (formadas por morros ou montanhas) e chapadas (terrenos elevados de topo plano e lados com diferentes inclinações).

erosão: desgaste de rochas e solos provocado pela ação de agentes naturais, como vento e chuva, e também pela ação humana.

As **planícies** são áreas planas, onde predomina o acúmulo de sedimentos. Suas formas são pouco elevadas.

São formadas pela ação dos rios, mares e ventos, e é um dos tipos de relevo mais aproveitados pelo homem para atividades agrícolas.

Ernesto Reghran/Pulsar Imagens

Vista aérea do Pantanal, nas proximidades da cidade de Corumbá (MS), 2010.

Andre Dib/Pulsar Imagens

As **depressões** são áreas rebaixadas entre outras mais elevadas, como os planaltos, por exemplo. São formadas por prolongados processos de erosão, ou seja, de desgaste da superfície terrestre.

Paisagem de salto do rio Preto, na Chapada dos Veadeiros (GO), 2012.

- Leia o texto a seguir sobre a Chapada Diamantina.

A Chapada Diamantina ergue-se na região central do estado da Bahia, na região Nordeste do Brasil. O nome Diamantina vem da exploração de diamantes, atividade que surgiu nos tempos da mineração e permanece até os dias de hoje. [...]

A força das águas e a escultura de pedra

[...]

A chuva que cai na região é responsável pela formação de pequenos córregos que nascem nas cabeceiras das serras e serpenteiam pela paisagem. Muitos rios só aparecem no verão, quando as chuvas são mais intensas. Os rios formam uma rede de canais que conforme os degraus do relevo sulcam os vales e as cavernas. Ou seja, a água age sobre as rochas como se fosse um escultor entalhando formas na pedra. Essa união entre água e rocha às vezes cria figuras belíssimas [...].

Aprendendo História e Geografia, de César Coll e Ana Teberosky. São Paulo: Ática, 2000.

serpenteiam: correm de forma ondulada, fazendo curvas.

sulcam: deixam sulcos, ou seja, fazem marcas, formam depressões no terreno.

entalhando: fazendo entalhe, isto é, esculpindo, gravando formas.

David Santos Jr./Fotoarena

Nesta imagem da Chapada Diamantina (BA), pode-se perceber que a ação da chuva atua como um escultor que entalha formas criando figuras belíssimas. Foto de 2013.

- No município onde você mora, existe alguma forma de relevo interessante na paisagem? Se houver, escreva abaixo o nome dela. Se não houver, escreva o nome de uma forma de relevo de outro município que você tenha conhecido ou da qual tenha ouvido falar.

4

A hidrografia

Hidrografia é o conjunto das águas de uma região que forma os oceanos, os mares, os lagos e os rios, e cobre a maior parte da superfície da Terra.

A parte dos oceanos que banha os continentes chama-se **mar**, e a faixa de terra banhada pelo mar chama-se **litoral** ou **costa**.

Observe o mapa a seguir.

Brasil: Litoral e principais portos

Adaptado de: IBGE. **Atlas geográfico escolar**. 6. ed. Rio de Janeiro, 2012. p. 143.

Importantes portos localizam-se ao longo do nosso litoral. Nele também são exploradas atividades de turismo, pesca, navegação e extração de minerais (sal, calcário, petróleo), entre outras.

No fundo do mar há montanhas e depressões que formam o relevo submarino. Sua parte mais rasa chama-se **plataforma continental**. Nessa área são desenvolvidas a pesca e a extração de petróleo e sal.

Ao longo de toda a sua extensão, o litoral brasileiro apresenta:

- **praia** – faixa de terra coberta de areia, banhada pelo mar;
- **restinga** – faixa de terra e areia entre uma lagoa e o mar, entre uma baía e o mar, etc.;
- **ilha** – porção de terra cercada de água por todos os lados;

Fabio Colombini/Acervo do fotógrafo

- **arquipélago** – conjunto de ilhas;

Vista aérea do rio Negro e o Arquipélago de Anavilhanas, em Manaus (AM), 2010

Google Earth/Digital Globe

- **cabo** – ponta de terra que avança para o mar;

Imagem de satélite do cabo São Roque (RN), 2010.

Rubens Chaves/Pulsar Imagens

- **baía** – reentrância (ou seja, curva para dentro) da costa pela qual o mar avança para a terra; apresenta entrada estreita. Quando é muito pequena, a baía é chamada de enseada.

Baía de Todos-os-Santos, em Salvador (BA), 2013.

- Observe novamente o mapa **Brasil: Litoral e principais portos**. Depois anote no caderno um exemplo de cada uma das formas litorâneas estudadas e o estado onde cada uma se localiza.

Rios e bacias brasileiros

Os **rios** são correntes de água que correm das áreas mais altas para as mais baixas do relevo. Suas águas podem desaguar em outro rio ou no mar.

Rio principal é aquele que deságua diretamente no mar ou oceano. Os **afluentes** são os rios que deságuam em outros rios.

A área ocupada pelo rio principal e por seus afluentes é denominada **bacia hidrográfica**.

Em 2003, as bacias hidrográficas brasileiras foram agrupadas em 12 regiões geográficas, que algumas vezes podem abranger mais de uma bacia. Vamos conhecê-las?

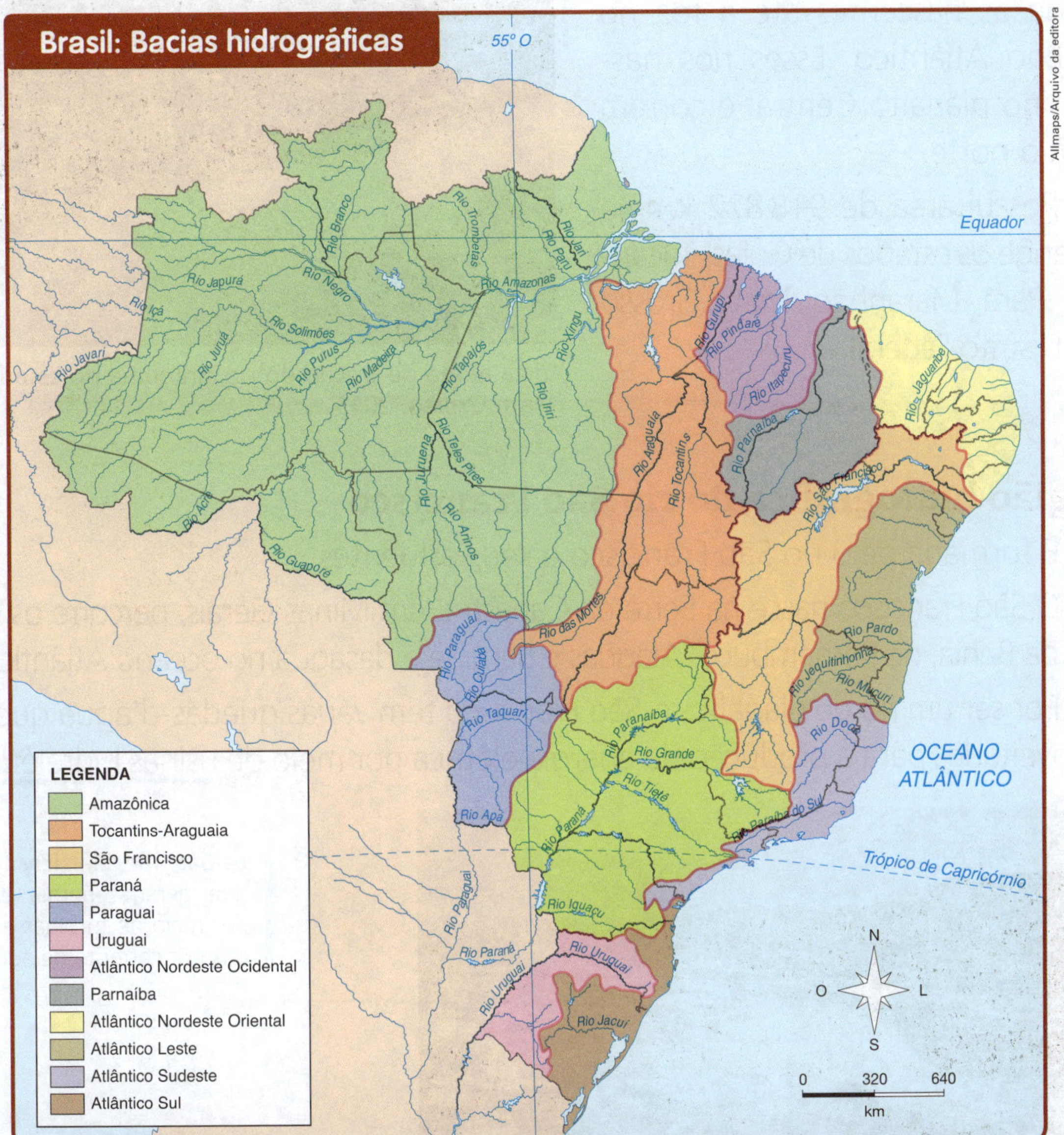

Adaptado de: Ministério do Meio Ambiente e Agência Nacional de Águas. Disponível em: <http://www.mma.gov.br/port/conama/processos/6333F3D1/DivisHidrogNac_luizduboc1.pdf> e <http://www2.ana.gov.br/Paginas/default.aspx>. Acesso em: 11 nov. 2013.

Região hidrográfica amazônica

É constituída pela bacia hidrográfica do rio Amazonas e de seus afluentes.

O rio Amazonas nasce na cordilheira dos Andes, no Peru. Ao chegar a terras brasileiras, recebe o nome de Solimões e apenas depois de encontrar o rio Negro é que recebe o nome de Amazonas.

Considerado o maior rio do mundo em extensão e volume de água (6 992 km), o Amazonas é um rio de planície muito importante para a navegação.

Região hidrográfica do Tocantins-Araguaia

É constituída principalmente pelos rios Tocantins e Araguaia, desde as nascentes até a foz no oceano Atlântico. Esses rios nascem no planalto Central e correm para o norte.

Possui área de 918 822 km² e abrange os estados de Goiás, Tocantins, Pará, Maranhão, Mato Grosso e o Distrito Federal.

Andre Dib/Pulsar Imagens

Vista aérea de trecho do rio Araguaia no estado de Mato Grosso, 2013.

Região hidrográfica do rio São Francisco

É formada pelo rio São Francisco e seus afluentes.

O São Francisco nasce na Serra da Canastra, em Minas Gerais, percorre os estados da Bahia, de Pernambuco, Alagoas e Sergipe e deságua no oceano Atlântico.

Por ser um rio de planalto, o São Francisco tem várias quedas-d'água que são aproveitadas para a produção de energia elétrica por meio de usinas hidrelétricas.

Andre Dib/Pulsar Imagens

usinas hidrelétricas: locais que geram energia elétrica por meio de turbinas acionadas por corrente de água.

Trecho do rio São Francisco em Piranhas (AL), 2013.

Regiões hidrográficas do Paraná, do Paraguai e do Uruguai

A região hidrográfica do Paraná é constituída pela bacia do rio Paraná e seus afluentes. Por apresentar rios de planalto, essa região hidrográfica detém o maior aproveitamento hidrelétrico nacional.

A região hidrográfica do Paraguai é constituída pela bacia do rio Paraguai, um rio de planície favorável à navegação.

A região hidrográfica do Uruguai é formada pela bacia do rio Uruguai, um rio predominantemente planáltico, com grande potencial hidrelétrico.

Luciana Whitaker/Pulsar Imagens

A usina hidrelétrica de Itaipu, no rio Paraná, é uma das maiores do mundo. Foto de 2013.

Outras regiões hidrográficas brasileiras são: a região hidrográfica do Parnaíba (constituída pela bacia do rio Parnaíba, que banha o Maranhão e o Piauí) e as regiões hidrográficas atlânticas, que agrupam rios do Nordeste ocidental, do Nordeste oriental, do Leste, do Sudeste e do Sul.

- Responda oralmente às questões a seguir.

a) Quais regiões hidrográficas brasileiras apresentam o maior potencial hidrelétrico?

b) Qual é o maior rio do mundo em volume de água?

c) Quais são os rios que banham seu estado?

d) A qual região hidrográfica pertencem esses rios de seu estado?

5

O clima

Como está o tempo neste momento? Está chovendo ou vai chover? O céu está limpo? Está frio ou calor?

Ao responder a essas perguntas, você estará dando as condições do tempo no momento.

O conjunto das variações do tempo em determinado local, durante um longo período, constitui o **clima** desse lugar.

A Terra recebe a luz e o calor do Sol mais diretamente em certas regiões do que em outras, por isso está dividida em cinco partes de clima semelhantes, chamadas **zonas térmicas**. Veja o mapa a seguir.

Planisfério: Zonas térmicas

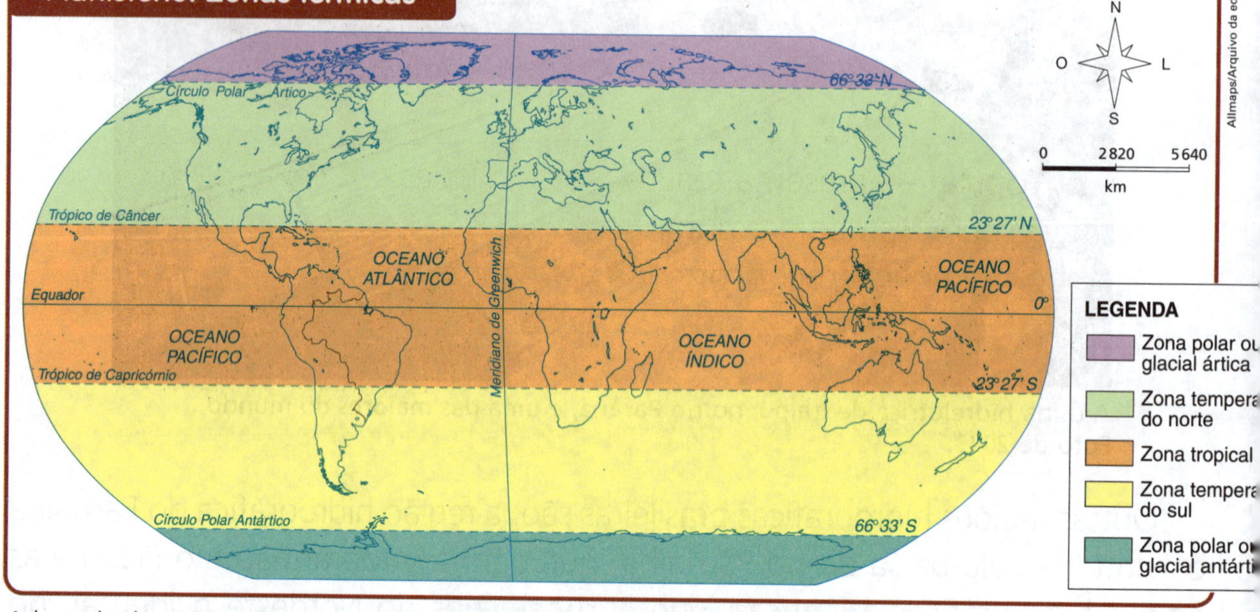

Adaptado de: IBGE. **Atlas geográfico escolar**. 6. ed. Rio de Janeiro, 2012. p. 58.

Como a maior parte do território brasileiro está localizada na zona tropical, entre o equador e o trópico de Capricórnio, predominam no Brasil os climas quentes.

Além da temperatura, das chuvas e dos ventos, outros fatores também influenciam o clima de um lugar. São eles:

- latitude – quanto maior a latitude de um lugar, ou seja, quanto mais distante ele está do equador, mais frio é o clima;
- altitude – quanto mais alto é um lugar, mais frio é o clima;
- proximidade do mar – quanto mais próxima uma região está do mar, maior é a umidade que ela recebe.

Em razão das influências desses fatores e da grande extensão de nosso território, o Brasil apresenta os seguintes tipos de clima:

- **equatorial úmido** – varia pouco durante o ano e apresenta chuvas abundantes e temperaturas médias elevadas (acima de 25 °C);
- **equatorial semiúmido** – semelhante ao equatorial úmido, diferenciando-se apenas pela ocorrência de uma estação seca nos três últimos meses do ano;
- **semiárido** – quente (temperaturas médias acima de 25 °C), com poucas chuvas e longos períodos de estiagem (mais de oito meses), o que causa secas;
- **tropical** – apresenta uma estação chuvosa e outra seca (esta dura de abril a setembro). No litoral, faz calor (temperaturas médias de 20 °C) e chove bastante;
- **tropical de altitude** – é uma variação do clima tropical e ocorre nas regiões mais elevadas, com temperaturas médias mais baixas (abaixo de 20 °C);
- **subtropical** – apresenta temperaturas médias em torno de 20 °C, com chuvas bem distribuídas durante todo o ano. Faz muito calor no verão e muito frio no inverno, ocorrendo até geadas e neve.

- Observe novamente o mapa da página 414 e responda às seguintes questões.

a) Por que a Terra está dividida em zonas térmicas?

____

b) O que diferencia uma zona térmica de outra?

____

c) Quais são as zonas mais quentes, as zonas mais frias e as de temperatura intermediária?

____

____

____

6

A vegetação

Você já sabe que **vegetação natural** é o conjunto de plantas que nascem e crescem sem a interferência humana em uma região.

O Brasil possui diferentes tipos de vegetação. Isso acontece por causa de seus diversos tipos de relevo, solo, clima e distribuição de chuvas.

Veja no mapa a seguir como se distribuía a vegetação original brasileira antes da ocupação do seu território.

A **floresta Amazônica** é a maior floresta equatorial do planeta e abriga uma grande variedade de espécies de plantas e animais.

Rogério Reis/Pulsar Imagens

Vista aérea da floresta Amazônica no estado do Amapá, 2012.

Gerson Gerloff/Pulsar Imagens

A **mata das Araucárias**, ou **mata dos Pinhais**, é típica da região Sul, onde há chuvas bem distribuídas durante o ano e as temperaturas são mais baixas.

Mata das Araucárias em Jaquirana (RS), 2012.

Brasil: Vegetação natural

Adaptado de: **Geoatlas**, de Maria Elena Simielli. 34. ed. São Paulo: Ática, 2012. p. 120.

Os **campos**, também conhecido como pampas, são formados por vegetação rasteira, como o capim e a grama.

Haroldo Palo Jr./kino.com.br

Região de campos em Bagé (RS), 2010.

Mata dos Cocais em Chapadinha (MA), 2010.

Palê Zuppani/Pulsar Imagens

A **mata dos Cocais** é uma floresta de transição entre as formações vegetais da floresta Amazônica, do cerrado e da caatinga.

Andre Dib/Pulsar Imagens

Área de caatinga em Buíque (PE).

A **caatinga** é formada por arbustos, vários tipos de cacto e outras plantas com espinhos.

Allmaps/Arquivo da editora

O **cerrado** é caracterizado por pequenas árvores de tronco retorcido e casca grossa, espalhadas em meio a uma vegetação rasteira.

Delfim Martins/Pulsar Imagens

Trecho de cerrado em São Desidério (BA), 2013.

A **vegetação pantaneira** é rica e variada, composta de espécies vegetais, florestas, cerrado e campos.

Artur Keunecke/Pulsar Imagens

Paisagem do Pantanal no estado do Mato Grosso, 2013.

A **vegetação litorânea** é formada de restingas e manguezais.

Enrico Marone/Pulsar Imagens

Manguezal em Mata de São João (BA), 2013.

A **mata Atlântica** abriga grande diversidade de espécies que só crescem nesse tipo de floresta.

Enrico Marone/Pulsar Imagens

Trecho de mata Atlântica no Parque Nacional da Tijuca (RJ), 2013.

A vegetação brasileira e sua preservação

Observe o mapa a seguir.

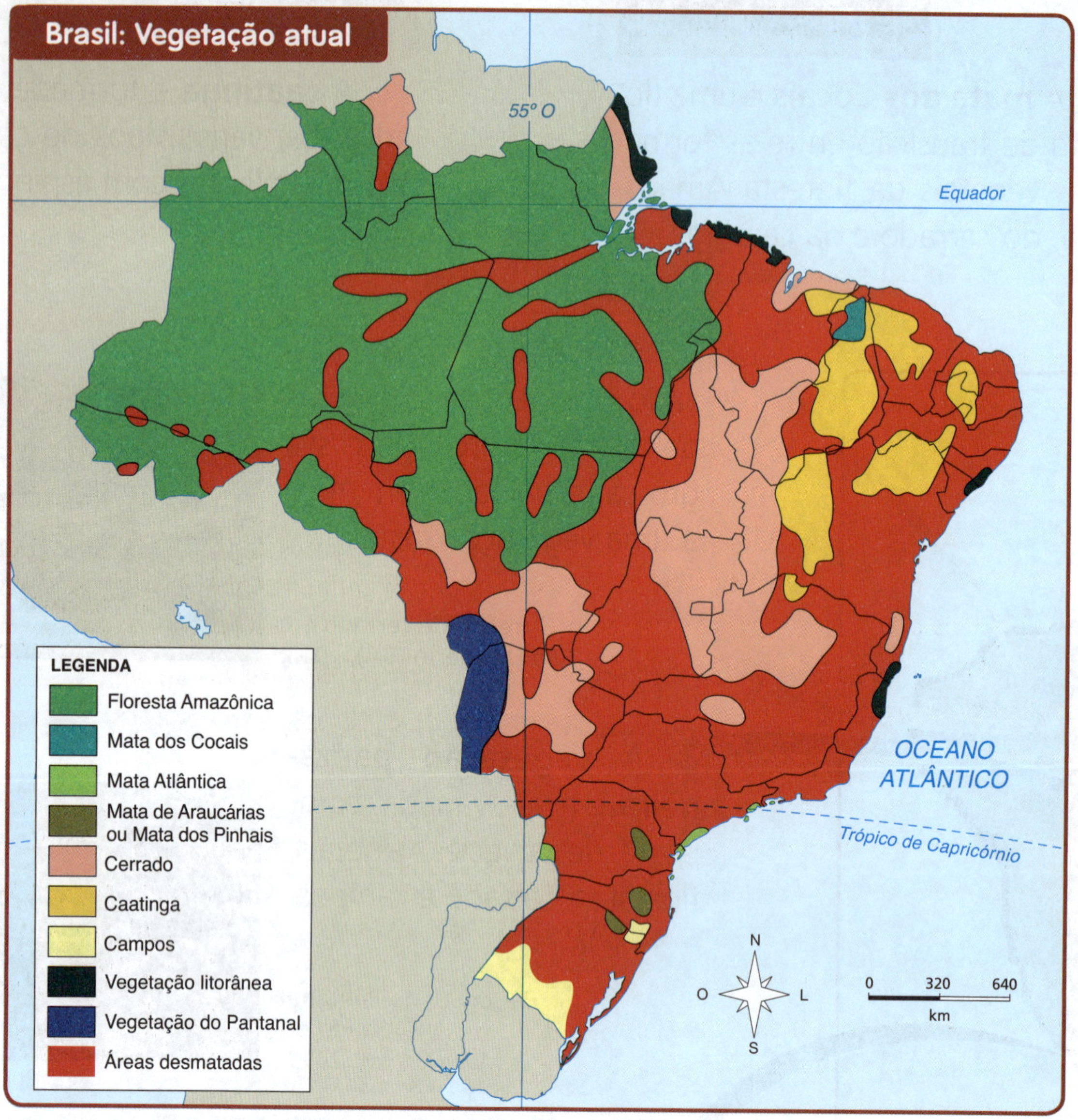

Adaptado de: IBGE. **Atlas geográfico escolar**. 6. ed. Rio de Janeiro, 2012. p. 100.

Como você pôde ver no mapa, as formações vegetais do Brasil encontram-se bem devastadas.

Essa devastação foi acontecendo aos poucos. A vegetação original foi derrubada inicialmente pela exploração do pau-brasil no litoral e depois para dar lugar a pastagens, lavouras, construção de cidades, indústrias, entre outros fatores.

Atualmente muitas formações vegetais brasileiras estão ameaçadas. Algumas dessas áreas, com vegetação nativa conservada, estão localizadas em parques ou áreas de preservação, chamadas **Unidades de Conservação**, que abrigam espécies animais e vegetais que correm risco de extinção.

Um bom exemplo de preservação no Brasil ocorreu ainda na época do Império. Devastada pelas grandes plantações de café, a Floresta da Tijuca, no Rio de Janeiro, foi totalmente revitalizada com o reflorestamento ordenado pelo imperador dom Pedro II. Uma das maiores reservas verdes urbanas do mundo, ela passa hoje por problemas, com a favelização de suas encostas e o descaso das autoridades.

Rubens Chaves/Pulsar Imagens

Comunidade da Previdência, na cidade do Samba (RJ), com o morro do Corcovado ao fundo, 2012.

- Com base no mapa da página 418, responda às questões a seguir.

a) Que formações ainda conservam boa parte da vegetação original?

____

____

b) Que formações vegetais sofreram maior devastação?

____

____

c) O que você acha da intervenção humana nas paisagens naturais? Ela é boa ou ruim? Justifique sua resposta.

____

____

____

De olho na previsão do tempo

- Observe com atenção o mapa a seguir.

Previsão do tempo nas capitais em 4 de novembro de 2013

Allmaps/Arquivo da editora

Adaptado de: Centro de Previsão de Tempo e Estudos Climáticos do INPE. Disponível em: <www.cptec.inpe.br>. Acesso em: 4 nov. 2013.

- Com base nas informações do mapa acima, complete as frases.

a) É um mapa de previsão do tempo ________________________.

b) No dia indicado no mapa, estavam previstas pancadas de chuva em

____

____

c) Nos estados da região Sul, estava previsto tempo ____________________.

d) A maior temperatura máxima prevista é a da cidade de _______________.

Unidade

3

A população e as atividades econômicas

Valter Ferrari/Arquivo da editora

O QUE VOU ESTUDAR?

- A população do Brasil
- População urbana e população rural
- Formação do povo brasileiro
- Agricultura, pecuária e extrativismo
- Indústria e comércio
- Transporte e turismo

7

A população brasileira

O conjunto de habitantes de determinado lugar, região ou país é chamado **população**.

O número total de habitantes de determinado espaço é denominado **população absoluta**. Esse espaço pode ser um município, estado, país, continente ou o planeta Terra.

A contagem oficial mais recente da população brasileira registra que somos aproximadamente 196 milhões de habitantes. Isso faz do Brasil o quinto país mais populoso do mundo.

Veja, no mapa a seguir, como a população brasileira se distribui pelo território.

Allmaps/Arquivo da editora

Adaptado de: **Geoatlas**, de Maria Elena Simielli. São Paulo: Ática, 2012. p. 132.

Como você pôde perceber, a população brasileira encontra-se distribuída de maneira desigual pelo território, ou seja, algumas regiões possuem mais habitantes do que outras.

Isso acontece porque as pessoas saem de seu lugar de origem e vão para outros em busca de trabalho e melhores condições de vida, entre outras razões. Esse processo é chamado **migração**.

A população urbana e a população rural

A população brasileira está cada vez mais concentrada nos grandes centros urbanos.

Há um constante deslocamento de moradores da área rural para as cidades, sobretudo para os grandes centros. Esse deslocamento da área rural para a urbana chama-se **êxodo rural**.

O êxodo rural acontece, em parte, por causa da atração dos empregos urbanos e do processo de modernização agrícola. O uso cada vez mais frequente de máquinas na agricultura acaba diminuindo a necessidade de mão de obra, e parte da população rural, sem emprego, muda-se para os centros urbanos.

Veja no gráfico abaixo a quantidade de pessoas que vivem no campo e nas cidades.

Brasil: Evolução da população (1940-2010)

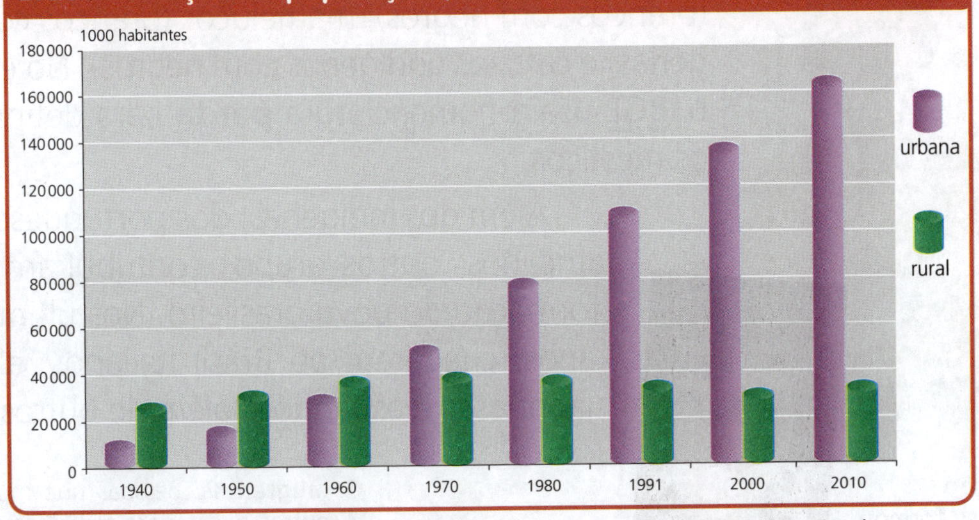

Organizado com base nos dados disponíveis em: <www.censo2010.ibge.gov.br>. Acesso em: 11 nov. 2013.

1. Tendo como base o mapa que mostra a distribuição da população, assinale a resposta correta.

a) A maioria da população concentra-se nas áreas:

☐ afastadas das capitais. ☐ próximas às capitais.

b) Os estados mais povoados são:

☐ os da área litorânea. ☐ os do interior do país.

2. Pesquise com os colegas e o professor: como é a distribuição da população em seu estado? Onde ela está mais concentrada: no espaço rural ou no espaço urbano?

Formação do povo brasileiro

Uma das principais características dos brasileiros é a mistura de povos, ou seja, a **miscigenação**.

A nação brasileira foi se formando com a mistura de diferentes grupos, sendo os principais:

- os **povos indígenas** – que já viviam aqui;
- os **europeus** – especialmente os portugueses que chegaram em 1500 como colonizadores e aqui começaram a se fixar (e, depois, aqueles que vieram como imigrantes das mais diversas partes do mundo);
- os **povos africanos** – que foram trazidos pelos portugueses como mão de obra escravizada.

Daniel M Ernst/Shutterstock/ Glow Images

Racorn/Shutterstock/ Glow Images

Renato Soares/Pulsar Imagens

A população brasileira se formou, principalmente, da mistura de europeus, africanos e indígenas.

No Brasil, a miscigenação deu origem a mulatos (brancos com negros), mamelucos (brancos com indígenas) e cafuzos (indígenas com negros). No entanto, o IBGE usa a nomenclatura **parda** para definir todos os mestiços.

Além dos indígenas, dos portugueses e dos africanos, outros grupos contribuíram para a formação do povo brasileiro. Nos últimos cem anos, chegaram ao Brasil italianos, alemães, japoneses e espanhóis, além de outros povos.

imigrantes: pessoas que mudam para outros países para trabalhar e viver em melhores condições.

IBGE: órgão do governo federal responsável pelas pesquisas dos aspectos naturais, econômicos e sociais do Brasil.

Saiba mais

Os indígenas hoje

Muitos povos indígenas foram dizimados desde a chegada dos portugueses, seja pela escravização, seja por doenças adquiridas dos europeus. Entre os povos que restaram, vários sofrem com a destruição do ambiente onde vivem, causada pela urbanização e pelo desmatamento desenfreado. Para tentar minimizar esse problema, foram criadas diversas reservas indígenas, nas quais não é permitido desmatar nem construir.

1. Observe os mapas a seguir.

Brasil: Entrada de imigrantes – séculos XIX e XX

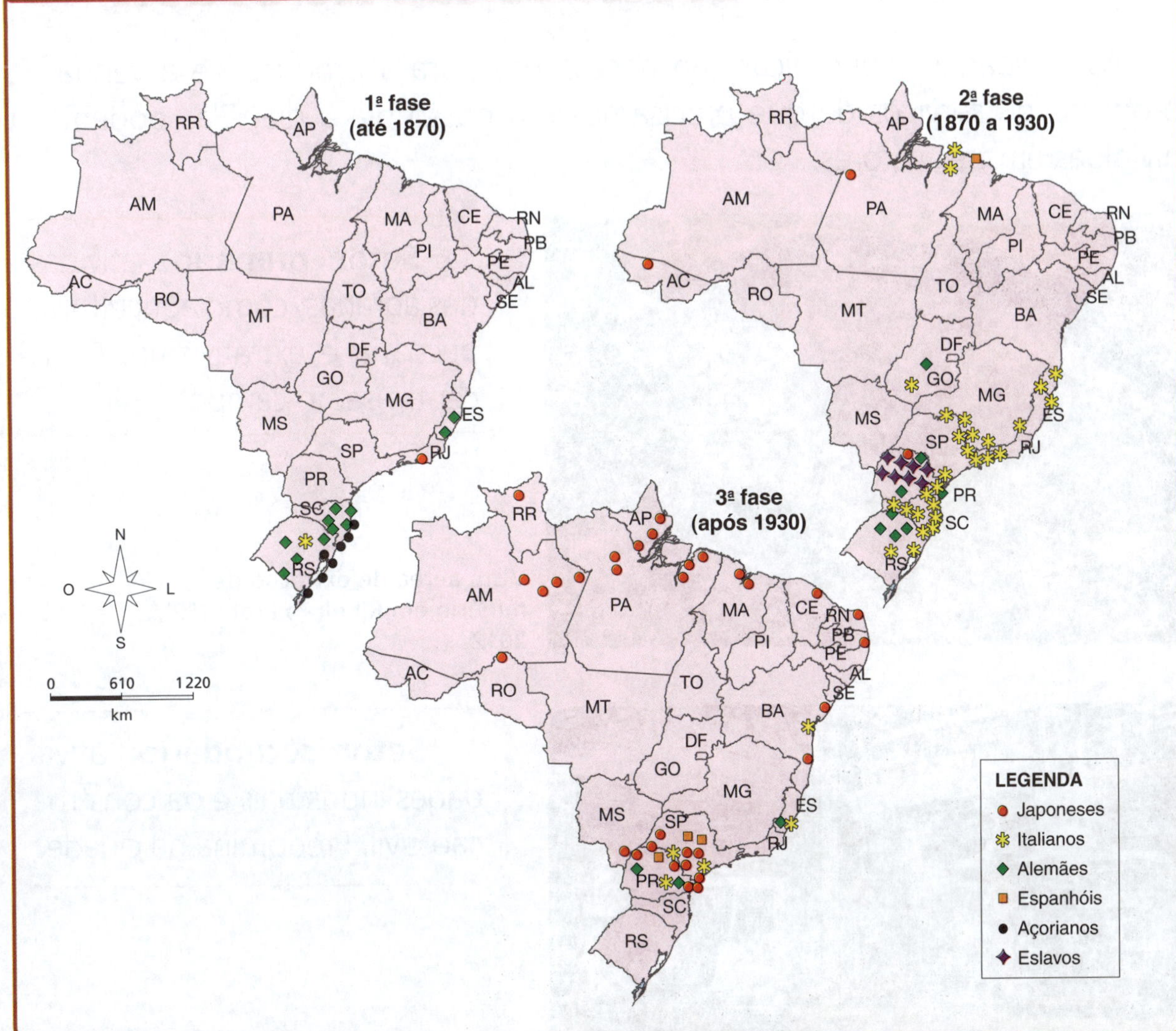

Allmaps/Arquivo da editora

Adaptado de: **Atlas História do Brasil**, de Flavio de Campos e Miriam Dolhnikoff. São Paulo: Scipione, 2002. p. 45.

2. Agora responda às questões no caderno.

a) O que informam os mapas?

b) De acordo com os mapas, quais foram os principais povos que entraram no Brasil na primeira fase (até 1870)? Para onde eles foram?

c) Quais foram os principais povos que vieram para o Brasil na segunda fase (entre 1870 e 1930)? Para onde eles foram?

d) De acordo com os mapas, quais foram os principais povos que entraram no Brasil na terceira fase (após 1930)? Para onde eles foram?

8

Atividades econômicas no Brasil

As atividades econômicas são necessárias para a produção e a venda de produtos ou serviços de que precisamos em nosso dia a dia. Elas podem ser divididas em três setores:

João Prudente/Pulsar Imagens

Vista aérea de extração de minério em Ribeirão Preto (SP), 2012.

Setor primário: atividades agrárias, como agricultura, pecuária e extrativismo. Concentra-se no campo.

Tales Stadler/Folhapress

Indústria automobilística em São Bernardo do Campo (SP), 2012.

Setor secundário: atividades industriais e da construção civil. Predomina na cidade.

Celso Pupo/Fotoarena

Comércio popular na cidade do Rio de Janeiro (RJ), 2013.

Setor terciário: atividades de comércio e prestação de serviços, nas áreas de educação, lazer e transporte, por exemplo. Concentra-se na cidade.

Agricultura

Agricultura é o trabalho de preparar o solo, adubar, semear, cuidar da plantação, combater pragas e doenças e colher. Com a agricultura obtêm-se produtos que podem servir de alimento ou de matéria-prima.

Os diferentes tipos de clima, relevo e solo do Brasil permitem que se plante diferentes produtos, como a cana-de-açúcar, a mandioca, o milho, a soja, o arroz e o café. Entre as frutas, destacam-se a laranja, o limão, a manga, a goiaba, o maracujá e a tangerina.

Atualmente a soja é o principal produto agrícola brasileiro. Porém a agricultura do país está longe de atingir todo o seu potencial, por causa da grande área de terras ociosas e da falta de incentivos para a manutenção das pessoas no campo.

No Brasil, são praticados dois tipos de agricultura: de subsistência e comercial.

Gerson Gerloff/Pulsar Imagens

Plantação de soja no distrito de Santa Flora, em Santa Maria (RS), 2013 – um exemplo de agricultura comercial.

A **agricultura de subsistência** é praticada em pequenas propriedades, chamadas minifúndios, onde é feita a policultura, isto é, o plantio de vários produtos, como feijão, arroz, milho e mandioca. Na policultura cultiva-se para o sustento da família, vendendo apenas o que sobra.

A **agricultura comercial** é praticada em grandes propriedades chamadas latifúndios, onde é feita a monocultura, isto é, o plantio de um único tipo de produto. Na monocultura, o agricultor planta para obter lucro, vendendo os produtos colhidos (especialmente café, laranja e soja) para outros países.

- Converse com os colegas e o professor sobre o que você acabou de estudar. Depois, responda às questões a seguir no caderno.

a) Quais são os três tipos de atividade econômica que existem?

b) De que tipo de atividade econômica trata o texto que você acabou de ler? Que atividades são essas?

c) Qual é a diferença entre a agricultura de subsistência e a comercial?

Pecuária

A **pecuária** trata de todos os aspectos da criação do gado – cuidados, alimentação e vacinação contra doenças.

No Brasil, existem diferentes espécies de gado. O maior rebanho é o de bovinos (bois), que fornece principalmente carne, leite e couro.

A criação de gado pode ser feita de forma extensiva ou intensiva.

Na **criação extensiva**, o gado é criado em grandes pastagens e não costuma receber cuidados especializados, como vacinas. Na **criação intensiva**, o gado é criado em estábulos e costuma receber mais cuidados. Os animais são vacinados e recebem alimentação especial; além disso, existe uma preocupação maior com a higiene dos animais e do local onde vivem.

estábulos: lugares onde se recolhe o gado.

Gerson Gerloff/Pulsar Imagens

Criação intensiva de gado em Campo Grande (MS), em 2012.

Na pecuária praticada no Brasil, destacam-se ainda as criações de gado suíno (porcos), ovino (ovelhas e carneiros), caprino (cabras e bodes), equino (cavalos), asinino (asnos, jumentos e burros), bufalino (búfalos) e muar (mulas).

Extrativismo

O **extrativismo** consiste em extrair da natureza produtos que possam ser usados para fins comerciais ou industriais.

O extrativismo pode ser de **origem animal**: peles, carnes e óleos, entre outros produtos; de **origem vegetal**: madeiras, folhas e frutos; ou de **origem mineral**: minerais e petróleo, entre outros.

Dos **recursos vegetais** extraídos no Brasil, destacam-se: erva-mate; borracha, castanhas, madeiras, etc. Em geral, são recursos extraídos de regiões que têm floresta.

A **caça** e a **pesca** configuram atividade extrativista de origem animal.

Em alguns lugares não há controle dessas práticas, o que pode provocar a extinção de diversas espécies da fauna local.

A **mineração** é a retirada de minérios do solo ou do subsolo (camada abaixo do solo), onde há riquezas minerais. No Brasil, há produção de ferro, manganês, cassiterita e bauxita. Também há exploração de petróleo, extração de sal e cristal de rocha, além do garimpo de ouro e diamante.

Eduardo Zappia/Pulsar Imagens

Plataforma de extração de petróleo em Niterói (RJ), 2013.

- Seguindo as orientações do professor, vamos fazer uma pesquisa para saber mais sobre o estado onde você vive?

a) Reúnam-se em grupos para pesquisar os temas propostos:

Grupo 1: Os principais produtos da agricultura – como e onde esses produtos são cultivados.

Grupo 2: Os principais tipos de animais criados comercialmente – como e onde esses animais são criados.

Grupo 3: Os principais produtos do extrativismo – como e de onde esses produtos são extraídos.

b) Ao final, elaborem um texto com as informações que vocês obtiveram. Para ilustrar o trabalho, usem fotos ou desenhos. Apresentem o trabalho para a classe.

Indústria e comércio

Indústria é um conjunto de atividades econômicas que manipulam e exploram as matérias-primas e as fontes de energia. Ela pode ser extrativa ou de transformação.

A **indústria extrativa** retira os produtos da natureza, que são chamados recursos naturais. Existem três tipos de indústrias extrativas: vegetal, animal e mineral.

A **indústria de transformação** obtém produtos industrializados de matérias-primas. Esse tipo de indústria pode ser:

- **de base** – fornece matérias-primas para outras indústrias (por exemplo, as indústrias siderúrgica e metalúrgica fabricam aço e alumínio, que são utilizados por outras indústrias);
- **de bens de consumo** – é a mais numerosa e desenvolvida do Brasil. Ela fabrica bens não duráveis (alimentos, produtos de higiene pessoal), intermediários (calçados, vestuário) e duráveis (eletrodomésticos, móveis).

Marcelo Prates/Jornal *Hoje em Dia*/Futura Press

Interior de usina siderúrgica em Jeceaba (MG), 2011. Nessa indústria de base são produzidos tubos de aço altamente resistentes a diversas condições de temperatura e pressão.

Hoje em dia, as indústrias brasileiras já fabricam quase tudo o que é consumido pela população. A região de maior concentração industrial no Brasil é a Sudeste.

Comércio é a compra, a venda ou a troca de mercadorias. Por meio do comércio, os produtos da agricultura, da pecuária, do extrativismo e da indústria chegam ao consumidor.

O comércio realizado dentro do próprio país chama-se **comércio interno**; aquele realizado entre dois ou mais países chama-se **comércio externo**. Este pode ser de **importação** ou de **exportação**.

Um país faz importação quando compra produtos de outros países. O Brasil importa petróleo, trigo, máquinas, equipamentos para a indústria, entre outros.

Um país faz exportação quando vende produtos para outros países. O Brasil exporta café, cacau, açúcar, soja, laranja, minérios, metais e calçados, além de várias outras mercadorias.

Saiba mais

Você já ouviu falar do Mercosul?

Alguns países formam grupos para facilitar o comércio entre eles. Na América do Sul também existe um desses grupos: o Mercado Comum do Sul, conhecido como Mercosul, criado em 26 de março de 1991. Fazem parte dele Brasil, Argentina, Paraguai, Uruguai e Venezuela.

A intenção do grupo é promover a integração desses países para acelerar seu desenvolvimento econômico, tecnológico, político e social, acompanhando as transformações internacionais. Há livre-comércio entre os países-membros, ou seja, não são cobrados impostos no comércio entre os países do grupo.

Bolívia, Chile, Equador, Peru e Colômbia são associados ao Mercosul. Os países associados possuem acordos comerciais com o grupo e podem participar das reuniões. Entretanto, eles não têm direito a voto nas decisões.

- Responda às questões a seguir.

a) De onde provêm os produtos vendidos no comércio?

____

____

b) Como é chamado o comércio realizado dentro do próprio país?

____

c) O que é comércio externo? Em que tipos pode ser dividida essa forma de comércio?

____

____

____

Transporte

As atividades do setor de transporte são muito importantes na organização da vida econômica e social de um país. Elas contribuem para seu desenvolvimento econômico.

Os **meios de transporte** são utilizados para levar pessoas e mercadorias de um lugar para outro. Eles podem ser:

- **terrestres** – aqueles que circulam em ruas, avenidas, estradas e ferrovias, como caminhões, ônibus, trens, metrôs, etc.;
- **aéreos** – aqueles cujos veículos se movimentam no ar: aviões e helicópteros;
- **aquáticos** – aqueles utilizados no mar (marítimos), em rios (fluviais) e em lagos e lagoas (lacustres): barcos, navios, balsas, lanchas, etc.

- Observe as fotos abaixo e leia as respectivas legendas.

João Carlos Mazella/Fotoarena

Recife (PE), 2012. O metrô é um meio de transporte terrestre moderno: é bastante rápido, leva muitas pessoas ao mesmo tempo e é muito utilizado pela população, especialmente de cidades grandes e populosas.

Cesar Diniz/Pulsar Imagens

São Luiz do Paraitinga (SP), 2012. A carroça e a charrete são meios de transporte ainda muito utilizados no campo e em cidades pequenas. É comum as pessoas utilizarem esses meios de transporte para se locomover ou transportar produtos.

- Agora, faça uma pesquisa sobre três meios de transporte: um terrestre, um aéreo e um aquático. Informe-se sobre o que eles transportam, como é obtida a energia para os veículos se movimentarem e que tipo de infraestrutura é necessário para a circulação desses meios de transporte. Depois, escreva no caderno essas e outras informações que você encontrar.

Turismo

O Brasil é um país privilegiado pela natureza. Ele possui praias, montanhas, florestas, rios, cataratas e muitos outros pontos para a prática do turismo.

A diversidade da paisagem, as construções históricas, os museus, os teatros e as muitas festas nacionais e regionais movimentam, todos os anos, o turismo em nosso país.

O ecoturismo, nos últimos tempos, vem se desenvolvendo em várias regiões brasileiras por causa da grande preocupação com a preservação do meio ambiente.

Em relação às festas nacionais, destacam-se o Carnaval, o Festival Folclórico de Parintins (no Amazonas), a Festa do Peão de Boiadeiro de Barretos (em São Paulo), a Oktoberfest (em Blumenau) e as festas juninas do Nordeste, além de muitas outras. Essas festas atraem milhões de turistas brasileiros e estrangeiros a diversas regiões do país anualmente.

No entanto, o turismo no Brasil ainda é uma atividade econômica que precisa de muito investimento em infraestrutura para poder receber bem seus visitantes.

G. Evangelista/Opção Brasil Imagens

Festa junina em Campina Grande (PB), 2012.

Luis Salvatore/Pulsar Imagens

Encontro das águas dos rios Negro e Solimões perto de Manaus (AM), 2010.

1. Há pontos turísticos no lugar onde você mora? Quais são eles?

____

____

2. Quais lugares turísticos você já visitou? E que lugar você gostaria de conhecer?

____

____

De olho na distribuição da indústria brasileira

• Observe o mapa e responda às perguntas.

Allmaps/Arquivo da editora

Adaptado de: IBGE. **Atlas geográfico escolar**, 6. ed. Rio de Janeiro, 2012. p. 137-138.

a) Que tipo de informação traz esse mapa?

b) Você conhece todos os tipos de indústria indicados no mapa?

c) Segundo o mapa, qual é o estado e a respectiva região brasileira com maior diversificação industrial, ou seja, com diferentes tipos de indústrias?

d) Que tipos de indústria predominam no estado e na região onde você mora?

Unidade

4

As regiões brasileiras

O QUE VOU ESTUDAR?

- A divisão regional do Brasil
- Região Norte
- Região Nordeste
- Região Sudeste
- Região Sul
- Região Centro-Oeste

A divisão regional do Brasil e a região Norte

Você já sabe que o território brasileiro foi dividido em regiões para facilitar sua organização política e administrativa.

A primeira proposta de divisão regional data de 1913. Em 1940, o IBGE elaborou nova proposta, levando em conta não só os aspectos físicos, mas também os socioeconômicos. Desde essa época, a configuração das regiões passou por algumas alterações.

A divisão regional atual foi elaborada em 1970 pelo IBGE, após a realização de levantamentos econômicos, demográficos e sociais. Contudo, com as mudanças na Constituição de 1988, ficou definida a divisão que permanece até os dias de hoje, com a incorporação do estado de Tocantins à região Norte.

Dessa forma, os estados brasileiros foram agrupados em cinco grandes regiões: Norte, Nordeste, Centro-Oeste, Sudeste e Sul.

Veja no mapa a seguir a divisão atual do Brasil em regiões.

demográficos: relativos à população.

Allmaps/Arquivo da editora

Adaptado de: IBGE. **Atlas geográfico escolar**. 6. ed. Rio de Janeiro, 2012. p. 90.

Região Norte

A região Norte é a mais extensa das regiões brasileiras. Ela é formada por sete estados: Acre, Amapá, Amazonas, Pará, Rondônia, Roraima e Tocantins.

Veja no mapa a seguir a divisão política da região Norte.

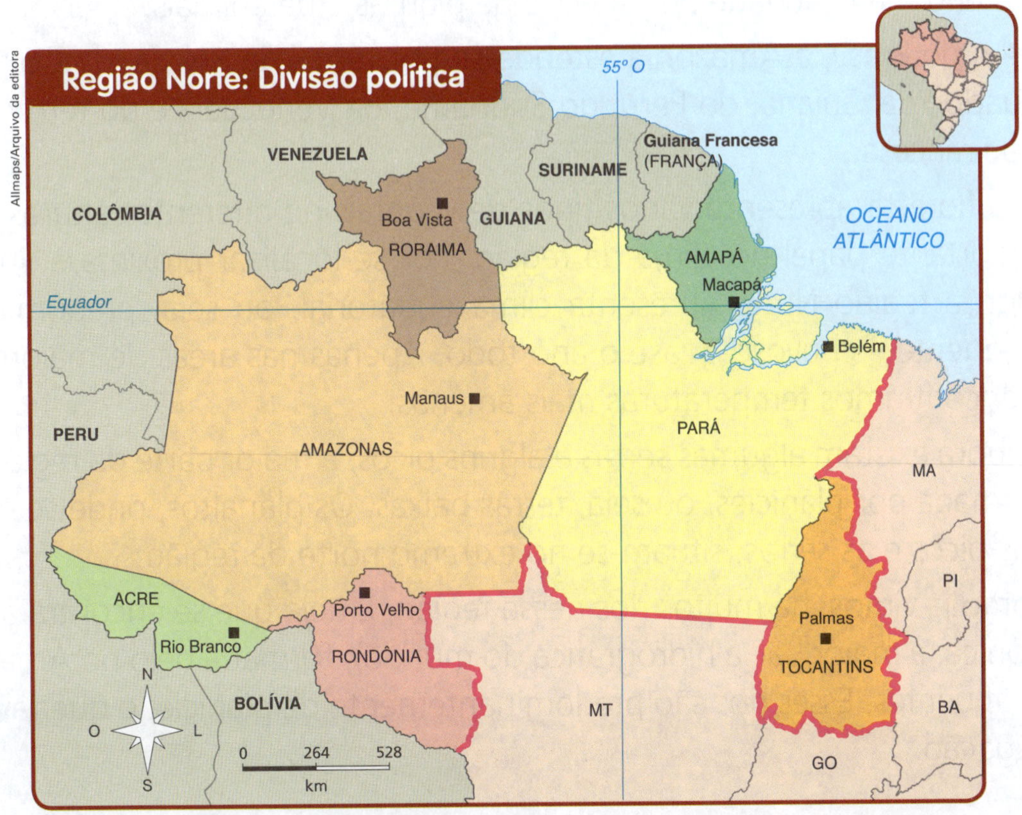

Adaptado de: IBGE. **Atlas geográfico escolar**. 6. ed. Rio de Janeiro, 2012. p. 90.

Aspectos humanos da região Norte

Apesar de ser a maior região brasileira, a região Norte é pouco habitada, e sua população está mal distribuída. Isso ocorre por causa da floresta Amazônica, que ocupa uma extensa área de seu território.

A maior parte da população concentra-se nas capitais dos estados e em municípios situados às margens dos grandes rios.

Sua população é formada por povos indígenas (que vivem nas florestas ou nas reservas mantidas pelo governo) e mestiços de indígenas com brancos. Há poucos brancos e negros.

A região Norte sofreu grande influência da cultura indígena. Suas principais manifestações folclóricas são: festas populares – Círio de Nazaré, em Belém (PA); Festival de Parintins, no Amazonas; danças – carimbó, marujada, boi-bumbá; lendas – mãe-d'água, vitória-régia, saci-pererê, entre outras.

Aspectos naturais da região Norte

A região Norte caracteriza-se por extensas áreas recobertas pela floresta Amazônica, muitos rios e clima equatorial.

A floresta Amazônica é a maior floresta equatorial do planeta, por isso abriga uma enorme variedade de espécies de plantas e de animais.

Além do Brasil, a Amazônia estende-se por terras da Bolívia, da Colômbia, do Equador, da Guiana, do Peru, do Suriname, da Venezuela e do território da Guiana Francesa.

Essa floresta apresenta vários tipos de vegetais de diferentes alturas e tem um importante papel no clima da região. Por se localizar próxima à linha do equador, a região Norte apresenta clima equatorial, ou seja, predominantemente quente e chuvoso quase o ano todo. Apenas nas áreas de maiores altitudes encontramos temperaturas mais amenas.

Embora existam algumas serras e alguns picos, a maior parte da região Norte é formada por planícies, ou seja, terras baixas. Os planaltos, onde se encontram os picos e as serras, situam-se no extremo norte da região.

Como já vimos, há muitos rios nessa região. É nela que se encontra a bacia Amazônica (a maior bacia hidrográfica do mundo), formada pelo rio Amazonas e seus afluentes. Esses rios são predominantemente de planície, o que favorece a navegação.

Fabio Colombini/Acervo do fotógrafo

Vista aérea da floresta Amazônica em Barcarena (PA), 2013.

Atividades econômicas da região Norte

Agricultura, pecuária e extrativismo

A atividade econômica predominante na região Norte é o extrativismo, isto é, a retirada de produtos da natureza.

Nessa região é muito comum a agricultura de subsistência, praticada em geral nas margens dos rios. São pequenas plantações de arroz, feijão, mandioca e milho, entre outras.

Atualmente, em algumas áreas, já é praticada a agricultura comercial.

Na pecuária, destacam-se sobretudo bovinos e suínos. A criação de bovinos é, na grande maioria, extensiva. Na ilha de Marajó há grandes criações de búfalos, que fornecem carne e leite e que também são utilizados como meio de transporte.

Edu Lyra/Pulsar Imagens

Criação de búfalos na ilha de Marajó (PA), 2012.

No extrativismo vegetal são explorados os recursos que a floresta oferece, como borracha, castanha, madeiras, entre outros.

No passado, o produto que rendeu maiores lucros ao extrativismo nessa região foi a borracha. Atualmente, a castanha-do-pará e as madeiras de lei são os principais produtos de extração vegetal na região.

madeiras de lei: madeiras resistentes ao tempo usadas na construção, em móveis e na fabricação de instrumentos musicais.

Quanto ao extrativismo animal, a pesca é bastante praticada principalmente por causa da grande presença de rios.

O extrativismo mineral vem conquistando importância cada vez maior na região Norte. Destaca-se a exploração de manganês, cassiterita (para a produção de estanho), bauxita (para a produção de alumínio) e ouro.

Indústria e comércio

Manaus e Belém são os dois maiores centros industriais do Norte.

Com a criação do Distrito Industrial da Zona Franca de Manaus, a indústria de transformação começou a se desenvolver na região, sobretudo nos setores de aparelhos eletrônicos e eletrodomésticos. Essas indústrias são multinacionais (estrangeiras). Elas montam aqui os produtos com as peças que vêm prontas de outros países.

Na Zona Franca de Manaus é praticado o livre-comércio de produtos importados, isentos do pagamento de impostos.

impostos: contribuições monetárias devidas ao governo.

Transporte e turismo

As mais importantes vias de transporte na região Norte são os rios. Destacam-se os portos de Manaus e Belém. Pelo porto de Belém exportam-se borracha, madeira, castanha-do-pará, ferro, manganês, entre outros produtos. Nessas cidades estão também os principais aeroportos da região.

O transporte rodoviário vem se desenvolvendo pouco a pouco. No entanto, ainda é insuficiente por causa da extensão da região.

Delfim Martins/Pulsar Imagens

Trecho da rodovia BR-163 (Cuiabá-Santarém), no estado de Mato Grosso, 2005.

As ferrovias são poucas, destacando-se aquelas utilizadas para o transporte de minérios explorados na região.

A região Norte apresenta diversas atrações turísticas. As principais são o rio Amazonas e os passeios pelos igarapés, a ilha de Marajó, o Teatro Amazonas (em Manaus), o mercado Ver-o-Peso e o Museu Paraense Emílio Goeldi (ambos em Belém).

1. Com base no mapa da página 437 e no texto do capítulo, responda:

a) Qual é o estado mais extenso da região Norte? E o menos extenso?

b) Que produtos são explorados nas atividades de extrativismo mineral?

c) Onde há grandes criações de búfalos?

d) Quais são os dois maiores centros industriais da região Norte?

e) Quais são os portos que se destacam nessa região?

2. Atualmente na Amazônia há uma grande preocupação com a exploração desenfreada dos recursos naturais. Por isso, muito se tem pensado em como gerar emprego para a população local sem comprometer o equilíbrio da floresta. Foi nesse contexto que surgiu a proposta do **desenvolvimento sustentável**. Para conhecer melhor esse assunto, você precisa fazer uma pesquisa e responder, no caderno, às questões a seguir.

Colheita de açaí no estado do Pará, 2011.

Inês Calixto/Pulsar Imagens

a) O que é desenvolvimento sustentável?

b) Como você acha que a ideia de desenvolvimento sustentável pode ser utilizada nas atividades econômicas extrativistas?

3. Vamos fazer um folheto de viagem? Escolha e pesquise uma das atrações turísticas da região Norte. Crie um folheto dizendo o que há de divertido e interessante para se fazer lá.

10

Região Nordeste

A região Nordeste é formada por nove estados, todos banhados pelo oceano Atlântico. Veja quais são eles no mapa abaixo.

Adaptado de: IBGE. **Atlas geográfico escolar**. 6. ed. Rio de Janeiro, 2012. p. 90.

Aspectos humanos da região Nordeste

População

O Nordeste é a segunda região mais populosa do Brasil. Sua população, constituída por brancos, negros e mestiços, encontra-se mal distribuída: é bastante numerosa no litoral, enquanto o interior, o Sertão, é pouco povoado por causa do clima semiárido.

Por enfrentarem longos períodos de seca, muitos sertanejos migraram e continuam migrando para outras áreas do país e para as grandes cidades do Nordeste. Os principais destinos fora do Nordeste são a região Sudeste e Brasília.

Por causa da intensa miscigenação, a região Nordeste detém um rico conjunto de tradições e manifestações folclóricas, como festas populares – homenagens ao Nosso Senhor do Bonfim e ao padre Cícero, romarias, Carnaval e festas juninas; danças – frevo, bumba meu boi, capoeira; lendas – saci-pererê, lobisomem, caipora; pratos típicos – vatapá, carne de sol, acarajé.

Aspectos naturais da região Nordeste

A região Nordeste caracteriza-se por apresentar diferentes tipos de clima, relevo e vegetação. Em razão dessa diversidade, seu território foi dividido, para fins de estudo, em sub-regiões: zona da mata, agreste, sertão e meio-norte.

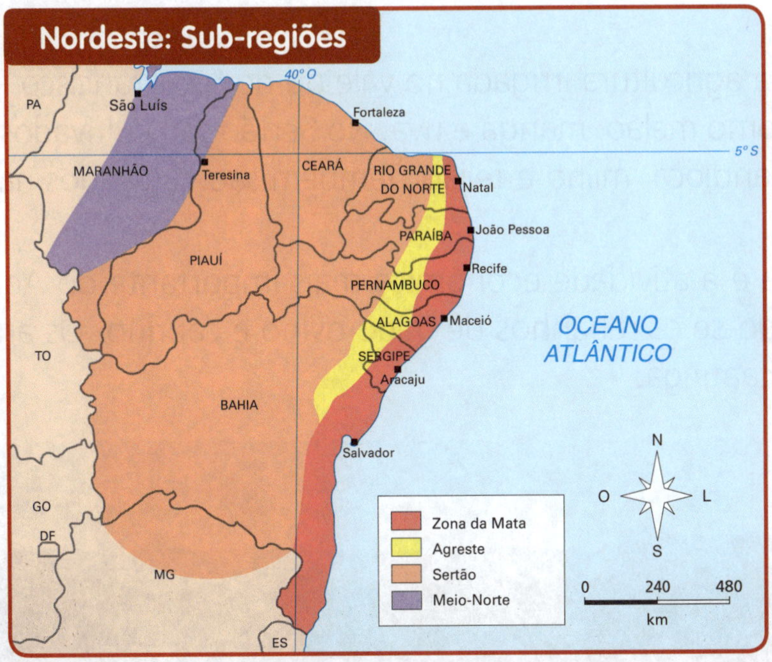

Adaptado de: IBGE. **Atlas nacional do Brasil**. Rio de Janeiro, 1993.

Zona da mata – é o litoral privilegiado pelas chuvas em relação ao restante do território nordestino. O clima é quente e úmido; sua vegetação é composta de plantas remanescentes da mata Atlântica, e as formas predominantes de relevo são as planícies. É a porção mais povoada e industrializada do Nordeste.

Agreste – área de transição entre a zona da mata (úmida) e o sertão (seco). Sua vegetação é espinhosa, formada por cactáceas; o relevo é composto de planaltos, como o planalto da Borborema. Essa sub-região é bastante aproveitada para a agricultura e a pecuária.

Sertão – apresenta clima tropical semiárido, bastante afetado pela seca, com curtos períodos de chuva (entre dois e três meses por ano). A vegetação predominante é a caatinga. Essa vegetação é formada por arbustos, vários tipos de cacto e outras plantas com espinhos. As folhas espinhosas ajudam a reter a água necessária para sua sobrevivência. É a sub-região menos povoada do Nordeste.

Meio-norte – área de transição entre a floresta Amazônica, muito úmida, e o sertão, muito seco. Embora apresente trechos de caatinga e floresta, a vegetação natural dessa área é a mata de Cocais. Essa mata é constituída por palmeiras (babaçu e carnaúba), de onde se extrai a matéria-prima para a produção de óleos, ceras, sabões, fibras, entre outros produtos.

Atividades econômicas da região Nordeste

Agricultura, pecuária e extrativismo

Na região Nordeste, a agricultura é mais praticada na Zona da Mata e no Agreste. Junto ao litoral, cultiva-se principalmente a cana-de-açúcar e o cacau, na Bahia.

Pratica-se a agricultura irrigada no vale do rio São Francisco, onde são cultivadas frutas como melão, manga e uva. No Sertão são cultivados, em pequenas plantações, mandioca, milho e feijão. Também são cultivados na região tabaco e coco.

A pecuária é a atividade econômica mais importante do Agreste e do Sertão, destacando-se os rebanhos de gado ovino e caprino. Os animais são criados soltos na caatinga.

Pequeno rebanho de ovelhas e cabras em São Desidério (BA), 2013.

No extrativismo destacam-se:

- a pesca, praticada em grande escala no extenso litoral nordestino;
- a extração de carnaúba e babaçu;
- a mineração, ressaltando-se a exploração de petróleo em vários estados (em especial na Bahia) e a extração do sal, outro importante mineral explorado (o Rio Grande do Norte é o maior produtor brasileiro de sal).

Indústria e comércio

Além das indústrias extrativas, há no Nordeste as indústrias de transformação que aproveitam os produtos agrícolas, animais e minerais da região, destacando-se as de açúcar e álcool, de fiação e tecelagem, de couro, de laticínios, de carnes e petrolífera.

Os principais centros industriais estão no Recife, em Salvador e Fortaleza.

Os maiores centros comerciais do Nordeste localizam-se sobretudo nas capitais e em alguns municípios do interior.

O Nordeste vende produtos como cera de carnaúba, petróleo, algodão e camarão, e compra produtos como trigo, combustíveis e máquinas, entre outros.

Transporte e turismo

As rodovias são as vias mais utilizadas na região para o transporte de pessoas e mercadorias. Destacam-se a BR-116 e a BR-101 que ligam o Nordeste ao Sudeste e ao Sul.

A rede ferroviária, que é pouco expressiva, liga o Sertão e a Zona da Mata.

O transporte fluvial é feito em alguns trechos dos rios São Francisco e Parnaíba. A navegação marítima é mais utilizada para a importação e a exportação de produtos.

O transporte aéreo é bastante utilizado, e há aeroportos em todas as capitais da região.

Em relação ao turismo, o Nordeste tem muitas atrações. As principais são as cidades históricas, as grandes capitais, as praias, os mercados e as feiras típicas.

Delfim Martins/Pulsar Imagens

Feira típica de Caruaru (PE), 2013.

1. Qual é a parte mais populosa da região Nordeste? E qual é a menos populosa?

2. Na região Nordeste, a indústria extrativa é uma atividade econômica importante.

- Quais são os principais ramos do extrativismo explorados nessa região?

3. Reúna-se com alguns colegas para fazer a pesquisa a seguir.

a) Seu grupo vai fazer uma pesquisa com o tema A (Como é feita a extração do sal) ou com o tema B (Como se dá a coleta do babaçu e da carnaúba).

b) Ao final da pesquisa, cada grupo apresentará ao restante da classe o que descobriu.

4. Ainda em grupo, escolham uma capital do Nordeste. Pesquisem sobre a capital selecionada em um guia de viagem ou na internet e depois respondam às questões a seguir.

a) Qual é a distância entre o município onde vocês moram e a capital que escolheram?

b) Quais são os meios de transporte (ônibus, avião, barco, etc.) com que é possível ir de seu estado até lá?

c) Quais são as principais atrações da capital que vocês escolheram?

d) Que outras informações vocês acharam interessantes a respeito da capital selecionada pelo grupo?

11

Região Sudeste

A região Sudeste é a mais urbanizada, industrializada e desenvolvida economicamente das regiões brasileiras. Ela é composta de quatro estados: Minas Gerais, Rio de Janeiro, Espírito Santo e São Paulo.

Veja o mapa ao lado.

Adaptado de: IBGE. **Atlas geográfico escolar**. 6. ed. Rio de Janeiro, 2012. p. 90.

Aspectos humanos da região Sudeste

A região Sudeste é a mais populosa do país. Cerca de 92% de sua população reside nas cidades. Nos quatro estados que a compõem, encontram-se pessoas de origem portuguesa, descendentes de antigos colonos e imigrantes japoneses, italianos, espanhóis, entre outros, que chegaram aqui a partir do início do século XX.

São muito numerosos, na região, os negros e os mestiços. São encontrados também indígenas remanescentes de povos que habitavam o litoral.

O fato de reunir uma população tão variada contribuiu para que a região Sudeste apresentasse a maior diversificação cultural do país. Entre as principais manifestações folclóricas, destacam-se: cultos e festas populares – a Festa do Divino, as romarias à cidade de Aparecida (São Paulo), as festas juninas e o Carnaval; danças e folguedos – samba, congada, folia de reis; lendas – saci-pererê, lobisomem, mula sem cabeça; artesanato – de couro, madeira, pedra-sabão, cerâmica; pratos típicos – tutu de feijão, feijão-tropeiro, torta capixaba (feita com mariscos).

Feira de artesanato em pedra-sabão no largo de São Francisco, em Ouro Preto (MG), 2007.

Aspectos naturais da região Sudeste

Por causa das diferentes altitudes, o Sudeste apresenta dois tipos de clima: o tropical de altitude, nas áreas mais altas, como as de serras, e o clima tropical úmido, no litoral.

A vegetação predominante na região, mesmo já bastante destruída, é a mata Atlântica, que recobre o litoral e parte das serras do Mar e da Mantiqueira. Mas encontra-se também na região a vegetação de cerrado.

A mata Atlântica estendia-se do Rio Grande do Norte ao Rio Grande do Sul, porém grande parte dela foi destruída por causa de plantações, extração de lenha e carvão e, sobretudo, pela urbanização e pelo turismo.

No estado de Minas Gerais predomina o cerrado. Na cidade do Rio de Janeiro encontra-se a maior floresta urbana do mundo: a floresta da Tijuca. Ela é composta principalmente de espécies nativas da mata Atlântica.

Com relação ao relevo, encontram-se no Sudeste planaltos com depressões, diversas formações serranas e planícies costeiras.

Essa região conta também com terras férteis próprias para a agricultura e vários rios, como o Tietê, o Paraíba do Sul, o Paraná, etc. Na serra da Canastra, em Minas Gerais, encontra-se a nascente do rio São Francisco.

Os rios do Sudeste são utilizados sobretudo para a produção de energia elétrica e o abastecimento dos centros urbanos.

Vista aérea da floresta da Tijuca no Rio de Janeiro, 2013.

André Dib/Pulsar Imagens

Atividades econômicas da região Sudeste

Agricultura, pecuária e extrativismo

A agricultura no Sudeste apresenta grande produtividade e é praticada em todos os estados da região. Os produtos agrícolas de maior destaque são a cana-de-açúcar, o café, a soja, o arroz, o milho, o feijão, a mandioca, as verduras e as frutas.

Predomina na região a agricultura comercial.

A pecuária também é uma atividade bastante desenvolvida na região Sudeste. Destacam-se, principalmente no estado de Minas Gerais, os rebanhos bovino e suíno.

Ricardo Teles/Pulsar Imagens

Plantação de café em Linhares (ES), 2011.

A avicultura desenvolvida na região é a mais moderna do Brasil. Está presente em especial no estado de São Paulo, maior criador de codornas do país.

Os principais minerais explorados no Sudeste são ferro, manganês, ouro e pedras preciosas (em Minas Gerais), além de minérios radioativos, como o tório e o urânio (no litoral do Espírito Santo).

O petróleo é explorado em todo o litoral da região Sudeste, sobretudo no Rio de Janeiro, o maior produtor do Brasil. Na região também se extrai o sal marinho.

O extrativismo animal é representado pela pesca. São Paulo e Rio de Janeiro são os grandes produtores de pescado da região.

Ismar Ingber/Pulsar Imagens

Plataforma de petróleo da Petrobrás na baía de Guanabara (RJ), 2011.

Indústria e comércio

Como você viu, a região Sudeste é a mais industrializada do Brasil. Atualmente o setor de serviços dessa região é o mais desenvolvido por ser o maior centro econômico da América do Sul. A capital do estado de São Paulo (a cidade de São Paulo) é a maior do país, ocupando posição de destaque nacional.

A região Sudeste concentra mais da metade de toda a atividade industrial do Brasil. A indústria de transformação é a mais desenvolvida do Sudeste, e o maior parque industrial da América do Sul fica em São Paulo.

As principais indústrias do Sudeste são:

- siderúrgica – em Minas Gerais, no Rio de Janeiro e em São Paulo;
- automobilística – em São Paulo, em Minas Gerais e no Rio de Janeiro;
- petroquímica – em São Paulo, no Rio de Janeiro e em Minas Gerais;
- naval – no Rio de Janeiro;
- aeronáutica – em São Paulo;
- de materiais elétricos e eletrônicos – em São Paulo.

Há ainda indústrias de produtos alimentícios, têxteis, de fumo, entre outras.

Assim como a agricultura e a indústria, o comércio da região Sudeste, tanto interno como externo, é bastante desenvolvido. O maior movimento ocorre nos portos e na capital de cada estado.

O Sudeste exporta café, açúcar e sal, e importa combustíveis e produtos químicos, entre outros.

Usiminas no Vale do Aço, em Ipatinga (MG), 2011.

Ricardo Azoury/Pulsar Imagens

Transporte e turismo

O Sudeste possui a maior e mais completa rede de transporte do Brasil. As rodovias e ferrovias mais importantes do país também se concentram nessa região.

O transporte aéreo é bastante utilizado. Os maiores aeroportos estão no Rio de Janeiro, na Grande São Paulo (Guarulhos) e em Belo Horizonte.

Paulo Fridman/Pulsar Imagens

Porto de Santos (SP), 2013.

A navegação marítima é intensa nos portos de Santos (em São Paulo), do Rio de Janeiro (no Rio de Janeiro), de Vitória e de Tubarão (no Espírito Santo).

A navegação fluvial é feita sobretudo em alguns trechos dos rios Paraná e São Francisco.

As principais atrações turísticas da região Sudeste são:

- as cidades históricas, como Ouro Preto, Mariana e Sabará (em Minas Gerais), Paraty e Petrópolis (no Rio de Janeiro), Itu, São Vicente e Itanhaém (em São Paulo), e Vila Velha (no Espírito Santo);
- a cidade do Rio de Janeiro, famosa por suas belezas naturais e seu Carnaval;
- as estações hidrominerais (fontes de águas) de Minas Gerais e São Paulo;
- o Santuário de Nossa Senhora Aparecida, na cidade de Aparecida, em São Paulo.

Vista geral da cidade de Vila Velha (ES), 2007.

Rubens Chaves/Folhapress

1. Leia os textos abaixo e descubra quais são as cidades da região Sudeste a que se referem. Depois, complete:

a) Embora o estado de que sou capital seja o de menor área, ele é bastante populoso. Se quiser, pode me chamar de "Cidade Maravilhosa".

Sou ______________________________.

b) Meu estado é cheio de praias bonitas, já que é banhado pelo mar. Ele é o menos populoso da região.

Sou ______________________________.

c) Não sou cidade de praia, mas muita gente veio e continua vindo morar na minha área. Sou a capital do estado mais populoso do Brasil.

Sou ______________________________.

d) Sou capital do estado de maior área da região. No meu estado, há muitas cidades históricas, do tempo do Brasil colonial. Você já adivinhou quem sou?

Sou ______________________________.

2. Discuta o conteúdo deste capítulo com os colegas e responda:
Por que a região Sudeste é importante na economia do país?

____

____

3. Recentemente foram descobertas grandes reservas de petróleo no Sudeste. Esse petróleo é chamado de **pré-sal**, pois fica abaixo de uma grande camada de sal no subsolo marítimo. Por ser abundante e de alta qualidade, acredita-se que o pré-sal trará muitas mudanças para a economia brasileira no futuro.

- Faça uma pesquisa a respeito do assunto e escreva a sua opinião no caderno.

a) A descoberta de reservas de petróleo é boa para a economia brasileira?

b) Essa descoberta é boa para a população brasileira?

c) Por fim, é boa para o meio ambiente?

12

Região Sul

Entre todas as regiões brasileiras, a Sul é a que apresenta o menor território. Ela é composta de três estados: Paraná, Santa Catarina e Rio Grande do Sul. Veja o mapa a seguir.

Adaptado de: IBGE. **Atlas geográfico escolar**. 6. ed. Rio de Janeiro, 2012. p. 90.

Aspectos humanos da região Sul

Grande parte da população da região Sul é constituída por descendentes de açorianos, italianos, alemães, poloneses, ucranianos e japoneses.

As influências da colonização, realizada na região pelos europeus, principalmente italianos e alemães, são percebidas nas características físicas da população, em seus hábitos, nas tradições culturais e na arquitetura.

Como acontece no restante do Brasil, em razão das migrações e da miscigenação, as tradições da região Sul receberam influências de diversos povos. Algumas de suas manifestações folclóricas são: cultos e festas populares – Festa da Uva e Festa de Nossa Senhora dos Navegantes (no Rio Grande do Sul), Oktoberfest (em Santa Catarina), rodeios e festas juninas; danças e folguedos – congada, folia de reis, baião; lendas – negrinho do pastoreio, curupira; artesanato – cerâmica, rendas, trançado de vime; pratos típicos – churrasco, arroz de carreteiro, chimarrão e barreado.

Aspectos naturais da região Sul

A região Sul é a mais fria do Brasil por causa de sua localização geográfica. A maior parte de seu território localiza-se abaixo do trópico de Capricórnio. Seu clima é subtropical, com as temperaturas médias mais baixas do país, à exceção do norte do Paraná, onde predomina o clima tropical de altitude. Nesse tipo de clima, as chuvas são bem distribuídas, com pequenas variações durante o ano.

A vegetação é fortemente influenciada pelo clima. Nos locais mais frios predominam as matas de araucária (pinhais), e nos pampas há os campos de gramíneas (vegetação rasteira).

A mata de araucárias é formada por árvores como os pinheiros. Atualmente grande parte dela já foi destruída em consequência de sua exploração pelas indústrias de móveis, papel e celulose, pela construção civil e para fornecer terras para a agricultura.

As formas de relevo predominantes são as serras e os planaltos, onde se encontram as coxilhas (pequenas colinas com inclinação suave).

A região Sul conta também com uma importante rede hidrográfica, composta predominantemente de rios de planalto. Por esse motivo, ela possui grande potencial hidrelétrico. Nessa região foi construída a usina de Itaipu, que fornece energia elétrica para os estados do Sudeste e do Sul, além do Paraguai.

Gerson Gerloff/Pulsar Imagens

Coxilhas em São Martinho da Serra (RS), 2013.

Atividades econômicas da região Sul

Agricultura, pecuária e extrativismo

A agricultura é a atividade econômica mais importante da região Sul. O clima, o solo, as técnicas e os equipamentos utilizados pelos agricultores permitem a obtenção de boas colheitas.

Os estados do Sul cultivam soja, café, arroz, trigo, fumo, uva, milho e algodão.

A pecuária é bastante desenvolvida no Sul. Os campos constituem excelente pastagem natural para a criação do gado bovino, especialmente na Campanha Gaúcha, no estado do Rio Grande do Sul, onde são criados também ovinos. Em Santa Catarina e no Paraná, tem grande destaque a criação de suínos.

Os três tipos de extrativismo são bastante desenvolvidos no Sul:

- O extrativismo vegetal, realizado de forma descontrolada durante 150 anos, praticamente extinguiu a araucária e outras espécies que crescem à sua sombra (o cedro, a imbuia, a canela, a gameleira).
- O extrativismo animal tem como principal atividade a pesca no litoral e nos rios da região, e é grande a produção de pescado.
- O destaque do extrativismo mineral é a produção de cobre e chumbo, mas a maior riqueza mineral da região é o carvão. Santa Catarina possui as maiores reservas de carvão mineral do país. No Paraná, há um mineral usado como combustível e que no futuro poderá substituir o petróleo: o xisto betuminoso.

Ale Ruaro/Pulsar Imagens

Detalhe de máquina de processamento de carvão mineral em Forquilhinha (SC), 2011.

Indústria e comércio

O Sul é a segunda região industrial mais importante do Brasil. Os setores predominantes são voltados para a indústria de transformação, com destaque para a química e a petroquímica, além do ramo de produtos alimentícios, bebidas, madeira, vestuário, artigos têxteis e calçados.

O comércio dessa região é bastante desenvolvido. O Sul exporta madeira, celulose, carvão, cereais, carne, lã, produtos têxteis e alimentícios e importa máquinas, acessórios industriais, produtos químicos e veículos.

Transporte e turismo

Na região Sul há uma moderna rede de transportes, onde predomina o transporte rodoviário.

Franco Hoff/Pulsar Imagens

Construção de pedras basálticas e arquitetura europeia (italiana) em Bento Gonçalves (RS), 2011.

As ferrovias são utilizadas para transportar produtos regionais até os principais portos: Paranaguá (PR), Itajaí (SC), Porto Alegre, Pelotas e Rio Grande (RS).

A navegação fluvial e a lacustre também são muito utilizadas. A fluvial é predominante nos rios Paraná, Jacuí, Itajaí e Ibicuí, enquanto a lacustre é praticada sobretudo na lagoa dos Patos.

Os aeroportos são bem aparelhados. Os mais importantes são Salgado Filho (em Porto Alegre) e Afonso Pena (em Curitiba).

As principais atrações turísticas da região Sul são o complexo de Itaipu (Ponte da Amizade, usina de Itaipu) e as cataratas do Iguaçu, nos rios Paraná e Iguaçu; as cidades serranas de Gramado, Canela e Caxias do Sul (RS); as cidades fundadas por imigrantes, como Blumenau e Joinville (SC), Bento Gonçalves e Garibaldi (RS); as praias de Santa Catarina; as formações rochosas de Vila Velha (PR).

1. Complete as frases abaixo com as principais atividades produtivas da região Sul.

a) Agricultura: os principais produtos agrícolas são __________________

____.

b) Pecuária: o tipo de gado e os principais estados produtores são ______

____

____.

c) Extrativismo: os principais produtos do extrativismo vegetal são

____, do extrativismo

animal é a _______________________ e do extrativismo mineral são

____.

d) Indústria: os principais ramos da indústria de transformação, incluindo a

indústria química e petroquímica, são de produtos _______________

____.

e) Comércio: os produtos que a região Sul compra são _______________

_____________________________________, e os produtos que vende são

____

____.

2. Parte das cataratas do rio Iguaçu, que formam uma das maiores quedas-d'água do mundo, fica dentro do Parque Nacional de Iguaçu, criado em 1939 pelo então presidente Getúlio Vargas.

- Sabendo disso, com a orientação do professor, reúna-se com os colegas e façam uma pesquisa sobre os parques nacionais no Brasil. Depois, montem cartazes mostrando o que vocês descobriram sobre a importância desses parques.

13

Região Centro-Oeste

Situada praticamente no meio do continente, a região Centro-Oeste é formada pelos estados de Mato Grosso, Mato Grosso do Sul e Goiás. Nela se encontra também o Distrito Federal, onde está Brasília, a capital do Brasil.

Veja o mapa a seguir.

Allmaps/Arquivo da editora

Adaptado de: IBGE. **Atlas geográfico escolar**. 6. ed. Rio de Janeiro, 2012. p. 90.

Aspectos humanos da região Centro-Oeste

População

A região Centro-Oeste é pouco povoada. O número de habitantes é pequeno em relação ao tamanho de seu território.

A maior parte da população da região é constituída de brancos e caboclos. Em alguns lugares, como ao norte do Mato Grosso, a população é formada por indígenas. Nesse estado se encontra o Parque Nacional do Xingu, reserva que abriga indígenas de diversos grupos.

As tradições da região Centro-Oeste são bastante diversificadas e receberam fortes influências dos povos indígenas. Algumas de suas manifestações folclóricas são: cultos e festas populares – festas juninas e religiosas, cavalhada, tourada; danças e folguedos – congada, folia de reis, tambor, roda de São Gonçalo; lendas – mula sem cabeça, pé de garrafa, negrinho do pastoreio.

Aspectos naturais da região Centro-Oeste

O clima da região Centro-Oeste é tropical semiúmido, com elevadas temperaturas e frequentes chuvas de verão.

A vegetação mais comum é o cerrado, composto de pequenas árvores com tronco e galhos retorcidos e casca grossa, espalhadas em meio a uma vegetação rasteira.

Quanto ao relevo, destacam-se as chapadas e a planície do Pantanal, a maior planície inundável do mundo, que se estende pelo Paraguai e pela Bolívia, países que fazem fronteira com o Brasil.

Nessa região, correm diversos e volumosos rios, que são responsáveis pelas anuais cheias do Pantanal.

Saiba mais

O ciclo das águas no Pantanal

O Pantanal é uma área de 200 000 km², dos quais 100 000 km² ficam totalmente inundados de novembro a fevereiro: o período das cheias.

O **ciclo das águas** é o ciclo da vida no Pantanal. Em março as águas começam a baixar e o céu é cortado por aves de todas as cores. Quando os rios voltam para seu leito normal, surgem inúmeras lagoas repletas de peixes, jacarés e outros animais.

Em outubro é a vez da **piracema**, nome que os indígenas deram à viagem que os peixes fazem rio acima para desovar. E assim a vida recomeça, em um ciclo que será retomado pelas cheias que logo vão acontecer.

Tuiuiús e garças em lagoa do Pantanal, em Cáceres (MT), 2010.

Palê Zuppani/Pulsar Imagens

Atividades econômicas da região Centro-Oeste

Agricultura, pecuária e extrativismo

Os estados de Goiás e do Mato Grosso do Sul são responsáveis pela maior parte da produção agrícola do Centro-Oeste, onde predomina a monocultura de grãos e a agricultura mecanizada em grandes propriedades rurais.

Os principais produtos cultivados são: arroz, milho, mandioca, feijão, cana-de-açúcar, soja e café.

A pecuária é a principal atividade econômica do Centro-Oeste. O maior rebanho é o de bovinos, cuja produção corresponde a quase metade do rebanho brasileiro.

As áreas de criação mais importantes estão em Goiás e no Pantanal (no Mato Grosso do Sul).

O extrativismo é uma atividade que ainda tem grande importância na região Centro-Oeste.

Cesar Diniz/Pulsar Imagens

Criação de gado bovino em Novo Mundo (GO), 2013.

No extrativismo vegetal, destacam-se a erva-mate, principalmente no Mato Grosso do Sul; o látex, na floresta Amazônica (no norte de Mato Grosso); as madeiras e o tanino, usado na indústria do couro.

A pesca também é uma atividade importante no Pantanal; mas, como vem sendo realizada em grande escala, está colocando em risco a rica variedade de peixes da região.

Há alguns anos, a caça descontrolada no Pantanal Mato-Grossense quase exterminou a população de jacarés e ariranhas. Atualmente, a caça é proibida no Pantanal. Porém, ainda há animais ameaçados de extinção por causa da prática ilegal da caça.

Indústria e comércio

Há poucas indústrias na região Centro-Oeste. As de maior destaque são as de produtos alimentícios, minerais não metálicos e exploração madeireira.

Os centros industriais mais importantes são Goiânia, Anápolis, Brasília, Campo Grande e Corumbá.

O comércio é mais intenso nas capitais dos estados e nas suas principais cidades. Essa região vende gado, erva-mate, cereais e minérios, e compra veículos, combustíveis, máquinas, trigo e açúcar.

Transporte e turismo

A rede de transportes da região ainda é pouco desenvolvida. As principais rodovias são Belém-Brasília; rodovia Transpantaneira, que atravessa o Pantanal; e Cuiabá-Santarém, que liga Mato Grosso ao interior do Pará.

São poucas as ferrovias que passam pela região. A mais importante é a estrada de ferro Noroeste do Brasil, que liga Corumbá (MS) a Bauru (SP).

A navegação fluvial é realizada intensamente no rio Paraguai e em seus afluentes. É utilizada, sobretudo, para transportar mercadorias. Seu principal porto fluvial localiza-se em Corumbá (MS).

A região dispõe também de aeroportos de grande movimento. O mais importante é o Aeroporto Internacional de Brasília.

Entre as atrações turísticas do Centro-Oeste, destacam-se: Brasília, pela arquitetura de seus edifícios; Caldas Novas (GO), por suas fontes de águas medicinais; a cidade de Goiás, no estado de mesmo nome, com construções do Brasil colonial; Bonito e o Pantanal Mato-Grossense, que tem o turismo ecológico como forma de preservar sua flora e fauna.

Vista do Porto de Corumbá (MS), 2010.

Paulo Fridman/Pulsar Imagens

1. Observe o mapa ao lado. Depois, responda às questões.

Adaptado de: IBGE. **Atlas geográfico escolar**. 6. ed. Rio de Janeiro, 2012. p. 143.

a) Que informações esse mapa contém?

b) O que representa a área roxa que aparece ao sul de Mato Grosso e a oeste de Mato Grosso do Sul?

c) Em sua opinião, por que as estradas de rodagem são tão poucas na área roxa?

2. Você conhece a cidade de Brasília? Que tal descobrir um pouco mais sobre a capital de nosso país?

- Faça uma pesquisa e registre no caderno as respostas das questões a seguir.

a) Quando a cidade foi fundada?

b) Quem era o presidente da República quando isso aconteceu?

c) Quem foram os profissionais responsáveis pela construção de Brasília?

d) O que você acha das construções que existem na cidade?

De olho nas divisões estadual e regional do Brasil

- Observe o mapa a seguir e faça o que se pede.

Adaptado de: IBGE. **Atlas geográfico escolar**. Rio de Janeiro, 2012. p. 90.

a) Escreva o nome do oceano que banha o Brasil.

b) Identifique e pinte cada região com uma cor e escreva o nome de cada uma delas na legenda.

c) Desenhe uma estrela na frente da capital do Brasil.

d) Dê um título ao mapa e escreva-o no quadro acima do mapa.

Livros

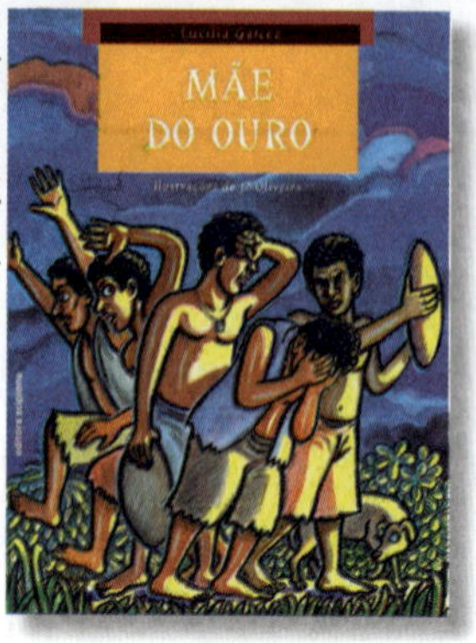

Reprodução/Editora Scipione

Mãe do ouro,
de Lucília Garcez. São Paulo: Scipione.
(Do Arco-da-Velha).

Quem anda pelas margens do rio Paraná tem muita história para contar. Entre outras entidades que guardam a mata e o rio e assombram viajantes, pescadores e garimpeiros, aparece, em algumas horas da noite, uma luz deslumbrante, vinda das profundezas das águas. É a mãe do ouro, que protege uma fortuna escondida.

Reprodução/Editora Scipione

Arco-íris tem mapa?,
de Vivina de Assis Viana. São Paulo: Scipione.
(Crisálida).

Com base nas lembranças dos tempos de criança da autora, o leitor tem a oportunidade de conhecer um pouco mais sobre o meio rural, enraizado em infinitas belezas e ricas simplicidades. Com esse livro é possível aprender um pouco mais sobre pluralidade cultural, meio ambiente e trabalho e consumo.

Sites

Reprodução/<http://ibge.gov.br>

IBGE para crianças

<http://7a12.ibge.gov.br/>. Acesso em: 7 abr. 2014.

Neste *site* você encontrará, em linguagem acessível, informações importantes sobre o Brasil e o mundo. Acesse a seção "Mapas" e divirta-se com as opções que podem ser impressas em papel A4.

Reprodução/<www.terra.com.br/noticias/infograficos/estados-brasil>

Terra – Notícias e infográficos

<http://www.terra.com.br/noticias/infograficos/estados-brasil/>. Acesso em: 7 abr. 2014.

Neste *site* há uma linha do tempo com todas as transformações pelas quais o Brasil já passou. Você verá também como o país ficará se forem criados novos estados, caso vinguem as propostas existentes no Congresso Nacional.

Ciências

SUMÁRIO

UNIDADE 1: O Universo e a Terra

1. O Universo ... 466
2. O Sistema Solar ... 468
Satélites ... 469
3. O planeta Terra ... 472
A crosta terrestre ... 473
O manto ... 474
O núcleo ... 474
4. Força gravitacional ... 478
De olho na experiência: o brilho das estrelas ... 482

UNIDADE 2: Os seres vivos e suas relações

5. A diversidade dos seres vivos ... 484
6. Os vegetais ... 486
Partes de um vegetal e algumas de suas funções ... 488
7. Os animais ... 492
Animais vertebrados ... 492
Animais invertebrados ... 494
A reprodução dos animais ... 496
Reprodução sexuada e assexuada ... 498
8. Os microrganismos ... 500
Bactérias ... 500
Fungos ... 500
Protozoários ... 501
Vírus ... 501
9. Os seres vivos e o ciclo de energia da natureza ... 502
10. A cadeia alimentar ... 504
De olho na experiência: criando *habitats* ... 506

UNIDADE 3: O ser humano

11. O corpo humano ... 508
12. A estrutura do corpo humano ... 510
Células ... 510
13. Os tecidos ... 512
14. O sistema locomotor ... 514
15. O sistema nervoso ... 516
Os órgãos dos sentidos ... 517
16. O sistema digestório ... 518
17. O sistema respiratório ... 520
18. O sistema cardiovascular ... 522
19. O sistema urinário ... 524
20. O sistema genital ... 526
Sistema genital masculino ... 526
Sistema genital feminino ... 526
Fecundação ... 527
Menstruação ... 527
De olho na experiência: simulando os movimentos respiratórios ... 530

UNIDADE 4: Matéria e energia

21. Matéria ... 532
A Terra e os estados físicos da matéria ... 532
A transformação da matéria ... 533
22. Características da matéria ... 534
Inércia ... 534
23. Energia ... 536
24. O calor ... 538
Efeitos do calor ... 538
25. A combustão ... 540
O biocombustível ... 542
26. A eletricidade ... 544
Usinas geradoras de energia elétrica ... 544
Pequenos geradores de energia ... 545
27. Como se transporta a eletricidade ... 546
Circuito elétrico ... 547
28. O magnetismo ... 548
Os polos do ímã ... 548
O magnetismo da Terra ... 549
De olho na experiência: clipe voador ... 550
Sugestões para o aluno ... 551

Unidade

1

O Universo e a Terra

Valter Ferrari/Arquivo da editora

O QUE VOU ESTUDAR?

- O Universo
- Os astros do Sistema Solar
- O planeta Terra
- As camadas internas do planeta Terra
- A força gravitacional

1
O Universo

Fazemos parte do Universo, moramos no planeta Terra e somos aquecidos por uma estrela, o Sol.

O Sol é a nossa estrela mais importante, mas não é a única; existem muitas outras no Universo. Elas ficam agrupadas em galáxias, que podem ter diversas formas.

Com telescópios, podemos ver bilhões de galáxias. E cada uma delas contém bilhões de estrelas.

Nossa galáxia se chama **Via Láctea**. Esse nome foi dado porque lembra um "caminho de leite" no céu.

Scott Stulberg/Corbis/Latinstock

Numa noite limpa, podemos ver o centro da Via Láctea na forma de uma faixa branca cruzando o céu.

O Universo, que costumamos chamar de espaço, é formado por grandes regiões vazias, galáxias, estrelas, planetas, satélites e cometas. Tudo o que vemos no espaço é chamado de **astro** ou **corpo celeste**.

cometas: astros formados por pedaços de rocha e gelo.

Os astros podem ser **luminosos** ou **iluminados**.

Astro luminoso é aquele que tem luz própria, como o Sol e as outras estrelas. Astro iluminado é aquele que não tem luz própria; ele apenas reflete a luz que recebe de uma estrela. É o caso dos planetas, como a Terra, dos satélites, como a Lua, e dos planetas-anões, como Plutão.

Saiba mais

Constelações

Há aproximadamente 10 mil anos, o ser humano já percebia que as estrelas do céu eram bem diferentes umas das outras e, por isso, resolveu reuni-las em grupos, que nós chamamos de **constelações**.

Depois de mapear as constelações, o ser humano passou a imaginar figuras formadas por elas, como se fosse uma brincadeira de ligar pontos.

A constelação do Cruzeiro do Sul pode ser vista a olho nu. São cinco as estrelas que a formam: quatro delas, reunidas duas a duas, representam o lado maior e menor da cruz imaginada no céu. O lado maior é formado pelas estrelas Alfa e Gama do Cruzeiro. A reta menor da cruz é formada pelas estrelas Beta (ou Mimosa) e Delta (ou Pálida) do Cruzeiro.

Além dessas, há uma quinta estrela que se destaca na constelação do Cruzeiro do Sul. Não pelo brilho que apresenta, pois ela é menos brilhante do que essas quatro. Ela chama a atenção porque fica numa posição que parece atrapalhar o desenho da cruz no céu. Por isso, aqui no Brasil, ela é chamada de Intrometida. A Intrometida é também denominada Épsilon do Cruzeiro do Sul, por ser a quinta estrela de menor brilho da constelação – e Épsilon é a quinta letra do alfabeto grego.

Roger Ressmeyer/Corbis/Latinstock

Cruzeiro do Sul

Disponível em: <www.plenarinho.gov.br/educacao/Reportagens_publicadas/de-olho-no-ceu/?searchterm=orion>. Acesso em: 17 fev. 2014. Texto adaptado.

2

O Sistema Solar

Além do Sol, que é uma estrela, o Sistema Solar é composto de: planetas; planetas-anões; satélites; pequenos corpos celestes, que são asteroides, cometas, meteoros, entre outros.

Os planetas do Sistema Solar se dividem em dois grupos:

As imagens não estão em tamanho proporcional entre si.

Planetas rochosos

Mercúrio, Vênus, Terra e Marte são planetas sólidos formados principalmente por rochas. São os menores planetas do Sistema Solar e ficam mais próximos do Sol; por isso, recebem maior quantidade de luz e calor.

Magellan image/JPL/Nasa

Vênus

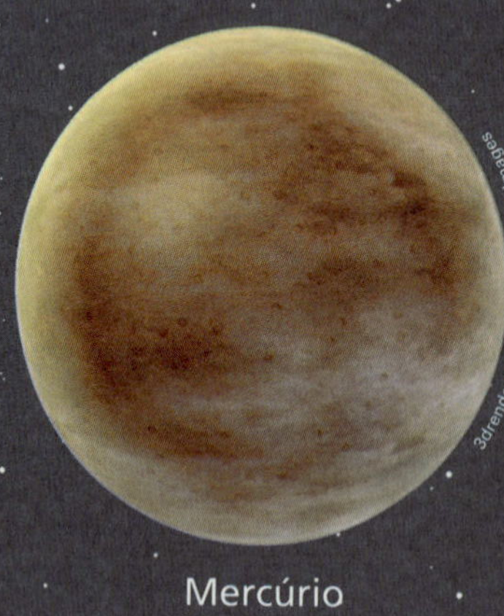

3drenderings/Shutterstock/Glow Images

Mercúrio

Reto Stöckli, Nazmi El Saleou e Marit Jentoft-Nilsen/GSFC/Nasa

Terra

Tristan3D/Shutterstock/Glow Images

Marte

Planetas gasosos

Júpiter, Saturno, Urano e Netuno são planetas formados predominantemente por gases. São os maiores planetas do Sistema Solar e ficam mais distantes do Sol, recebendo, por isso, menor quantidade de luz e calor.

MarcelClemens/Shutterstock/Glow Images

Júpiter

MarcelClemens/Shutterstock/Glow Images

Saturno

MarcelClemens/Shutterstock/Glow Images

Netuno

MarcelClemens/Shutterstock/Glow Images

Urano

Satélites

Satélites são astros que não possuem luz própria e giram em torno de um planeta. A Lua é o satélite da Terra e sua luz é reflexo da luz do Sol.

Andrew Sproule/Shutterstock/Glow Images

Lua, satélite da Terra.

Saiba mais

Corpos celestes

Jerry Schad/Photo Researchers, Inc./Latinstock

Cometa Halley

Cometas

[...] Os cometas são pequenas "bolas de neve sujas" formadas por uma mistura de gelo, gases congelados e poeira. Todos esses itens são restos de formações do Sistema Solar.

Os cometas viajam três vezes mais rápido do que os asteroides e só são visíveis quando estão próximos do Sol.

O cometa Halley tem 16 km de comprimento e passa em frente ao Sol a cada 76 anos. Já o cometa Hale-Bopp, de 40 km de comprimento, só passa a cada 4 026 anos. Acredita-se que a metade dos asteroides localizados atualmente perto da Terra sejam cometas mortos.

Meteoros

Duas vezes por semana, aproximadamente, um meteoro do tamanho de uma almofada se precipita sobre a Terra e explode com a força de uma bomba atômica. Felizmente, nossa atmosfera faz com que os meteoros se vaporizem a 8 km do solo. Se um pedaço de meteoro sobreviver e conseguir chegar à superfície, então será chamado de meteorito. Milhões de meteoritos atacam a Terra todos os dias – a maioria deles é do tamanho de um grão de areia.

No entanto, de vez em quando, algum objeto maior entra em contato com esse escudo de proteção natural da Terra – às vezes com efeitos catastróficos. Os cientistas acreditam que uma dessas bolas de fogo ocasionou a extinção dos dinossauros ao colidir com a Terra em Chicxulub, na província de Iucatã, no México, há 65 milhões de anos. Esse meteoro pode ter tido 8 km de diâmetro.

Asteroides

A maioria dos asteroides se comporta de forma ordenada, ficando em órbita ao redor do Sol num cinturão de asteroides localizado entre Marte e Júpiter. Alguns escapam de sua órbita e acabam sendo uma ameaça para nós. Acredita-se que os asteroides sejam restos do processo de formação do Sistema Solar há 4,6 bilhões de anos.

Os asteroides são formados por rocha e metal e seus tamanhos podem variar: desde pedrinhas até 934 km de largura.

Disponível em: <www.discoverybrasil.uol.com.br/guia_espacio/cometas>. Acesso em: 17 fev. 2014.

1. Assinale as frases verdadeiras. Em seu caderno, reescreva as frases falsas de maneira que também se tornem verdadeiras.

- [ ] Sistema Solar é o conjunto formado por astros que giram em torno do Sol, como planetas, planetas-anões, satélites, e pequenos corpos celestes, como asteroides e cometas.
- [ ] O Sol é um astro iluminado e a Terra é um astro luminoso.
- [ ] A Terra e a Lua são astros iluminados.
- [ ] Planetas são astros esféricos que giram em torno de uma estrela.
- [ ] Planetas-anões são menores do que planetas.
- [ ] Satélites são astros que giram em torno de várias estrelas.

2. Complete o quadro-resumo sobre os astros.

característica	tipos de astro	exemplos
Giram em torno de uma estrela	______ ______	______ ______
São astros iluminados	______ ______	______ ______
Giram em torno de planetas	______	______
São astros luminosos	______	______

3. Explique como você imagina que seria a Terra sem a luz e o calor do Sol.

______

______

______

3

O planeta Terra

A Terra é o terceiro planeta do Sistema Solar, contando a partir do Sol, e tem cerca de 4,5 bilhões de anos. Sua forma aproximada é de uma esfera e ela se movimenta girando ao redor do Sol e de si mesma.

Reto Stockli e Alan Nelson/Fritz Hasler Earth Observatory/Nasa

O planeta Terra é envolvido por uma camada de ar chamada atmosfera. Assim como a água, ela é indispensável para a existência de vida no planeta.

De acordo com estudos mais recentes, a estrutura da Terra pode ser analisada dividindo-a em três camadas: crosta ou litosfera, manto e núcleo. A litosfera, por sua vez, divide-se em partes menores chamadas placas tectônicas.

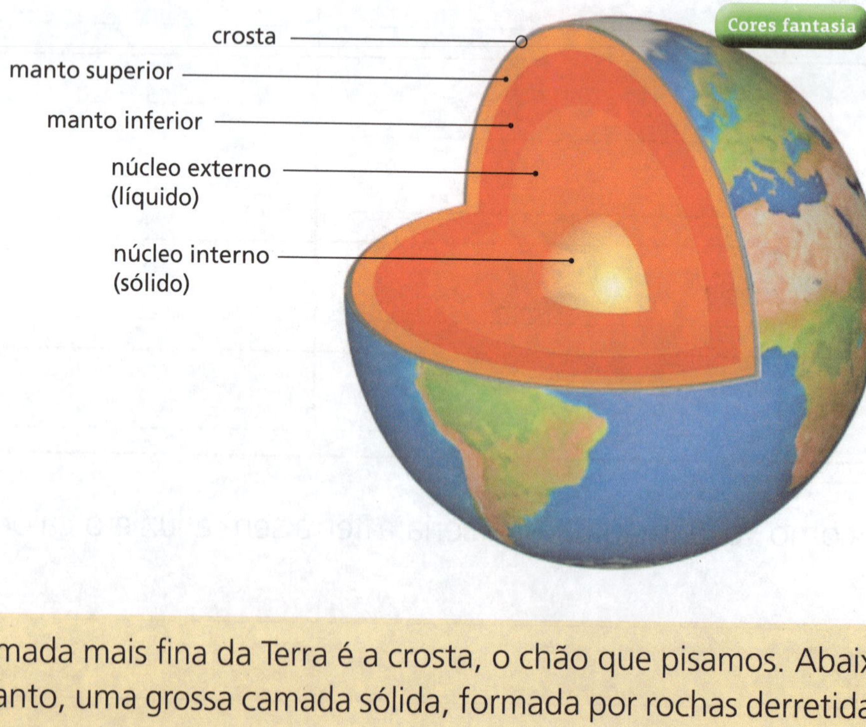

Cassiano Röda/Arquivo da editora

A camada mais fina da Terra é a crosta, o chão que pisamos. Abaixo da crosta está o manto, uma grossa camada sólida, formada por rochas derretidas. O núcleo é a parte central da Terra, com temperatura elevadíssima.

A crosta terrestre

digis/Shutterstock/Glow Images

Crosta: superfície sólida da Terra.

No início, a Terra era formada por material derretido, como se fosse um líquido viscoso, e muito quente. Com o tempo, a temperatura do planeta diminuiu e houve o resfriamento desse material, ocasionando a formação de rochas.

A camada rochosa que forma a superfície sólida da Terra é chamada **crosta**. Nós e os outros seres vivos vivemos sobre a superfície externa dessa camada e só nos mantemos no chão por causa de uma força que nos segura, sem percebermos, chamada **gravidade**.

Os cientistas e os mineradores descobriram que a temperatura da crosta terrestre aumenta de acordo com a profundidade, ou seja, quanto mais se direcionar ao núcleo (sendo impossível chegar lá, pois as temperaturas são altas demais e é muito distante) maior será o calor.

Sobre a crosta, temos a **hidrosfera**, que é formada pelas águas dos mares, dos oceanos, dos rios e dos lagos e, ainda, pela água na forma de vapor. A maior parte da crosta terrestre está coberta de água. Existe, também, muita água sob o solo.

Andrey Tarantin/Shutterstock/Glow Images

Hidrosfera: camada de água que cobre a crosta terrestre.

O manto

Embaixo da crosta está o **manto**. A temperatura do manto é muito mais alta do que a da crosta.

O material existente no manto – rochas derretidas e gases – é chamado de **magma**. Em razão do enorme calor ali existente, o magma escorre vagarosamente, como se fosse um fluido (líquido) muito viscoso. Algumas porções de magma presentes na parte mais externa do manto podem atingir a superfície da Terra por meio de aberturas e rachaduras na crosta. Esse material que chega à superfície é chamado de **lava**.

Até hoje, tudo o que os cientistas descobriram sobre o manto foi pela análise desse material, pois nem o poço mais profundo do mundo chegou ao manto.

Vulcão é uma abertura na crosta terrestre que permite a saída do magma e de seus gases à superfície.

O núcleo

O **núcleo** fica no centro da Terra. Ele é formado por ferro e níquel. Na parte mais externa, o núcleo é fluido; na parte mais interna, é sólido. No núcleo, estão as temperaturas mais altas, ou seja, ele é a parte mais quente.

Muitas pessoas pensam que os vulcões são formados no núcleo da Terra, mas, na realidade, a maior parte deles surge na crosta, quando os materiais fundidos que se localizam a cerca de 40 km abaixo da superfície se chocam e o magma escapa.

Terremotos

A crosta não é estável, ou seja, muito abaixo do chão que pisamos acontecem pequenas movimentações, por mais que não sejam perceptíveis. Estamos sobre uma "casca" partida em pedaços, as quais chamamos de **placas tectônicas**. Quando essas placas se chocam, provocam os **terremotos**. No Brasil não acontecem grandes terremotos, pois nossos terrenos são mais estáveis.

O chão não para quieto

Há centenas de milhões de anos, os continentes formavam um único bloco de rocha. A esse fenômeno deu-se o nome de Pangeia.

Há mais de 200 milhões de anos, as terras emersas do planeta eram uma coisa só – um bloco de terra chamado **Pangeia**, onde não se conheciam fronteiras marítimas.

A América do Sul ficava encostada na África. Ao pé das duas, estava grudada a Antártida, que por sua vez fazia fronteira com a Austrália e esta, com o subcontinente indiano. Ao norte, América do Norte, Europa e Ásia se uniam.

A configuração atual do planeta, com vários continentes, começou a surgir há aproximadamente 100 milhões de anos e só foi possível porque as placas tectônicas que formam a Terra estão permanentemente se movendo. Essa movimentação é o que dá origem a terremotos e maremotos.

Veja um dos tipos de movimentação de placas tectônicas que pode provocar terremotos.

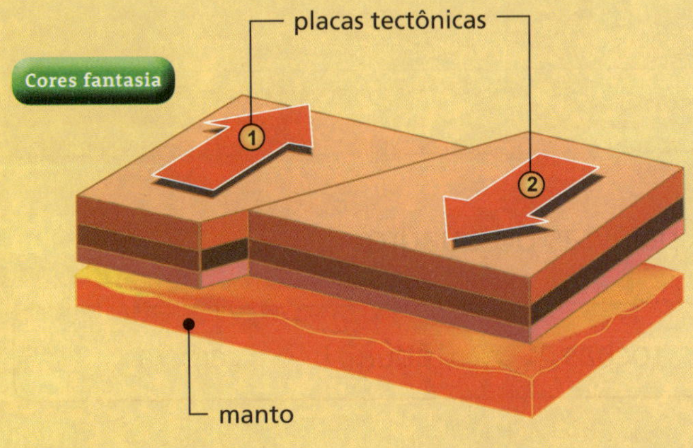

Duas placas tectônicas movem-se para lados opostos, causando um terremoto.

Algumas regiões do planeta estão mais sujeitas a sofrer esses eventos, por estarem localizadas em áreas de colisão entre duas placas, como a Califórnia, nos Estados Unidos, o Japão e a Indonésia. O Brasil tem a vantagem de se localizar sobre uma única placa.

O chão não para quieto, de Giovana Girardi. **Revista Superinteressante: 30 ideias que iluminaram a ciência**. São Paulo: Abril, ed. 245A, p. 10, nov. 2007. Texto adaptado.

1. Responda com frases completas.

a) Quais são as camadas que formam a estrutura da Terra?

____

____

b) Como se chama a camada de ar que envolve a Terra?

____

____

c) Como se chama o conjunto das águas da Terra formado pelos oceanos, mares, rios e lagos?

____

____

____

d) Quais são os elementos que formam a parte sólida da Terra?

____

____

____

2. Complete as frases com as palavras do quadro.

atmosfera	rochas	água	crosta

a) No planeta Terra, encontramos solo e ____________________, que formam a ____________________.

b) A maior parte da crosta terrestre é coberta por ____________________.

c) Envolvendo toda a Terra existe a ____________________, uma camada de ar.

3. Em qual camada da Terra está cada um dos meios de transporte abaixo? Observe as figuras e complete a frase.

IM_photo/Shutterstock/Glow Images

Florin Stana/Shutterstock/Glow Images

A bicicleta está na ______________________________ e o avião,

na ______________________________.

4. Explique com suas palavras de que forma os cientistas estudam o interior da Terra.

____

____

____

____

5. De que camada da Terra vem o material que é expelido pelos vulcões?

____

6. É possível um ser humano chegar ao centro da Terra? Por quê?

____

____

Força gravitacional

Observe a imagem e responda: o que fez as maçãs caírem da árvore?

Ilustra Cartoon/Arquivo da editora

Isaac Newton, cientista inglês, ao estudar por algum tempo o porquê de as maçãs caírem no chão, começou a pensar que talvez houvesse a mesma explicação tanto para o fato de a maçã cair da árvore sempre na mesma trajetória como para o fato de a Lua girar em torno da Terra sem cair sobre ela.

Ao cair da árvore, as maçãs vão diretamente para o solo por causa da força de atração que a Terra exerce sobre todos os corpos. Essa força é chamada de **força gravitacional** ou **força da gravidade**.

O ar atmosférico mantém-se em volta da Terra em razão da força gravitacional. Essa força também mantém a Lua na órbita da Terra, como mostra a imagem abaixo.

Quanto maior a massa de um corpo, maior será sua força gravitacional. É por isso que você é atraído pela Terra: porque a massa desta é muito maior do que a sua. O mesmo acontece, por exemplo, com uma bola que você atira para cima. Ela cairá de volta por causa da atração gravitacional da Terra sobre ela.

Tudo o que é formado por matéria tem a propriedade de atrair e ser atraído por outros corpos formados por matéria, ou seja, a gravitação é uma propriedade da matéria.

MarcelClemens/Shutterstock/Glow Images

Na Lua, a força gravitacional também existe, só que é cerca de seis vezes menor que na Terra. Assim, os astronautas têm um pouco de dificuldade de caminhar sobre o solo lunar – eles quase "flutuam"!

A força gravitacional age sobre os corpos, conferindo-lhe o peso. Portanto, sem a gravidade, os corpos não teriam peso. Os corpos celestes estão sujeitos à força da gravidade porque as massas se atraem. Isso explica o fato de os planetas do Sistema Solar, asteroides e estrelas girarem ao redor do Sol: sua força de atração é imensa! A explicação é a mesma para o fato de a Lua girar ao redor da Terra sem ficar "perdida no espaço".

Saiba mais

No mundo da Lua

A Lua e as marés

Os pescadores e outras pessoas que dependem do mar para desenvolver algum trabalho sabem que a Lua influencia as marés, e não tem nada de mágico nisso... O que ocorre é que a força da gravidade da Lua atrai os oceanos, fazendo com que eles subam ou desçam à medida que ela gira em torno da Terra. Quando o mar sobe é maré alta e quando ele desce é maré baixa.

Curiosidade

Os astronautas pulam seis vezes mais alto na Lua do que na Terra porque há menos gravidade puxando-os para baixo.

Disponível em: <www.smartkids.com.br/especiais/gravidade.html>. Acesso em: 17 fev. 2014. Texto adaptado.

1. Assinale as frases corretas.

- [ ] A Lua está na órbita da Terra graças à força gravitacional.
- [ ] Quanto maior a massa de um corpo, menor sua força gravitacional.
- [ ] Nós somos atraídos pela Terra porque ela possui massa muito maior que a nossa.
- [ ] No estado líquido, a matéria tem forma definida.
- [ ] Para levantar um objeto qualquer, é preciso fazer força.

- Reescreva as frases que você não assinalou, corrigindo-as.

___

___

___

___

2. Observe a figura e responda às questões.

Ilustra Cartoon/Arquivo da editora

a) Por que quando soltamos balões de festa eles caem no chão?

____

____

____

____

b) A Terra gira em torno do Sol e a Lua gira em torno da Terra. Por que isso é possível?

____

____

3. Preencha os espaços abaixo com a resposta adequada.

a) O que age sobre os corpos, dando peso a eles.

b) Astro que influencia as marés.

c) Na Lua a força gravitacional é... vezes menor do que na Terra.

d) Por causa da força gravitacional o... mantém-se em volta da Terra.

e) Quando o mar sobe, dizemos que a maré está...

f) Cientista que descobriu como a força da gravidade age sobre os corpos.

De olho na experiência

O brilho das estrelas

Entenda o que acontece com o brilho das estrelas.

Numa noite sem nuvens, podemos ver muitas estrelas no céu. Durante o dia, porém, somente o Sol é visível, as outras estrelas "desaparecem".

Para ver por que isso acontece, realize a experiência a seguir. O professor vai levar a classe para um lugar da escola que não tenha luz.

Material necessário

- lanterna a pilha
- papel-alumínio
- alfinete

Ilustra Cartoon/Arquivo da editora

1. Coloque um pedaço de papel-alumínio sobre a lente da lanterna. Dobre-o nas beiradas.
2. Com o auxílio do professor e com muito cuidado, faça pequenos furos no papel com o alfinete.
3. Apague as luzes, acenda a lanterna, direcione-a para a parede e observe.
4. Depois, acenda novamente a luz e verifique o que acontece.

a) O que você observou com a luz da sala apagada e com ela acesa? Tente explicar por que isso acontece.

____

____

____

b) Agora, responda: por que, durante o dia, não vemos as outras estrelas, só o Sol?

____

____

Unidade

2

Os seres vivos e suas relações

Valter Ferrari/Arquivo da editora

O QUE VOU ESTUDAR?

- Os seres vivos do nosso planeta
- Os vegetais
- De que as plantas precisam
- Os animais
- A reprodução dos animais
- Os microrganismos
- Os seres vivos e o ciclo de energia da natureza
- A cadeia alimentar

5

A diversidade dos seres vivos

Você já parou para pensar na enorme variedade de seres vivos que há na Terra?

De tempos em tempos, novos tipos de seres vivos são descobertos e, certamente, ainda há muito por conhecer e descobrir.

Os seres vivos possuem **ciclo de vida**, ou seja: **nascem**, **crescem**, **podem se reproduzir** e **morrem**.

Encontramos na Terra seres vivos e elementos não vivos.

J. Rodrigues/Arquivo da editora

Nesse ambiente há diversos seres vivos (bicho-preguiça, onça, jacaré, tucano, vitória-régia, orquídeas e castanheira) e também elementos não vivos (pedras, água, ar, terra).

Os seres vivos surgiram na Terra há milhões de anos.

É muito provável que os primeiros seres vivos tenham surgido na água. Assim, teve início um longo e lento processo que deu origem à enorme diversidade de seres vivos existentes hoje no planeta Terra.

O ser humano demorou muito tempo para surgir na Terra. Muito antes de seu aparecimento, já existiam por aqui animais, como os peixes e os répteis.

1. Pinte de amarelo o quadrinho das afirmativas corretas e de vermelho o das erradas.

- [ ] A água é um ser vivo.
- [ ] Os vegetais são seres vivos.
- [ ] Os seres vivos nascem, crescem, podem se reproduzir e morrem.
- [ ] É bem provável que a vida tenha surgido na água.
- [ ] Provavelmente, o primeiro ser vivo a surgir na Terra foi o ser humano.

2. Ilustre o seguinte tema:

Uma imensa variedade de seres vivos habita o planeta Terra.

- Agora, responda:

a) Quais seres vivos você ilustrou?

____

____

b) Como você sabe que são seres vivos?

____

____

6

Os vegetais

Existe uma variedade muito grande de vegetais.

Para que possam crescer e se desenvolver, os vegetais necessitam basicamente de água, luz do Sol, gás oxigênio e gás carbônico, além de outros nutrientes, como os sais minerais. Tudo isso é fornecido pelo ambiente.

Os vegetais e o solo estão intimamente ligados. O solo dá fixação aos vegetais. Estes, por sua vez, protegem o solo contra a ação erosiva da água das chuvas e do vento, evitando que o terreno se desgaste.

Observe estas plantas:

PhotoSGH/Shutterstock/Glow Images

flyinglife/Shutterstock/Glow Images

Como você pode notar, uma das fotos mostra plantas vivas e a outra, plantas quase mortas ou mortas.

Os vegetais só se desenvolvem bem em solo fértil. Quando o solo não é fértil, isto é, quando a terra é pobre em húmus, ele precisa receber adubos orgânicos – restos de animais e vegetais – ou químicos, que são misturados à terra para fertilizá-la.

As plantas também não se desenvolvem em ambientes muito secos, pois necessitam de água para viver. Assim, o solo seco precisa ser irrigado. Mas, se, ao contrário, o solo contiver água em excesso, precisa ser drenado.

Antes do plantio, o solo precisa ser arado, mexido, para que as sementes possam receber o oxigênio do ar.

1. Quais são os elementos essenciais para que uma planta possa se desenvolver de forma saudável?

____

____

2. Você sabe qual é a diferença entre adubos orgânicos e adubos químicos? Pesquise e conte aos seus colegas.

____

____

____

3. Converse com o professor e com os colegas sobre a irrigação e a drenagem e escreva abaixo o que elas são e qual é a sua importância para o solo e para a vegetação.

____

____

____

4. Coloque um **X** nos quadrinhos que indicam a opção correta.

a) O solo apropriado para o desenvolvimento de um vegetal deve ser:

☐ seco. ☐ fértil. ☐ alagadiço.

b) Para que as sementes recebam o oxigênio do ar, o solo deve ser:

☐ arado. ☐ irrigado. ☐ drenado.

c) O solo seco precisa ser:

☐ drenado. ☐ adubado. ☐ irrigado.

d) O solo alagadiço precisa ser:

☐ arado. ☐ drenado. ☐ irrigado.

Partes de um vegetal e algumas de suas funções

Para desenvolver-se, as plantas necessitam de ar, água e luz solar. Elas diferem dos outros seres vivos principalmente porque são capazes de produzir seu próprio alimento.

A maioria das plantas é formada de raiz, caule, folhas, flores e frutos.

A raiz, o caule e as folhas são conhecidos como **órgãos de nutrição**. As flores são os **órgãos de reprodução**. Os frutos guardam as sementes, que vão dar origem a novas plantas.

Lynwood M. Chace/Photo Researchers/Latinstock

raiz

Anuwat/Shutterstock/Glow Images

caule

Ben Cody/Wikipedia/Wikimedia Commons

folhas

gdvcom/Shutterstock/Glow Images

frutos

Muangsatun/Shutterstock/Glow Images

flores

A **raiz** absorve a água e os minerais do solo e os transporta até o caule.

O **caule** conduz a água e os minerais por todo o vegetal, até as folhas mais distantes, e transporta o alimento produzido pelas folhas para todo o vegetal. Os caules verdes também são capazes de colaborar com a produção de alimento para a planta.

A **folha** é responsável pela produção de alimento e pela respiração da planta.

Uma folha completa tem três partes: a bainha, o pecíolo e o limbo.

No limbo, encontram-se as nervuras, que são pequenos canais condutores de nutrientes.

Partes da folha

Ilustrações: Osni de Oliveira/Arquivo da editora

Fotossíntese

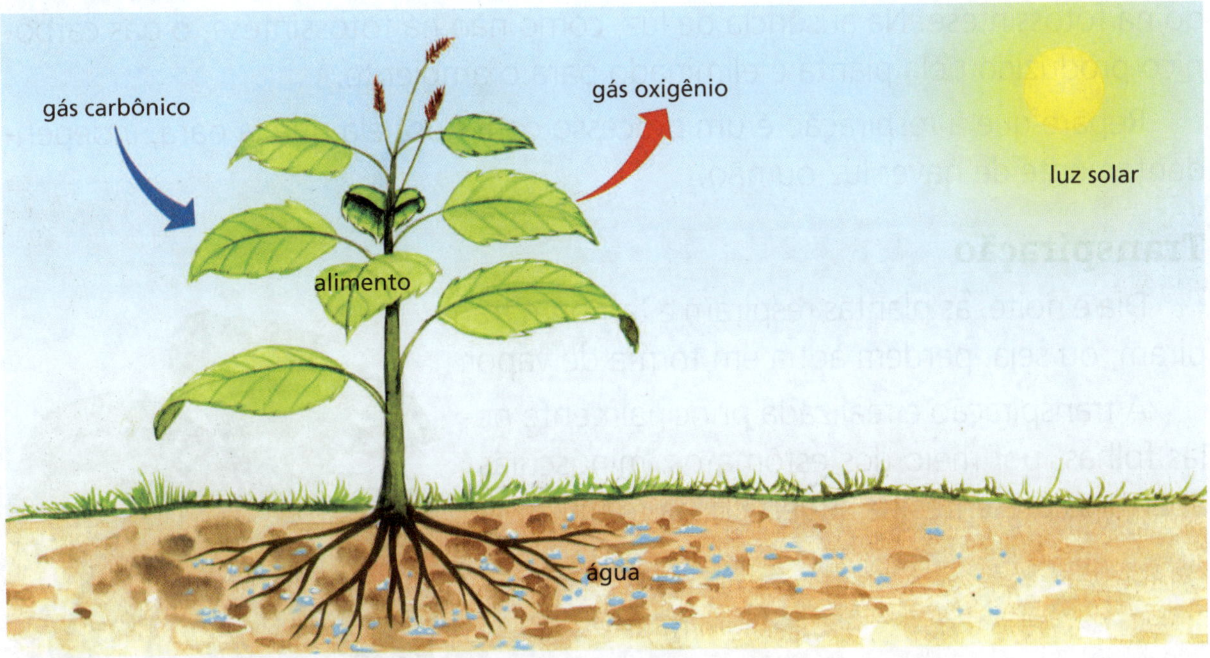

Esquema representando as trocas gasosas na fotossíntese.

É por meio da fotossíntese que as plantas fabricam seu próprio alimento.

Para isso, elas retiram água da terra (pelas raízes) e gás carbônico do ar (pelas folhas). Da luz do Sol, elas retiram energia para realizar a fotossíntese. Quem faz isso é a clorofila, uma substância de cor verde existente nas folhas e em alguns caules e ramos mais novos.

Ao realizar a fotossíntese, a planta consome gás carbônico e elimina gás oxigênio. Isso acontece somente na presença de luz.

Respiração

Como você viu, durante a fotossíntese as plantas absorvem gás carbônico e eliminam gás oxigênio. Na respiração, o processo é contrário: as plantas absorvem gás oxigênio e eliminam gás carbônico.

Ilustrações: Osni de Oliveira/Arquivo da editora

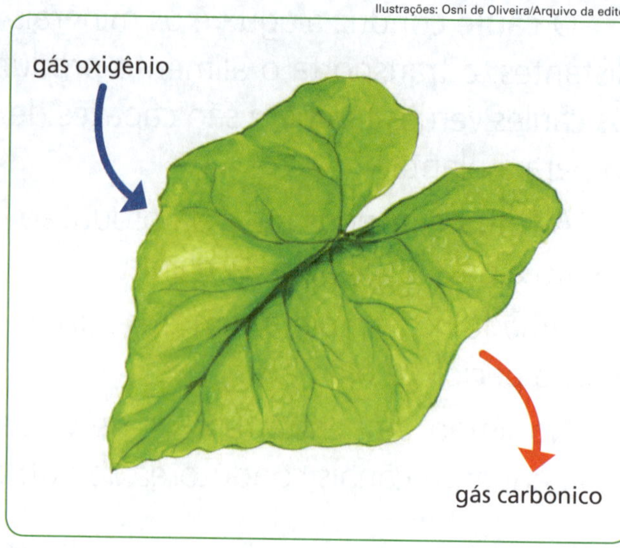

Esquema representando as trocas gasosas na respiração.

As plantas, como os animais, respiram dia e noite sem parar.

Na presença de luz, o gás carbônico (inclusive o que a planta produz) é usado na fotossíntese. Na ausência de luz, como não há fotossíntese, o gás carbônico produzido pela planta é eliminado para o ambiente.

Repare que a respiração é um processo contínuo: ela nunca para, independentemente de haver luz ou não.

Transpiração

Dia e noite, as plantas respiram e também transpiram, ou seja, perdem água em forma de vapor.

A transpiração é realizada principalmente pelas folhas, por meio dos estômatos, minúsculas aberturas presentes na superfície da folha.

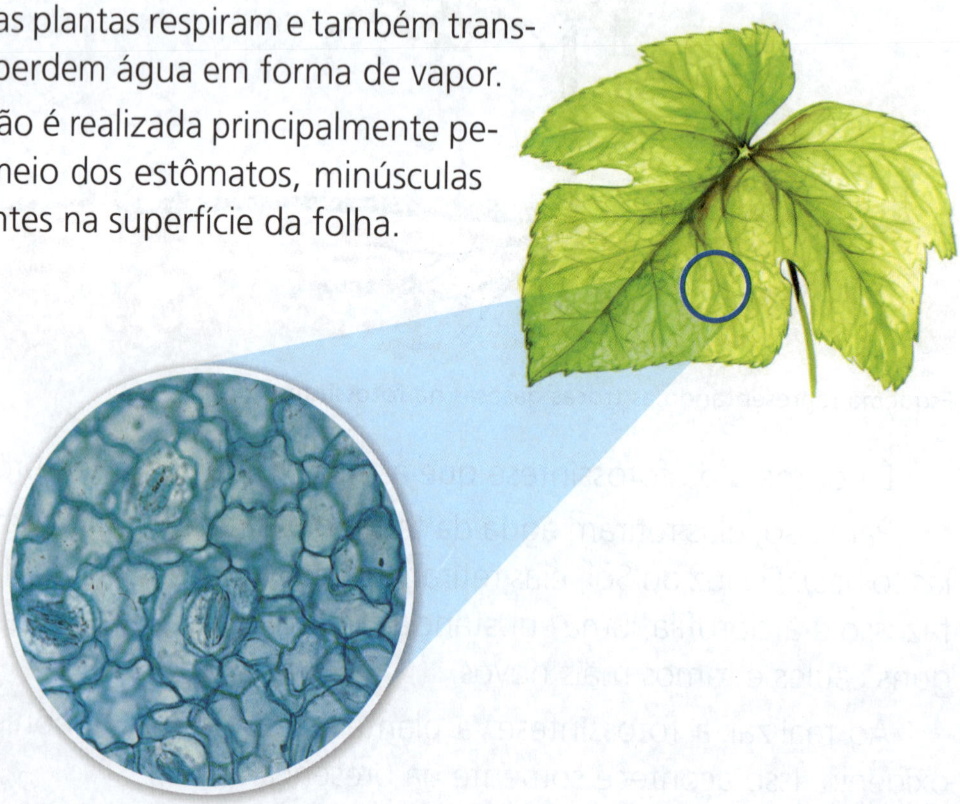

Estômatos vistos ao microscópio (ampliados 160 vezes).

1. Complete a cruzadinha.

a) Conduz água e nutrientes por todo o vegetal.

b) Dão origem aos frutos.

c) Guardam as sementes.

d) Absorve a água do solo.

e) Realizam fotossíntese, respiração e transpiração.

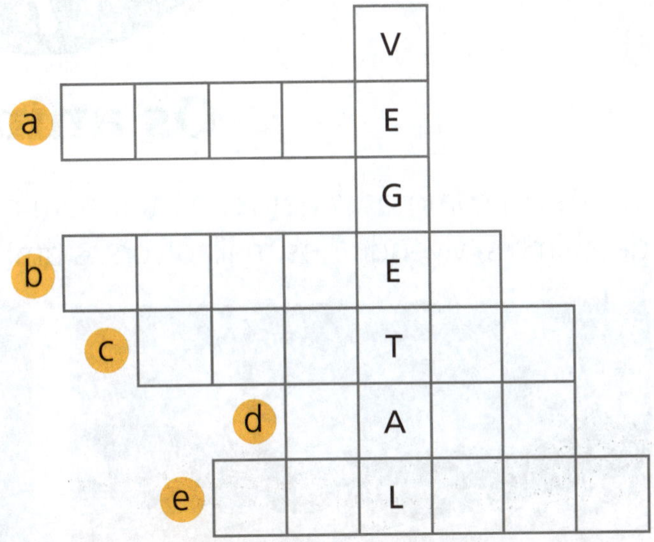

2. Explique como uma planta realiza os processos de:

a) transpiração: ______________________________

____

b) respiração: ______________________________

____

c) fotossíntese: ______________________________

____

3. Para ocorrer a fotossíntese, é fundamental a presença de uma substância existente no vegetal que capta a energia do Sol.

a) Qual é o nome dessa substância?

____

b) Em que parte da planta essa substância é encontrada?

____

c) A fotossíntese acontece principalmente nas folhas. Por quê?

____

____

7

Os animais

Assim como os vegetais, há também na Terra uma variedade muito grande de animais, vivendo nos mais diversos ambientes.

Kavram/Shutterstock/Glow Images

Ambiente terrestre

Andrey Kuzmin/Shutterstock/Glow Images

Ambiente aquático

Os animais não produzem seu próprio alimento. Eles precisam retirar do ambiente o alimento necessário para seu desenvolvimento. Alguns alimentam-se de vegetais; outros, de animais; há também aqueles que se alimentam tanto de animais como de vegetais.

Para facilitar seu estudo, os cientistas agrupam os animais de acordo com características que eles têm em comum. Um dos tipos de classificação divide os animais em **vertebrados** e **invertebrados**.

Animais vertebrados

Animais vertebrados possuem crânio e coluna vertebral, isto é, têm proteção para o encéfalo e um conjunto de estruturas chamadas vértebras, que sustentam seu corpo.

Os vertebrados são classificados em cinco grandes grupos: mamíferos, aves, répteis, anfíbios e peixes. Veja, a seguir, exemplos de cada um desses grupos.

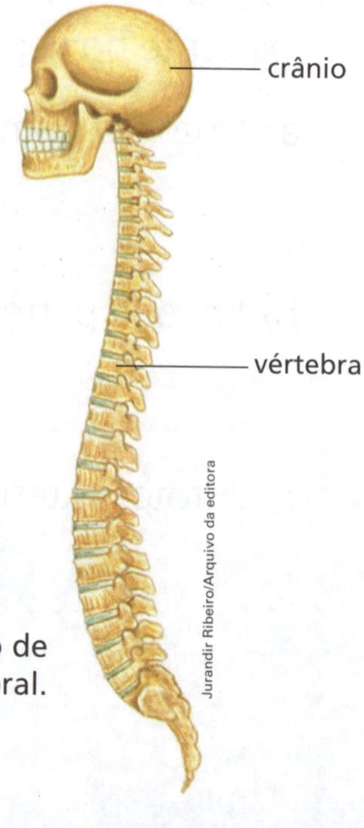

Jurandir Ribeiro/Arquivo da editora

Representação de coluna vertebral.

- **Peixes**: em geral, nascem de ovos que se desenvolvem fora do corpo da fêmea e têm o corpo coberto de escamas. Os peixes só vivem na água.

Vlad61/Shutterstock/Glow Images

peixe

Fabio Colombini/Acervo do fotógrafo

sapo-cururu

- **Anfíbios**: geralmente nascem de ovos que se desenvolvem fora do corpo da fêmea e têm a pele úmida. Quando pequenos, vivem só na água; após crescerem, podem viver na água e na terra.

- **Répteis**: a maioria nasce de ovos que se desenvolvem fora do corpo da fêmea. Os répteis têm o corpo coberto de carapaça, escamas ou placas duras.

Orlandin/Shutterstock/Glow Images

tartaruga

Elliotte Rusty Harold/Shutterstock/Glow Images

pato

- **Aves**: nascem de ovos com casca, desenvolvidos fora do corpo da fêmea. Elas têm o corpo coberto de penas.

- **Mamíferos**: são os animais que mamam quando pequenos. Formam-se dentro da barriga da mãe e têm, quase todos, o corpo coberto de pelos.

EcoPrint/Shutterstock/Glow Images

leoa e filhotes

Animais invertebrados

Existem também muitos animais que não possuem coluna vertebral. São chamados animais invertebrados. Entre eles estão os artrópodes, os anelídeos e os vermes, e os moluscos.

- **Artrópodes**: têm membros rígidos e vários pares de pernas. São exemplos de artrópodes:
  - insetos, como a mosca e a borboleta;
  - crustáceos, como o siri e a lagosta;
  - aracnídeos, como a aranha e o escorpião.

EcoPrint/Shutterstock/Glow Images

escorpião-preto

- **Anelídeos e vermes**: têm o corpo mole e respiram pela pele. Muitos vivem no solo, como a minhoca. Existem vermes que vivem dentro do corpo de outros animais. É o caso da lombriga e da tênia.

Fabio Colombini/Acervo do fotógrafo

tênia

- **Moluscos**: têm o corpo mole e respiram por meio de brânquias ou pulmões. São marinhos, terrestres ou de água doce. Exemplos: caracol, lesma e polvo.

  Em sua maioria, os moluscos são portadores de concha calcária protetora, embora algumas espécies, como as lesmas e os polvos, não a possuam. São moluscos: caramujos, caracóis, lesmas, búzios, ostras, mexilhões, mariscos, lulas, polvos e outros animais menos conhecidos.

Vittorio Bruno/Shutterstock/Glow Images

polvo

1. Explique qual é a diferença entre um animal vertebrado e um invertebrado.

____

____

____

2. Existe na Terra uma variedade muito grande de animais. Faça uma lista com alguns que você conhece, agrupando-os da seguinte forma:

conheço de perto	já vi no zoológico	já vi na televisão, no cinema ou na revista

a) Compare sua lista com as de seus colegas de classe e verifique quantos tipos de animais diferentes vocês conseguiram relacionar.

b) A maioria dos animais vistos por vocês é domesticada ou silvestre? Por que você acha que isso acontece?

____

____

____

____

3. Faça uma pesquisa para descobrir algumas informações sobre: um mamífero, uma ave, um réptil e uma planta que correm risco de extinção ou já desapareceram de ambientes brasileiros. Junte suas informações às obtidas por seus colegas e montem um painel com o título "O que estamos fazendo com nossa fauna e flora?". Registre suas impressões no caderno.

A reprodução dos animais

As imagens não estão em tamanho proporcional entre si.

Mamíferos

A maioria dos mamíferos dá à luz filhotes desenvolvidos no útero da mãe. Ali a placenta lhes fornece alimento e oxigênio. Mamíferos como ratos, rinocerontes e seres humanos, cujos filhotes se desenvolvem dessa maneira, são chamados placentários. O tempo gasto no útero varia de 20 dias, para um camundongo, até 20 meses, para um elefante.

Brberrys/Shutterstock/Glow Images

Os cachorros se desenvolvem no útero materno por cerca 60 dias.

Aves

Como todas as aves de solo, o avestruz faz o ninho no chão, mas cria o filhote de um modo pouco comum. Muitas fêmeas põem seus ovos juntas, mas um único macho se encarrega de chocá-los praticamente sozinho. Assim que nascem, os filhotes seguem o pai num grupo unido. O macho pode ainda assumir um segundo grupo, criando um "berçário" com dúzias de filhotes.

Anton_Ivanov/Shutterstock/Glow Images

Enquanto choca, o avestruz arruma os ovos, para que recebam calor por igual. Os filhotes já nascem medindo cerca de 30 centímetros de altura.

Répteis

Os répteis produzem ovos com uma casca flexível, parecida com couro. Dentro há um saco com um líquido chamado âmnio e um suprimento alimentar para nutrir o embrião enquanto se desenvolve. A casca e o saco de âmnio evitam que o ovo perca água e deixam que oxigênio e umidade alcancem o animal em formação.

Kim Taylor and Jane Burton/Dorling Kindersley/Getty Images

A cobra verifica se há perigo por perto pelo ar, pondo a língua para fora várias vezes, antes de deixar cuidadosamente a casca.

Anfíbios

As espécies de anfíbios são tão variadas que não é possível determinar um único modo de reprodução; só o que se sabe é que ela está sempre ligada ao meio aquático.

A maioria dos anfíbios é ovípara, como as pererecas. Existem exceções, como a salamandra, que pode ser ovípara (forma filhotes dentro dos ovos, fora do corpo da mãe) ou vivípara (forma filhotes dentro do corpo da mãe). No caso das pererecas, os ovos fecundados se desenvolvem em ambientes úmidos e dão origem a girinos que vivem na água desde o nascimento.

Após sair dos ovos, os girinos passam por diversas modificações até se tornarem adultos.

A salamandra-de-pinta-amarela pode ser ovípara ou vivípara.

Peixes

Os peixes são animais que dependem do meio aquático para viver. Em sua maioria, os peixes são ovíparos, mas há também os vivíparos e os ovovivíparos (formam filhotes dentro de ovos que ficam no interior do corpo da mãe).

A taxa de mortalidade dos peixes é muito alta em razão do grande número de predadores.

Os alevinos são a fase larval dos peixes, ou seja, são seus filhotes em desenvolvimento.

Reprodução sexuada e assexuada

Todos os seres vivos têm a capacidade de se reproduzir originando outros seres da mesma espécie.

As diferentes espécies de animais e de vegetais se dividem em dois grandes grupos, conforme sua forma de reprodução: sexuada ou assexuada.

Na reprodução sexuada, que ocorre na maioria dos animais e vegetais, o novo ser é formado pela união de dois gametas distintos, ou seja, dois tipos de células sexuais: uma célula reprodutora masculina e uma célula reprodutora feminina. Nesse tipo de reprodução, os novos indivíduos são muito parecidos com seus progenitores, mas não idênticos.

A reprodução da onça é sexuada.

Matt Gibson/Shutterstock/Glow Images

A reprodução assexuada é a que ocorre em alguns seres unicelulares e pluricelulares sem a intervenção das células reprodutoras (gametas). Os seres vivos que se reproduzem de forma assexuada geralmente são pouco complexos e os únicos responsáveis pela sua própria reprodução, ou seja, não há a participação de indivíduos femininos e masculinos. Nas condições adequadas, a reprodução assexuada pode ser muito rápida e produzir um grande número de descendentes. Nesse tipo de reprodução, os novos seres são idênticos aos seus progenitores.

Amanda Nicholls/Shutterstock/Glow Images

A estrela-do-mar é um animal que pode se reproduzir de forma assexuada.

1. Informe a que grupos específicos se refere a característica a seguir:

> Têm a capacidade de se reproduzir originando outros seres da mesma espécie.

____

2. Leia o texto a seguir.

> A reprodução é uma importante característica dos animais e dos vegetais.
>
> Nos animais, para que ocorra reprodução sexuada, deve haver a fecundação, que é a junção dos gametas. A fecundação pode ocorrer no interior do corpo da mãe ou na água.
>
> Nos vegetais, a reprodução pode ocorrer com fecundação (por meio dos órgãos reprodutores masculino e feminino existentes nas flores) ou sem fecundação (a partir da folha ou do caule, por meio de seus brotos).
>
> Existem espécies animais, como os caracóis, que possuem órgãos reprodutores masculino e feminino. Essas espécies são chamadas hermafroditas.

- Agora, converse com seus colegas sobre a reprodução dos seres vivos. Busque exemplos de tipos de reprodução em livros, em enciclopédias e na internet e escreva o que você aprendeu.

____

____

____

____

____

____

____

____

____

8

Os microrganismos

Os microrganismos são os menores seres vivos da Terra. São seres tão pequenos que só podem ser vistos com a ajuda de um aparelho especial, o microscópio.

Os microrganismos encontram-se em diferentes ambientes: no solo, no ar, na água e até no interior de nosso corpo.

São exemplos desses pequenos seres as bactérias, algumas espécies de fungos, os protozoários e os vírus.

Bactérias

As bactérias são organismos unicelulares. Algumas delas podem viver em ambientes sem ar. Embora possam ser causadoras de doenças, são as grandes responsáveis pela decomposição dos seres mortos. No organismo humano, certos tipos de bactérias atuam no intestino, ajudando-o a absorver melhor os alimentos e deixando o corpo em equilíbrio.

O ser humano também se aproveita da ação das bactérias em sua alimentação. Para fazer queijo, por exemplo, é necessária a participação de um tipo de bactéria chamado lactobacilo.

Fungos

Alguns fungos que podem ser vistos a olho nu são o bolor do pão, os cogumelos e o mofo. A maioria deles contém substâncias tóxicas, por isso não devem ser ingeridos.

Entretanto, os fungos podem, em alguns casos, ser usados na fabricação de alimentos e medicamentos, pois deles são extraídas substâncias para essa finalidade. A penicilina é um exemplo conhecido desse uso. Há alguns fungos comestíveis, como o champinhom. Eles servem também para produzir o fermento usado em pães e na fermentação de bebidas.

Barry Blackburn/Shutterstock/Glow Images

O champinhom é uma espécie de cogumelo comestível. Mas cuidado, a maioria dos cogumelos é tóxica!

Protozoários

São seres vivos constituídos de uma única célula. A grande maioria deles é microscópica. Os protozoários podem habitar animais e vegetais, além de viver na água e no solo.

Alguns protozoários são capazes de realizar todas as funções necessárias à vida, tais como alimentação, respiração, reprodução, excreção e locomoção.

Muitas doenças são causadas por protozoários, como a doença de Chagas e a malária.

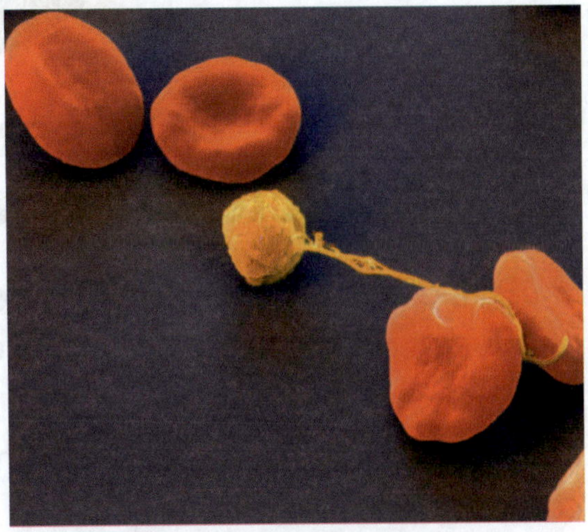

Eye of Science/SPL/Latinstock

Parasitas protozoários do gênero *Plasmodium* são os causadores da malária, doença infecciosa bastante comum nas regiões tropicais das Américas, da África e da Ásia.

Vírus

Os vírus são seres microscópicos que podem se reproduzir em outro corpo de forma rápida e assustadora.

Também podem infectar bactérias, plantas, animais e, quando se instalam no organismo humano, ocasionar muitos tipos de doenças, como a gripe e a Aids, com várias formas de transmissão.

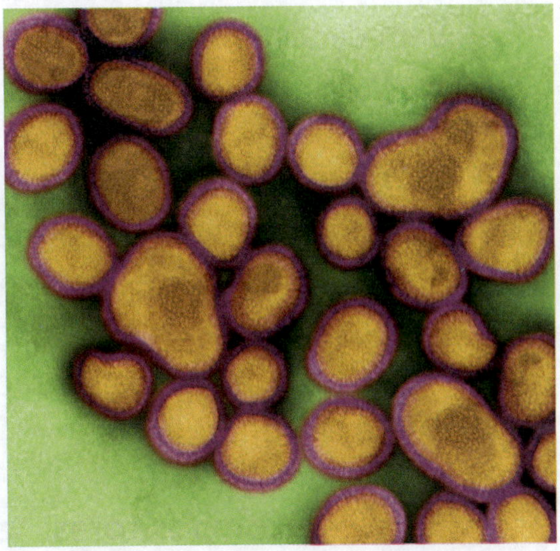

Dr. Dennis Kunkel Microscopy/Corbis/Latinstock

O vírus *Influenza* A (H1N1) causa a gripe suína que, em 2009, matou muitas pessoas em todo o planeta.

1. Você aprendeu que os microrganismos também têm utilidade na medicina. Pesquise, descubra e escreva para que servem as vacinas e os antibióticos.

____

____

____

2. Pense em uma doença que você já teve e foi causada por microrganismos. Busque informações sobre essa doença e registre em seu caderno.

9

Os seres vivos e o ciclo de energia da natureza

Para obter alimento, os seres vivos dependem uns dos outros e do ambiente em que vivem. É no alimento que está a energia de que precisam para se desenvolver.

Todos os seres vivos desempenham um papel no processo de alimentação, podendo ser classificados em seres produtores, consumidores ou decompositores.

As imagens não estão em tamanho proporcional entre si.

- **Seres produtores**: os vegetais são seres vivos que, por meio da fotossíntese, produzem seu próprio alimento. Por isso, recebem o nome de produtores. Eles servem de alimento para outros seres vivos.

M. Mattner/Shutterstock/Glow Images

bananal

- **Seres consumidores**: os animais não produzem seu próprio alimento. Eles se alimentam de vegetais ou de outros animais. Recebem, por essa razão, o nome de consumidores.

Chris Beddall/Papilio/Corbis/Latinstock

Gavião comendo um coelho.

- **Seres decompositores**: algumas bactérias e alguns fungos alimentam-se da decomposição de animais e vegetais mortos. Daí receberem o nome de decompositores.

Fabio Colombini/Acervo do fotógrafo

Laranja em decomposição.

Os restos dos seres em decomposição são transformados em substâncias que ajudam a fertilizar o solo, contribuindo, assim, para o desenvolvimento dos vegetais.

- Pense em como se alimenta cada um dos seres vivos abaixo. Em seguida, preencha a tabela indicando se são produtores, consumidores ou decompositores.

As imagens não estão em tamanho proporcional entre si.

coelho

ser humano

baleia

orelha-de-pau

morcego

Ilustrações: J. Rodrigues/Arquivo da editora

cobra

ipê-roxo

produtores (vegetais)	**consumidores** (animais)			**decompositores** (bactérias e fungos)
	comem vegetais (herbívoros)	comem outros animais (carnívoros)	comem vegetais e animais (onívoros)	

- Agora, complete as linhas que ficaram em branco na tabela com outros exemplos de animais que você conheça.

10

A cadeia alimentar

Observe a ilustração a seguir.

J. Rodrigues/Arquivo da editora

Nessa situação, podemos distinguir:

- o **produtor**: o vegetal, que produz seu alimento a partir dos nutrientes decompostos na natureza;
- o **consumidor primário**: o preá, que come esse vegetal;
- o **consumidor secundário**: a raposa, que come o preá;
- o **consumidor terciário**: a onça, que come a raposa;
- os **decompositores**: os microrganismos que se alimentam dos restos de vegetais e animais mortos.

A sequência na qual um ser vivo serve de alimento para outro chama-se **cadeia alimentar**.

Como você viu, na natureza tudo se relaciona. Se um ser vivo desaparece do ambiente em que vive, ocorre um desequilíbrio na cadeia alimentar desse ambiente, prejudicando a vida dos outros seres vivos.

1. Desenhe uma cadeia alimentar com os seres vivos abaixo.

pássaro
gafanhoto
capim
cobra

2. Como você explicaria a sequência de seres vivos mostrada na cadeia alimentar da atividade anterior?

___

___

___

- Está faltando um integrante fundamental nessa cadeia alimentar. Você saberia dizer qual é?

___

3. Observe as imagens a seguir e pense em como o ser humano participa nas cadeias alimentares.

Ilustrações: Ilustra Cartoon/Arquivo da editora

___

___

___

___

De olho na experiência

Criando *habitats*

Só porque uma árvore deixa de viver não significa que deixa de ser útil para o meio ambiente. Pelo contrário: uma árvore morta tem uma importante função, longa e produtiva. Ela é um verdadeiro ecossistema de miniaturas! Alimenta e abriga milhares de pequenos seres importantíssimos para a cadeia alimentar e para a qualidade do solo.

Vamos criar um *habitat* com as árvores mortas?

Material necessário

- pedaço de tronco de árvore;
- pedrinhas;
- pequenas plantas florescendo.

Ilustra Cartoon/Arquivo da editora

Como fazer

1. Ache um pedaço de tronco de uma árvore e coloque-o no jardim.
2. Coloque algumas pedras ao redor de suas extremidades.
3. Plante algumas flores pequenas.
4. Agora espere pacientemente! Logo você terá beija-flores, abelhas e borboletas passeando ali.

- O que aconteceu com as flores que você plantou?

____

____

- Por que os animais se aproximaram do tronco? O que eles fazem lá?

____

____

____

Criando *habitats* na escola sustentável: livro de atividades, de Lucia Legan. São Paulo: Imprensa Oficial do Estado de São Paulo; Pirenópolis: Ecocentro Ipec, 2009. p. 43.

Unidade

3

O ser humano

Valter Ferrari/Arquivo da editora

O QUE VOU ESTUDAR?

- O corpo humano
- A estrutura do corpo humano
- Os tecidos
- O sistema locomotor
- O sistema nervoso
- Os órgãos dos sentidos
- O sistema digestório
- O sistema respiratório
- O sistema cardiovascular
- O sistema urinário
- O sistema genital

O corpo humano

O corpo do ser humano é formado por um conjunto de órgãos. Cada órgão tem uma função, mas todos trabalham juntos.

Para melhor estudar o corpo humano, costuma-se dividi-lo em quatro partes: **cabeça**, **pescoço**, **tronco** e **membros**.

A cabeça é composta pelo crânio e pela face.

O pescoço liga a cabeça ao tronco.

O tronco é constituído pelo tórax e pelo abdome.

Os membros estão presos ao tronco. Braços, antebraços e mãos formam os membros superiores; coxas, pernas e pés constituem os membros inferiores.

1. As partes do corpo funcionam integradas umas às outras. Identifique e escreva nos locais correspondentes:

a) as partes do corpo;

b) o revestimento do corpo.

2. Agora, levante e ande um pouco. Ao andar, quais são as partes de seu corpo que mais se mexem?

3. Ponha a mão sobre seu peito. O que você sente?

4. Como você explicaria aos colegas o que está acontecendo com o alimento que você comeu no café da manhã?

A estrutura do corpo humano

Nosso corpo está organizado em células, tecidos, órgãos e sistemas, que funcionam de maneira integrada.

Células

Nosso corpo, como o dos seres vivos em geral, é formado por pequeninas partes vivas chamadas células.

As células que formam o corpo podem ser de tipos e de tamanhos diferentes. Na sua maioria, elas são tão pequenas que só podem ser vistas por meio de um microscópio, como as células que compõem o sangue. Veja:

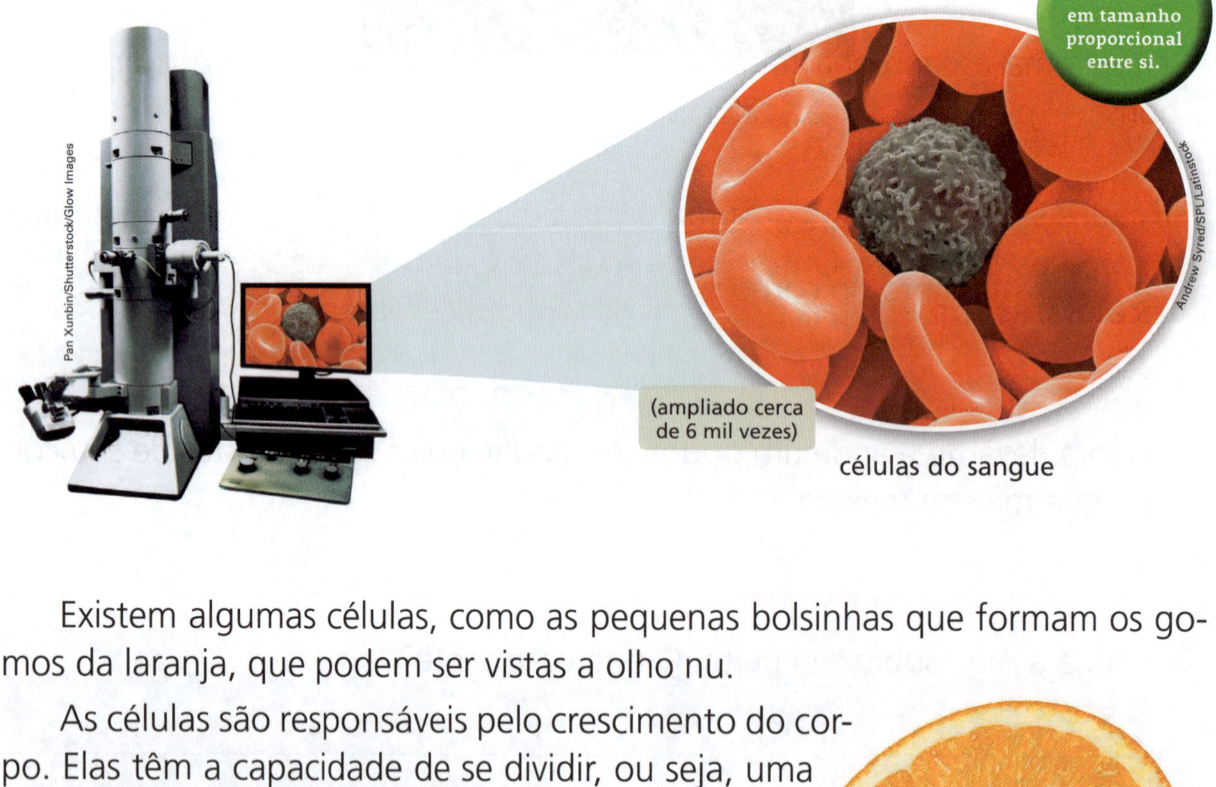

As imagens não estão em tamanho proporcional entre si.

Pan Xunbin/Shutterstock/Glow Images

Andrew Syred/SPL/Latinstock

(ampliado cerca de 6 mil vezes)

células do sangue

Existem algumas células, como as pequenas bolsinhas que formam os gomos da laranja, que podem ser vistas a olho nu.

Bozena Fulawka/Shutterstock/Glow Images

As células são responsáveis pelo crescimento do corpo. Elas têm a capacidade de se dividir, ou seja, uma célula dá origem a duas células, que, quando se dividirem novamente, darão origem a quatro células, e assim por diante. Grande número de células do corpo continua a se dividir mesmo depois que a pessoa cresce. Elas darão origem a novas células que substituirão as que morrerem ou precisarem ser renovadas.

Geralmente, as células são formadas por três partes principais:

Membrana: é a "película" que envolve e protege a célula. Permite a entrada e a saída de substâncias como a água, os alimentos e o oxigênio. Também é função da membrana controlar a saída de outras substâncias, como o gás carbônico.

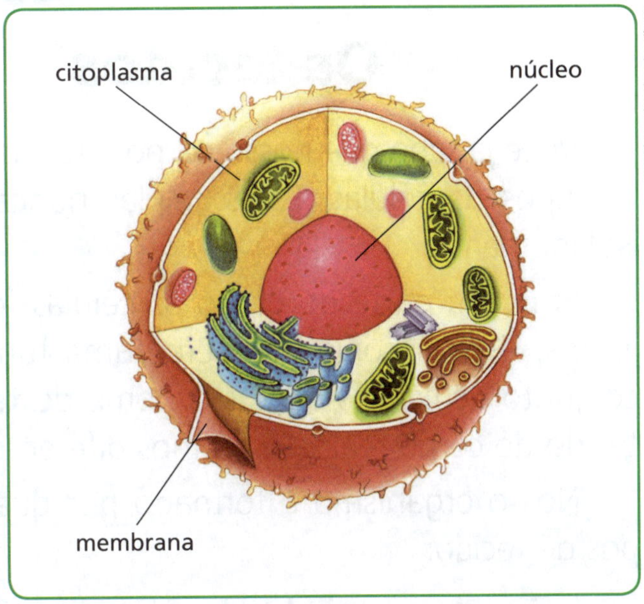

Luís Moura/Arquivo da editora

Citoplasma: localizado entre a membrana e o núcleo; nele estão presentes estruturas responsáveis principalmente pela nutrição da célula, já que transformam o alimento que entra nela.

Núcleo: é o responsável pelo funcionamento da célula. Está mergulhado no citoplasma e coordena todas as funções celulares. O núcleo é o principal responsável pela reprodução celular. Nele fica o DNA, material no qual estão os genes, unidades hereditárias que contêm todas as características do ser vivo.

Alguns seres vivos são constituídos de uma única célula: são os **unicelulares**, como as bactérias. Outros seres vivos possuem inúmeras células: são os **pluricelulares**. Os vegetais e os animais são pluricelulares.

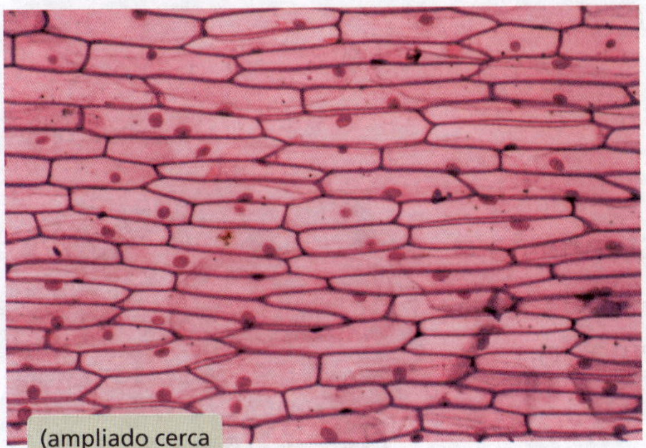

Scientifica/Visuals Unlimited/Corbis/Latinstock

Broto de feijão. As plantas são exemplos de seres pluricelulares.

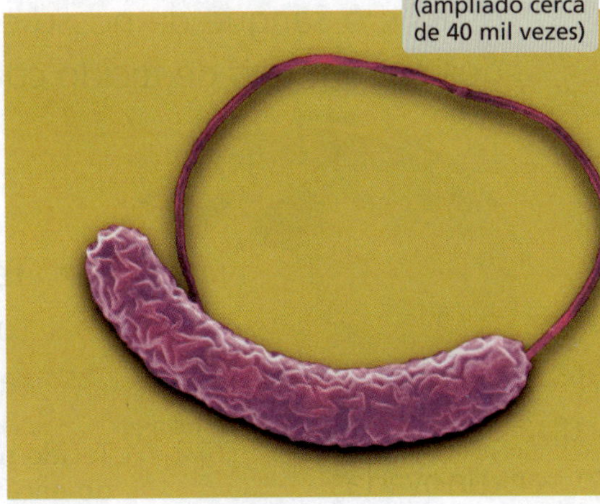

Scientifica/Visuals Unlimited/Corbis/Latinstock

O vibrião da cólera é uma bactéria, exemplo de ser unicelular.

13

Os tecidos

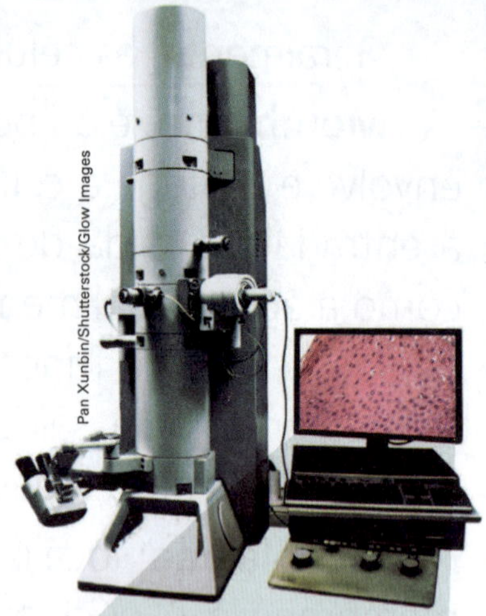

Você já sabe que nosso corpo é formado por muitos tipos de células. Essas células nunca funcionam isoladamente.

Em cada parte do corpo as células formam conjuntos, e cada conjunto exerce uma função. A esse conjunto de células damos o nome de **tecido**. Cada tecido do corpo realiza trabalhos diferentes.

Nosso organismo é formado por quatro tipos de tecido:

- **Tecido epitelial**: é aquele que recobre o corpo por fora, formando a pele.
  O tecido epitelial também reveste o interior de alguns órgãos, como os pulmões, a boca e o esôfago.

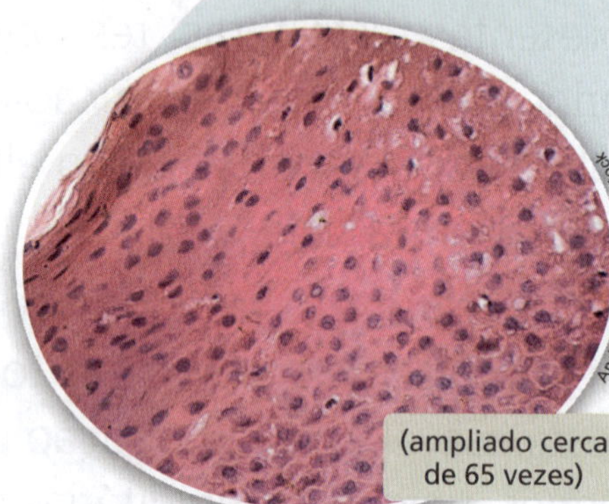

(ampliado cerca de 65 vezes)

Tecido epitelial do esôfago.

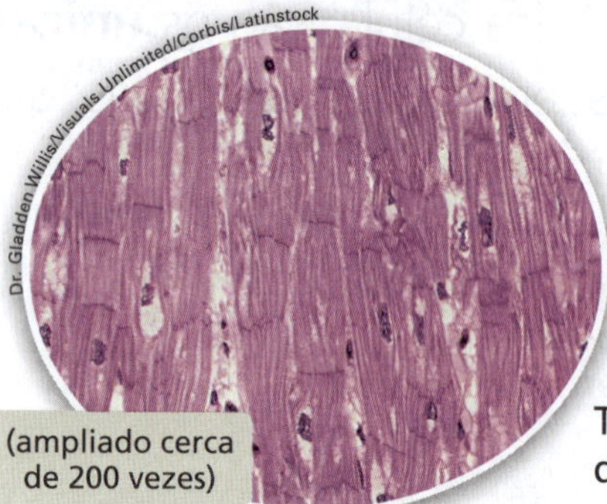

(ampliado cerca de 200 vezes)

Tecido muscular do braço.

- **Tecido muscular**: é aquele que constitui os músculos.

- **Tecido conjuntivo**: é o que dá sustentação e une os outros tecidos e os órgãos entre si. Os ossos e o sangue de nosso corpo são formados por um tipo de tecido conjuntivo.

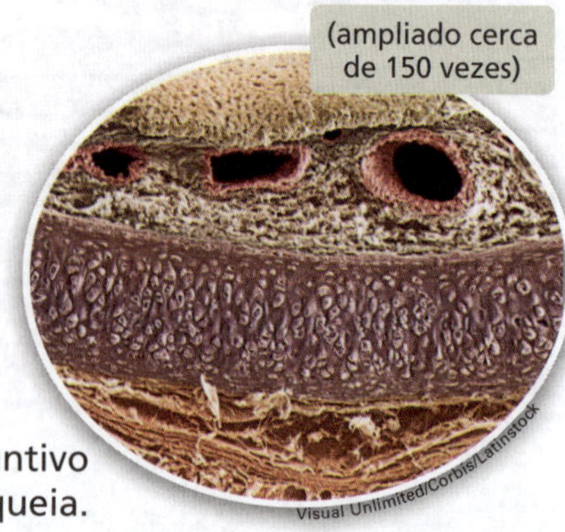

(ampliado cerca de 150 vezes)

Tecido conjuntivo da traqueia.

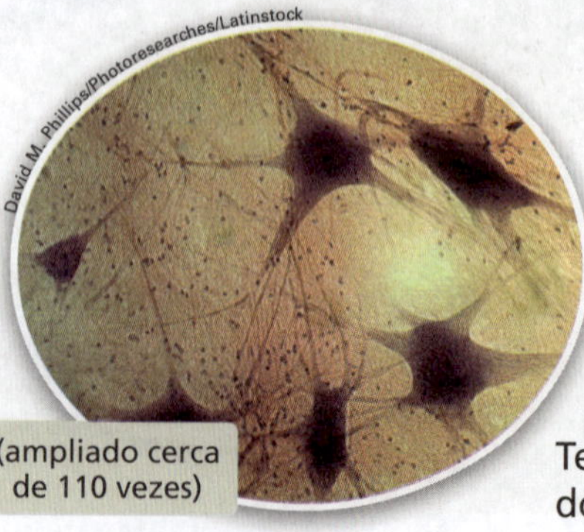

(ampliado cerca de 110 vezes)

Tecido nervoso do encéfalo.

- **Tecido nervoso**: é o tecido que comanda todos os nossos atos. É encontrado no encéfalo, na medula e nos nervos.

Um conjunto de tecidos forma um **órgão**.

Nosso corpo tem diversos órgãos, como o coração, os pulmões, o estômago, os rins, entre outros.

A reunião de vários órgãos constitui os **sistemas** responsáveis pelo funcionamento do organismo humano.

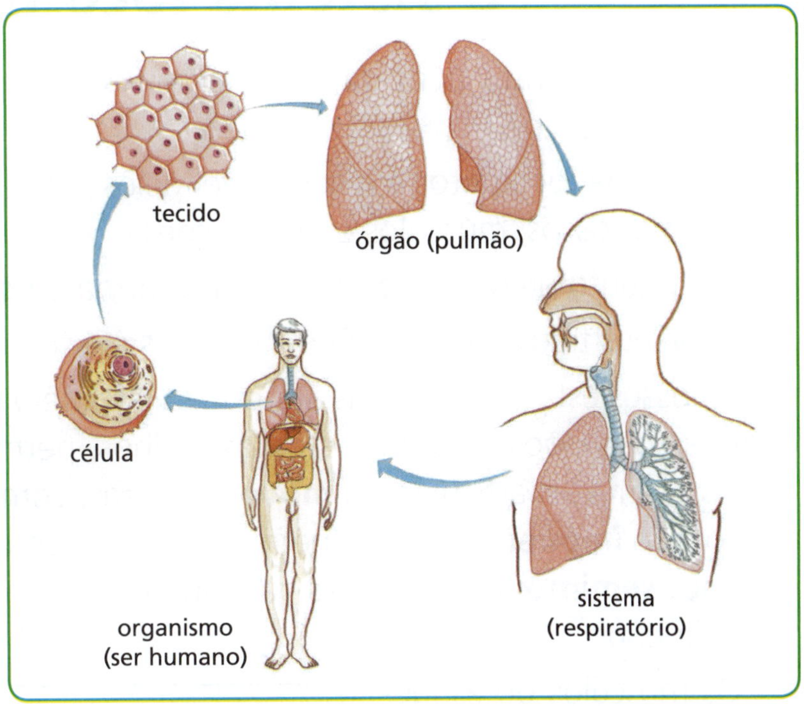

1. Responda:

a) De que é formado nosso corpo?

____

b) Que nome se dá a um conjunto de células do mesmo tipo que realizam determinada função?

____

c) Onde se encontra o tecido nervoso?

____

2. O que é, o que é?

a) Tecido que recobre o corpo por fora: ____________________

b) Conjunto de tecidos: ____________________

c) Reunião de vários órgãos: ____________________

d) Tecido que dá sustentação: ____________________

14

O sistema locomotor

Observe quantos tipos de movimento você consegue fazer com o seu corpo. Muitos, não é?

O sistema locomotor é responsável pelos movimentos do corpo. Ele é formado pelos ossos, músculos e articulações.

O conjunto de ossos de nosso corpo forma o **esqueleto**.

Há vários tipos de ossos. O maior deles é o fêmur, que fica na coxa.

Os ossos estão ligados uns aos outros por meio de **articulações**. Algumas, como as das mãos, dos braços e dos joelhos, permitem movimentos amplos. São as chamadas articulações **móveis**. Outras, como as que ligam os ossos do crânio, são **imóveis**, pois não permitem movimentos. Há, ainda, algumas articulações **semimóveis**, como as da coluna vertebral, que permitem movimentos pequenos.

Os músculos do esqueleto localizam-se entre os ossos e a pele, dando forma ao corpo e protegendo os órgãos internos.

Os músculos se contraem e relaxam, dando movimento ao corpo. Quando se contraem, ficam mais grossos. Ao relaxarem, ficam mais compridos.

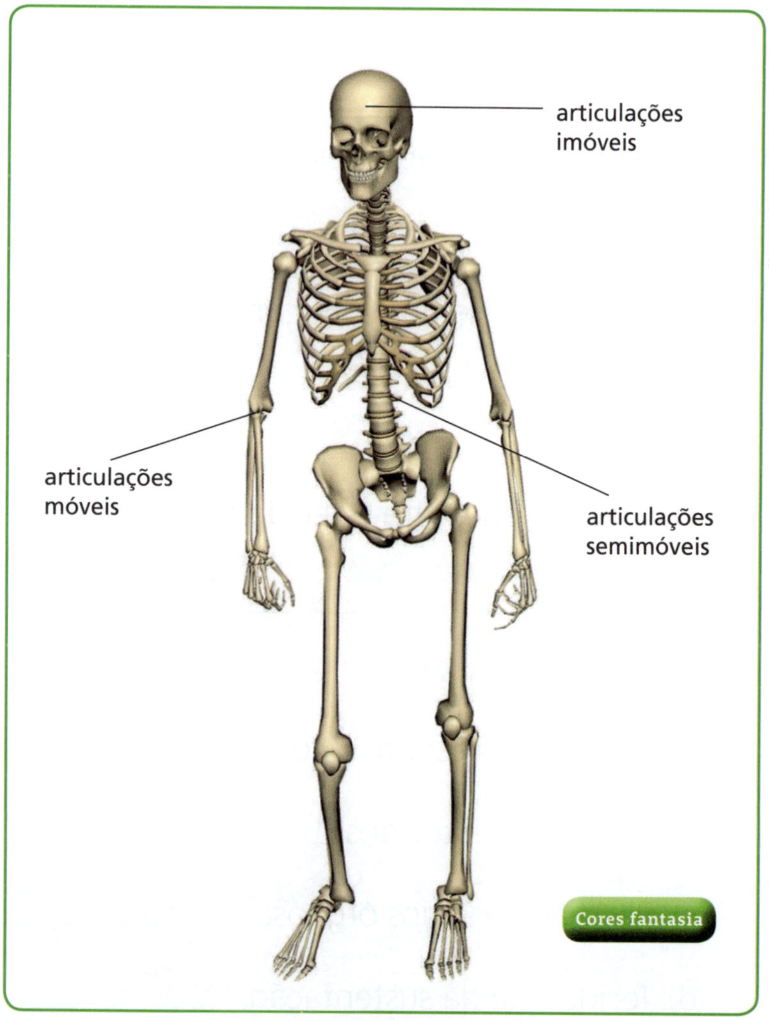

Hermans Patrick/Shutterstock/Glowimages

Representação do esqueleto humano.

Em nosso corpo existem três tipos de músculos: não estriado, estriado esquelético e estriado cardíaco. Vejamos:

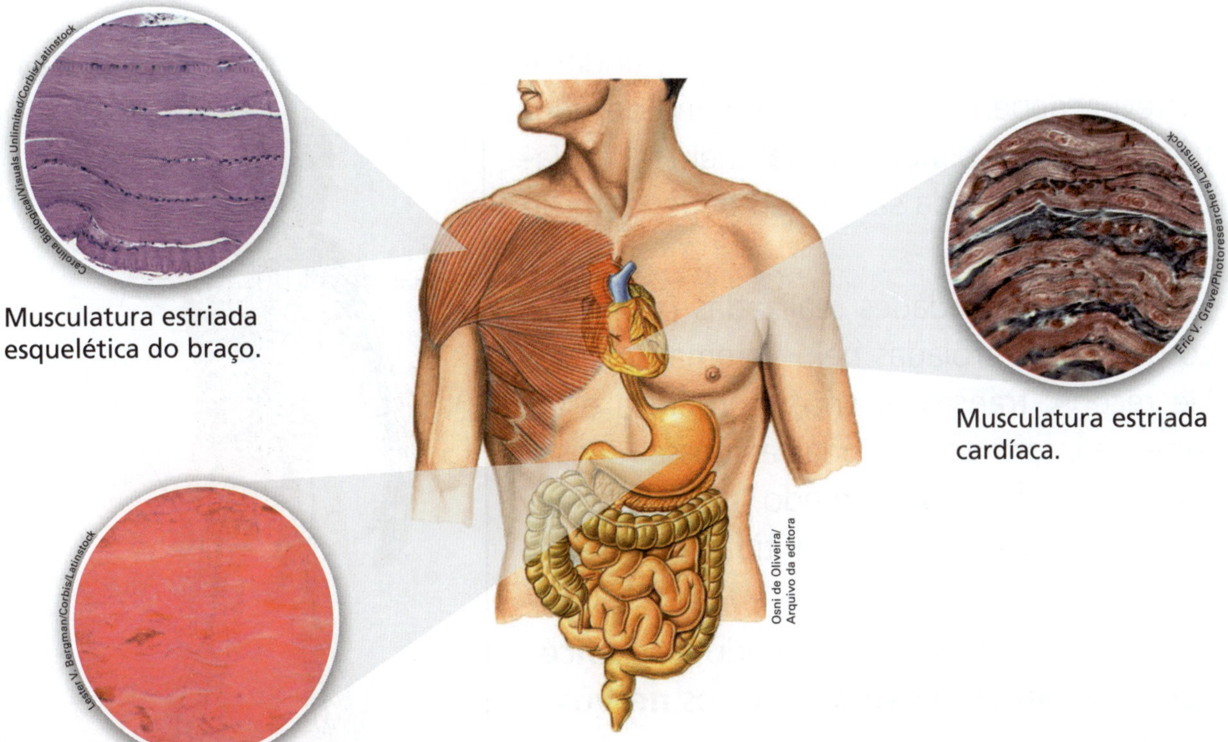

Musculatura estriada esquelética do braço.

Musculatura estriada cardíaca.

Musculatura não estriada do estômago.

- **Músculo não estriado**: é responsável pelo movimento de órgãos internos, como o estômago e o intestino. É um músculo involuntário, ou seja, não depende de nossa vontade para se contrair.
- **Músculo estriado esquelético**: permite mover as partes de nosso esqueleto de acordo com nossa vontade; por isso, é chamado de voluntário.
- **Músculo estriado cardíaco**: é responsável pelos batimentos do coração. É, também, um músculo involuntário.

1. Observe os movimentos de um colega. Depois, dê três exemplos de movimentos que você notou e escreva quais os músculos utilizados.

____

____

2. Reflita e discuta com seus colegas: O que aconteceria com seu corpo se você não tivesse ossos?

15

O sistema nervoso

Algumas atividades, como falar, andar e escrever, dependem de nossa vontade. Outras, como a respiração, os batimentos cardíacos e a secreção da saliva não dependem de nossa vontade.

Todas as atividades realizadas por nosso corpo são controladas pelo sistema nervoso. Ele recebe, transmite, cria, reorganiza e armazena informações. Todas as nossas sensações, como frio, fome, medo, alegria, tristeza, entre outras, são transmitidas ao cérebro por meio de nervos.

O sistema nervoso é formado pelo **encéfalo**, pela **medula espinal** e pelos **nervos**.

A medula espinal tem a forma de um cordão. Ela liga o encéfalo às diversas partes do corpo. É responsável pela condução de informações ao encéfalo. Participa de nossos atos involuntários e também de nossos reflexos.

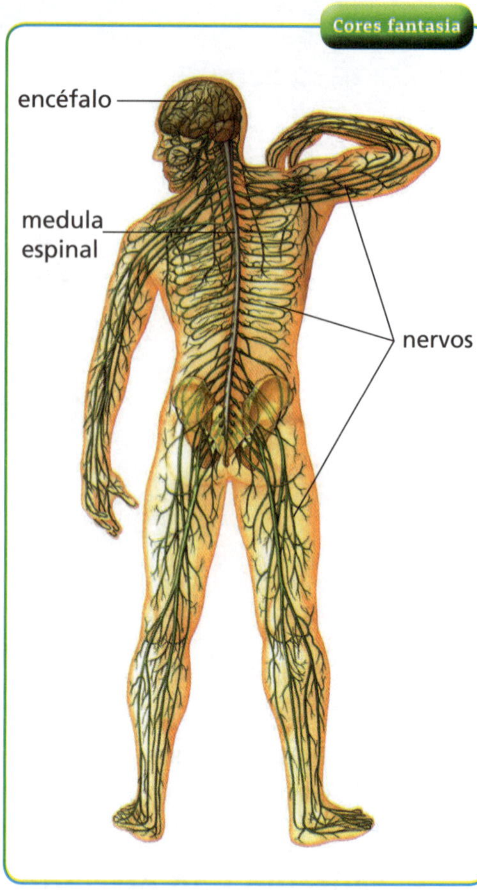

sistema nervoso

Os nervos enviam e recebem informações. Eles saem do encéfalo e da medula e se estendem para todas as partes do corpo.

É o sistema nervoso que garante o funcionamento de todos os órgãos do corpo humano.

No **encéfalo**, encontram-se:

- o **cérebro**, órgão responsável pela memória, pelo pensamento e pela inteligência;
- o **cerebelo**, responsável pela coordenação dos movimentos comandados pelo cérebro, garantindo uma perfeita harmonia entre eles. Localiza-se logo abaixo do cérebro;
- o **bulbo** (ou **medula oblonga**), que controla os movimentos involuntários, como a respiração, a circulação e os batimentos cardíacos.

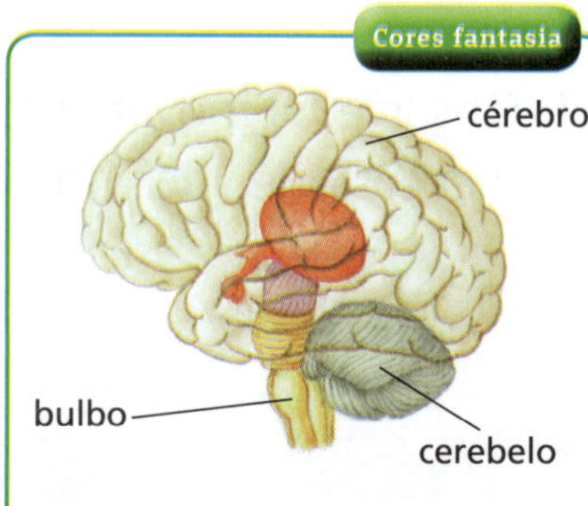

encéfalo

Os órgãos dos sentidos

A integração do ser humano ao meio ambiente por meio dos sentidos depende do sistema nervoso.

A visão, a audição, a gustação, o olfato e o tato são os nossos cinco sentidos.

Para cada um desses sentidos, há um órgão especial que recebe as informações do ambiente.

O olho é o pricipal órgão da visão; a orelha, o da audição; a língua, o da gustação; o nariz, o do olfato; e a pele, o do tato.

As informações do ambiente são conduzidas pelos nervos até o encéfalo, onde se transformam em sensações.

1. O reflexo é uma reação de nosso organismo a estímulos do ambiente. Ele ocorre porque os nervos conduzem as mensagens captadas até o cérebro e este responde ao estímulo. Converse com seus colegas e escreva o que acontece em cada situação a seguir.

a) Você está com muita fome e sente cheiro de comida.

____

b) Você entra em um local em que a luminosidade é intensa.

____

c) Você, sem querer, encosta a mão em um ferro de passar roupa quente.

____

2. Responda:

a) Qual a função do sistema nervoso? Por quais partes ele é formado?

____

b) Qual é a função dos nervos?

____

____

c) Quais são as partes que compõem o encéfalo?

____

16

O sistema digestório

Os alimentos fornecem energia para os seres vivos. Quando são ingeridos, precisam ser transformados antes de serem aproveitados como nutrientes. Esse processo de transformação dos alimentos dentro do corpo chama-se **digestão**.

O sistema digestório é constituído pelos órgãos que formam o **tubo digestório** (por onde passa o alimento) e pelos órgãos anexos (responsáveis pela produção de sucos digestórios).

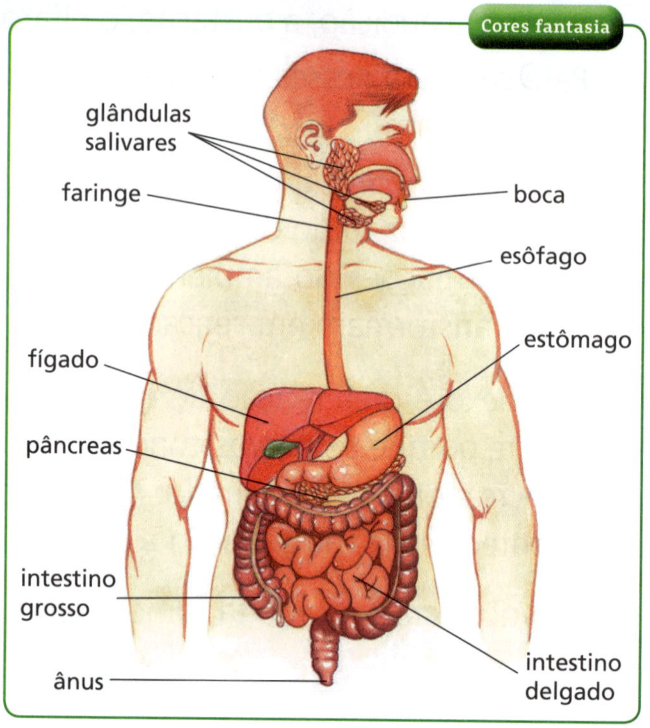

Órgãos do sistema digestório.

A digestão de um alimento ocorre da seguinte forma:

- Na boca, o alimento é mastigado e misturado à saliva, com a ajuda dos dentes e da língua. O alimento transforma-se, então, em uma espécie de massa, chamada **bolo alimentar**.
- O bolo alimentar segue para a faringe, é engolido e depois percorre o esôfago até chegar ao estômago.
- No estômago, o bolo alimentar é misturado com o suco gástrico, produzido pelo próprio estômago. Esse suco transforma o alimento em uma pasta, que recebe o nome de **quimo**.
- Do estômago, o quimo é enviado ao intestino delgado, onde é misturado com outros sucos digestórios, produzidos pelo fígado, pelo pâncreas e pelo próprio intestino. O quimo torna-se, então, uma pasta líquida e passa a se chamar **quilo**.
- Uma parte do quilo é aproveitada pelo organismo e passa para o sangue, sendo levada para todas as células de nosso corpo. A parte que não é aproveitada vai para o intestino grosso e é eliminada pelo ânus, na forma de fezes.

1. Responda:

a) O que é sistema digestório?

____

b) O que é digestão?

____

____

c) Onde começa a digestão?

____

d) O que acontece com a parte do alimento não aproveitada pelo organismo?

____

2. O que é, o que é?

a) Órgão onde é formado o bolo alimentar: ____________________

b) Nome do primeiro órgão pelo qual passa o bolo alimentar depois de engolido: ____________________

c) Órgão que produz um suco digestório chamado suco gástrico: ____________________

d) Nome que o bolo alimentar recebe depois de misturado com o suco gástrico: ____________________

e) Nome que recebe o quimo depois de misturado com outros sucos digestórios: ____________________

3. Otávio vai comer uma maçã. Escreva o nome dos órgãos que esse alimento vai percorrer no corpo dele.

____

____

17

O sistema respiratório

Para viver, precisamos respirar. A respiração é o processo de aproveitamento de oxigênio e eliminação de gás carbônico. O mecanismo da respiração envolve dois momentos:

- a **inspiração**: entrada de ar em nosso organismo;
- a **expiração**: saída de ar de nosso organismo.

O sistema respiratório é o conjunto de órgãos responsáveis pela respiração.

Os órgãos que constituem o sistema respiratório são: as fossas nasais, a faringe, a laringe, a traqueia, os brônquios e os pulmões.

Observe o esquema do sistema respiratório:

Leonello Calvetti/Shutterstock/Glow Images

Cores fantasia

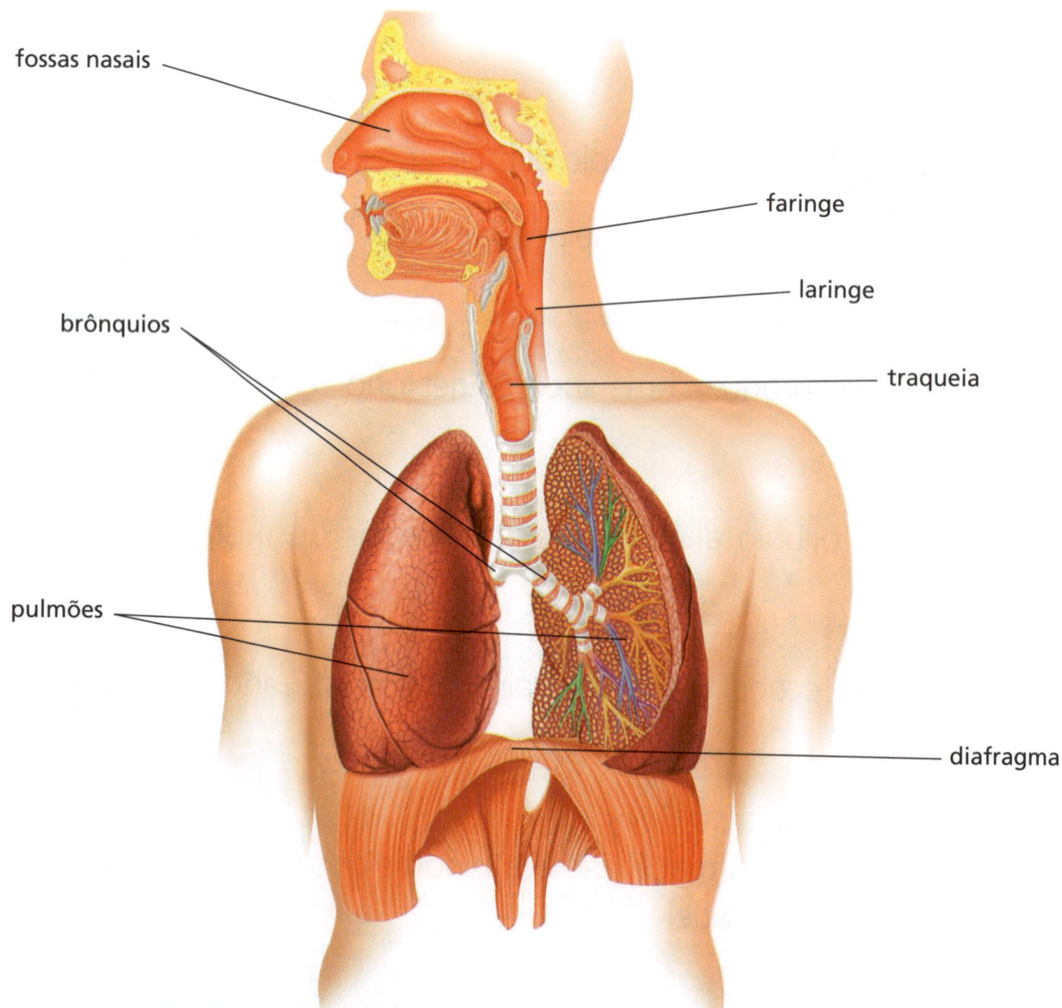

Esquema representando o sistema respiratório.

Veja como acontece a respiração:

- O ar, carregado de oxigênio, penetra no corpo humano pelas narinas e vai para as fossas nasais, que ficam dentro do nariz. Nele, o ar é filtrado por pequenos pelos, que não deixam a poeira passar.
- Em seguida, o ar passa pela faringe, atravessa um pequeno orifício chamado glote e chega à laringe. Daí, ele segue em direção à traqueia e depois aos brônquios.
- Os brônquios conduzem o ar até os pulmões. Um dos brônquios penetra no pulmão esquerdo e o outro, no pulmão direito.
- Nos pulmões, ocorre a troca de gases: o sangue recolhe o oxigênio e deixa o gás carbônico que trouxe das outras partes do corpo. O oxigênio é então conduzido pelo sangue para todas as células. O gás carbônico, por sua vez, é lançado na atmosfera.

1. Verifique a imagem abaixo. Complete-a indicando o processo da troca de gases que fazemos ao respirar.

Ilustra Cartoon/Arquivo do editora

______________________ ______________________

2. Marque com **V** as afirmações verdadeiras e com **F** as falsas.

☐ O gás eliminado na respiração é o gás carbônico.

☐ O gás carbônico é levado para os pulmões pelo sangue e depois é lançado para a atmosfera.

☐ O oxigênio é levado a todas as células do corpo pelos pulmões.

☐ A troca de oxigênio por gás carbônico acontece nas fossas nasais.

3. Escreva sobre a importância da respiração para todos nós.

____

____

18

O sistema cardiovascular

O sangue transporta para todo o corpo o oxigênio, os nutrientes e outras substâncias necessárias para o bom funcionamento do organismo. Ele percorre o corpo por meio de uma enorme rede de vasos sanguíneos.

Os vasos sanguíneos podem ser de três tipos, cada um com uma função diferente: **artérias**, **capilares** e **veias**.

O sangue, o coração e os vasos sanguíneos compõem o sistema cardiovascular.

O **coração** funciona como uma bomba, impulsionando o sangue rico em oxigênio que vem dos pulmões para todas as partes do corpo. Ele faz isso por meio dos vasos sanguíneos.

As **artérias** levam o sangue para fora do coração.

As **veias** conduzem o sangue para dentro do coração.

Veja na figura que as artérias e as veias se espalham praticamente pelo corpo inteiro. Onde terminam as artérias formam-se as veias, que levam de volta o sangue para o coração.

Observe ainda que as artérias são vasos mais grossos formados de tecido muscular. As veias são mais finas que as artérias; e os capilares são vasos finos que estão entre as veias e as artérias.

O trajeto percorrido pelo sangue no interior dos vasos sanguíneos recebe o nome de circulação.

Há dois tipos de circulação em nosso corpo: a pequena e a grande.

Na **pequena circulação**, o sangue vai do coração aos pulmões e dos pulmões ao coração. Na **grande circulação**, o percurso realizado pelo sangue é do coração ao corpo todo e do corpo todo ao coração.

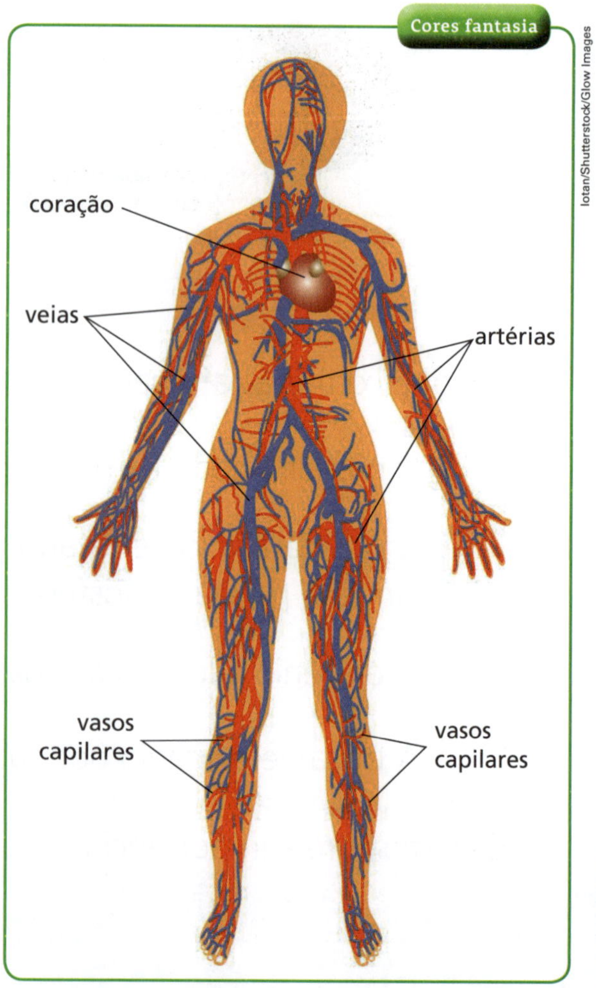

Esquema do sistema cardiovascular.

Em condições normais, nosso coração bate de 60 a 80 vezes por minuto.

O número de pessoas que morrem por doenças circulatórias é muito grande. Algumas medidas, como não fumar, controlar o peso, alimentar-se corretamente e praticar exercícios físicos regulares e sem exagero, podem diminuir a probabilidade de aparecimento de doenças circulatórias.

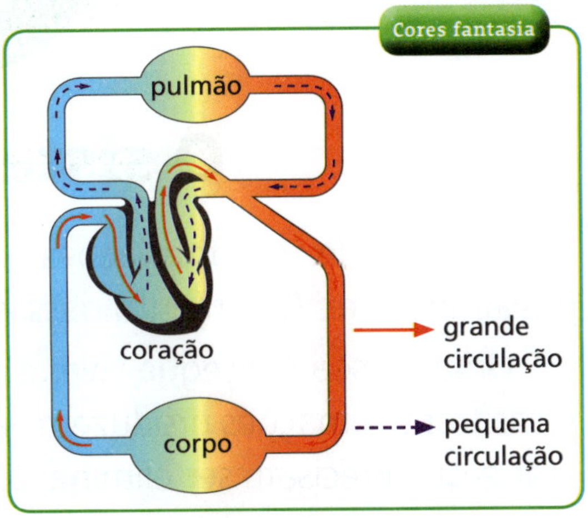

1. Assinale com um **X** a opção que completa corretamente a frase.

O coração envia para todas as partes do corpo o sangue rico em oxigênio que vem

☐ das veias. ☐ dos pulmões. ☐ das artérias.

2. Responda:

a) Por quais órgãos é formado o sistema cardiovascular?

____

b) O que se entende por circulação?

____

c) O que é a pequena circulação?

____

d) O que é a grande circulação?

____

3. Rubens estava correndo e, sem querer, bateu com força a perna na quina da mesa. Pouco depois, apareceu no local uma mancha arroxeada. O que você acha que aconteceu com os vasos sanguíneos e com o sangue no local da batida?

____

____

19

O sistema urinário

Milhares de transformações químicas ocorrem no corpo humano para que possamos viver. O conjunto dessas transformações chama-se **metabolismo**.

Uma pessoa consegue viver e crescer transformando os materiais do corpo. Essas transformações produzem várias substâncias que nosso corpo não irá utilizar e que precisam ser eliminadas porque podem prejudicar nossa saúde.

Essa eliminação de resíduos é feita principalmente pelo sistema urinário.

resíduos: restos, detritos.

Os órgãos que compõem o sistema urinário são: os rins, os ureteres, a bexiga e a uretra.

Osni de Oliveira/Arquivo do editora

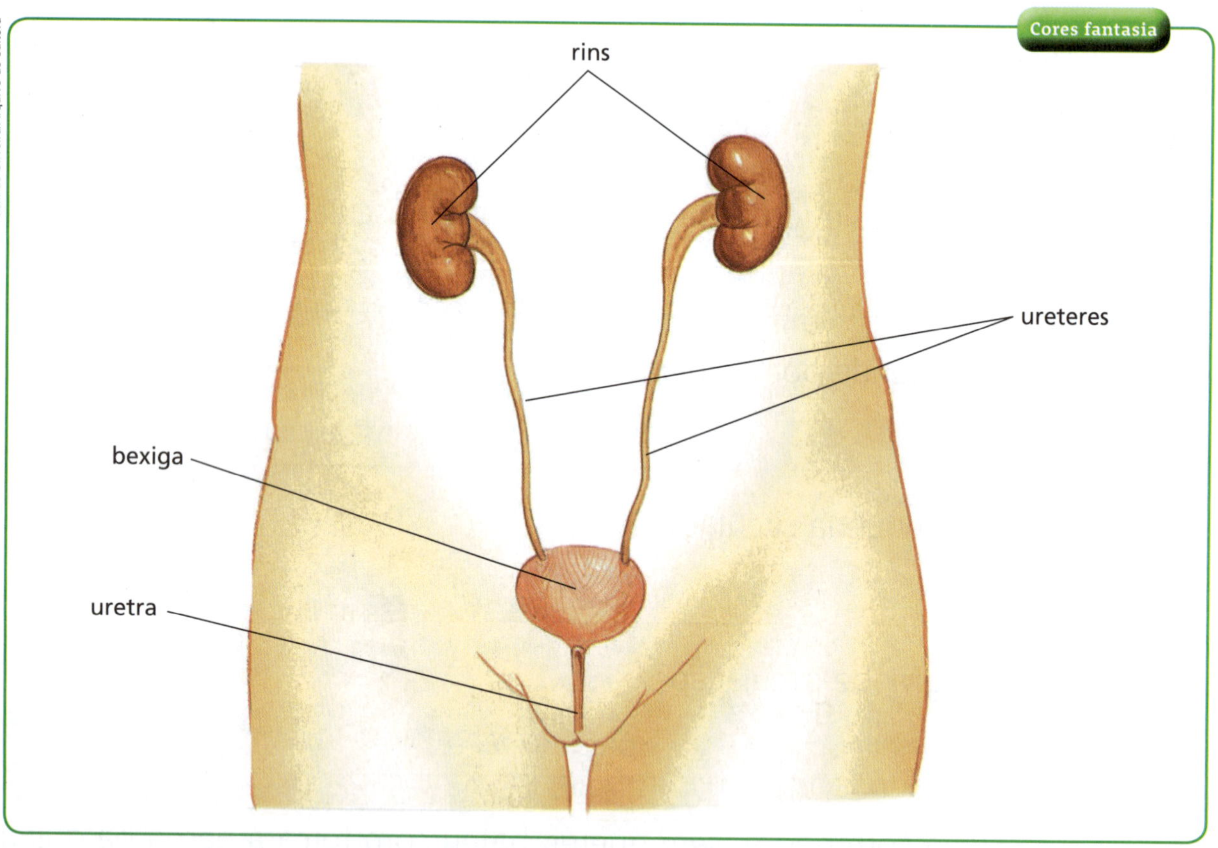

Esquema representando o sistema urinário.

Os rins funcionam como filtros, retirando os resíduos do sangue e transformando-os em urina.

Depois de formada nos rins, a urina é conduzida pelos ureteres até a bexiga, órgão muscular e elástico que aumenta de tamanho à medida que fica cheio. Da bexiga, a urina é eliminada por um tubo chamado uretra.

Saiba mais

A importância de beber água

- A urina é composta, aproximadamente, de 95% de água.
- A cada 24 horas todo o sangue do corpo passa pelos rins cerca de 150 vezes.
- Por meio da urina, do suor e das fezes, perdemos cerca de 2,5 litros de água por dia. Por isso, devemos consumir pelo menos a mesma quantidade de água que perdemos. A água está presente em todos os alimentos e sua importância é vital.
- Beber bastante água ajuda os rins a eliminar as impurezas do organismo.

1. Explique qual a função de cada órgão do sistema urinário.

____

____

2. O que você acha que pode acontecer com uma pessoa quando os resíduos produzidos por seu organismo não são devidamente eliminados?

____

____

3. Numere a segunda coluna de acordo com a primeira.

1 Urina	( ) Está presente em todos os alimentos.
2 Urina, suor e fezes	( ) A cada 24 horas passa 150 vezes pelos rins.
3 Água	( ) Por meio deles, perdemos 2,5 litros de água por dia.
4 Sangue	( ) Cerca de 95% de sua composição é água.

4. Faça uma pesquisa para descobrir o que pode ser feito para o tratamento de uma pessoa com deficiência renal crônica. Em seu caderno, registre as informações que encontrar e apresente-as à classe.

20

O sistema genital

Você já sabe que nosso corpo é formado por muitas células.

Durante a adolescência, o corpo começa a produzir um tipo especial de células, cuja finalidade é a reprodução.

O ser humano se reproduz, isto é, dá origem a uma nova vida, pelo ato sexual entre um homem e uma mulher.

Sistema genital masculino

No sistema genital masculino, os principais órgãos são os **testículos**, o **pênis** e a **uretra**.

Os testículos ficam dentro de uma estrutura chamada saco escrotal. Em seu interior, são produzidos os **espermatozoides**, que são as células reprodutoras masculinas. Saindo dos testículos, os espermatozoides deslocam-se por meio de canais até o pênis, de onde são lançados para fora pela uretra na forma de esperma ou sêmen.

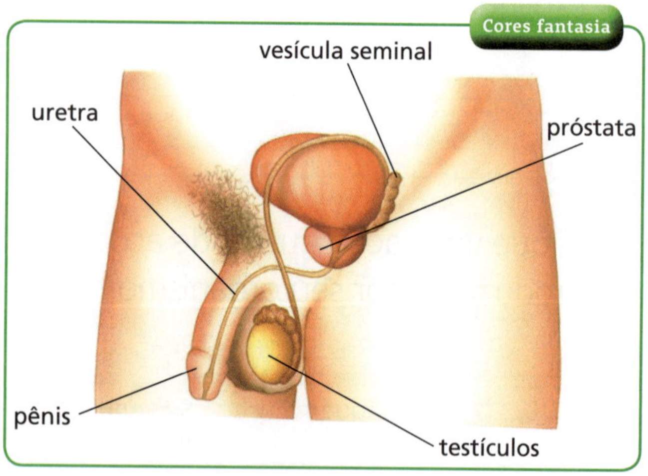

Esquema representando o sistema genital masculino.

Ilustrações: Jurandir Ribeiro/Arquivo do editora

Sistema genital feminino

No sistema genital da mulher, os principais órgãos são os **ovários**, o **útero** e a **vagina**.

Os ovários são os órgãos que produzem as células reprodutoras femininas, os óvulos. Ao sair de um dos ovários, o óvulo é levado para uma das tubas uterinas. Essa tuba, por sua vez, transporta o óvulo até o útero.

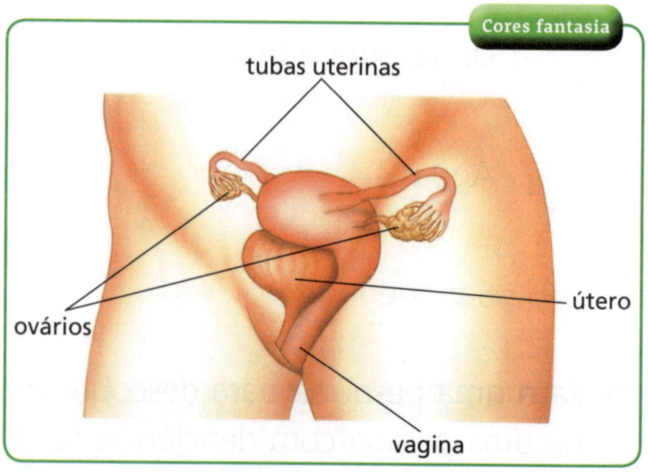

Esquema representando o sistema genital feminino.

Fecundação

Para que uma nova vida seja gerada, é necessário que o espermatozoide encontre o óvulo e penetre nele.

Esse encontro é chamado **fecundação**:

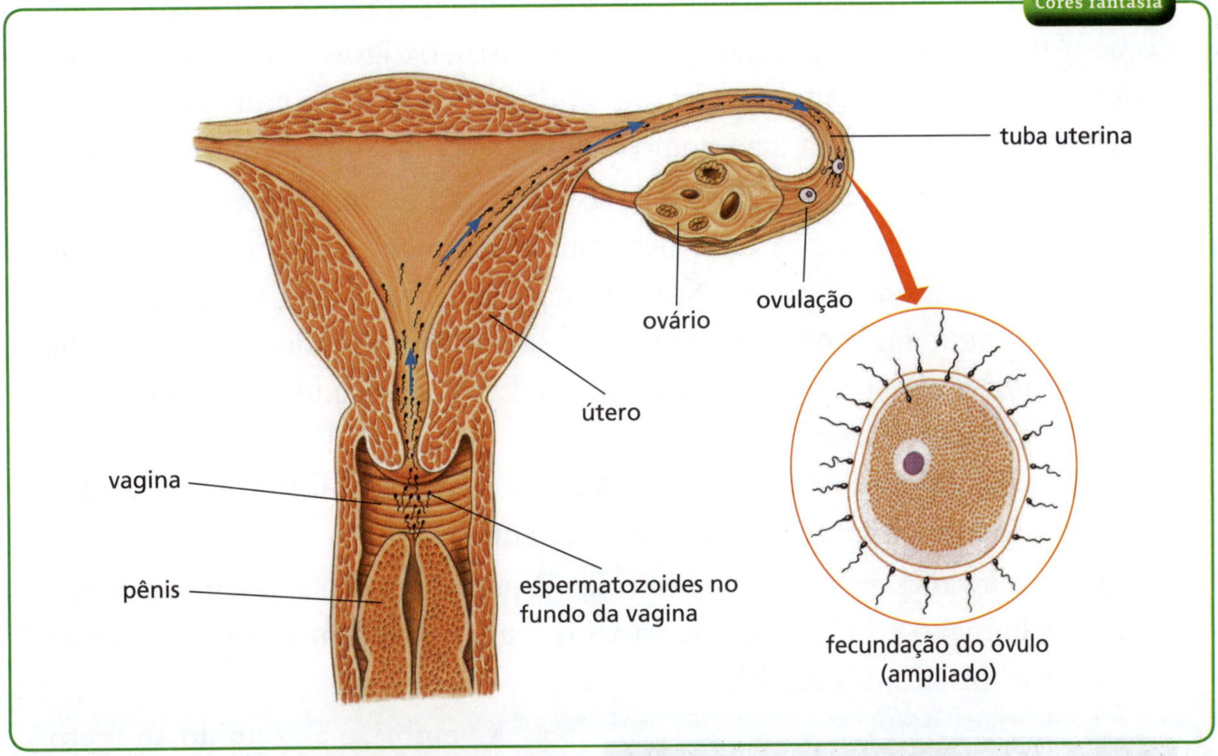

Esquema representando o sistema genital e a fecundação.

Em uma relação sexual entre um homem e uma mulher, os espermatozoides percorrem a uretra e deixam o corpo do homem pelo pênis, podendo ser depositados na vagina da mulher. Da vagina, eles sobem até o útero. Se um espermatozoide encontrar um óvulo e penetrar nele, ocorrerá a fecundação.

O óvulo fecundado se transforma em célula-ovo e fixa-se no útero, que se prepara para recebê-lo. Ali, a célula-ovo começa a desenvolver-se, formando o embrião, que dará origem ao bebê.

Menstruação

Se o óvulo não for fecundado, isto é, se ele não se unir a um espermatozoide, não se fixará no útero. Nesse caso, o material formado pelo útero para receber o óvulo desprende-se e é eliminado, com o sangue, pela vagina. É a **menstruação**, que dura em média de três a cinco dias.

O período que vai de uma menstruação a outra chama-se **ciclo menstrual**. Esse ciclo dura aproximadamente 28 dias.

Saiba mais

A gravidez e o parto

Com a fecundação, forma-se uma grande célula que se chama zigoto. No seu interior, se encontram informações da mulher trazidas pelo óvulo e do homem trazidas pelo espermatozoide. Com isso, o zigoto tem as instruções para o seu desenvolvimento e acaba formando um menino ou uma menina com semelhanças com o pai e a mãe, como a altura, a cor dos olhos e dos cabelos.

Para se desenvolver, todas as células precisam de nutrientes e oxigênio. Como o zigoto os obtém? A cada mês, aproximadamente, o útero vai se preparando para esse acontecimento. Nas suas paredes se formam grandes concentrações de sangue onde o óvulo fecundado se fixa e recebe, do sangue da mãe, todos os nutrientes e oxigênio de que precisa. Uma vez fixado no útero da mãe, o zigoto vai multiplicando o número das suas células até se converter em um embrião. Essas células vão formando sistemas e órgãos, conforme vão se multiplicando e se especializando em tecidos diferentes.

No terceiro mês de gravidez, o embrião já possui um aspecto semelhante ao de um ser humano e é chamado de feto. Os seus órgãos continuam a se desenvolver e a se tornar mais complexos.

Edelmann/SPL/Latinstock

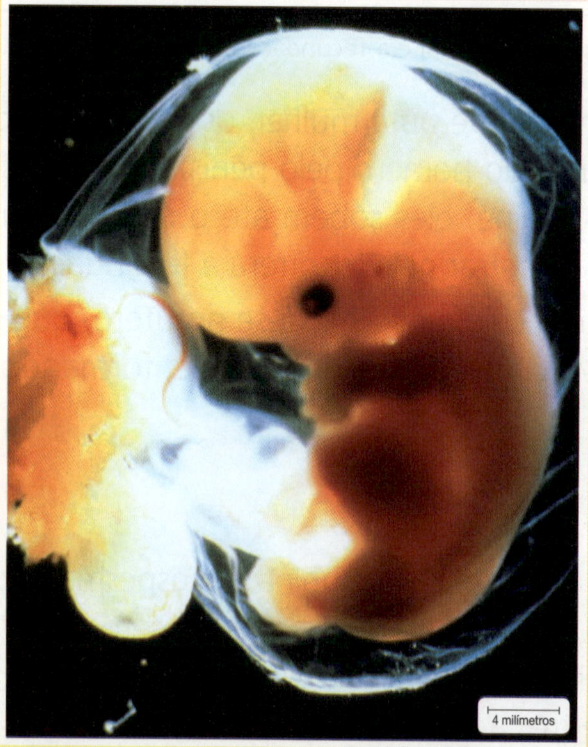

Feto com 6 semanas de gestação.

O embrião fica unido ao útero da mãe pelo cordão umbilical, por onde os alimentos e o oxigênio da mãe passam para o filho por meio de uma área muito especial que se forma no útero: a placenta. Esse período, durante o qual a mãe carrega no seu interior um novo ser, se chama gravidez.

Aprendendo Ciências, de César Coll e Ana Teberosky. São Paulo: Ática, 2000.

1. Encontre no diagrama o nome:

a) dos órgãos que produzem células reprodutoras masculinas;

b) do órgão no qual se instala o óvulo fecundado;

c) do órgão pelo qual os espermatozoides são lançados fora do sistema genital masculino;

d) dos órgãos que produzem células reprodutoras femininas.

R	N	S	E	O	G	E	I	O	O
B	U	R	E	T	R	A	P	V	L
Λ	O	A	D	M	R	V	U	Á	G
X	L	O	N	F	Q	I	Z	R	X
T	N	V	Ú	T	E	R	O	I	K
Z	A	G	S	K	X	M	T	O	C
O	M	Z	Q	E	D	C	G	S	F
T	E	S	T	Í	C	U	L	O	S
R	I	Q	V	L	H	N	E	T	N

- Agora, escreva nas figuras correspondentes os nomes encontrados.

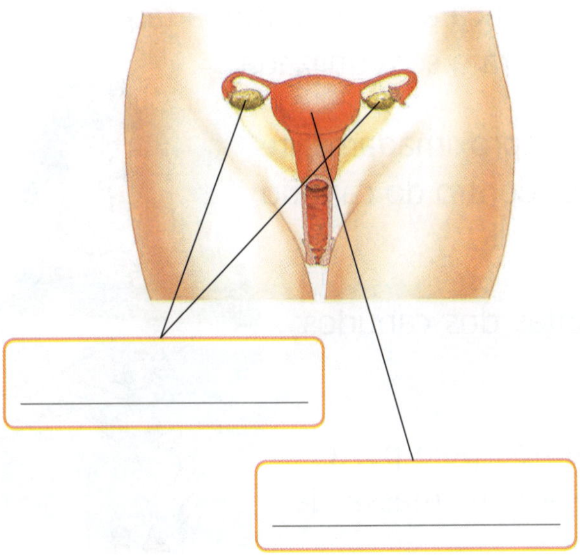

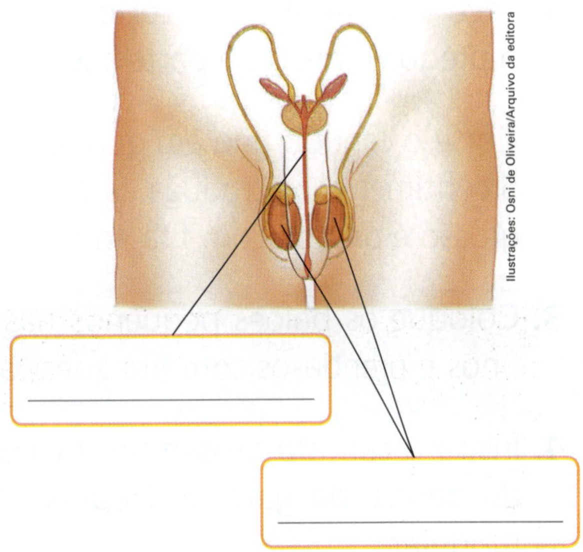

Ilustrações: Osni de Oliveira/Arquivo da editora

2. Discuta com os colegas:

a) De que forma o ser humano se reproduz?

b) O que é necessário para que uma nova vida seja gerada?

c) O que acontece com o óvulo, se não for fecundado?

3. Complete a frase corretamente.

Para a formação de um bebê, é necessário que haja ________________, que se dá mediante a ________________ do óvulo da ________________ com o espermatozoide do ________________.

De olho na experiência

Simulando os movimentos respiratórios

Material necessário

- 1 garrafa plástica transparente de 2 litros com tampa
- 2 balões pequenos (tamanho 0)
- 1 balão grande (tamanho 8)
- 2 canudos (um grosso e um fino)
- 1 prego
- massa de modelar
- fita adesiva
- barbante
- tesoura sem ponta

CUIDADO COM O PREGO! PEÇA A AJUDA DE UM ADULTO.

Como fazer

1. Peça a um adulto que corte a garrafa plástica ao meio e fure a tampa com o prego. Somente a parte superior da garrafa será utilizada.

2. Corte o canudo fino em duas partes de aproximadamente 5 centímetros. Introduza as duas partes dentro do canudo grosso e prenda com fita adesiva.

3. Coloque os balões pequenos nas pontas dos canudos finos e prenda-os com fita adesiva.

4. Insira o canudo grosso no furo da tampa pela parte de dentro da garrafa. Depois, vede-a com massa de modelar.

5. Com a tesoura, corte o bico do balão grande e use-o para fechar o fundo da garrafa. Amarre-o na garrafa com barbante e fixe-o com fita adesiva.

Ilustrações: Ilustra Cartoon/Arquivo da editora

Utilizando o aparelho construído, simule os movimentos respiratórios:

- Puxe o balão grande (diafragma) para baixo e observe. O que acontece? Que movimento respiratório é esse?
- Em seguida, solte o balão grande e observe. O que acontece? Que movimento respiratório é esse?

Unidade

4

Matéria e energia

Valter Ferrari/Arquivo da editora

O QUE VOU ESTUDAR?

- Matéria
- Características da matéria
- Energia
- O calor
- A combustão
- A eletricidade
- Como se transporta a eletricidade
- O magnetismo

21

Matéria

Será que você consegue colocar o caderno e o livro no mesmo espaço ao mesmo tempo?

Tudo aquilo que ocupa lugar no espaço é formado por matéria. Os planetas, as estrelas, as plantas, o solo, a água, o ar e os animais são exemplos de corpos formados por matéria.

O caderno e o livro – objetos formados por matéria – não podem ocupar o mesmo espaço ao mesmo tempo.

Matéria é tudo o que tem massa e ocupa lugar no espaço. A matéria inclui os materiais que formam o Universo: as rochas, a água, o ar e todas as coisas vivas. Tudo o que é sólido, líquido ou gasoso é uma forma de matéria.

A Terra e os estados físicos da matéria

A matéria que compõe os corpos é feita de uma ou mais substâncias.

O gelo, por exemplo, é feito da substância água. As substâncias que formam os corpos podem ser encontradas em três estados físicos: **sólido**, **líquido** e **gasoso**.

A matéria no estado sólido tem forma e volume definidos.

Ivan Smuk/Shutterstock/Glow Images

A madeira do violão está no estado sólido.

A matéria no estado líquido não tem forma definida. Ela toma a forma do recipiente em que está contida.

Coprid/Shutterstock/Glow Images

A água da jarra está no estado líquido.

A matéria no estado gasoso não tem forma nem volume definidos. Assim, pode tomar a forma do recipiente em que está contida ou se dispersar no ambiente.

Africa Studio/Shutterstock/Glow Images

O gás que enche o balão é matéria no estado gasoso.

A transformação da matéria

O ser humano, de acordo com suas necessidades, foi percebendo que, com o uso de energia, certos objetos podiam sofrer modificações e formar outros tipos de materiais.

Por exemplo, com o calor do forno, transformamos um conjunto de materiais (ingredientes), como farinha, óleo e açúcar, em bolo.

Outros exemplos:

- o latão, que é formado pela mistura de dois metais: o cobre e o zinco.
- a moeda, que é formada pela mistura de ferro e carbono (carvão puro), entre outros elementos.

Reprodução/Casa da Moeda do Brasil/Ministério da Fazenda

Pensando, pesquisando e experimentando, o ser humano aprendeu a produzir novos tipos de materiais. A partir da madeira, por exemplo, produzimos papel. A partir do ferro, temos o aço.

1. Marque com **X** os quadrinhos que indicam afirmativas corretas.

☐ A matéria no estado líquido toma a forma do recipiente em que está contida.

☐ O papel e a madeira são exemplos de matéria no estado gasoso.

☐ No estado sólido, a matéria não tem forma definida.

☐ No estado gasoso, a matéria não tem forma nem volume definidos.

2. Os materiais (que são feitos de matéria) têm características próprias. Aqueles que possuem sempre as mesmas características, como a água pura, são chamados de substâncias puras. Já outros materiais são chamados de misturas, pois são formados por duas ou mais substâncias. A água dos rios, que contém diversas substâncias, é um exemplo de mistura.

Classifique os seguintes materiais em substância pura ou mistura.

ar	sopa de legumes	sal	ferro
solo	alumínio	água do mar	açúcar

mistura		substância pura	
______	______	______	______
______	______	______	______

22

Características da matéria

Tudo aquilo que é formado por matéria possui algumas características em comum. Ocupar lugar no espaço é uma delas. Vamos estudar uma outra característica: a inércia.

Inércia

Observe este famoso jogador de futebol.

catwalker/Shutterstock/Glow Images

Lionel Messi, prestes a fazer uma cobrança de pênalti, em Barcelona, 2012.

Na imagem acima, a bola está parada e só entrará em movimento a partir do momento em que uma força agir sobre ela; no caso, quando for impulsionada pelo jogador, que a chutará.

Depois de chutada, a bola vai se movimentar até que outra força a faça parar.

Qualquer corpo, esteja em repouso ou em movimento, tende a permanecer da forma como está: se está parado, tende a ficar sem se movimentar; se está em movimento, só para ou muda de direção se uma força agir sobre ele. Essa característica da matéria se chama **inércia**.

Imagine esta outra situação: é mais fácil empurrar um armário cheio, com 40 kg de massa, ou um armário vazio, de 20 kg?

Evidentemente, empurrar um armário vazio, com massa menor, é mais fácil porque é necessário empregar menos força para tirá-lo do repouso. Podemos definir, assim, que massa é a medida da inércia de um corpo: quanto menor sua massa, menor será sua inércia.

Saiba mais

Toda matéria ocupa um lugar no espaço. Essa característica recebe o nome de **extensão**. Seu corpo, por exemplo, tem a extensão do espaço que você ocupa.

O volume mede a extensão de um corpo. Veja:

O espaço da estante foi totalmente preenchido pelos livros.

1. Quanto mais um corpo resiste a mudar sua condição de repouso ou de movimento, maior é sua inércia.

a) Em qual dos objetos abaixo a inércia é maior?

Ilustrações: Ilustra Cartoon/Arquivo da editora

☐ bola de chumbo ☐ balão de festa

b) Complete.

A inércia da ______________________ é maior do que a inércia do ______________________ porque a massa da bola de chumbo é ______________________ do que a massa do balão de festa.

2. Você já observou que podemos perceber a inércia em praticamente tudo o que fazemos? Responda: por que é importante usar o cinto de segurança?

____

____

23

Energia

Minerva Studio/Shutterstock/Glow Images

A energia de que o ser humano precisa vem basicamente da alimentação.

É difícil definir energia, pois ela não pode ser vista nem tocada. Sabemos de sua existência pelos seus efeitos, seu poder de ação.

A energia possibilita o fornecimento de calor ou movimento. Os físicos a definem como a capacidade de realizar trabalho. Tudo o que acontece no mundo depende de energia. Para lançar um foguete, mover um carro ou para nos movimentarmos e brincarmos, por exemplo, é necessário energia.

John A Davis/Shutterstock/Glow Images

A energia de que o foguete precisa para ser lançado vem de seu motor.

Matéria e energia compõem tudo o que conhecemos no Universo.

Existem muitas formas de energia: a energia luminosa e a térmica são alguns exemplos.

Cada tipo de energia pode ser transformado em outros tipos. Por exemplo: a força da água e do vento pode se converter em energia elétrica.

Brisbane/Shutterstock/Glow Images

Hidrelétrica (aproveitamento da força da água para gerar energia elétrica).

Andy Z/Shutterstock/Glow Images

Energia eólica (a movimentação das hélices do moinho de vento gera energia elétrica).

SeanPavonePhoto/Shutterstock/Glow Images

A energia elétrica é transformada em energia luminosa para manter as lâmpadas da cidade acesas durante a noite.

Energia química

Você já sabe que nosso corpo retira dos alimentos a energia necessária para realizar suas funções. A energia contida nos alimentos é obtida por meio de reações químicas, ou seja, transformações de um tipo de matéria em outro. A esse tipo de energia chamamos de **energia químlca**.

Saiba mais

Energia produzida por atrito

Atrito é o ato de esfregar dois corpos um no outro. Alguns materiais, como a seda, a lã e o plástico, ao serem atritados (friccionados um contra o outro), ficam eletrizados, isto é, carregados de energia elétrica.

Observe, na foto, como o pente plástico atrai os papeizinhos. Isso ocorre porque o plástico fica eletrizado quando o esfregamos nos fios de cabelo (secos).

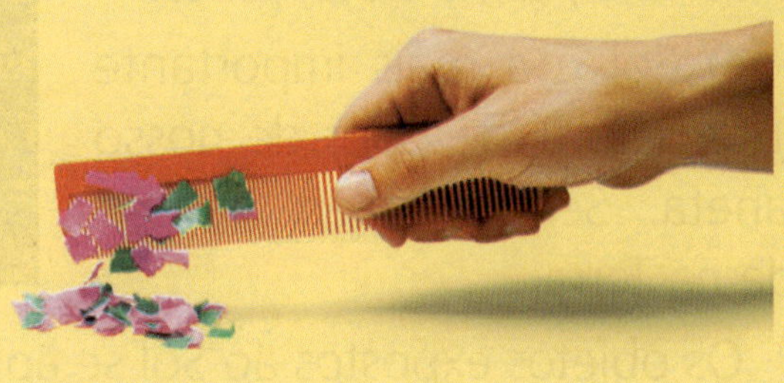

Mike Dunning/Dorling Kindersley/Getty Images

1. Existem muitos tipos de energia. Escreva o tipo de energia que está sendo usada em cada cena.

Energia ________________.

Energia ________________.

Energia ________________.

Energia ________________.

Ilustrações: Ilustra Cartoon/Arquivo da editora

2. Converse com seus colegas sobre a seguinte questão:
   Por que necessitamos de energia para viver? De onde vem a energia de que necessitamos para brincar, estudar, fazer exercícios?

3. Complete.
   Edson anda de *skate* na praça. Ele gasta ________________________ que seu corpo absorveu dos ________________________ que ele comeu.

24

O calor

Dudarev Mikhail/Shutterstock/Glow Images

O calor, assim como a água, também é necessário para a manutenção da vida. Ele é uma forma de energia, responsável pelo aquecimento ou resfriamento dos corpos. Quando um corpo ganha calor, esquenta; quando perde calor, esfria novamente.

O Sol é a mais importante fonte natural de calor de nosso planeta. Sem ele não haveria vida na Terra.

Os objetos expostos ao Sol se aquecem porque estão recebendo calor.

Existem materiais que se aquecem com mais rapidez, como o ferro, o alumínio, o cobre e o zinco. Eles são chamados **bons condutores de calor**.

Os materiais que demoram mais para se aquecer, como a madeira, o vidro, o isopor, o plástico e a cortiça, são considerados **maus condutores de calor**.

Efeitos do calor

O calor provoca alguns efeitos nos corpos:

- **Variação de temperatura**: a temperatura é a medida do estado de aquecimento de um corpo. Podemos medir a temperatura por meio de um aparelho chamado termômetro.
- **Mudança de estado**: o calor muda o estado físico dos corpos. Por exemplo: sob alta temperatura, a água passa do estado líquido para o gasoso.
- **Dilatação**: há corpos que, sob a ação do calor, dilatam-se, isto é, aumentam de volume, passando a ocupar um espaço maior.

Oleg Golovnev/Shutterstock/Glow

Quando o mercúrio, que está dentro do termômetro, esquenta, ele se dilata e sobe pelo vidro, indicando a temperatura do corpo.

1. Em relação à temperatura, o que acontecerá se colocarmos algum corpo exposto ao Sol?

____

2. Complete as frases com as palavras do quadro.

estado	aquecimento	dilatar	calor	sólido	espaço

a) Em razão de mudanças de ____________________, a água na natureza passa de um ____________________ físico para outro, formando as nuvens, a chuva, a neve, a geada e o granizo.

b) Com o ____________________, os corpos dilatam-se, ocupando mais ____________________.

c) Os trilhos de uma estrada de ferro estão no estado ________________. Por isso, eles têm entre si um espaço para poder se ________________ quando aquecidos pelo calor do Sol.

3. Identifique com **B** os bons condutores de calor e com **M** os maus condutores de calor.

Igor Kovalchuk/Shutterstock/Glow Images

☐

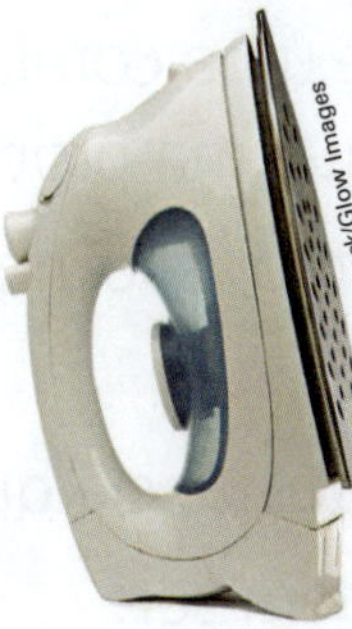
Vamkad/Shutterstock/Glow Images

☐

Sérgio Dotta Jr./Arquivo da editora

☐

4. Existem muitos aparelhos eletrodomésticos que fornecem calor. Escreva o nome de alguns que você conhece.

____

5. Se colocarmos leite quente em um copo de vidro e em uma caneca de alumínio, qual dos dois recipientes aquecerá mais rápido? Por quê?

____

25

A combustão

Ilustra Cartoon/Arquivo da editora

Há milhares de anos, o ser humano percebeu que, esfregando uma pedra contra outra, provocava o aparecimento de faíscas que queimavam coisas à sua volta. Provavelmente, foi assim que descobriu um modo de produzir fogo.

Antes dessa descoberta, as pessoas só conheciam o fogo pelos incêndios causados por raios que caíam sobre as florestas.

Com o tempo, foram sendo descobertos outros materiais capazes de produzir fogo.

O fogo é o resultado de uma combustão. **Combustão** é um fenômeno que ocorre quando um corpo queima produzindo calor e, por vezes, luz.

Para que haja combustão, são necessários três elementos: **combustível**, **comburente** e **calor inicial**.

- **Combustível**: é a substância que queima.

  Os combustíveis podem ser:

  – **sólidos**: madeira, palha, papel;

  – **líquidos**: álcool, gasolina, querosene;

  – **gasosos**: gás de cozinha e outros gases.

Matushchak Anton/Shutterstock/Glow Images

A madeira é combustível.

- **Comburente**: é a substância que alimenta a combustão. O oxigênio do ar é um comburente natural. Sem ele, não há queima.

Observe a foto.

Sérgio Dotta Jr./Arquivo da editora

A vela se apaga quando acaba o oxigênio do ar que há dentro do copo.

- **Calor inicial**: é o calor necessário para iniciar a combustão. Exemplos: faísca, ignição de motores.

Em nosso dia a dia, a combustão é utilizada de várias maneiras: no cozimento de alimentos; em motores de automóveis a gasolina, óleo *diesel* ou álcool; nas máquinas a vapor; nos fornos de indústrias e em tantas outras situações.

Os combustíveis como o álcool, a gasolina, o querosene e o gás de cozinha pegam fogo com facilidade e podem até explodir. Por isso, são chamados **combustíveis inflamáveis**.

Laurent Renault/Shutterstock/Glow Images

Símbolo que indica a presença de líquidos inflamáveis.

Em relação à combustão, é preciso ter muito cuidado. Veja algumas dicas:

- Cuidar para que os combustíveis fiquem guardados em locais seguros, protegidos do fogo.
- Nunca acender fósforos perto de álcool, gasolina ou outro combustível.
- Ficar atento ao gás usado em casa. Ao menor sinal de vazamento, providenciar conserto imediato.
- Não brincar com fogos de artifício nem soltar balões.

O biocombustível

O ser humano transforma alguns dos elementos da natureza em recursos de acordo com seus interesses. Alguns desses recursos são utilizados como combustíveis para fornecerem energia para movimentação de máquinas e automóveis.

Em razão do aumento no consumo em nossa sociedade, o uso desses combustíveis fósseis, como o petróleo, o carvão mineral e o gás natural, cresceu muito.

Tais combustíveis fósseis não são renováveis, ou seja, em algum momento podem se esgotar. Em razão disso, muitos países têm pesquisado formas de substituir essa fonte energética por algo menos agressivo e mais econômico.

Ilustra Cartoon/Arquivo da editora

Ciclo do biocombustível.

Nesse sentido, o Brasil está numa posição privilegiada, já que possui fontes de energias renováveis, como o etanol e o *biodiesel*. O etanol provém da cana-de-açúcar, e o *biodiesel* provém, principalmente, da soja, do milho, do dendê e da mamona.

Esses combustíveis têm um impacto bastante reduzido no aquecimento global e nas mudanças climáticas, sendo chamados de **biocombustíveis**.

Mas nem tudo são flores...

Alguns estudiosos declaram os pontos negativos do uso dos biocombustíveis. Os principais são:

- escassez e aumento no preço dos alimentos: as áreas de terras agrícolas estão sendo destinadas ao plantio de cana-de-açúcar e de soja, reduzindo a área para cultivo de alimentos;
- desmatamento: nosso país vem sendo acusado, pela comunidade internacional, de desmatar florestas para essa finalidade, o que de modo geral provoca perda da biodiversidade e alterações no ecossistema.

Mas ainda não há conclusões definitivas sobre os biocombustíveis. O que sabemos é que o Brasil tem potencial para exportar grandes quantidades de etanol e de *biodiesel*. Mas, para isso, será fundamental que adote políticas adequadas de expansão de forma sustentável.

1. Marque com um **X** os quadrinhos que indicam atitudes cuidadosas para evitar acidentes com a combustão.

☐ Sílvia guardou uma garrafa de álcool no armário da cozinha, próximo ao fogão.

☐ Mamãe guarda o álcool em uma prateleira alta, dentro do armário.

☐ André soltou balão na festa de São João.

☐ Carlito nunca acende fósforos perto de combustíveis.

☐ Sandra esqueceu de fechar a válvula do gás do fogão.

2. Classifique os combustíveis de acordo com a legenda.

1 **sólido** 2 **líquido** 3 **gasoso**

☐ querosene ☐ madeira ☐ gasolina

☐ álcool ☐ papel ☐ gás de cozinha

3. Responda:

a) O que é combustão?

____

____

b) O que é necessário para haver combustão?

____

c) Por que o comburente é necessário?

____

d) A substância que queima se chama ____________________.

e) Para iniciar a combustão é necessário ____________________ inicial.

4. Será que os biocombustíveis resolvem o problema do aquecimento global? Discuta em sala, com seus colegas e o professor, considerando o máximo de pontos positivos e negativos para chegar a uma conclusão.

26

A eletricidade

wavebreakmedia/Shutterstock/Glow Images

Antigamente, apenas se conhecia a eletricidade dos raios, que são descargas elétricas ocorridas na natureza.

Com o passar do tempo, foram sendo descobertas inúmeras maneiras de usar a energia elétrica. Atualmente, essa forma de energia é praticamente indispensável à vida cotidiana da maioria das pessoas. Com ela produzimos som, luz, calor e movimento.

Pense em quantos aparelhos costumam ficar ligados ao mesmo tempo na sua casa: televisão? Rádio? Celular? Secador de cabelo? Geladeira? *Videogame*? Agora pense em quanta energia é necessária para que as pessoas do mundo todo possam usufruir de todos esses aparelhos.

De onde vem toda essa energia? Vamos descobrir.

Usinas geradoras de energia elétrica

Com o aumento da demanda por energia elétrica, o ser humano descobriu formas de gerá-la em larga escala, por meio das **usinas geradoras**. As mais comuns são as hidrelétricas e as termelétricas, mas há também as nucleares.

Nas **usinas hidrelétricas** é produzida grande parte da energia elétrica que consumimos. Elas utilizam a força do movimento da água para gerar energia elétrica.

Sky Light Pictures/Shutterstock/Glow Images

Usina hidrelétrica Itaipu, no rio Paraná, entre Brasil e Paraguai.

Nas **usinas termelétricas**, produz-se energia elétrica por meio do calor. A queima de combustíveis (como carvão, petróleo, *diesel* e gás natural) é usada para aquecimento da água. Então, a força do vapor move as turbinas gerando energia elétrica. As termelétricas podem ser construídas próximo aos locais de consumo. Os pontos negativos dessa forma de produção são o enorme volume de água necessário para produzir o vapor e a poluição proveniente da queima dos combustíveis.

Nas **usinas nucleares**, a produção de energia elétrica é proveniente de materiais radioativos, usados como combustíveis. O urânio é o elemento mais comum.

Um dos grandes problemas desse tipo de usina é a geração do lixo nuclear. Esse lixo deve ser manipulado, transportado e armazenado seguindo todas as normas de segurança.

Se não forem tomados todas as medidas de segurança, essas usinas podem ser muito perigosas, pois a radiação é capaz de contaminar seriamente o ambiente, provocando doenças muito graves e até a morte.

O Brasil possui duas usinas nucleares em atividade, Angra I e Angra II, situadas no município de Angra dos Reis (estado do Rio de Janeiro), e Angra III, em processo de construção.

Pequenos geradores de energia

Em nosso dia a dia, precisamos de pequenos geradores de energia, principalmente para utilizarmos aparelhos que requerem energia elétrica.

As **pilhas** e **baterias** são geradores muito usados em aparelhos que necessitam de pequenas quantidades de energia, como brinquedos, calculadoras, celulares, rádios, *notebooks*, entre outros. Elas contêm substâncias químicas que, ao reagirem, produzem a energia elétrica.

1. Faça uma pesquisa e cite uma vantagem e uma desvantagem de uma usina hidrelétrica.

   ____

   ____

   - Agora, faça o mesmo pensando em uma termelétrica.

     ____

     ____

2. Pesquise, converse com seus colegas e o professor e responda: que problemas as pilhas e baterias podem acarretar se forem descartadas como lixo comum? Por quê? Qual seria o melhor modo de descartá-las?

   ____

   ____

   ____

Como se transporta a eletricidade

Como você já sabe, a energia elétrica produzida nas usinas chega até as casas, escolas, fábricas e hospitais por meio de fios elétricos.

Ilustra Cartoon/Arquivo da editora

Pequenas partículas, chamadas **elétrons**, se movimentam dentro dos fios, formando a **corrente elétrica**.

Alguns materiais, como os metais, conduzem a corrente elétrica com facilidade. São, por isso, considerados bons condutores elétricos. Outros, como a borracha e o plástico, dificultam a passagem da corrente. São os chamados **materiais isolantes**.

Os fios que transportam a corrente elétrica são feitos desses dois tipos de materiais: por dentro, são de metal, para facilitar a passagem da corrente; por fora, de borracha ou plástico, para evitar choques elétricos.

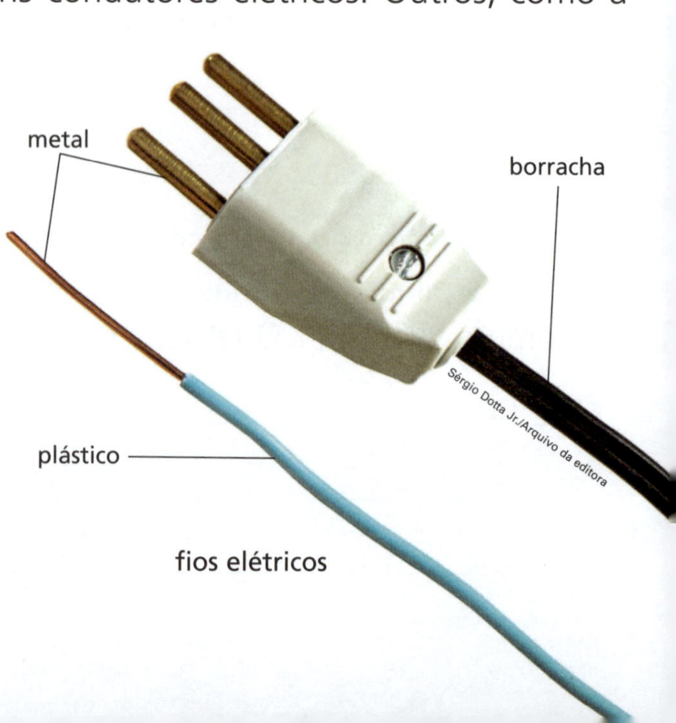

Sérgio Dotta Jr./Arquivo da editora

fios elétricos

Circuito elétrico

Para que os aparelhos funcionem, a corrente elétrica deve percorrer, dentro dos fios, um caminho fechado, sem interrupções. Esse caminho se chama **circuito elétrico**.

Curto-circuito

O circuito elétrico pode ser interrompido por um **curto-circuito**. Isso ocorre quando dois fios desencapados se tocam, produzindo faíscas que podem até provocar incêndios.

Também pode ocorrer curto-circuito quando a intensidade da corrente elétrica é muito grande para o fio que a conduz ou quando vários aparelhos são ligados em uma mesma tomada. Nesses casos, o fio esquenta, derretendo a proteção plástica à sua volta. Desencapados, os fios tocam-se, provocando o curto-circuito.

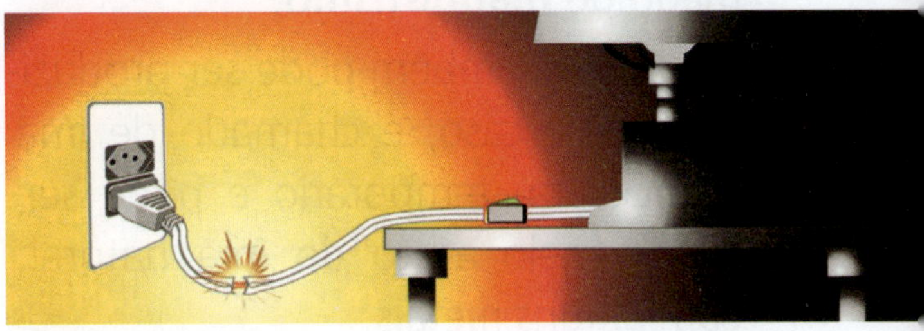

Cassiano Röda/Arquivo da editora

1. Assinale **V** (verdadeiro) ou **F** (falso).

- [ ] A energia elétrica chega à nossa casa por meio de fios elétricos.
- [ ] A parte de dentro dos fios elétricos é feita de plástico.
- [ ] Os elétrons se movimentam dentro dos fios formando a corrente elétrica.
- [ ] Os metais são bons condutores de corrente elétrica.
- [ ] A borracha conduz a corrente elétrica com facilidade.

2. Os acidentes que mais ocorrem com a energia elétrica são os choques elétricos e os curtos-circuitos. Você já sofreu ou sabe de alguém que tenha sofrido algum desses acidentes? Escreva aqui o que e por que aconteceu. Depois, conte à classe.

____

____

____

28

O magnetismo

Observando a natureza, o ser humano acabou descobrindo uma pedra que atraía o ferro. Como essa pedra foi encontrada pela primeira vez na cidade de Magnésia, localizada no continente asiático, recebeu o nome de **magnetita**.

A magnetita é um ímã natural ou permanente, pois é um minério encontrado nas rochas. Ímã é um corpo que atrai o ferro e alguns outros metais específicos. Esse poder de atração é chamado de **magnetismo**.

O ímã também pode ser produzido. Nesse caso, é chamado de ímã artificial ou temporário e pode ser obtido pelo atrito do ímã natural com alguns metais.

Como você pode ver nas fotos, o prego, em atrito com um ímã natural, tornou-se um ímã artificial, atraindo as agulhas, que são objetos leves de metal.

Fotos: Sérgio Dotta Jr./Arquivo da editora

Os materiais atraídos pelo ímã são chamados de **ferromagnéticos**. Eles também podem se comportar como um ímã, atraindo outros materiais ferromagnéticos.

Os polos do ímã

Ao aproximarmos um ímã de pequenos objetos de ferro ou aço, podemos perceber que sua força de atração é maior nas extremidades. Essas extremidades são os polos do ímã, chamados de polo norte e polo sul.

Quando os polos opostos de dois ímãs ficam próximos, eles se atraem. Quando dois polos iguais de dois ímãs ficam próximos, eles se repelem.

Se um ímã for quebrado em dois pedaços, cada um deles se comportará como um ímã completo, ou seja, com polos norte e sul.

O magnetismo da Terra

Todo ímã possui uma área na qual seu poder de atração pode ser percebido. Essa área se chama **campo magnético**.

Nosso planeta possui um campo magnético, como se houvesse um ímã dentro da própria Terra.

Você já deve conhecer a bússola, instrumento de orientação usado por navegadores e pilotos de avião. Ela tem uma agulha imantada apontando sempre para o norte. O funcionamento da bússola baseia-se no magnetismo terrestre: é o campo magnético da Terra que atrai a agulha, fazendo-a indicar sempre a mesma direção.

Garsya/Shutterstock/Glow Images

bússola

Eletricidade e magnetismo

Existe um tipo de ímã, chamado eletroímã, que é muito usado na fabricação de motores elétricos, telefones, rádios, televisores, campainhas, brinquedos, entre outros objetos.

O eletroímã é constituído de uma barra de ferro enrolada por fios ligados a uma fonte elétrica. Quando a corrente elétrica passa pelos fios condutores, a barra de ferro ganha magnetismo.

Veja na foto como o prego, ligado aos polos da pilha, está atraindo pedacinhos de ferro.

Desligada a corrente elétrica, o prego perde essa capacidade de atração.

Sérgio Dotta Jr./Arquivo da editora

eletroímã

1. Responda: qual é nome da pedra considerada um ímã natural? E o nome do efeito de atração entre essa pedra e materiais ferromagnéticos?

____

____

2. Escreva, da forma que você entendeu, o que é um eletroímã e para que serve.

____

____

____

De olho na experiência

Clipe voador

Material necessário

- tesoura sem ponta;
- papel;
- fita adesiva;
- barbante;
- clipe;
- ímã.

Como fazer

1. Amarre o clipe no barbante.
2. Prenda o barbante com a fita adesiva na mesa.
3. Ponha o ímã perto do clipe.
4. Em seguida, coloque um pedaço de papel entre o clipe e o ímã.

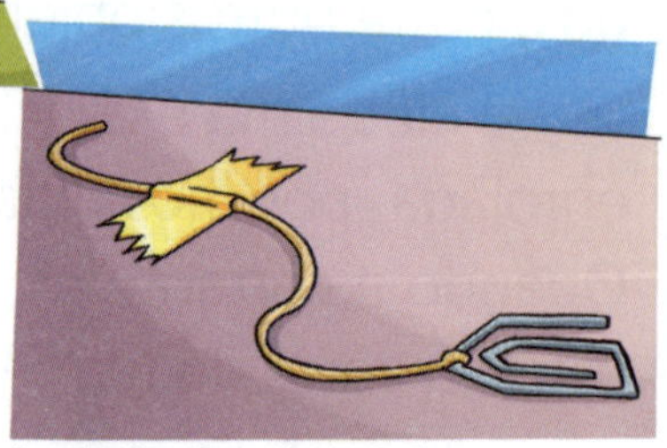

Ilustrações: Ilustra Cartoon/Arquivo da editora

- O que aconteceu?

____

____

____

- Por que você acha que isso aconteceu?

____

____

____

____

Disponível em: <www2.tvcultura.com.br/x-tudo/experiencia/13/clipevoador.htm>. Acesso em: 20 fev. 2014. Texto adaptado.

Livros

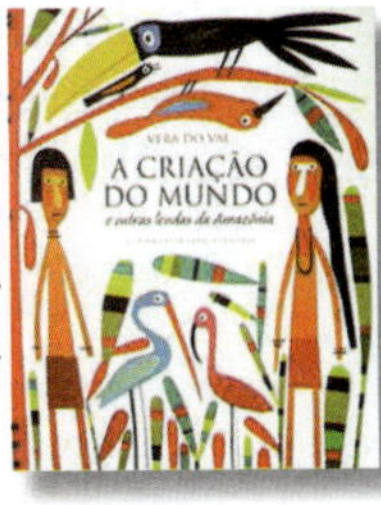

Reprodução/WMF Martins Fontes

A criação do mundo e outras lendas da Amazônia

Vera do Val. São Paulo: WMF Martins Fontes.

Qual a origem do mundo, da noite, das estrelas, da Lua, dos rios? As lendas traduzem o modo de pensar de povos indígenas da Amazônia sobre essas indagações que sempre povoaram a mente humana.

Reprodução/Editora Ática

Caça ao tesouro: uma viagem ecológica

Liliana Iacocca. São Paulo: Ática.

Alexandre e seus amigos atravessam florestas, pântanos, rios e oceanos em busca de um tesouro que é maior do que podiam imaginar. Para isso, eles contam com a ajuda do professor Procópio, um cientista que constrói uma máquina capaz de percorrer grandes distâncias em poucos segundos.

Reprodução/Casa da Palavra

Manual do defensor do planeta

João Alegria. Rio de Janeiro: Casa da Palavra.

O menino Theo deixa a cidade grande, Rio de Janeiro, para morar com seu pai e avós em Ouro Preto. A mudança traz novidades às quais ele precisa se adaptar. A experiência o leva a escrever um manual para as crianças a fim de que possam ajudá-lo na tarefa de manter a Terra e seus recursos.

Reprodução/Editora Scipione

Natureza e poluição

Brigitte Labbé e Michael Puech. São Paulo: Scipione.

Natureza e poluição não combinam. Então, como evitar a poluição e garantir um ambiente saudável? A partir da ideia de que o ser humano modifica a natureza para facilitar sua vida, as diversas situações apresentadas e os comentários auxiliam o leitor a refletir sobre como se relacionar com o meio ambiente.

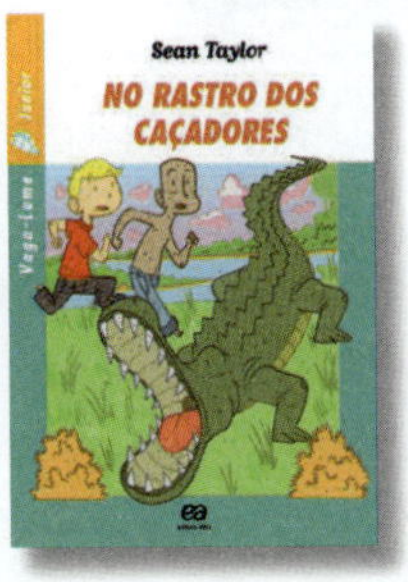

Reprodução/Editora Ática

No rastro dos caçadores

Sean Taylor. São Paulo: Ática.

Anthony, um menino inglês, vem passar as férias numa fazenda do Pantanal. Faz amizade com Pedrinho, que lhe mostra a fazenda e o leva até seu esconderijo, uma pequena praia de rio numa clareira. Os meninos descobrem que há caçadores na fazenda; estes matam os animais para vender as peles. Com a ajuda dos jacarés, desmontam o esquema criminoso.

Reprodução/Alto Astral

Rio: o livro do filme

Jodi Huelin. Bauru: Alto Astral.

Linda e sua ararinha-azul domesticada, Blu, viajam para a distante cidade do Rio de Janeiro. Blu deve encontrar Jade, a única ave fêmea de sua espécie. Mas as duas aves são capturadas por contrabandistas de animais. Com a ajuda de uma turma de amigos, Blu consegue escapar dos contrabandistas, aprender a voar e voltar para Linda. Tempos depois, Blu e Jade tornam-se pais de bebês de ararinha-azul.

Reprodução/Editora Moderna

Uma aventura no campo

Luiz Eduardo Ricon. São Paulo: Moderna.

História em quadrinhos cujos personagens, Rique e Carol, descobrem muitas coisas a respeito do campo e da natureza. Andando, brincando, cavalgando aprendem com o avô o modo de viver de quem mora no campo, as espécies vegetais e animais que ali se encontram, o equilíbrio que deve existir entre os seres.

Reprodução/Editora Ática

Viagem ao centro da Terra

Júlio Verne. São Paulo: Ática.

O professor Lidenbrock, respeitado cientista alemão, encontrou um misterioso pergaminho em um livro antigo. Depois de decifrar a mensagem contida nesse importante documento, convocou seu sobrinho Alex para realizar uma fantástica viagem ao centro da Terra.

Sites

Reprodução/<http://marianacaltabiano.com.br/turmadosuperv/livro_aquecimento.html>

Reprodução/<http://marianacaltabiano.com.br>

Iguinho

<iguinho.ig.com.br/turmadosuperv/livro_aquecimento.html>. Acesso em: 7 abr. 2014.

Esta página apresenta informações sobre o aquecimento global e oferece alternativas para ajudar a combater esse problema.

Reprodução/<http://www.universidadedascriancas.org>

Universidade das Crianças

<www.ufmg.br/universidadedascriancas>. Acesso em: 7 abr. 2014.

Visite o *site* do projeto Universidade das Crianças e leia ou ouça as respostas que pesquisadores da Universidade de Minas Gerais (UFMG) deram para as perguntas elaboradas por crianças sobre diversos assuntos da área de Ciências. Algumas dessas explicações estão disponíveis também no formato de divertidas animações.

Inglês

Autores
César de Oliveira Nyaradi e
Luiza Auxiliadora Pavon de Oliveira

SUMÁRIO

1. Months of the year 553
The seasons 554
The weather 555

2. At the restaurant 557
Numbers.. 559
How much? 560
Kitchen.. 562
Prepositions 563

3. Vacations 565

4. Summer by the sea 567
Beach wear.. 568
Sea animals 569
This or these? That or those?.. 570

5. Nationalities 571

6. On the farm 574
Let's sing 576

7. Electronic devices 577
There is or there are 579
The time 580

8. Happy New Year! 582

Sugestões para o aluno 584

1

Months of the year

Radu Bercan/Shutterstock/Glow Images

Oleksii Sagitov/Shutterstock/Glow Images

New Year's day is in January.

Ruth Black/Shutterstock/Glow Images

Easter is usually in April.

Isabel Só/Opção Brasil Imagens

In Brazil, Mother's Day is in May.

Isabel Só/Opção Brasil Imagens

In Brazil, Father's Day is in August.

Sergey Novikov/Shutterstock/Glow Images

In Brazil, Children's Day is in October.

DM7/Shutterstock/Glow Images

Christmas is in December.

The seasons

March-June

1000 Words/Shutterstock/Glow Images

June-September

Doug Lemke/Shutterstock/Glow Images

September-December

Doug Lemke

December-March

topora/Shutterstock/Glow Images

The weather

Sunny

Hot

Rainy

Cold

Windy

Stormy

Ilustrações da página: Vicente Mendonça

1. How is the weather today?
Listen and put the correct letters in the boxes.

ValiZa/Shutterstock/Glow Images

Christian Muelle/Shutterstock/Glow Images

timekeeper/Shutterstock/Glow Images

Hannamariah/Shutterstock/ Glow Images

2. Draw your favorite season.

At the restaurant

Main meals

Viktor1/Shutterstock/Glow Images

Chicken US$ 5.50

SOMMAI/Shutterstock/Glow Images

Spaghetti US$ 4.50

Lyudmila Suvorova/Shutterstock/Glow Images

Pizza US$ 3.50

Nata-Lia/Shutterstock/Glow Images

French fries US$ 2.50

Jacek Chabraszewski/Shutterstock/Glow Images

Fish US$ 6.50

Jeffrey Schmieg/Shutterstock/Glow Images

Steak US$ 8.00

Christian Jung/Shutterstock/Glow Images

Salad US$ 4.50

Drinks & Desserts

Studio red city/Shutterstock/Glow Images

Water US$ 1.00

Casper1774 Studio/Shutterstock/Glow Images

Soft drink US$ 1.50

tarasov/Shutterstock/Glow Images

Juice US$ 2.00

M. Unal Ozmen/Shutterstock/Glow Images

Ice cream US$ 2.50

Alexey Khromushin/Shutterstock/Glow Images

Apple pie US$ 3.50

M. Unal Ozmen/Shutterstock/Glow Images

Sundae US$ 4.00

1. Do the crosswords and write.

1

Lyudmila Suvorova/Shutterstock/Glow Images

____

2

Jeffrey Schmieg/Shutterstock/Glow Images

____

3

Viktor1/Shutterstock/Glow Images

____

4

tarasov/Shutterstock/Glow Images

____

5

Christian Jung/Shutterstock/Glow Images

____

6

M. Unal Ozmen/Shutterstock/Glow Images

____

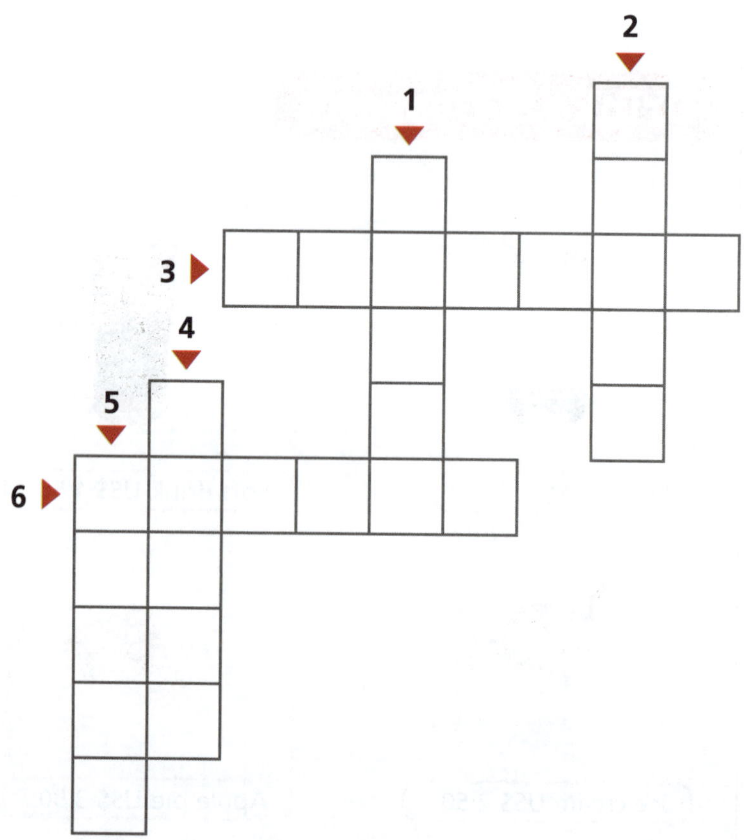

2. Mary likes steak, salad, juice and apple pie for lunch. Circle her favorite meal.

Jacek Chabraszewski/ Shutterstock/Glow Images

tarasov/Shutterstock/ Glow Images

Jeffrey Schmieg/ Shutterstock/Glow Images

Studio red city/Shutterstock/ Glow Images

Christian Jung/ Shutterstock/Glow Images

M. Unal Ozmen/ Shutterstock/Glow Images

Alexey Khromushin/ Shutterstock/Glow Images

3. What is your favorite meal?

____

____

____

Numbers

40	forty
41	forty-one
42	forty-two
43	forty-three
44	forty-four
45	forty-five
46	forty-six
47	forty-seven
48	forty-eight
49	forty-nine
50	fifty
60	sixty
70	seventy
80	eighty
90	ninety
100	one hundred
1000	one thousand

How much?

Vicente Mendonça/Arquivo da editora

1. Find the pairs.

tarasov/Shutterstock/Glow Images

US$ 2.00

Francesca Schellhaas/Keystone

US$ 2.50

Lyudmila Suvorova/Shutterstock/Glow Images

US$ 3.50

- **a** How much is a glass of orange juice?
- **b** How much are two hamburgers?
- **c** How much is a slice of pizza?

- [ ] It's five dollars.
- [ ] It's three dollars and fifty cents.
- [ ] It's two dollars.

2. How much is it? Listen and write.

a)

M. Unal Ozmen/Shutterstock/Glow Images

It's ______________________________.

b)

tarasov/Shutterstock/Glow Images

It's ______________________________.

c)

Lyudmila Suvorova/Shutterstock/Glow Images

It's ______________________________.

3. What can you see?

Africa Studio/Shutterstock/Glow Images

SOMMAI/Shutterstock/Glow Images

Nitr/Shutterstock/Glow Images

______________	______________	______________
______________	______________	______________
______________	______________	______________
______________	______________	______________

Kitchen

Pan

Frying pan

Knife, fork

Spoon

- Today is Sunday. You are helping your mother and father in the kitchen. Choose the correct utensil.

a 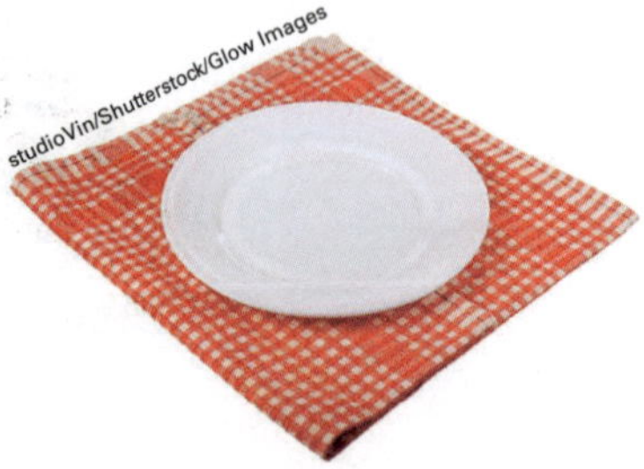

b 

c 

d 

☐ Spoon

☐ Frying pan

☐ Pan

☐ Knife and fork

Prepositions

Vitaly Korovin/Shutterstock/Glow Images

The plate is **on** the table.

Denizo71/Shutterstock/Glow Images

The boy is **in** the kitchen.

Hitdelight/Shutterstock/Glow Images

The knife is **between** the fork and the spoon.

Claire McAdams/Shutterstock/Glow Images

The dog is **under** the table.

Artazum and Iriana Shiyan/Shutterstock/Glow Images

The cat is **behind** the window.

Blend Images/Shutterstock/Glow Images

The boy is **in front of** the board.

- Match.

Monkey Business Images/Shutterstock/Glow Images

Andrey Armyagov/Shutterstock/Glow Images

Gelpi JM/Shutterstock/Glow Images

StockLite/Shutterstock/Glow Images

Patrick Foto/Shutterstock/Glow Images

Iuliia Azarova/Shutterstock/Glow Images

☐ The ball is **in front of** the girl.

☐ The girl is **behind** the tree.

☐ The dog is **between** the girls.

☐ The boy is **under** water.

☐ The flowers are **in** a vase.

☐ Grandmother is sitting **on** a chair.

3

Vacations

João Prudente/Pulsar Imagens

Geraldo Gomes/Opção Brasil Imagens

Rubens Chaves/Folhapress

- Now it is time to travel. Pack your suitcase.

K. Miri Photography/Shutterstock/Glow Images; angelo gilardelli/Shutterstock/Glow Images; kedrov/Shutterstock/Glow Images; Africa Studio/Shutterstock/Glow Images; aquariagirl1970/Shutterstock/Glow Images; Ruslan Kudrin/Shutterstock/Glow Images; Africa Studio/Shutterstock/Glow Images; amaxstock/Alamy/Other Images; Karkas/Shutterstock/Glow Images; Nadezda Cruzova/Shutterstock/Glow Images; pzAxe/Shutterstock/Glow Images; Andy Crawford/Coleção Dorling Kindersley/Getty Images; Bendito/Keystone; Kayros Studio Be Happ/Keystone; Rashevskyi Viacheslav/Shutterstock/Glow Images

4

Summer by the sea

naluwan/Shutterstock/Glow Images

Kokhanchikov/Shutterstock/Glow Images

Bent Nordeng/Shutterstock/Glow Images

Bent Nordeng/Shutterstock/Glow Images

Beata Jancsik/Shutterstock/Glow Images

Ingrid Balabanova/Shutterstock/Glow Images

mangostock/Shutterstock/Glow Images

Beach wear

1. Listen, then check who is speaking.

Olesya Feketa/Shutterstock/Glow Images

Kathy Burns-Millyard/Shutterstock/Glow Images

mangostock/Shutterstock/Glow Images

Max Topchii/Shutterstock/Glow Images

2. Do the word search.

S	P	J	M	S	U	N	X	L	N	O	B	B	S	P
B	A	B	E	A	C	H	*	C	H	A	I	R	H	A
E	R	B	A	L	L	O	F	C	H	A	A	C	O	I
A	A	U	I	N	O	M	G	B	C	V	C	W	V	L
C	S	A	N	D	*	C	A	S	T	L	E	N	E	T
H	O	A	S	C	Q	T	E	R	O	R	C	U	L	O
O	L	T	W	S	T	A	R	F	I	S	H	E	S	W
S	E	A	S	H	E	L	L	S	P	G	A	S	E	E
S	U	R	F	B	O	A	R	D	T	F	I	B	A	L

Sea animals

Sokolov Alexey/Shutterstock/Glow Images

Dolphin

Konrad Mostert/Shutterstock/Glow Images

Whale

nitrogenic.com/Shutterstock/Glow Images

Shark

aodaodaodaod/Shutterstock/Glow Images

Crab

VLADJ55/Shutterstock/Glow Images

Lobster

Bennyartist/Shutterstock/Glow Images

Shrimp

- Unscramble the letters and write the names of the animals.

a) 
Scorpp/Shutterstock/Glow Images

aeshelsl ________________________

b) 
Konrad Mostert/Shutterstock/Glow Images

ehlwa ________________________

c) 
Bennyartist/Shutterstock/Glow Images

sipmhr ________________________

d) 
aodaodaodaod/Shutterstock/Glow Images

barc ________________________

This or these? That or those?

singular	plural
This That	These Those

Carlos Horta/Shutterstock/Glow Images

iofoto/Shutterstock/Glow Images

- Match the pictures to the sentences.

a This is a yellow T-shirt.

b Those are my friends on balloon.

c This is my family.

d That is a crab there on the sand.

Cheryl Casey/Shutterstock/Glow Images

Cheryl Casey/Shutterstock/Glow Images

LittleStocker/Shutterstock/Glow Images

Gemenacom/Shutterstock/Glow Images

5

Nationalities

IBGE

AVAVA/Shutterstock/Glow Images

bikeriderlondon/Shutterstock/Glow Images

ONU

ONU

smikeymikey1/Shutterstock/Glow Images

paulaphoto/Shutterstock/Glow Images

ONU

ONU

uwe umstätter/Glow Images

Tatyana Vyc/Shutterstock/Glow Images

ONU

Laurence Mouton/Keystone

My name is Mariana. I am Brazilian. Rick is my friend.
I am fifteen years old and he is sixteen years old.
He is American. His home town is New York.
He has blond hair and brown eyes.
His favorite food is steak with French fries and juice.
His favorite colors are blue and green.
Rick is in Brazil.

1. Write *True* [T] or *False* [F], according to the text.

a) Rick is Mariana's brother. [ ]

b) He is American. [ ]

c) His hair is black. [ ]

d) Mariana is thirteen years old. [ ]

e) Rick's favorite colors are blue and green. [ ]

2. Look at the pictures and write the nationality.

White House Photo/Alamy

a) He is ______________________.

Maxisport/Shutterstock/Glow Images

b) They are ______________________.

Tawin Mukdharakosa/Shutterstock/Glow Images

c) She is ______________________.

ollyy/Shutterstock/Glow Images

d) She is ______________________.

Aaron Amat/Shutterstock/Glow Images

e) He is ______________________.

David Burrows/Shutterstock/Glow Images

f) They are ______________________.

6

On the farm

Pig
Sheep
Cow
Horse
Granddaughter
Farmer
Grandson
Turkey
Chickens
Chicks

Green Valley

Green Valley is a big and beautiful farm.

Mr. Harrison is a farmer. His wife is called Brenda.

On the farm they have several animals: pig, horse, chickens, chicks, cow, turkey, sheep, duck, ducklings.

Mr. Harrison and his wife take good care of their animals.

They have a grandson and a granddaughter: Joe and Carol.

Joe and Carol are on the farm spending their school holidays.

They are very happy there.

- Read the text and find.

a) One color.

____

b) Three farm animals.

____

c) One granddaughter.

____

d) One baby animal.

____

Let's sing

Old Macdonald

Old Macdonald had a farm, } chorus
E, i, e, i, o!
And on his farm he had some ducks,
E, i, e, i, o!
With a quack – quack here,
And a quack – quack there,
Here a quack, there a quack,
Everywhere a quack – quack.

[repeat chorus twice]

And on his farm he had some chicks,
E, i, e, i, o!
With a chick – chick here,
And a chick – chick there,
Here a chick, there a chick,
Everywhere a chick – chick.

[repeat chorus]

Ilustrações da página: Vicente Mendonça

- Word search.

B	Q	B	T	A	C	H	C	H	D	U	C	K	S
R	O	B	A	L	L	O	F	C	H	A	H	O	I
A	L	U	I	N	O	M	A	B	C	V	I	W	L
T	D	Q	U	A	C	K	R	T	L	E	C	L	T
H	F	A	S	M	L	T	M	R	U	R	K	L	A
O	L	T	W	S	Q	A	R	F	L	S	S	S	W

7

Electronic devices

Monkey Business Images/Shutterstock/Glow Images

Alena Ozerova/Shutterstock/Glow Images

Tetra Images/Latinstock

Monkey Business Images/Shutterstock/Glow Images

CJG - Technology/Alamy/Other Images

ZouZou/Shutterstock/Glow Images

MadTatyana/Shutterstock/Glow Images

Seb Oliver/cultura/Corbis/Latinstock

- Look at the picture of the bedroom and answer to the questions.

a) Is there a camera on the bed?

____

b) Is there one chair in the bedroom?

____

c) Is there a radio on the floor?

____

d) Are there two tablets on the bed?

____

e) Is there a skirt on the floor?

____

There is or there are

	singular	plural
Affirmative form	There is	There are
Negative form	There is not	There are not
Interrogative form	Is there?	Are there?

- Word search.

Monkey Business Images/Shutterstock/ Glow Images

Tetra Images/Tetra Images/Latinstock

Monkey Business Images/ Shutterstock/Glow Images

ZouZou/Shutterstock/Glow Images

CJG - Technology/Alamy/Other Images

MadTatyana/Shutterstock/Glow Images

Seb Oliver/cultura/Corbis/Latinstock

L	A	P	T	O	P	N	X	L	N	O	C	B	V	P
H	B	L	U	-	R	A	Y	*	P	L	A	Y	E	R
E	R	B	I	L	V	O	F	C	X	T	A	A	D	C
A	W	U	I	N	O	M	G	B	W	A	V	C	E	A
Z	E	T	L	I	H	A	N	N	B	B	E	H	O	M
V	I	D	E	O	*	G	A	M	E	L	R	C	G	E
O	C	E	L	L	*	P	H	O	N	E	S	H	I	R
S	F	A	S	O	E	J	L	S	Q	T	G	O	M	A
S	U	T	E	L	E	V	I	S	I	O	N	N	E	L

The time

Ilustrações: Vicente Mendonça

It is eight o'clock.

It is two fifteen.

It is half past ten.

It is eight forty.

What time is it?

It is six a.m.

It is one p.m.

It is half past six a.m.

It is eight ten p.m.

It is seven forty a.m.

It is half past ten p.m.

- Match.

a It is time to go to bed.

b I have to go to school in five minutes.

☐ It is one p.m.

☐ It is ten p.m.

☐ It is six fifty-five a.m.

c Today is Sunday. Time for lunch!

8

Happy New Year!

Happy New Year! Now it is time for vacation, celebration and resolutions.

- Many students make New Year's resolutions. What do you want to do or change next year? Use the box.

homework	help	study	money	save
fruit	exercise	eat	brother/sister	
beach/countryside	mother/father	bedroom		

Vacations:

____

____

Family:

____

____

Home:

____

____

School:

____

____

Health:

____

____

Other:

____

____

SUGESTÕES PARA O ALUNO

Livros

Reprodução/Editora Ática

On the Bus,
de Nara Mattoso, Ática.

Muitas pessoas pegam o ônibus que vai para Hellingoe. Nesse lugar, é possível realizar sonhos, mas durante uma viagem algo estranho acontece.

Reprodução/Editora Ática

Skull Friends,
de Amadeu Marques, Ática.

Nesta história, um grupo de meninas e meninos da mesma escola vive muitas aventuras.

Sites

Reprodução/<http://learnenglishkids.britishcouncil.org>

Learn English Kids

<http://learnenglishkids.britishcouncil.org/en/>. Acesso em: 5 dez. 2013.

Neste *site* há várias atividades, brincadeiras e histórias que podem servir de apoio ao conteúdo do livro.

Reprodução/<www.eslgamesplus.com>

ESL Games+

<www.eslgamesplus.com>. Acesso em: 5 dez. 2013.

Site com vários jogos e brincadeiras que podem auxiliar na fixação do vocabulário das lições.

Arte

Autoras
Lígia Maria da Silva Rego e
Lígia da Costa Santos

SUMÁRIO

1. Abstracionismo 585
Wassily Kandinsky 585
Piet Mondrian 586
2. Surrealismo 587
Salvador Dalí 587
Joan Miró 587
René Magritte 588
3. O Modernismo brasileiro 589
A Semana de 22 589
Tarsila do Amaral 590
Candido Portinari 591
4. A arte entra em uma nova era 593
Alexander Calder 593
Victor Vasarely 594
Abraham Palatnik 595
5. A arte do nosso tempo 596
Jackson Pollock 596
Tomie Ohtake 597
A *pop art* 598
A *pop art* no Brasil 598
Instalação 599
Sugestões para o aluno 600

1

Abstracionismo

No início do século XX, alguns artistas começaram a produzir obras muito diferentes do que as pessoas estavam acostumadas a ver. Uma parte desses pintores acreditava que as cores e as formas não precisavam representar as imagens ou aparências da realidade como se vê. O estilo de pintar desses artistas ficou conhecido como **arte abstrata** ou **abstracionismo**.

Wassily Kandinsky

Uma noite, ao voltar para casa, o pintor russo Wassily Kandinsky notou, sobre o cavalete, um quadro muito colorido, que não representava nenhuma cena ou nenhum objeto conhecido. Ao olhar melhor, Kandinsky percebeu que se tratava de um quadro que ele mesmo havia pintado e que estava de ponta-cabeça.

Friedrich/Interfoto/Latinstock

Foi assim que o artista descobriu que a cor poderia despertar emoções sem necessariamente estar representando um objeto ou outro modelo figurativo. Muitas obras de Kandinsky foram executadas a partir de composições musicais, como a **Composição X**.

Maurice Babey/Album/akg-images/Latinstock

Composição X, óleo sobre tela de Wassily Kandinsky, 1939.
Esta obra tem 130 cm de altura e 195 cm de largura.

Piet Mondrian

Outro grande pintor do abstracionismo foi Piet Mondrian. A partir de 1910, para pintar seus quadros, Mondrian usava as cores primárias (azul, vermelho e amarelo), combinando-as com preto, branco e cinza. Para ele, uma obra de arte era apenas a união de formas, linhas, cores e superfície, resultando no que ele chamava de ordem e harmonia. Essa maneira de se expressar ficou conhecida como **abstracionismo geométrico**.

Reprodução/André Kertész

Album/akg-images/Latinstock

Composição com grande espaço azul, vermelho, preto, amarelo e cinza, óleo sobre tela de Piet Mondrian, 1921. Esta obra tem 60,5 cm de altura e 50 cm de largura.

- Kandinsky e Mondrian eram muito inspirados pela música. Agora é sua vez de usar a música como inspiração. Ouça com atenção a música instrumental que seu professor vai colocar. Depois, ouça-a novamente e deixe que o som comande a sua mão!

Material
- Papel canson
- Aparelho de som
- Tinta guache
- Pincéis de vários tamanhos
- Pote com água
- Copos descartáveis para misturar as tintas

2

Surrealismo

No início do século XX também surgiu a arte surrealista. Os artistas desse movimento não se baseavam na realidade para compor suas criações, e, sim, no irreal, nos pensamentos ilógicos e nas imagens do inconsciente e dos sonhos.

O **surrealismo** recebeu esse nome porque os artistas desse movimento artístico acreditavam que sua arte deveria estar além da realidade.

Reprodução/Philippe Halsman

Salvador Dalí

Grande nome do surrealismo, Dalí pintava objetos, figuras e paisagens, colocando-os fora de seus lugares habituais. Também misturava técnicas usando colagem e fotografia para pintar seus quadros.

Dalí costumava dizer: "Meus quadros são fotografias de sonhos pintadas à mão".

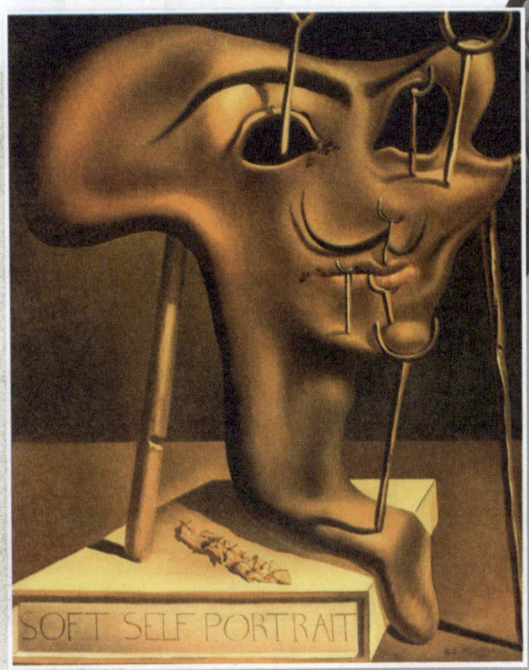

Autorretrato com bacon grelhado, óleo sobre tela de Salvador Dalí, 1941. Esta obra tem 61 cm de altura por 51 cm de largura.

Reprodução/Fundação Gala Salvador Dalí, Figueras, Espanha.

Joan Miró

Outro importante artista surrealista foi Joan Miró.

Sua arte ficou conhecida por uma característica muito particular: a maneira poética de fazer as representações em suas pinturas e desenhos.

O Carnaval de arlequim, óleo sobre tela de Joan Miró, 1924-1925. Esta obra tem 66 cm de altura e 93 cm de largura.

Reprodução/Galeria de Arte Albright-Knox, Buffalo, EUA.

Reprodução/Arquivo da editora

René Magritte

Em 1926, René Magritte começou a produzir suas obras consideradas surrealistas. Nos anos seguintes, buscou inspiração de ordem mais poética.

Observe a obra de Magritte a seguir. Nela, homens de chapéu-coco caem do céu com expressão serena. Esse quadro demonstra bem a proposta do surrealismo: provocar certo estranhamento no modo de enxergar a realidade.

A queda, óleo sobre madeira de René Magritte, 1953. Esta obra tem 81 cm de altura e 100 cm de largura.

- Agora é a sua vez de dar asas à imaginação! Atente à obra de arte ao lado. Magritte pintou uma janela entreaberta em que se vê o reflexo de nuvens. Se você abrisse a janela, o que veria? Faça um desenho sobre isso no papel canson. Pinte-o com tinta guache, faça colagens e, depois de seco, mostre-o aos colegas.

O telescópio, óleo sobre tela de René Magritte, 1963. Esta obra tem 175,5 cm de altura e 116 cm de largura.

Material

- Lápis HB
- Papel canson
- Tinta guache de várias cores
- Pincel
- Pote com água
- Revistas
- Tesoura sem ponta
- Cola

3

O Modernismo brasileiro

As duas primeiras décadas do século XX foram marcadas por inúmeras mudanças no cenário mundial.

Esse fato contribuiu para que os artistas de nosso país começassem a ver a arte de maneira diferente e buscassem novos caminhos para a arte brasileira, levando à formação de um movimento que ficou conhecido como **Semana de Arte Moderna** ou **Semana de 22**.

A Semana de 22

Esse movimento artístico começou a ser preparado pelo menos uma década antes de 1922. Em 1912, o escritor Oswald de Andrade trouxe informações dos movimentos artísticos que aconteciam na Europa. Em 1913, o pintor Lasar Segall expôs em São Paulo. Outro fato importante ocorreu em 1917, quando Anita Malfatti, após voltar de seus estudos na Alemanha, expôs seus trabalhos expressionistas.

Quatro anos depois, em 1921, foi realizada em São Paulo uma exposição do artista plástico Di Cavalcanti. Alguns estudiosos dizem que essa exposição foi o primeiro passo para a realização da Semana de Arte Moderna de 1922.

A Semana ocorreu de 13 a 17 de fevereiro, no Teatro Municipal de São Paulo. Foi uma semana de exposição, leitura de poemas, discursos em defesa da nova forma de fazer arte e concertos musicais. Por isso, a Semana de Arte Moderna de 22 foi tão importante para as artes brasileiras.

Cartaz elaborado por Di Cavalcanti para a Semana de Arte Moderna de 1922.

Tarsila do Amaral

Reprodução/Tarsila do Amaral Empreendimentos

Tarsila do Amaral não participou da Semana de 22, mas foi adepta das ideias do grupo.

Em 1924, a artista começou a pintar o que ela mesma chamou de fase pau-brasil. Tarsila retratou a natureza tropical de nosso país com linguagens cubistas e surrealistas.

Um dos quadros mais importantes que Tarsila pintou foi o **Abaporu**.

Cedida por Tarsila Educação/www.tarsiladoamaral.com.br/Museu de Arte Latino-Americano de Buenos Aires, Argentina.

Abaporu, óleo sobre tela de Tarsila do Amaral, 1928. Esta obra tem 85 cm de altura e 73 cm de largura.

Cedida por Tarsila Educação/www.tarsiladoamaral.com.br/Museu de Grenoble, França.

A cuca, óleo sobre tela de Tarsila do Amaral, 1924. Esta obra tem 73 cm de altura e 100 cm de largura.

- Os tons usados por Tarsila foram inspirados nas cores das casas das cidades do interior paulista. Observando estas tonalidades, prepare cores "bem caipiras", como Tarsila as chamava, e faça uma pintura sobre algo que chame sua atenção em seu bairro.

Material

- Papel canson
- Pincel
- Tintas guache
- Pote com água
- Copos descartáveis para misturar as tintas

Candido Portinari

Portinari é outro pintor modernista fundamental para a Semana de 22. Depois de ter recebido uma importante premiação, passou o ano de 1930 estudando em Paris.

Na Europa conheceu vários artistas (entre eles Pablo Picasso) e teve contato com obras cubistas e expressionistas.

Quando voltou ao Brasil, decidiu retratar cenas e personagens do povo brasileiro em suas telas como forma de valorizar e homenagear as raízes nacionais.

Retirantes (série Retirantes), óleo sobre tela de Candido Portinari, 1944. Esta obra tem 190 cm de altura e 180 cm de largura.

Nas cenas rurais que retratou, Portinari enfatizou os tipos brasileiros, como o caipira que ele carinhosamente chamava de Palaninho.

O circo, óleo sobre tela de Candido Portinari, 1933. Esta obra tem 60 cm de altura e 73 cm de largura.

- Muitas obras de Portinari foram criadas com base em lembranças da infância: a fazenda de café em Brodowski, as brincadeiras, o circo, os camponeses, etc. Pense em um fato, um passeio ou uma brincadeira que você deseja manter na memória e faça um desenho para representar essa lembrança.

Material
- Papel sulfite
- Lápis HB
- Lápis de cor
- Giz de cera

Observe os dois quadros abaixo. Eles tratam do mesmo tema, mas cada artista o representou à sua maneira.

Cedida por Tarsila Educação/www.tarsiladoamaral.com.br/Museu de Arte Moderna, Salvador, BA.

Boi na floresta, óleo sobre tela de Tarsila do Amaral, 1928. Esta obra tem 50 cm de altura e 61,2 cm de largura.

Reprodução/Museu Lasar Segall/Iphan/Minc, São Paulo, SP.

Grupo de bois, óleo sobre tela de Lasar Segall, 1935. Esta obra tem 36,5 cm de altura e 48,5 cm de largura.

- O que você percebe nessas pinturas? Em que elas diferem?

____

____

____

____

____

4

A arte entra em uma nova era

A partir de 1945, quando terminou a Segunda Guerra Mundial, o mundo entrou em outro momento social e os artistas se sentiam cada vez mais livres para experimentar novas ideias e novos materiais.

Herbert List/Magnum Photos/Latinstock

Alexander Calder

Alexander Calder, depois de se formar engenheiro, resolveu ser artista e, influenciado pelos brinquedos que fazia na infância, começou a pintar e criar objetos em estrutura de metal.

Em 1931, Calder começou a elaborar esculturas leves e harmoniosas com movimento, algumas acionadas com manivela, outras movidas pelo vento, como os móbiles.

Pico nevoso, escultura em metal e arames pintados de Alexander Calder, 1969. Esta obra tem 92,7 cm de altura e 162,6 cm de largura.

Reprodução/Cortesia da Galeira Waddington, Londres, Inglaterra.

- Veja algumas esculturas de animais que Calder criou e faça, com a ajuda do professor, uma escultura de seu animal preferido. Não se esqueça de dar um título para sua obra!

Material
- Arame
- Sucata
- Alicate (para cortar o arame)

Galo, escultura em materiais diversos de Alexander Calder, 1972. Esta obra tem 71 cm de altura e 54,6 cm de largura.

Reprodução/Museu Whitney de Arte Americana, Nova York, EUA.

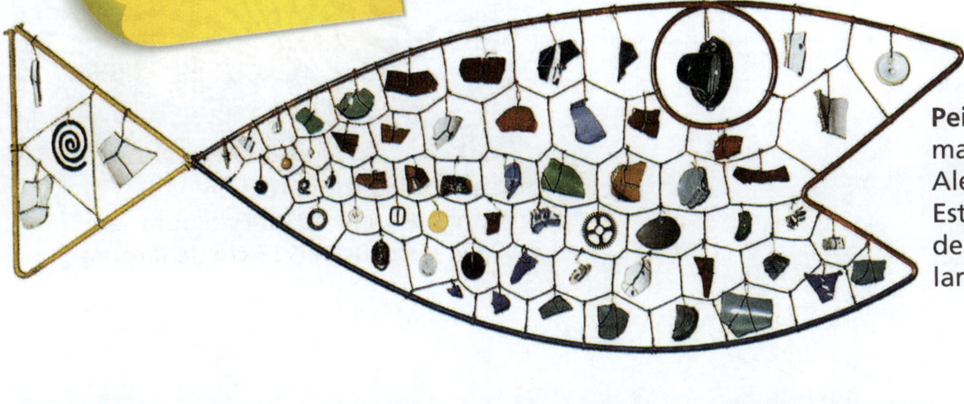

Peixe, escultura em materiais diversos de Alexander Calder, 1945. Esta obra tem 41,2 cm de altura e 122 cm de largura.

Reprodução/Museu Hirshhorn e Jardim de Esculturas, Washington, EUA.

Victor Vasarely

Por meio de pesquisas feitas em 1950, o artista húngaro Victor Vasarely criou uma maneira de pintar que chamou de ***op art***. O nome vem da expressão inglesa *optical art*, que significa 'arte óptica'. As obras da ***op art*** apresentam diferentes formas geométricas que, combinadas entre si, provocam no observador sensações de movimento.

Vasarely cuidadosamente fazia os projetos de suas pinturas em papel quadriculado. Veja o antes e o depois de uma de suas obras:

Antes

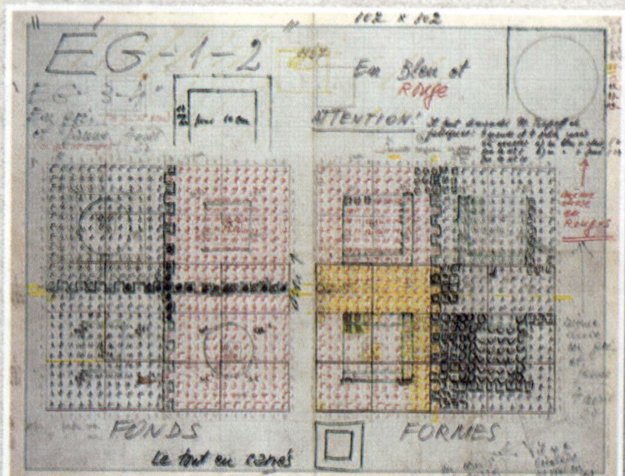

EG-1-2, programação sobre papel milimetrado de Victor Vasarely, 1967.

Depois

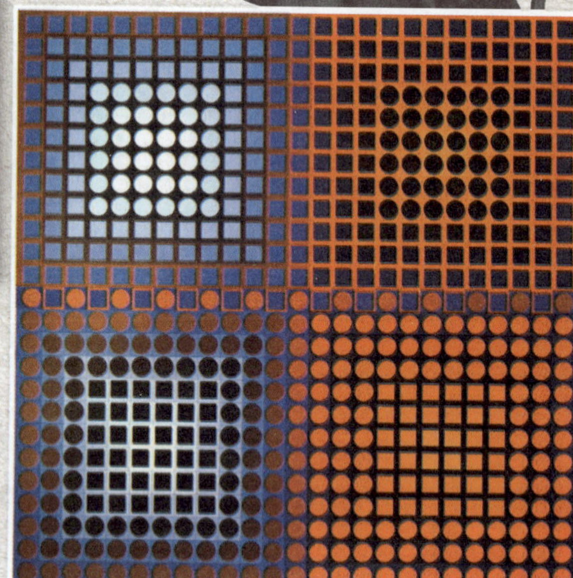

EG-1-2, tinta acrílica sobre tela de Victor Vasarely, 1967. Esta obra tem 102 cm de altura e 102 cm de largura.

- Que animais estão representados na obra de Vasarely reproduzida ao lado? Como o artista representou esses animais?

____

____

____

____

____

Zebras, óleo sobre tela de Victor Vasarely, 1950. Esta obra tem 92 cm de altura e 116 cm de largura.

Abraham Palatnik

Em 1951, o empresário Francisco Matarazzo teve a ideia de realizar uma Bienal de Arte na cidade de São Paulo. Entre os artistas premiados na primeira Bienal estava o brasileiro Abraham Palatnik. Ele recebeu menção honrosa por um trabalho incomum em que misturava luz e movimento.

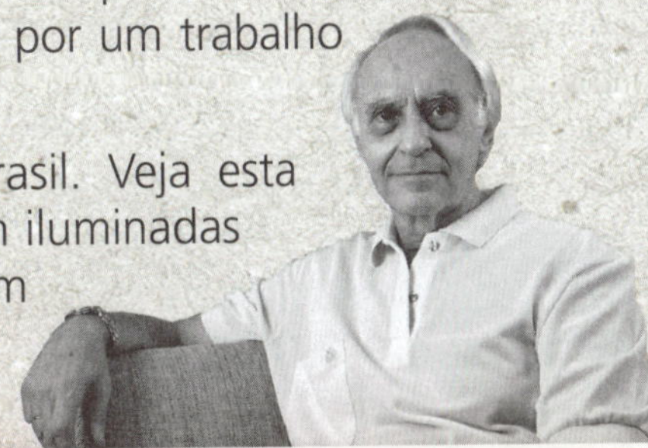

Reprodução/Arquivo da editora

Palatnik foi o pioneiro da **arte cinética** no Brasil. Veja esta sequência de fotografias de uma obra dele. Por serem iluminadas e estarem sempre em movimento, cada espectador tem uma impressão diferente ao olhar para ela.

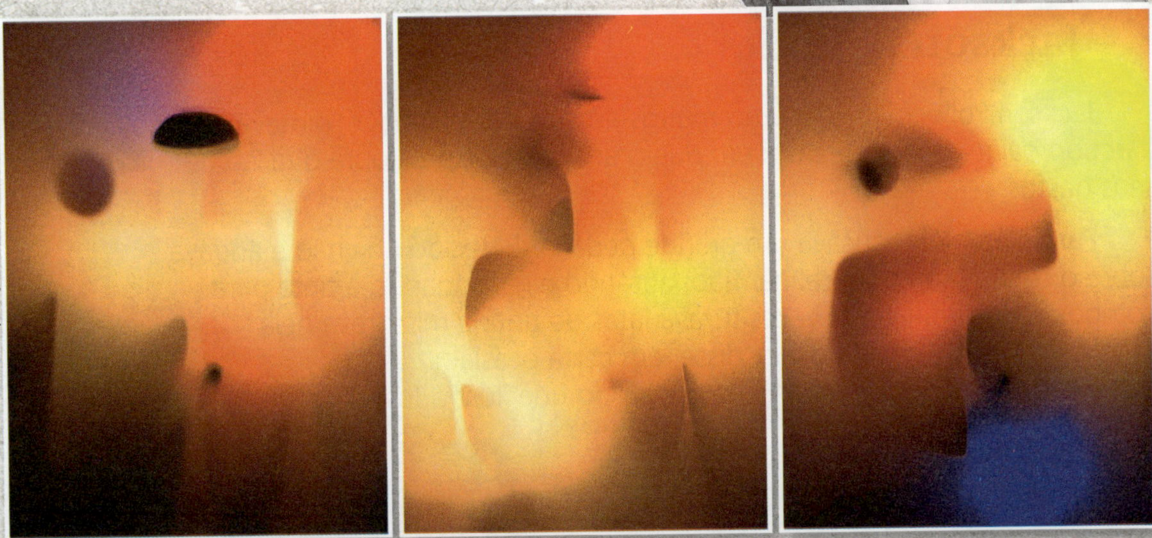

Reprodução/Cortesia Galeria Nara Roesler, São Paulo, SP.

Aparelho cinecromático, obra feita com madeira, metal, plástico, lâmpadas e motor de Abraham Palatnik, 1958. Esta obra tem 112 cm de altura e 74,5 cm de largura.

- Observe agora outra obra de Palatnik. Que tal fazer uma releitura dela? Siga as instruções.
  1. Pinte uma folha de papel canson com a sua cor preferida.
  2. Com a tinta ainda molhada, passe o pente-fino sobre a folha, no sentido vertical.
  3. Espere a pintura secar e coloque uma folha de papel-carbono sobre ela.
  4. Pegue mais uma vez o pente-fino e faça linhas onduladas, no sentido horizontal, sobre o carbono.
  5. Retire o papel-carbono devagar e veja o efeito do movimento.
  6. Dê um título para seu trabalho.

Reprodução/Coleção do artista

Relevo progressivo, papel-cartão, madeira e tinta acrílica de Abraham Palatnik, 1996. Esta obra tem 52 cm de altura e 43 cm de largura.

Material
- Papel canson
- Tintas guache
- Pincel
- Papel-carbono
- Pente-fino

5

A arte do nosso tempo

Em seus estudos sobre arte, você teve a oportunidade de conhecer artistas de diversos movimentos artísticos ao longo da História, mais especificamente até a primeira metade do século XX.

Agora você vai estudar artistas e movimentos artísticos da segunda metade do século XX em diante.

Jackson Pollock

Jackson Pollock, assim como muitos artistas do século XX, pintava usando a *action painting*, uma técnica em que o artista imprime à obra o ritmo de seus gestos.

Para pintar, ele esticava um grande pedaço de tecido no chão e andava sobre o tecido com o pincel na mão, atirando e respingando a tinta para compor o quadro. Outras vezes furava latas de tinta e misturava nela areia ou vidro triturado. Pollock disse, em certa ocasião: "Quero expressar meus sentimentos mais do que ilustrá-los".

Fora da rede, óleo e tinta de esmalte sobre cartão prensado de Jackson Pollock, 1949. Esta obra tem 121,5 cm de altura e 244 cm de largura.

Tomie Ohtake

Bruno Poletti/Folhapress

A pintora, gravadora e escultora Tomie Ohtake passou por muitas fases em sua produção artística, mas, nos últimos anos, tem-se dedicado ao abstracionismo. Vejam abaixo uma escultura abstrata criada por ela.

Rubens Chaves/Acervo do fotógrafo

Monumento criado por Tomie Ohtake em comemoração ao centenário da imigração japonesa no Brasil, localizado na praia José Menino, em Santos (SP). Esta obra tem 15 m de altura.

- Agora você é o escultor! Com base na obra de Tomie Ohtake, crie uma escultura em homenagem a alguma comemoração bastante importante de sua região. Siga as instruções abaixo.

1. Faça um rascunho de sua escultura.
2. Com a ajuda do professor, elabore uma estrutura de arame.
3. Modele com argila sobre essa estrutura.
4. Espere a obra secar.
5. Pinte-a com tinta plástica.

Material

- Lápis HB
- Papel para rascunho
- Arame
- Alicate (para cortar o arame)
- Argila
- Tinta plástica
- Pincel
- Pote com água

A *pop art*

Na década de 1960, alguns artistas reagiram à arte abstrata e resolveram voltar a criar obras de arte de maneira figurativa. Esse movimento artístico ficou conhecido como ***pop art***, que em português significa 'arte popular'.

Tal arte, porém, não era feita pelo povo, mas, sim, para o povo, uma vez que era fácil de ser entendida pelas pessoas.

Observe a obra ao lado, que retrata o cantor de *rock* Mick Jagger. Ela mostra a influência da publicidade na obra de Andy Warhol.

Mick Jagger, serigrafias de Andy Warhol, 1975. Esta obra tem 111,5 cm de altura e 73,6 cm de largura.

A *pop art* no Brasil

Durante a década de 1960, o artista Cláudio Tozzi criou muitas obras no estilo ***pop art***. Ele se aproximou da linguagem dos meios de comunicação de massa e se apropriou das imagens do mundo urbano, da história em quadrinhos e da propaganda para criar suas obras.

O quadro a seguir foi pintado em 1967, ano da morte de Che Guevara, e recebeu o título de **Guevara vivo ou morto**.

Guevara vivo ou morto, tinta acrílica sobre madeira de Cláudio Tozzi, 1967. Esta obra tem 175 cm de altura e 300 cm de largura.

Instalação

Na arte contemporânea é muito comum encontrarmos **instalações**. Instalação é a reunião de vários elementos, como esculturas, objetos, projeção de sons e imagens, com o objetivo de produzir uma obra de arte plástica.

Antes de serem desmontadas, as instalações são documentadas em fotografias que são guardadas em museus e galerias de arte.

Nevio doz/Keystone

Homem na bicicleta, instalação de George Segal, 1962. Esta obra tem 160 cm de altura e 53,5 cm de largura.

Às vezes a instalação é tão grande que o espectador pode entrar nela. Analise a obra de George Segal. O que você percebe? De que tamanho parece ser?

As obras de George Segal foram expostas em lugares por onde passa um grande número de pessoas.

No Brasil, as instalações de Frans Krajcberg, um artista polonês naturalizado brasileiro, são feitas com materiais encontrados na natureza, como troncos de árvores mortas ou queimadas, cipós, raízes e folhas. Em seus trabalhos, Frans denuncia a agressão à natureza e a falta de preservação do meio ambiente.

Reprodução/Acervo do artista

Frans Krajcberg entre suas esculturas, feitas com pigmento natural sobre raízes, cipó e caules de palmeira, 1991. Esta obra tem 310 cm de altura.

- Agora o artista é você! Com base nas instalações de George Segal e Frans Krajcberg, faça em sua escola instalações que chamem atenção para algum fato da atualidade. Não se esqueça de fotografar seu trabalho!

Material
- Placa de isopor
- Papelão, tecidos ou argila para esculpir as obras
- Tintas diversas
- Pincéis
- Pote com água

SUGESTÕES PARA O ALUNO

Livros

Reprodução/Editora José Olympio

O meu amigo pintor,
de Lygia Bojunga Nunes. Rio de Janeiro: José Olympio.

Na história deste livro, o menino vira amigo de um pintor que o leva ao mundo das formas e das cores. Desde então, o menino passou a reparar na cor de tudo: da porta, do olho, de uma capa de chuva ou de um livro. A vida do pintor também mudou com a amizade do menino, que é cheio de entusiasmo e ansioso por descobertas.

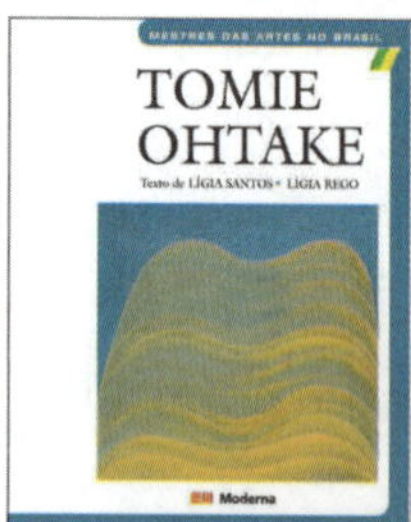

Reprodução/Editora Moderna

Tomie Ohtake,
de Lígia Santos e Lígia Rego. São Paulo: Moderna.

Quando tinha 21 anos, Tomie Ohtake emigrou para o Brasil, país com o qual logo se encantou e passou a inspirar seus estudos de arte. Por esse encantamento, naturalizou-se brasileira. A artista é conhecida como uma das principais representantes da arte abstrata informal. Neste livro você conhecerá um pouco mais sobre a vida e a obra dessa grande artista.

Reprodução/Editora Moderna

Pintura,
de Lígia Rego, Lígia Santos e Tati Passos. São Paulo: Salamandra.

Neste livro, você vai conhecer algumas técnicas de pintura e um pouco da obra de oito importantes pintores atuais: Aldemir Martins, Leda Catunda, Guyer Salles, Suca Mazzamati, Manabu Mabe, Inos Corradin, Milton Dacosta e J. L. Benício.

Sites

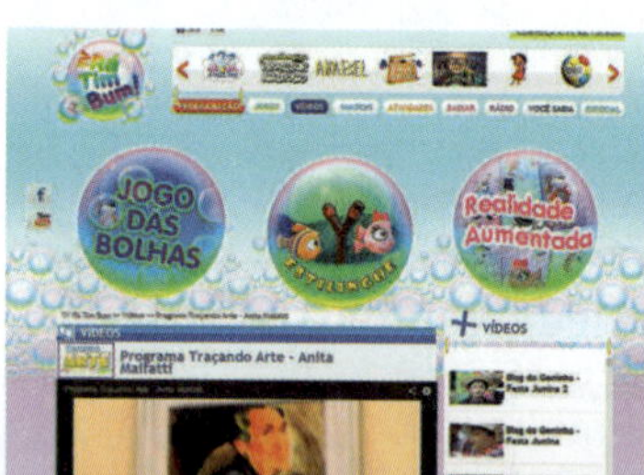

Reprodução/<http://tvratimbum.cmais.com.br/tracandoarte/videos/programa-tracando-arte-anita-malfatti>

Traçando Arte

<http://tvratimbum.cmais.com.br/tracandoarte/videos/programa-tracando-arte-anita-malfatti>. Acesso em: 7 abr. 2014.

Na série Traçando Arte duas traças vivem em museus e conversam sobre as obras que estão expostas neles. Este episódio apresenta obras de Anita Malfatti, grande pintora do Modernismo brasileiro.

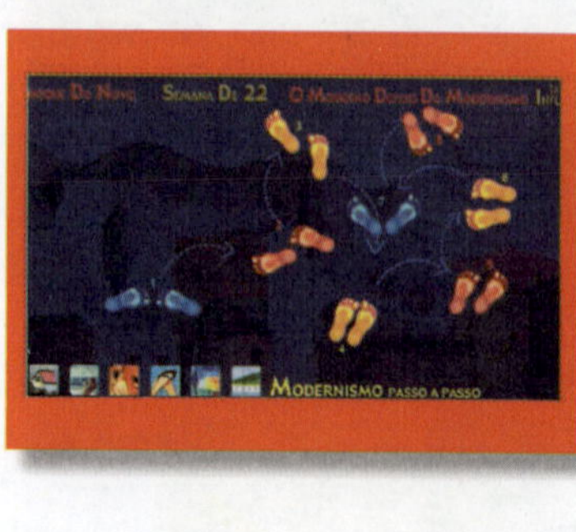

Reprodução/<www.itaucultural.org.br/modernismo/home.html>

Percursos educativos do Itaú Cultural

Conheça mais sobre arte navegando nos ambientes interativos **Modernismo**, **Arte efêmera** e **Isto é arte?**. Acesse:

<www.itaucultural.org.br/modernismo/index2.html?cd_pagina=1248>

<www.itaucultural.org.br/efemera/abertura.html?cd_pagina=1247>

<www.itaucultural.org.br/istoearte/index.html?cd_pagina=1245>

Acessos em: 7 abr. 2014.

Material de apoio

SUMÁRIO

LÍNGUA PORTUGUESA

Mímica dos contos de fadas 1

MATEMÁTICA

Jogo das operações.. 7

HISTÓRIA

Jogo de cartas: história do Brasil........................ 9

GEOGRAFIA

A divisão regional do Brasil...............................15

CIÊNCIAS

Os sistemas do corpo humano 19

INGLÊS

Memory game 27

ARTE

Impressões digitais para criação de imagens.......31

LÍNGUA PORTUGUESA

Mímica dos contos de fadas

Forme grupos com no mínimo 3 participantes. Destaque as cartas e as embaralhe, formando um monte.

Um jogador escolhido pelo grupo inicia a partida, retirando a primeira carta do monte. Em silêncio, o jogador deve ver o título do conto e fazer uma mímica — interpretando o próprio nome da história ou um acontecimento marcante do enredo. Caso o participante sorteie uma carta que julgue difícil interpretar, terá a chance de devolvê-la ao final do monte e realizar mais um sorteio. Mas atenção! O jogador só poderá usar esse recurso uma vez!

O jogador que acertar qual é o nome do conto ganha um ponto e pode retirar mais uma carta, dando continuidade à brincadeira.

O jogo termina quando todas as cartas forem sorteadas. Ganha o jogo quem fizer mais pontos!

CHAPEUZINHO VERMELHO

O GATO DE BOTAS

CINDERELA

O PATINHO FEIO

A ROUPA NOVA DO REI

A BELA E A FERA

BRANCA DE NEVE E OS SETE ANÕES	RAPUNZEL	A BELA ADORMECIDA
OS TRÊS PORQUINHOS	JOÃO E MARIA	A PRINCESA E O SAPO
O FLAUTISTA DE HAMELIN	JOÃO FELIZARDO	OS MÚSICOS DE BREMEN

A PEQUENA SEREIA	PINÓQUIO	JOÃO E O PÉ DE FEIJÃO
A PRINCESA E A ERVILHA	O PEQUENO POLEGAR	CACHINHOS DOURADOS E OS TRÊS URSOS
A POLEGARZINHA	BARBA AZUL	ALADIM E A LÂMPADA MARAVILHOSA

MATEMÁTICA

Jogo das operações

Forme um grupo com 4 colegas. Destaquem e montem os dados.

O primeiro jogador lança os dados. O objetivo é usar os pontos para fazer operações que cheguem ao maior resultado possível.

Exemplo: se o jogador tirou 1, 2 e 3, ele pode calcular: $1 + 2 \times 3 = 7$.

Se o resultado estiver correto, ele acumula essa quantidade de pontos.

Vence quem acumular mais pontos.

Jogo de cartas: história do Brasil

Este jogo contém: 20 cartas para recortar e um envelope para montar.

Número de participantes: 2.

Instruções:

- Um jogador embaralha as cartas e coloca todas na mesa, viradas para baixo.
- O outro jogador pega dez cartas do monte e coloca na mesa, viradas para cima.
- Cada jogador pega cinco cartas do monte para si.
- Quem começa escolhe uma carta da mesa que combine com outra que tiver na mão. Essa pessoa deve mostrar as duas cartas.
- Confirmada a correspondência entre o texto e a imagem, o jogador fica com as duas cartas e passa a vez.
- Caso o jogador não tenha nenhuma carta que combine, ele pode descartar uma de sua mão e pegar outra do monte.
- Ganha o jogo quem conseguir acumular o maior número de cartas combinadas.

Este jogo pertence a ______________________________

Dobre

Cole A

Cole B

Dobre

Cole A

Cole B

Mamelucos conduzindo prisioneiros índios, gravura de Jean-Baptiste Debret, 1834.

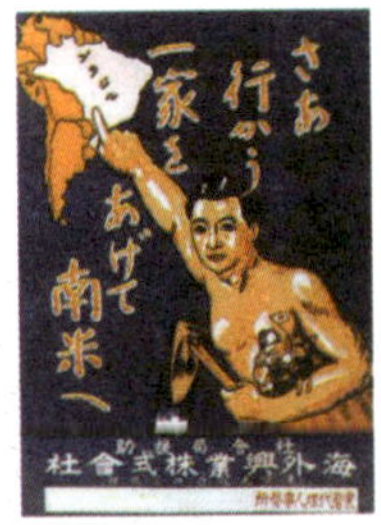

Cartaz divulgado no Japão no início do século XX.

Desfile de tanques de guerra no Brasil, Rio de Janeiro (RJ), 1964.

Manifestação popular em São Paulo (SP), 1984.

Desembarque de Pedro Álvares Cabral em Porto Seguro em 1500, óleo sobre tela de Oscar Pereira da Silva, 1922.

Independência ou Morte, óleo sobre tela de Pedro Américo, 1888.

Casa de Negros, litografia colorida a mão de Johann Moritz Rugendas, 1835.

Chegada do príncipe dom João à igreja do Rosário, óleo sobre tela de Armando Martins Viana, 1937.

Fundação de São Vicente, óleo sobre tela de Benedito Calixto, 1900.

Proclamação da República, óleo sobre tela de Benedito Calixto, 1893.

Encontro entre portugueses e indígenas

Primeiras vilas e cidades na colônia

Ação dos bandeirantes

Família Real portuguesa na América

Proclamação da Independência

Escravidão no Brasil

Imigração no Brasil

Proclamação da República

Ditadura militar no Brasil

Campanha pelas eleições diretas no Brasil

GEOGRAFIA

A divisão regional do Brasil

Este jogo contém: Um mapa de divisão regional do Brasil e 27 fichas com o nome dos estados brasileiros e do Distrito Federal.

Número de participantes: 3.

Instruções:

- Destaque as fichas e coloque-as numa caixa ou num saquinho.
- Um participante deve sortear uma ficha, localizar no mapa o estado sorteado ou o Distrito Federal, indicar a qual região do Brasil pertence esse estado e dizer o nome de sua capital. Depois passa a vez ao próximo.
- Aquele que acertar mais será o vencedor.

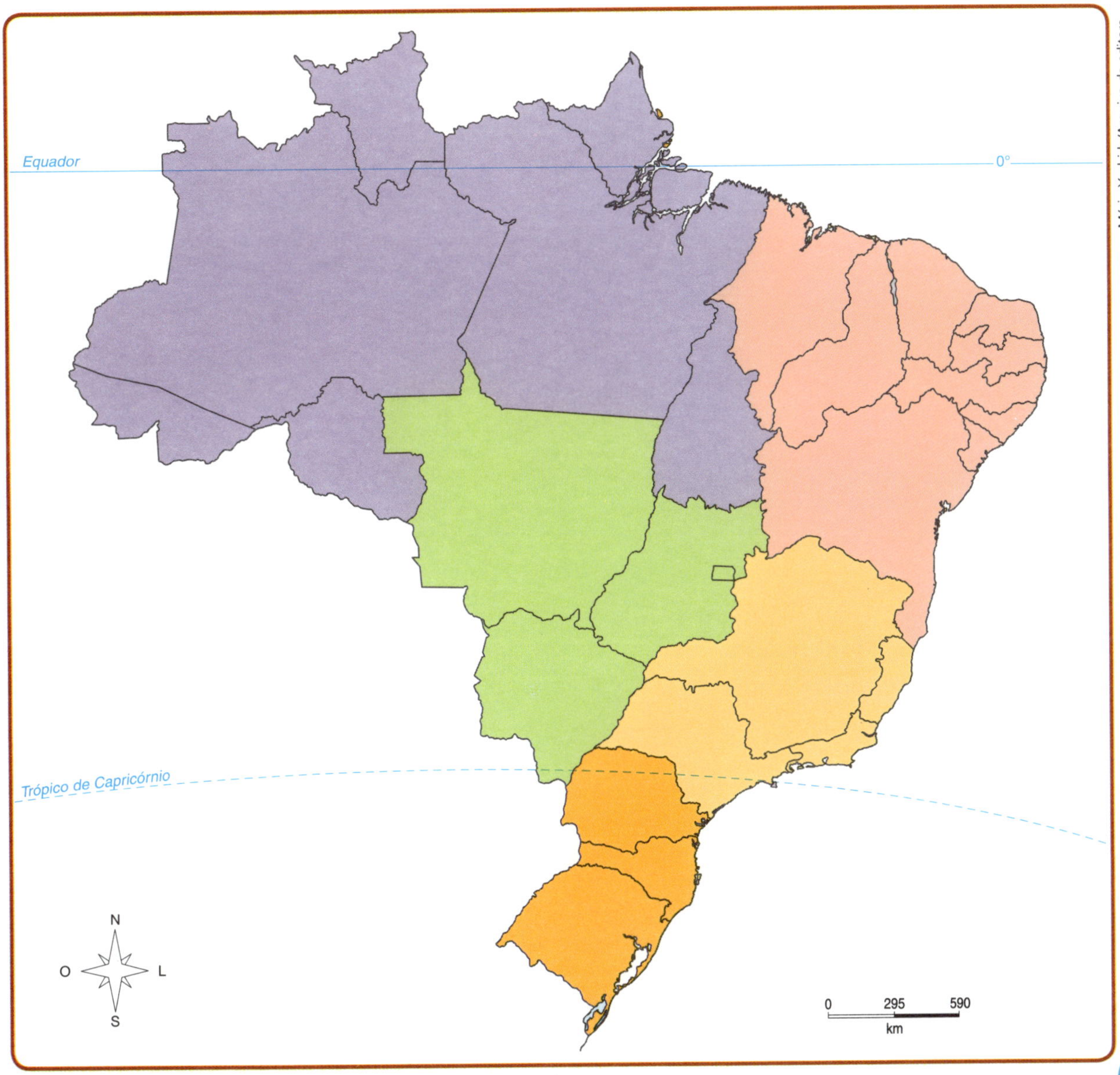

Mário Yoshida/Arquivo da editora

Acre	Alagoas	Amapá	Amazonas
Bahia	Ceará	Espírito Santo	Goiás
Maranhão	Mato Grosso	Mato Grosso do Sul	Minas Gerais
Pará	Paraíba	Paraná	Pernambuco
Piauí	Rio de Janeiro	Rio Grande do Norte	Rio Grande do Sul
Rondônia	Roraima	Santa Catarina	São Paulo
Sergipe	Tocantins	Distrito Federal	

CIÊNCIAS

Os sistemas do corpo humano

Destaque todos os quadros e monte-os para formar um livrinho dos sistemas do corpo humano. Você poderá consultá-lo sempre que precisar.

Os sistemas do corpo humano

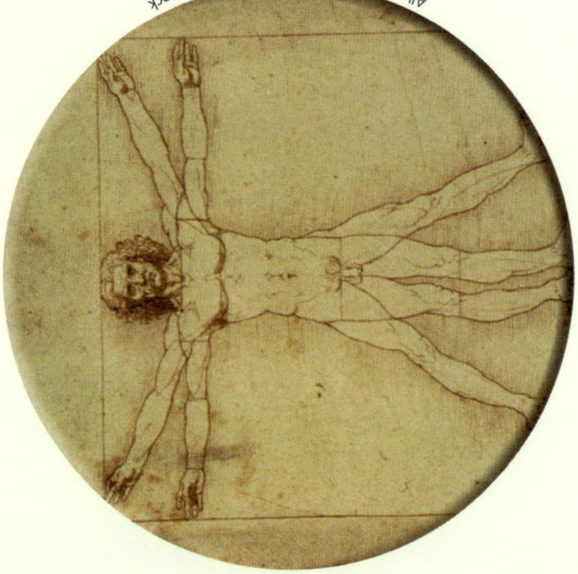

Album/akg-images/Cameraphoto/Latinstock

Sistema digestório

Transforma o alimento ingerido em substâncias pequenas o suficiente para serem transportadas pelo sangue para todo o corpo.

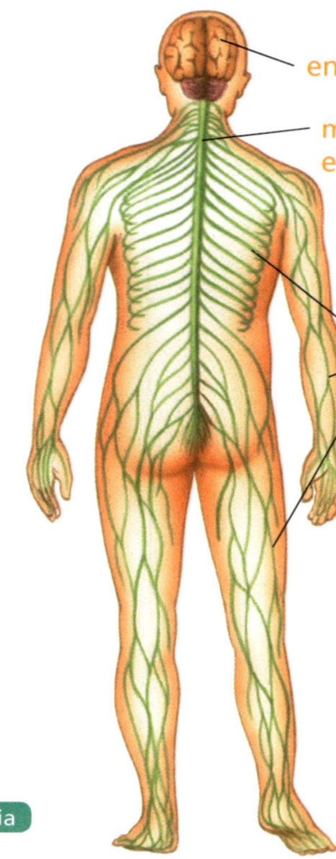

Jurandir Ribeiro/Arquivo da editora

Sistema nervoso

Transmite informações vindas de dentro e de fora do corpo para o encéfalo, que interpreta essas informações e responde aos estímulos com diversas ações.

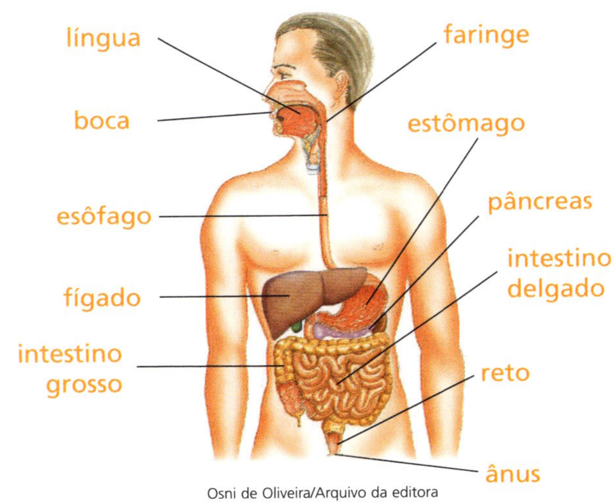

Osni de Oliveira/Arquivo da editora

Cores fantasia

14

3

Sistema respiratório

O ar inspirado pelas fossas nasais penetra na traqueia e nos brônquios e vai até os pulmões. O sangue que circula nos pulmões absorve o oxigênio do ar e elimina o gás carbônico, que é liberado pela expiração.

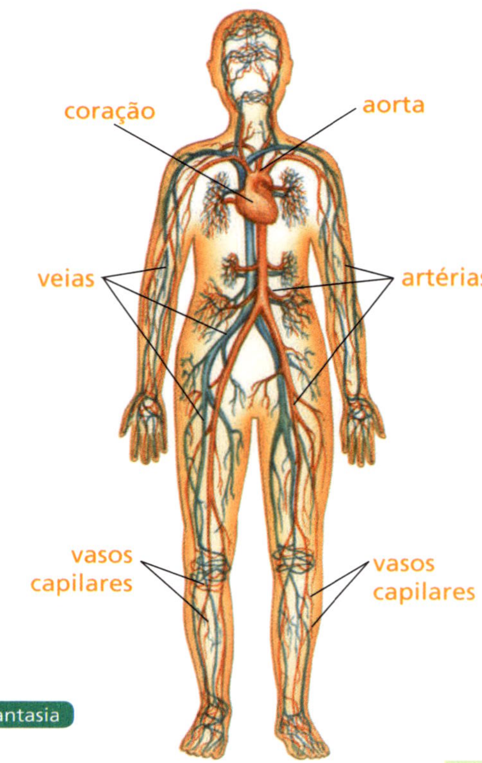

Cores fantasia

Jurandir Ribeiro/Arquivo da editora

Sistema circulatório

O coração bombeia o sangue, que, por meio de vasos sanguíneos (artérias e veias), transporta substâncias vitais para o corpo inteiro.

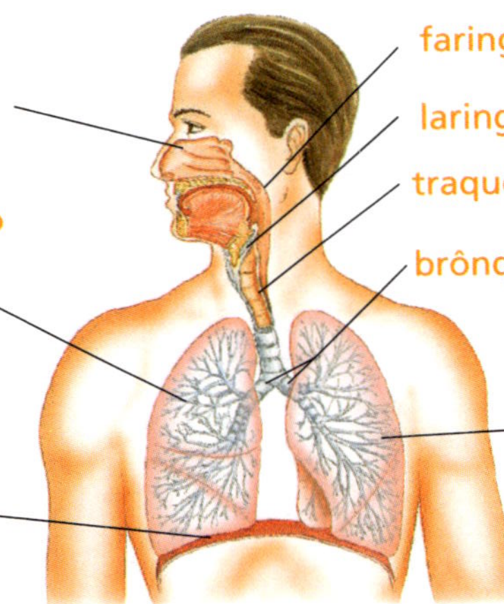

Osni de Oliveira/Arquivo da editora

Cores fantasia

12

5

Sistema locomotor

É formado pelos ossos, que dão suporte e proteção ao corpo, e pelos músculos, que são presos aos ossos, mantendo-os no lugar e permitindo que sejam movimentados quando necessário.

Masculino

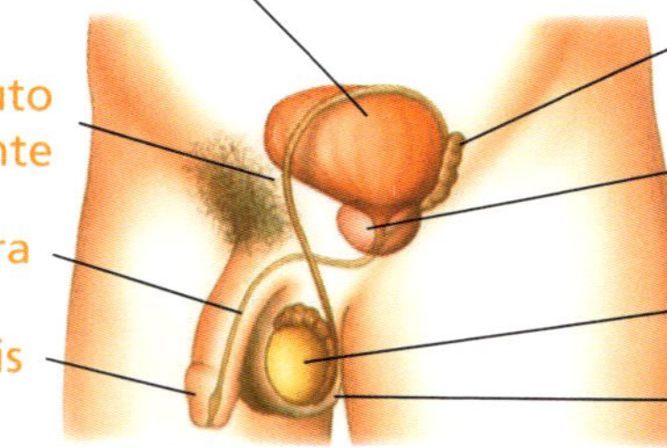

Feminino

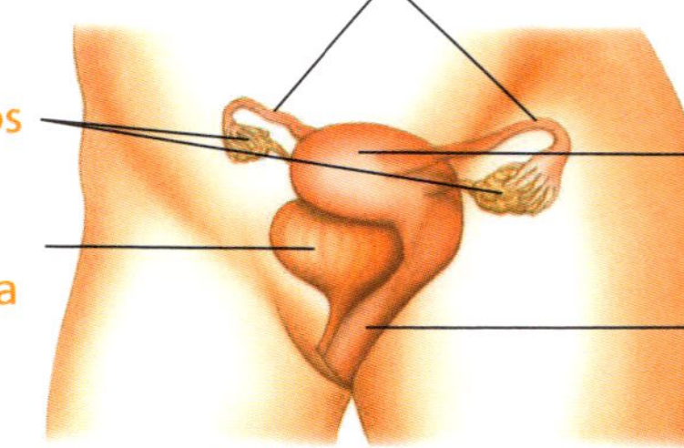

Ilustrações: Jurandir Ribeiro/Arquivo da editora

Cores fantasia

Sistema genital

Tanto o sistema genital do homem como o da mulher têm uma função específica: possibilitam a reprodução. Os órgãos sexuais masculinos produzem os espermatozoides, que, dentro do corpo da mulher, poderão fecundar o óvulo produzido pelo ovário e liberado no útero. Havendo fecundação, um bebê se desenvolverá no útero.

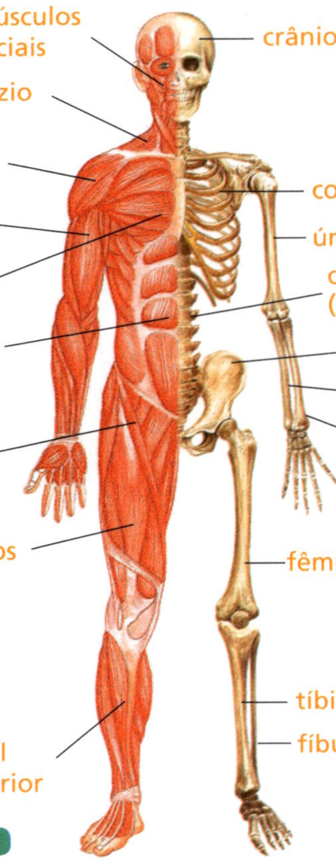

Cores fantasia

Osni de Oliveira/Arquivo da editora

Sistema urinário

É formado pelos rins, uretra, ureteres e bexiga. Nos rins, o sangue é filtrado e, então, retorna ao coração. Os resíduos vão compor a urina, que é conduzida pelos ureteres até a bexiga, de onde é eliminada passando pela uretra.

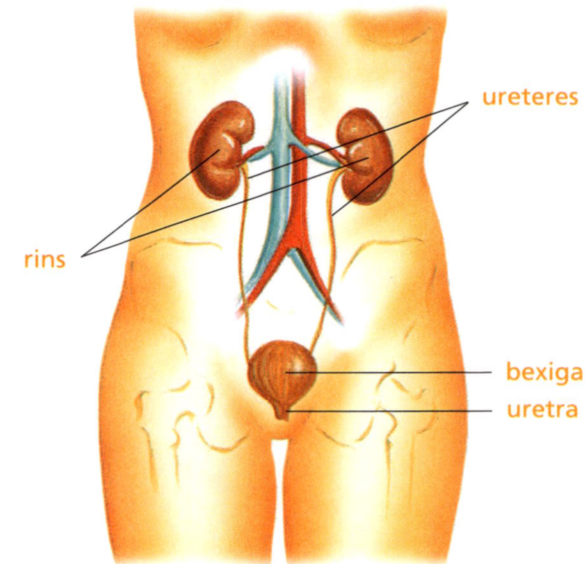

Osni de Oliveira/Arquivo da editora

8

Cores fantasia

9

INGLÊS

Memory game

Aquariagirl1970/Shutterstock/Glow Images

BOOTS

Africa Studio/Shutterstock/Glow Images

SOCKS

Angelo Gilardelli/Shutterstock/Glow Images

CAP

Kedrov/Shutterstock/Glow Images

COAT

Maxstock/Alamy/Other Images

PANTS

Africa Studio/Shutterstock/Glow Images

T-SHIRT

Kayros Studio Be Happ/Keystone

SHORTS

Bendito/Keystone

SWEATER

pzAxe/Shutterstock/Glow Images

DRESS

Karkas/Shutterstock/Glow Images

SKIRT

Mangostock/Shutterstock/Glow Images

BIKINI

Kathy Burns-Millyard/Shutterstock/Glow Images

SWIMMING TRUCKS

Andy Crawford/Coleção Dorling Kindersley/Getty Images

BONNET

Olesya Feketa/Shutterstock/Glow Images

SUNGLASSES

Nitrogenic.com/Shutterstock/Glow Images

SHARK

Scorpp/Shutterstock/Glow Images

SEASHELL

Cheryl Casey/Shutterstock/Glow Images

CRAB

Bennyartist/Shutterstock/Glow Images

SHRIMP

VLADJ55/Shutterstock/Glow Images

LOBSTER

Konrad Mostert/Shutterstock/Glow Images

WHALE

ARTE

Impressões digitais para criação de imagens

As digitais são as marcas que temos nas pontas dos dedos. Quando molhamos as digitais com tinta e apertamos a ponta do dedo sobre um papel, vemos o desenho dessas linhas. Que tal usar as suas digitais para criar uma imagem?

Use o seu dedo como um carimbo e crie a imagem que desejar. Você pode usar somente as digitais ou misturá-las com outros desenhos.